현대 화장품학

현대 화장품학

조완구 · 랑문정 · 배덕환 공저

한국학술정보㈜

머|리|말

우리나라 화장품 시장 규모는 현재 세계 약 12위권에 해당되며, 화장품 관련 기술력 또한 선진국 수준에 근접해 있다고 해도 과언이 아니다. 현대 과학기술의 발달과 함께 화장품 산업에서도 많은 발전을 거듭하고 있으며, 특히 차세대 유망기술인 NT, BT, IT 기술은 화장품 산업과도 매우 밀접한 관련이 있다. 이러한 시대적 흐름에 맞추어 우리나라에서도 화장품 관련 기술이 날로 발전하고 있으며, 결과적으로 화장품에 관한 관심이 높아지면서 여러 대학에서 화장품 관련 학과 및 전공을 개설하는 경우도 점차 늘어나고 있는 것이 현실이다.

그런데, 우리나라에서는 불과 10여 년 전만하여도 우리말로 된 화장품 관련 서적이 거의 없는 실정이었으나, 현재에는 여러 우수한 화장품 관련 서적들이 많이 출간되어 학문 및 산업 발전에 많은 기여를 하고 있는 것도 사실이다. 그러나 기존에 출간된 책들은 화장품 실무자가 활용하기에는 현실적으로 부족한 부분도 없지 않았다. 그래서 저자들은 장기간의 화장품 관련 기업체 연구 및 생산 부분에서의 경험을 배경으로, 우리나라 화장품 관련 학생 및 기업체의 연구 개발, 생산 및 마케팅 관련 실무자들을 위한 보다 현실적이고 진보된 지식을 제공하고 자 뜻을 같이 하였으며 그 결과로 본 교재를 저술하게 되었다.

화장품과학은 순수학문이 아닌 화학, 약학을 비롯하여 피부과학, 생리학, 공학, 색채학, 미생물, 심리학 등 다양한 분야의 학문이 어우러진 종합 응용 학문 형태로 한 권의 책에 화장품 관련 지식을 모두 망라하여 다룬다는 것은 쉽지 않다. 본 서에서는 화장품을 공부하는 학생 및 실무자에게 꼭 필요한 지식을 가능하면 빠짐없이 간결하고 알기 쉽게 기술하고자 노력하였다. 그렇지만 저자들의 짧은 지식만으로는 한계가 있기에 기존에 출간된 관련 서적에서 많은 부분 내용을 인용하였음을 밝혀 둔다.

아무쪼록 이 책을 통하여 우리나라 화장품 산업 발전에 조금이나마 보탬이 되기를 바라며, 이 책이 출간되기까지 자료제공, 편집, 교정 등에 많은 도움을 주신 분들께 진심으로 감사를 드린다. 이 책에서 부족한 부분은 향후에도 지속적으로 version-up해 나갈 것을 약속하며, 여러 모로 부족한 원고를 기꺼이 책으로 출판해 주신 한국학술정보의 채종준 사장님과 임직원 여러분께도 감사를 드린다.

2007. 2 저자 일동

목 차

제1장 화장품 개론__23

1.1. 화장의 목적 / 23
1.2. 화장품의 의의 / 23
1.3. 화장품의 분류 / 24
1.4. 화장품의 개발 과정 / 25
1.5. 화장품의 근간이 되는 과학과 기술 그리고 미래 / 26

제2장 화장품의 역사__31

2.1. 화장의 역사 / 32
2.2. 한국의 화장사 / 37

제3장 화장품과 피부·모발__45

3.1. 피부의 구조 / 45
3.2. 피부의 기능 / 49
3.3. 피부의 색 / 51
3.4. 피부타입 / 52
3.5. 여드름과 피부 / 54
3.6. 자외선과 피부 / 57
3.7. 피부의 노화 / 58
3.8. 모발의 구조 / 62
3.9. 모발의 성질 / 71

3.10. 모발의 손상 / 72

3.11. 손·발톱의 구조와 기능 / 74

제4장 화장품과 소재__79

4.1. 유성성분 / 80

4.2. 수성성분 / 89

4.3. 계면활성제 / 95

4.4. 유효성분 / 99

4.5. 색 소 / 106

제5장 화장품과 향료__121

5.1. 후 각 / 121

5.2. 냄새와 향기 및 향료 / 123

5.3. 천연향료 / 125

5.4. 합성향료 / 129

5.5. 조합향료 / 130

5.6. 조 향 / 133

제6장 화장품의 제형화 기술__139

6.1. 계면화학 / 139

6.2. 유 화 / 150

6.3. 가용화 / 172

6.4. 분 산 / 178

제7장 화장품의 제조 기술 및 설비__193

7.1. 유화 제품의 제조 / 193
7.2. 화장품의 제조 공정 / 196
7.3. 분산기·유화기 종류 / 197
7.4. 파우더 혼합 및 성형기 / 199
7.5. 립스틱 제조기 및 성형기 / 201
7.6. 충진기 및 포장 기기 / 202
7.7. 최신의 주요 유화 및 분산 기기 / 202
7.8. 순수 제조 장치 / 205
7.9. 파우더 제품의 멸균장치 / 207
7.10. 여과장치 / 207

제8장 화장품의 용기 및 포장__213

8.1. 화장품 용기의 필요조건 / 214
8.2. 용기 형태의 종류 / 218
8.3. 용기·포장 재료에 이용되는 소재 / 218
8.4. 용기·포장재의 품질보증 / 224
8.5. 화장품 용기의 개발 동향 / 225

제9장 기초화장품__229

9.1. 기초화장품의 개요 / 229
9.2. 기초화장품의 사용 목적 / 229
9.3. 기초화장품의 기능 / 230
9.4. 기초화장품의 종류 및 특성 / 233

제10장 메이크업 화장품__257

10.1. 메이크업 화장품의 개요 / 257

10.2. 메이크업 화장품의 요구 품질 / 260

10.3. 색채 이론 / 261

10.4. 베이스 메이크업 / 264

10.5. 포인트 메이크업 / 275

제11장 모발화장품__293

11.1. 모발화장품의 개요 / 293

11.2. 샴 푸 / 294

11.3. 린 스 / 301

11.4. 헤어 컨디셔닝제 및 트리트먼트 / 305

11.5. 헤어 스타일링제 / 308

11.6. 육모제 / 313

11.7. 염모제 / 319

11.8. 파마액 / 328

11.9. 제모제 / 333

제12장 바디화장품__339

12.1. 바디화장품의 개요 / 339

12.2. 비 누 / 340

12.3. 바디 세정제 / 354

12.4. 입욕제품 / 360

12.5. 바디트리트먼트 제품 / 366

12.6. 핸드케어제품 / 367

12.7. 제한 소취제 / 369

12.8. 방향 화장품 / 372

제13장 기능성화장품__377

13.1. 기능성화장품과 일반화장품 / 377

13.2. 기능성화장품의 도입배경 및 목적 / 377

13.3. 기능성화장품의 심사 및 허가 절차 / 379

13.4. 기능성화장품의 표시 및 기재사항 / 382

13.5. 기능성화장품의 원료 및 기능 / 385

13.6. 기능성화장품의 개발 방향 / 390

13.7. 기능성화장품의 관련 기술 동향 / 391

13.8. 기능성화장품의 문제점 및 향후 전망 / 394

제14장 화장품의 품질관리__399

14.1. 화장품의 품질 특성 / 399

14.2. 화장품과 방부(미생물 시험) / 405

14.3. 화장품의 안전성 / 408

14.4. 화장품의 사용성 / 416

14.5. 화장품의 유용성 및 효능·효과 / 417

14.6. 화장품의 품질관리 / 431

14.7. 화장품과 제조물책임(PL)법 / 433

14.8. 화장품 사용상의 주의사항 / 439

제15장 화장품 산업의 이해__443

15.1. 국내 화장품 산업 / 444

15.2. 화장품 유통 현황 / 445

15.3. 화장품의 수출과 수입 / 447

15.4. 세계 화장품 산업 / 447

15.5. 국내 화장품시장 전망 / 448

찾아보기__451

표목차

표 1.1. 화장품의 사용목적에 따른 분류 ···24

표 3.1. 피부지질의 조성 ···48

표 3.2. 땀의 성분 조성 ···49

표 3.3. 자연노화와 광노화의 비교 ···59

표 3.4. 모발의 색과 멜라닌 색소의 조합 ···66

표 3.5. 케라틴의 아미노산 조성 비교 (%) ···68

표 3.6. 상대습도에 따른 모발의 수분함량 ···71

표 4.1. 화장품 소재의 기능별 분류 ···79

표 4.2. 보습제의 주요 요건 ···90

표 4.3. 피막제 고분자의 용도와 대표적 원료 ·····································94

표 4.4. 국내에 출시된 미백 기능성 원료 현황 ···································100

표 4.5. 국내에 출시된 주름 개선 소재 ···102

표 4.6. 효능효과 메카니즘 별 대표 소재 ···106

표 4.7. 화장품용 색소의 분류 ···107

표 4.8. 법정색소 리스트 ···108

표 4.9. 천연색소의 분류 ···111

표 4.10. 무기 안료의 분류 ···113

표 4.11. 체질안료의 일반적 성질 ···113

표 4.12. 산화티탄의 일반적 성질 ···115

표 4.13. 진주광택 안료의 성질 ···116

표 4.14. 광학적 막 두께와 간섭색 ···116

표 5.1. 대표적인 천연향료 ···125

표 5.2. 정유의 품질평가 항목 및 성분 분석 장치 ·································128

표 5.3. 대표적인 합성향료 ···130

표 6.1. 계면장력의 일반적인 수치(mN/m) ···141

표 6.2. 액체들의 계면장력과 표면장력(mN/m) ……………………………………141

표 6.3. 분산계의 종류 ……………………………………………………………142

표 6.4. 분산상의 크기에 따른 분산계의 분류 …………………………………142

표 6.5. 계면활성제의 주요 기능 …………………………………………………144

표 6.6. 비이온계면활성제의 HLB …………………………………………………147

표 6.7. 원자단의 기수 ……………………………………………………………149

표 6.8. HLB에 따른 계면활성제의 주용도 ……………………………………149

표 6.9. 에멀견입자 크기와 광학적 성질 ………………………………………154

표 6.10. 유성성분의 소요 HLB …………………………………………………160

표 6.11. O/W 에멀견의 처방 ……………………………………………………161

표 6.12. 화장품 분체의 형상 ……………………………………………………181

표 6.13. 화장품용 분체의 입도 …………………………………………………181

표 7.1. 막(膜) 여과의 특징 ………………………………………………………206

표 7.2. 정제 방법에 따른 수질(水質) …………………………………………206

표 7.3. 여과망(Mesh)과 구멍(Pore)의 크기 …………………………………208

표 8.1. 플라스틱 별 사용 화장 용기의 예 ……………………………………222

표 8.2. 플라스틱 사출 성형용 수지 종류 ……………………………………222

표 9.1. NMF의 조성 ………………………………………………………………230

표 9.2. 세포간지질의 조성 ………………………………………………………231

표 9.3. 피지의 조성 ………………………………………………………………232

표 9.4. 세안제의 종류 및 특성 …………………………………………………234

표 9.5. 화장수의 종류 및 특성 …………………………………………………236

표 9.6. 화장수의 주요 성분 및 사용량 ………………………………………237

표 9.7. 구연산/구연산나트륨의 pH에 따른 완충용액 제조 ………………238

표 9.8. 유액의 종류 및 특징 ……………………………………………………241

표 9.9. 유액의 주요 성분 ………………………………………………………241

표 9.10. 크림의 종류 및 특성 …………………………………………………245

표 9.11. 에센스, 미용액의 분류 …………………………………………………248

표 9.12. 에센스의 주요 성분 ……………………………………………………248

표 9.13. 팩의 종류 및 특징 ·······250
표 9.14. Peel-Off 팩의 주요 성분 ·······251
표 10.1. 메이크업 화장품의 종류 및 기능 ·······257
표 10.2. 메이크업 화장품에 이용되는 분체 ·······259
표 10.3. 주요 분체의 굴절율 ·······259
표 10.4. 각종 분체의 동(動)마찰 계수 ·······260
표 11.1. 모발화장품의 종류와 기능 ·······294
표 11.2. 샴푸의 형태 및 기능별 분류 ·······297
표 11.3. 샴푸의 주요성분 ·······298
표 11.4. 린스의 주요성분 ·······303
표 11.5. 헤어 컨디셔닝제와 트리트먼트의 종류 ·······306
표 11.6. 헤어스타일링제의 종류 ·······309
표 11.7. 헤어스타일링제의 주요성분 ·······311
표 11.8. 육모제의 종류 ·······316
표 11.9. 육모제의 주요성분 ·······316
표 11.10. 육모제의 유효성분 ·······317
표 11.11. 염모제의 종류 ·······320
표 11.12. 영구염모제의 주요성분 ·······322
표 11.13. 염료비율에 따른 색상 ·······323
표 11.14. 반영구염모제의 주요성분 ·······324
표 11.15. 일시염모제의 주요성분 ·······325
표 11.16. 탈색제의 주요성분 ·······326
표 11.17. 파마액의 주요성분 ·······330
표 12.1. 바디화장품의 형태 및 기능별 분류 ·······340
표 12.2. 비누의 주요 원료 및 용도 ·······342
표 12.3. 각종 유지의 지방산조성 ·······343
표 12.4. 각종 지방산의 나트륨비누 성질 ·······344
표 12.5. 화장비누의 KS 규격 ·······348
표 12.6. 결정형에 따른 특성 비교 ·······349

표 12.7. 화장비누의 종류 ···350

표 12.8. 바디세정제의 종류 및 개요 ···354

표 12.9. 바디세정제의 주요원료 및 사용량 ·······························355

표 12.10. 각종 지방산 칼륨염의 특성 ·······································356

표 12.11. 입욕제의 원료 종류와 효과 ·······································362

표 12.12. 방향화장품의 분류 ···373

표 12.13. 향수의 향취 ···373

표 13.1. 신원료의 규격 및 안전성에 관한 자료 ·························380

표 13.2. 기능성화장품 심사를 위한 제출 자료의 요건 ···············380

표 13.3. 기능성화장품의 기준 및 시험방법 작성 요령 ···············382

표 13.4. 미백 기능성 고시성분 ··385

표 13.5. 미백 작용 원리 및 대표적인 성분 ······························386

표 13.6. 주름 개선 기능성 고시성분 ··387

표 13.7. 노화의 종류 및 그에 따른 증상 ·································387

표 13.8. 주름 개선 작용원리 및 대표적인 성분 ·······················388

표 13.9. 자외선 차단 기능성 고시 성분 ····································388

표 13.10. 자외선의 종류 및 피부에 미치는 영향 ·····················389

표 14.1. 화장품의 품질 특성 ···399

표 14.2. 화장품의 불안정화 요인 및 현상 ································400

표 14.3. 화장품의 대표적 부작용 유발 성분 ····························408

표 14.4. 법규상 화장품의 효능·효과 ··418

표 14.5. UVA 차단 정도 분류 ··430

표 15.1. 2004년 유형별 화장품 생산 금액 및 점유율 ···············445

표 15.2. 연도별 화장품 수출입 실적(1998-2004) (단위: US 1,000$, 증감률%) ············447

표 15.3. 세계 10대 화장품 기업 현황(단위: 백만 불, %) ·············448

그림목차

그림 3.1. 피부의 구조 ·· 45

그림 3.2. 표피의 구조 ·· 46

그림 3.3. 피부타입의 분류 ·· 54

그림 3.4. 여드름의 형성과정 ·· 56

그림 3.5. 태양광선의 스펙트럼 ··· 57

그림 3.6. 모발의 구조 ·· 62

그림 3.7. 모구부의 확대 모식도 ·· 64

그림 3.8. 모발의 헤어사이클 ·· 65

그림 3.9. 모간의 구조 ·· 68

그림 3.10. 모발의 손상 ··· 72

그림 3.11. 손톱의 구조 ··· 74

그림 4.1. 세리나의 구조 ··· 101

그림 4.2. 산화철(적, 황, 흑색) 안료의 제조방법 ···················· 114

그림 6.1. 계면활성제의 일반적 구조 ····································· 144

그림 6.2. 수용액에서의 계면활성제의 거동 ···························· 145

그림 6.3. 임계마이셀농도에서의 물리적 성질 ························· 145

그림 6.4. 일반적인 계면활성제 회합체의 구조 ························ 146

그림 6.5. 에멀젼의 형태 ··· 151

그림 6.6. 에멀젼의 파괴과정 ·· 165

그림 6.7. 입자간 거리에 따른 포텐샬에너지 ·························· 166

그림 6.8. 인지질 구조 및 종류 ··· 171

그림 6.9. 리포좀의 구조 모식도 ·· 171

그림 6.10. 피 가용화 물질의 위치에 따른 가용화 상태 ············· 174

그림 6.11. 습윤 (Wetting) 현상 ··· 183

그림 6.12. Wetting 과 Young Equation ···································· 184

그림 7.1. Disk Type Gum Mixer ·······················194

그림 7.2. 고속 호모믹서(Homo mixer) ·······················194

그림 7.3. 디스퍼 믹서 (Disper, Gum mixer) ·······················197

그림 7.4. 호모믹서 (Homo mixer) ·······················198

그림 7.5. 생산용 진공 유화 제조 장치 ·······················199

그림 7.6. 리본블렌더 및 내부 ·······················200

그림 7.7. V형 혼합기 ·······················200

그림 7.8. 헨셀 믹서 (Henschel mixer) ·······················200

그림 7.9. 아토마이저(Atomizer) ·······················200

그림 7.10. 분말 성형기 ·······················201

그림 7.11. 3단 롤밀(Roll mill) ·······················201

그림 7.12. 립스틱 성형기(금형, Mold) ·······················201

그림 7.13. 튜브 충진기 ·······················202

그림 7.14. 레벨 충진기 ·······················202

그림 7.15. 마이크로플루다이저 (Microfluidizer) ·······················203

그림 7.16. 파이프라인 믹서(Pipeline mixer) ·······················203

그림 7.17. 제트밀(Jet mill) ·······················204

그림 7.18. 비드밀(Beads mill) ·······················205

그림 8.1. 화장품용기, 포장의 구비해야 할 조건 ·······················213

그림 9.1. 피부 각질층의 구조 모식도 ·······················231

그림 9.2. 피부와 기초화장품의 관계 모식도 ·······················232

그림 9.3. 가용화의 원리 ·······················238

그림 9.4. 유화의 원리 ·······················242

그림 9.5. 시판 크림의 현미경 사진 ·······················245

그림 11.1. 계면활성제의 세정 원리 ·······················295

그림 11.2. 전자현미경으로 본 모발의 표면상태 ·······················296

그림 11.3. 린스의 작용원리 ·······················302

그림 11.4. 모발과 헤어스타일링 ·······················309

그림 11.5. 헤어 스프레이의 구조 ·······················310

그림 11.6. 남성호르몬의 변환 ···315

그림 11.7. 염모제의 원리 ··320

그림 11.8. 파마액의 작용원리 ··329

그림 12.1. 니트솝의 제조공정도 ··345

그림 12.2. 기계성형비누의 제조공정모습 ···348

그림 12.3. 투명비누의 제조공정 ··352

그림 13.1. 미백 작용의 메카니즘 ···386

그림 14.1. Sebumeter ··421

그림 14.2. 유수분(油水分) 측정기 및 Skicon 200 ····························422

그림 14.3. Evaporimeter ··423

그림 14.4. Cutometer ···423

그림 14.5. Periflux ··424

그림 15.1. 국내 화장품 생산액 동향 ···444

그림 15.2. 국내 화장품 산업의 유통구조 ··446

그림 15.3. 국내 화장품 유통 구조별 비중 ··446

그림 15.4. 국내 화장품 유통 채널별 시장 전망 ·································449

그림 15.5. 국내 화장품 산업 비용구조 ···450

제 1 장

화장품 개론

제1장 화장품 개론

1.1. 화장의 목적

화장품은 우리가 일상생활에서 남녀노소를 불문하고 많은 사람이 사용하고 있는 물품으로, 현대에는 화장품이 점차 생활필수품으로 자리 잡아 가고 있으며, 그 소비량도 대단히 많은 고부가가치 산업이다.

그러면 사람은 무엇 때문에 화장을 하는가? 역사적으로 살펴볼 때 화장품의 사용목적은 먼저 자연으로부터의 신체 보호를 들 수 있다. 일상생활 중에서 자연의 위협(예: 온도, 광선 등)으로부터 신체를 보호하기 위하여 천연 오일에 흙이나 식물을 혼합하여 사용함으로써 체온을 유지하거나 태양광선, 해충으로부터 신체를 보호하기 위한 것이었다. 또한 화장품은 몸을 신성시하기 위한 종교적인 면에서의 이용도 있었으며 종족이나 계급을 구분하기 위한 수단으로도 이용되었다. 그러나 현대에서는 이러한 목적보다는 신체를 청결히 하기 위해, 인간의 본능적인 욕구로서의 메이크업 등에 의해 자신을 아름답게 가꾸고 마음을 풍요롭게 하기 위해, 자외선이나 건조로부터 피부나 모발을 보호하고 젊음을 나타내기 위하며 쾌적한 생활을 즐기기 위한 것이 화장품의 주요한 목적이라고 할 수 있다.

1.2. 화장품의 의의

화장품은 어떻게 정의되고 인식되고 있는 것일까? 국내에서는 2000년 7월 1일부터 약사법에서 화장품법이 분리되어 새롭게 제정·시행되고 있는데 법적인 정의에 의하면 화장품이란 "인체를 청결, 미화하여 매력을 더하고 용모를 밝게 변화시키거나 피부, 모발의 건강을 유지 또는 증진하기 위하여 인체에 사용되는 물품으로써 인체에 작용이 경미한 것"을 말한다. 또한 기능성화장품이란 "화장품 중에서 다음의 항목에 해당되는 것으로서 피부의 미백에 도움을 주는 제품, 피부의 주름 개선에 도움을 주는 제품, 그리고 피부를 곱게 태워주거나 자외선으로부터 피부를 보호하는데 도움을 주는 제품"으로 명시되어 있다. 현재 법적으로 분명히 하고 있는 것은 기능성 화장품을 포함한 화장품은 의약외품이나 의약품과는 달리 건강한 사람을 대상으로 하여 인체를 보다 청결하고 아름답게 관리하는 것이 목적이며, 의약품과 같이 치료, 진단, 예방이라는 신체 구조, 기능에 영향을 주는 것이 아니다. 그런데 화장품은 인체에 미치는 생리작용이 경미한 것으로 정의되고 있으나 각 산업 영역의 확장에 따른 경계부분이 모호하기도 하여 실제 이들 중에는 영역 간에 다소 중복되는 경우가 있는 것도 현실이다.

화장품은 실제로 일상생활에 있어서 매일 같이 사용하며 태어나서부터 일생동안 지속적으로 사용되는 제품으로 사용상에 있어서 안전해야 하고 부작용이 없어야 한다.

현대의 복잡한 사회생활과 고령화 사회로 접어들면서 화장품은 단순한 화장품법상의 건강, 매력 이외에 인간의 심리 상태 및 사회적 역할 까지도 담당 할 분야로 발전이 기대된다.

1.3. 화장품의 분류

화장품(의약외품 포함)은 그 사용부위, 사용목적 또는 제품의 구성성분 및 성상 등에 의해 여러 가지로 분류할 수 있으며 통상적으로 기초, 메이크업, 두발, 바디, 구강, 방향제품으로 표 1.1과 같이 분류할 수 있다.

표 1.1. 화장품의 사용목적에 따른 분류

분 류		사 용 목 적	주 요 제 품
피부용	기초 화장품	세정	클렌징폼, 클렌징크림
		정돈	화장수, 팩, 마사지크림
		보호	로션, 영양크림
	메이크업 화장품	베이스 메이크업	파운데이션, 메이크업 베이스
		포인트 메이크업	립스틱, 볼연지, 아이제품 등
		네일용 제품	네일 에나멜, 네일 리무버
	기능성 화장품	피부 주름 개선	주름 개선 크림, 에센스
		피부 미백	미백 크림, 에센스
		자외선으로부터 보호	선 크림, 선 오일, 선 스틱
피부용	바디 화장품	목욕용 제품	비누, 바디 클린져, 입욕제
		제한, 소취 제품	디오더란트 스프레이
		탈색, 제모 제품	탈색 크림, 제모 크림
		방향 제품	향수, 오데코롱, 오데토일렛

분류		사용 목적	주요 제품
모발두피용	모발 화장품	세정	샴푸
		영양	린스, 헤어 트리트먼트
		정발	헤어 무스, 스프레이, 포마드
		퍼머넌트	퍼머넌트 웨이브 로션
		염모, 탈색제품	헤어 칼라, 헤어 브리치
	두피 화장품	발모, 양모제품	육모제, 헤어 토닉
		영양	두피 트리트먼트, 에센스

기초화장품은 얼굴에 사용하는 화장품이 주이고 사용 목적에 따라 세정, 정돈, 보호용으로 구분 된다. 메이크업 화장품은 마무리 화장품이라고도 하며 얼굴, 손톱 등에 사용되며 안면용은 베이스 및 포인트 메이크업으로 구분한다. 바디화장품은 주로 얼굴 이외의 피부에 사용하며 제한, 소취, 제모 및 목욕용 제품이 있으며 벌레로부터 보호하기 위한 방충제품도 여기에 속한다. 두발화장품은 모발을 세정, 정발, 보호하는 제품과 퍼머넌트웨이브 및 염모제가 있고 발모제나 두피 가려움용 제품도 있다. 방향제품은 주로 바디에 사용되나 때에 따라서는 두발, 귀에 사용하는 경우도 있으며 부향률에 따라 향수, 오데 코롱, 샤워 코롱으로 분류할 수 있다.

이상 사용 부위를 중심으로 분류하였으나 목적에 따라 다양한 형태로 분류가 가능하다. 예를 들면 허가 규정에 따라 일반화장품, 기능성화장품 및 의약외품 등으로도 구분할 수 있으며 유통경로, 가격 및 연령에 따른 구분도 가능하다.

1.4. 화장품의 개발 과정

화장품을 개발하는 경우 제품을 기획하는 단계 전에 그 원천지식(seeds)이 되는 연구의 성과가 필요하다. 그 중에는 피부과학으로부터의 원천지식, 신원료, 신제형의 개발이 포함되며, 최근에는 생명과학을 기반으로 한 바이오 기술에 의한 신소재, 정밀화학으로부터의 신소재와 리포좀(liposome), 캡슐제제 등의 신제형 연구가 활발하다. 이들 원천 지식을 기반으로 하면서 소비자의 욕구(needs)로부터 상품기획에 의해 제품화 연구가 진행된다.

이 제품화 연구에서는 처방연구와 용기 등의 포장연구로 나누어지는데, 품질 특성을 검토한 후 처방, 용기, 제조공정 등의 사양을 결정하고 기능성화장품 같이 필요한 경우 허가 신청을 진행한다. 이와 병행하여 공장의 생산 부분에서는 실험실 규모로부터 생산 규모로의 대량생산 연구를 병행하여 검토한다.

설계 개시일로부터 상품 완성의 기간은 제품의 특성에 따라 다르지만 1년 정도를 선행하여 진행한다. 유효 성분의 개발이나 신제형을 도입하는 경우는 긴 기간이 요구 된다.

시장에서 소비자로부터 큰 사랑을 받을 수 있는 제품을 개발하기 위해서는 사회의 발전 방향과 소비자의 트랜드(trend) 등을 예측하여 상품을 기획하고 기술을 바탕으로 소비자의 보이지 않는 잠재 욕구를 만족 시킬 수 있는 제품을 개발하는 것이 중요하다. 이를 위해서는 소비자에 대한 연구와 관련 산업의 기술 접목 등이 요구된다.

1.5. 화장품의 근간이 되는 과학과 기술 그리고 미래

다음 장에서 언급이 되겠지만 화장품은 오랜 역사를 가지면서 오늘까지 발전되어오고 있다. 1970년대 까지는 주로 제품의 안정성, 사용성, 제조기술, 품질관리 등이 중심이 되어 콜로이드 과학, 레올로지(rheology) 등이 근간을 이루면서 1980년에 들어오면서는 사람과 제품의 조화가 강조되면서 인체 안전성이 대두됨과 동시에 유용성이 크게 대두되었다. 이는 결국 화장품 법이 약사법에서 분리 되고 기능성화장품이 태동되는 계기를 맞이하게 되었다. 유용성과 더불어 사용감을 변화시켜 소비자에게 화장품 사용 시 진부한 느낌을 주지 않고 새로운 기능을 부여하기 위해 새로운 기능을 갖는 원료의 개발 및 다양한 제형의 연구가 진행되고 있다.

안전성과 유효성을 추구하기 위해서는 제품과 사람과의 접점이 보다 강조되고 제품을 중심으로 한 과학에 덧붙여 연구의 대상도 인간 그 자체에 관련이 있는 피부과학, 생리학, 생물학, 생화학, 약리학 등의 분야로 넓어지고 더욱이 화장품을 사용함으로써 마음의 평온함과 자신감을 갖게 되는 등 심리학적인 효과를 추구하는 심리학이나 정신 신경 면역학 등의 학문도 필요하게 되었다. 이외에도 용기를 포함한 외장의 재료, 가공기술, 디자인 등이 폭넓게 접목되고 있다.

화장품을 개발하기 위해서는 화장품이라는 하드웨어와 이를 사용하는 인간의 소프트웨어를 어떻게 융합시킬 수 있을까 하는 인간과학 까지도 언급되고 있으며 이는 소비자의 웰빙(welling-being), 로하스(LOHAS)[1] 추구의 성향과 접목되고 있다. 향후의 화장품은 첨단기술

---

1) **LOHAS**(Lifestyle of Health and Sustainability): 건강, 환경, 사회정의, 자기발전과 지속 가능한 삶에 가치를 둔 소비 집단을 지칭하는 것으로 통상 자신의 정신 및 신체적 건강뿐만 아니라 후대에 물려줄 소비 기반의 지속가능성을 중시하는 주의

을 기반으로 더욱 기능적으로 우수한 것이 될 것으로 기대된다.

기능적 측면이란 주름방지, 미백, 탈모방지, 육모 등 생리학적으로 유효한 것, 또한 광의 강도에 의해 피부색이 변해 보이는 것 등을 방지하는 물리화학적으로 기능을 부여한 안료의 개발이 추진되고 있다.

동시에 화장품은 감성적인 제품으로 향의 종류에 따라 인간의 마음을 활성화 하기도 하고 진정시키기도 하며 메이크업 화장은 여성의 우울증을 쾌유로 이끄는 효과가 있기도 하다.

향후 화장품은 웰빙 트랜드 등 다양한 소비자의 니즈를 만족시키기 위해 한방화장품을 포함한 다양한 제품이 바이오 과학 및 나노 과학 등의 진보와 더불어 향후 더욱 큰 발전을 가져올 것이다.

참고문헌

1. 光井武夫, 新化粧品學, 第2版, 南山堂, 2001.
2. Binks BP. Dyab AKF and Fletcher PDI, Novel emulsions of ionic liquids stabilized by silica nanoparticles. Chem. Commun. 2003:2540-2541.
3. The Chemistry and Manufacture of Cosmetics, 3rd edition, Mitchell L. Schlossman (Editor), 1988.
4. Handbook of Cosmetic Science and Technology, 1st edition, John Knowlton and Steven Pearce, Elsevier, 1993.

제 2 장

화장품의 역사

제2장 화장품의 역사

오늘날 화장품은 우리의 일상생활과 깊은 관계를 갖고 있는데, 그렇다면 우리의 생활과 밀접하게 연관되어 있는 화장 문화는 언제부터 시작되었을까? 화장을 처음 하기 시작한 것이 언제라고 확정하기는 대단히 어려운 것 같다. 원시적인 의미의 화장이 시작된 것은 인류의 역사와 함께 시작되어 매우 오랜 역사를 갖고 있다고 보는 것이 타당할 것이다. 그러나 고고학적으로 입증할 수 있는 유적으로는 BC 5000년 이집트의 제 1 왕조 묘에서 지방(脂肪)에 향을 넣은 화장수와 화장경이 발견된 것이 유적으로 남아 있는 것 중에서 최초의 것이다. 화장품을 처음 사용하게 된 것은 종교의식, 장례식에서 비롯되었으며 같은 종족끼리의 표시나 병이나 악마로부터 몸을 보호하기 위한 수단으로 이용되었다.

우리나라에서는 만주에 살았던 읍루인(고조선 시대)들이 돼지의 고기는 식용으로 사용하고, 기름은 추위를 막기 위해 몸에 발랐다는 기록이 남아 있는데, 이것이 현재 남아 있는 기록 중에서는 최초의 것이다. 또한 낙랑시대의 고분벽화에서는 눈썹화장을 한 여인의 그림이 있어 우리의 선조들도 상당히 오래 전부터 화장을 하여 몸을 치장한 것으로 추정 된다.

고대인들이 화장을 한 목적은 무엇일까? 이에 대해서는 반론의 여지는 있겠으나, 다음과 같이 몇 가지로 요약할 수 있을 것이다. 첫째로는 종교적인 목적을 위해 화장을 하였다. 신 또는 악마의 존재를 믿었던 고대인들은 마귀를 쫓고, 신에 대한 믿음의 표현으로 얼굴이나 신체에 색칠을 한 것으로서, 아직도 미개한 일부의 원주민들 사이에는 얼굴이나 신체에 색칠을 하는 관습이 남아 있다. 둘째로는 신체를 보호하기 위한 수단으로 화장을 한 것이다. 앞에서 언급한 것처럼 읍루인들이 추위를 막기 위해 돼지기름을 몸에 도포한 것이나 또는 동물, 적으로부터 신체를 은폐하기 위해 몸에 색칠을 하였던 것으로 생각된다. 셋째로는 미적 효과를 부여하기 위한 수단으로 사용하였다. 인간이면 누구나 예뻐지고 자신의 결점을 은폐시키고자 하는 욕망을 가지고 있다. 마지막으로 타 집단으로부터 소속집단 또는 자신을 구분하기 위해서이다. 예를 들면 남녀를 구분하기 위하여 머리를 기른다든지, 지배계급과 피지배계급을 구분하기 위하여, 정복자와 피정복자를 구분하기 위해서 화장을 강요한 것이다.

그러나 과학이 진보한 현대에 있어서는 이러한 화장의 목적이 많이 변화되었는데, 현대에 있어서 화장의 목적이라고 한다면 신체를 청결히 하는 것, 색조화장에 의해 결점은 은폐시키고 장점을 부각시켜 신체를 아름답고 매력 있게 표현하는 것, 자외선 등의 외부 환경으로부터 신체를 보호하는 목적으로 사용하고 있는데, 과학이 더욱 발전함에 따라 미백, 노화 등의 의학적인 면이 화장의 목적에 더해지고 있다. 아울러 화장을 함에 의해서 마음을 풍요롭게 하고, 즐거운 생활을 영위할 수 있게 하는 것도 화장이 주는 효과라 할 수 있을 것이다.

2.1. 화장의 역사

2.1.1. 초창기~이집트

화장품의 역사는 고대 파미르 고원에서 향을 피운 것에서부터 시작되었다고 한다. 고원의 주민이 그들의 신과 조상에게 제사를 지낼 때 제단에 향을 피워, 신과 조상을 맞이하는 신성한 장소임을 알렸으며, 그 향의 연기를 쏘인 사람은 저지른 죄와 잘못을 용서받아 그 제사에 참여할 수 있도록 허가했다고 한다. 제단을 청정하게 하고 신성하게 하기 위해 향을 피우던 풍습은 점차 왕족이나 귀족의 생활 속으로 파고들어 그들의 주거지 실내에서 향을 피우도록 했다. 이때의 향에는 유향, 발삼(balsam), 계피 등이 사용되었으며 이런 풍습이 그리스, 로마 등으로 전해지면서 향료의 종류가 변화해갔다. 로마의 전성시대 때는 장미향이 매우 인기였었다고 한다.

기름 향유를 발라 피부를 손질하는 것은 옛날부터 세계 각지에서 행해져 왔다. 특히 이집트에서는 미이라를 만들 때 다량의 향유를 사용했다고 하며, 피라밋에서 발굴해낸 부장품 가운데 향유를 넣은 관이 발견되었고, 이는 그 당시 상류사회에서 향유를 사용해 피부를 손질했다고 하는 증거가 되고 있다.

피부에 안료 등의 착색료를 칠해서 장식하는 것 역시 고대에서부터 행해져 왔다. 메이크업은 처음에는 병, 악마 등으로부터 자신을 지키고자 하는 종교의식에서부터 시작되었지만 그 가운데는 종족의 상징을 표시하기도 하고, 같은 종족 사이의 지위나 역할을 나타내기도 했으며, 전쟁에 나가는 군사의 용맹성을 과시하는 등 여러 가지 목적으로 행해졌다.

지금 보면 기이한 느낌을 주는 것들이지만 그 당시에는 매우 중요한 의미를 가진 것으로 미의 관점도 달랐을 것이다. 따라서 그것이 그대로 오늘날의 메이크업의 원점이 되었다고는 할 수 없지만, 이런 고대의 풍습 가운데 아름답고 싶다거나 아름답게 가꾸고 싶다는 염원은 현대인에게도 그대로 받아들여지고 있는 것이다.

2.1.2. 헬레니즘 시대(BC 5~AD 7세기)

페르시아인들은 무력 정복을 하면서 다른 나라의 화장법을 모방했으며 인도의 정복과 함께 고대 아시아 문화의 비법을 받아들이게 되었다. 헬레니즘 시대에 들어 기원전 4세기말 알렉산더의 페르시아 정복은 향장술에도 새로운 바람을 일으켰으며, 의학의 아버지라 불리는 히포크라테스의 시대에 이르러 화장은 마술, 미신, 종교 등에서 벗어나 과학적 원리에 기초를 두기 시작한다. 피부병을 연구한 히포크라테스는 식이요법, 운동, 자외선, 특수 목욕, 마사지 등의 조화로 아름다움이 이루어진다고 하는 이론을 발표했다. 이러한 이론은 현대미용에 기여한 바가 매우 크다.

이집트의 마지막 여왕인 클레오파트라는 화장의 기교에 있어서 누구도 따를 사람이 없었다고 한다. 눈 아래쪽에는 초록색을, 눈꺼풀, 눈썹, 속눈썹을 석탄으로 검게 칠한 이집트 여인들의 강렬한 눈 화장이 잘 보여 주듯이 색채 화장을 비롯한 화장 기술은 클레오파트라의 시대에 극치를 이룬다.

기원전 3세기 이집트의 클레오파트라가 죽은 뒤 로마는 전성기에 들어서고 문화의 중심으로서 자리를 굳혔다. 다음 3세기 동안 화장의 기교는 그 유례가 없이 호사스러워진다. 로마의 탕은 귀족 남자들이 증기탕, 향유, 마사지, 향수 등을 즐겼는데 특히 장미향유를 즐겼다고 한다. 이때의 기름은 지중해 연안의 특산인 올리브유가 주를 이루었다고 한다. 한편 귀족 여자들 역시 집에서 여러 가지 미용법을 썼다고 한다.

2.1.3. 아라비아 시대(7~12세기)

중세 초기의 서구는 암흑시대였지만 동방에서는 아라비아인이 그리스, 로마의 학문이나 기술을 연구하고, 동시에 인도, 페르시아의 지식, 문화를 흡수하여 세계에서 가장 높은 문화를 형성했으며, 이 때 메이크업, 머리염색을 비롯하여 위생 면에서 진전을 보였다. 아랍인들은 생리, 보건연구를 진전시켰고, 목욕, 식이요법, 운동, 마사지 등의 치료효과를 강조하였다. 그리하여 화장품으로 단순히 결점을 보완하는 정도를 넘어서 근본적으로 이유를 찾아 해결하려는 노력이 이루어졌다. 이 시기에 이루어진 진보는 연금술, 식물학, 약학 등에 힘입은 것이며, 아시아로부터 들어온 새로운 식물과 물질은 향수류에는 물론 피부와 모발의 트리트먼트에도 유용하게 쓰였다. 이때의 향장품의 제법이나 기술은 널리 알려지지 않은 채, 비방전을 통해 대대로 전승된 것으로 이런 작업은 주로 약제사들이 도맡았다고 한다. 새로운 식물과 물질이 발견되어도 일반적 건강관리에서 피부, 모발, 치아 등의 위생과 식이요법을 강조한 것이 주목할 만한 특징이다.

한편 유럽에서는 서서히 발전이 이루어지고 있었는데 그 뒤 십자군 운동의 영향으로 동방의 문화나 진귀한 물품이 서구로 전해졌으며, 다마스커스의 직조물, 아시아의 비로드, 동방의 화장수 등을 대표로 들 수 있다. 또한 로마식의 공중탕, 즉 터어키식 증기탕이 재현된다. 십자군이 키프로스섬에 침입했을 때 향기 좋은 꽃과 향료가 많이 있어 고향의 부인들을 즐겁게 해주기 위해 가지고 왔는데, 그것을 장미의 물이라고 하였다. 그 장미의 물은 영국으로 전래되어 귀족들이 식사하기 전 손을 씻을 때 이용되기도 하였다. 영국은 이탈리아로부터 포크가 전해지기 전까지는 모두 손가락으로 음식을 먹었기 때문에 식사 전에는 손을 씻어야만 했고, 씻은 손을 테이블 크로스로 닦았다.

10세기가 되면서 남프랑스에서 향료식물의 재배가 시작되었는데, 마침 그때 이탈리아에서 이 지방으로 이주해온 이주민 가운데 피혁을 다루는 사람들이 피혁의류 가죽 냄새를 방지하기 위해 다량의 향료를 소비하게 되어, 향료식물의 재배는 날로 번창해갔다. 남프랑스는 지금도 세계 천연 향료의 중심지로 번영을 누리고 있다. 또 의류에의 부향은 전통적으로 전해져, 지금도 프랑스의 유명한 향수 가운데는 드레스 디자이너의 협력에 의한 것이 많다.

2.1.4. 르네상스 시대(13~16세기)

예술과 문학의 르네상스는 보통 14세기에 시작된 것으로 보지만 과학의 르네상스는 실제로 13세기 초로 거슬러 올라간다. 이 시기에는 의학으로부터 향장학을 분리시키려는 시도가 이루어진다. 십자군의 귀향으로 향장과 향료 연구에 큰 발전의 계기가 마련되고, 마르코폴로 등 여행자의 전파로 유럽은 인도 외 동양의 문물을 많이 접하게 된다. 기록에 남아있는 것으로는 염료식물유, 나무껍질, 석면, 산화아연, 석유 향신료, 염료로서의 석탄 사용 등을 들 수 있다. 이와 같이 새로운 색소들이 많이 알려져서 유화 및 염료에 뿐만 아니라 메이크업에도 쓰이게 된다. 15세기에는 머리를 뒤로 모아 쪽을 짓고 눈썹은 밀어서 가늘게 하는 것이 유행이었다고 한다. 루즈(rouge)와 분은 아주 흔한 화장품이었으며, 동양에서는 눈 화장도 흔했으나 서양에서는 별로 좋게 받아들여지지 않았다.

15세기말 아메리카 대륙의 발견으로 새로운 원료가 들어오는데 아스팔트, 페루발삼, 피마자기름, 후추, 설탕, 황 등을 들 수 있다. 프랑스 앙리 4세의 첫 왕비는 향장 기교가 매우 뛰어났고, 16세기 말에는 머리카락을 소다나 명반에 담갔다가 말리는 베니스식 탈색법을 사용하였다. 웬만한 사람이면 각종 향수류나 향장품을 만들어 쓸 정도였다. 향수가 영국에서 처음 제조된 것은 1573년이다. 분은 주로 백납에 수은과 흰 붓꽃을 섞어 만들었으며, 루즈에는 붉은 황토나 진사가 사용되었고 벽돌가루 등을 섞어 치아를 희게 하는 약을 만들어 쓰기도 했다.

물론 머리에도 상당히 신경을 썼다. 갖가지 방법으로 컬(curl)을 했고, 엘리자베스 여왕의 머리색인 적갈색을 따라 붉고 노란 머리가 유행하였다. 또한 염색에 걸리는 시간과 노력을 줄이기 위해 가발을 쓰는 여자들이 많아졌다. 엘리자베스 여왕도 가발을 사용했는데 한때는 그 수가 80개에 달했다고 한다. 이 시기의 가장 주목할 만한 진전은 알코올과 그 증류방법에 대한 지식이 확립된 것이다. 수세기 동안 과실류에서 얻어 온 알코올이 곡물에서도 추출이 가능하게 되었다. 알코올이 정식으로 향수류에 쓰이게 된 것은 14세기로 보인다.

2.1.5. 교역시대(17~19세기)

17세기에 들어서면서 향장계는 두 가지의 경향이 두드러진다. 그 하나는 의학이나 과학과 관련된 미학을 다루는 것이고, 다른 하나는 패션과 어울리도록 단순히 외양적인 아름다움을 꾸미는 것이다. 16-17세기에는 연백을 원료로 하여 거기에 향료나 색을 첨가한 분을 페인트라 부르고, 연지나 그 외의 화장품으로 멋을 부리는 일을 페인팅이리고 하였다. 이렇듯 여성이 얼굴을 정성껏 치장하기 때문에 17세기 초의 시인 리챠드 쿠라쇼는 그것을 메이크업이라 불렀으며 이것이 메이크업의 유래이다.

백분을 두껍게 발라두고 그 위에 연지를 바르는 화장법은 18세기 말까지 계속되었다. 이 기간의 유행으로는 백분이 밑 화장이고 연지가 주였다. 그러나 1789년에 대혁명이 일어나자 프랑스에서는 여러 가지 유행을 악몽처럼 씻어내고, 창백하고 감상적인 화장법이 유행하기 시작하여 함부로 연지를 바르는 화장법은 천하게 여기게 되었다. 영국에서 비누가 1641년 처음으로 생산되는데 정부의 규제를 받아 2세기 동안 높은 과세에 묶여있었다. 피부 세정제로는 스페인에서 수입한 아몬드 열매, 연고, 코코아버터, 바닐라 등을 원료로 만든 크림을 썼다. 17세기 식민지 생활은 생존과 안보를 위한 투쟁이라고 할 수 있는데 당시의 가정에서는 기름과 나무 재로부터 비누를 만들어 썼다. 그러다가 비누에 고래 기름을 넣게 되고 여기에 다시 탄산나트륨이 첨가되어 이러한 물렁물렁한 비누가 딱딱한 모양을 갖추게 된다.

2.1.6. 부흥시대(19세기)

미국과 프랑스의 혁명 직후의 몇 년간은 향장 관련업이 주춤하였다. 그러나 곧 미국의 화학공업은 나폴레옹의 전쟁으로 수입이 두절된 생산품의 제조에 전력을 기울여 크게 성장을 이루게 되고 이로 인하여 영국과의 교역량도 증대되었다.

19세기 후반 빅토리아 여왕 시대는 전쟁으로 인해 남편을 잃은 부인이 많았는데 상복을 벗지 않고 화장을 하지 않았으므로 그것이 상류사회의 풍속이 되어 입술에는 연지를 바르지 않고 손수건으로 가볍게 문질러 혈색을 좋게 했다. 청초하고 꾸밈없는 여성의 아름다움이 화가들에 의해 이상적으로 그려지기 시작했다. 이때는 화장품 화학이 진보하여 남녀 할 것 없이 필요한 만큼 화장품을 구입할 수 있을 정도로 제품이 다양해지고 질도 향상된다. 그러나 메이크업 화장은 연극과 영화의 세계에 한정되어 소수 여성의 전유물일 수밖에 없었다. 그 후 과학의 발달로 향장, 향료업계에서 이루어진 갖가지 변화들, 즉 새로운 화합물의 분리, 합성에 관해서는 일일이 열거할 수 없을 만큼 많다.

2.1.7. 과학 시대(20세기)

20세기 첫 작품은 콜드크림으로 1901년 개발되어 곧 널리 유행하게 된다. 질레트사는 안전 면도날을 개발했고, 영국의 미용사 네슬러는 금속 막대를 사용하는 파마 방법을 고안해냈다. 1907년 샴푸가 생산되기 시작했고, 1908년 손톱 에나멜이 선을 보인다. 1930년대에는 자외선으로부터 피부를 보호하기 위한 자외선 차단 제품이 개발된다. 1940년대에 호르몬 크림의 제조에 성공한다. 1950년대 이후의 화장품 과학은 급성장을 하게 되는데 이 시기에 합성세제, 치약, 각종 화장품 등이 선보이게 되며, 화장품 공업은 그 자리를 굳힌다. 또한 약리적 미생물학적 해독작용에 관한 연구가 활발해지고, 색소첨가물에 대한 규제가 많이 달라져서 화합물의 사용 농도가 크게 제한되기도 한다.

앞에서 말한 바와 같이 17세기까지만 해도 화장에 관한 문헌은 비전의 문헌(book of secret)으로 그쳤을 뿐 제1차 세계대전 이전까지는 화장품 공업이란 없었다고 해도 과언이 아니다. 그러나 1940년대에 이르러 영문으로 화장품 제법에 관한 책자가 출간된 것을 비롯하여 많은 정보들이 정리되고 체계화되어 산업수준을 높이는데 기여한다.

2.2. 한국의 화장사

2.2.1. 고조선시대

신에게 제사를 지낼 때 목욕재계하고 향을 피웠다든지 신분 계급을 나타내기 위해 장식물을 달고 색을 칠했다는 것 등은 서양과 크게 다를 바 없으나 피부를 보호하고 피부를 희게 가꾸려는 노력이 일찍부터 행해졌다는 것은 특이할만한 사실이다. 단군신화에 보면 환웅이 곰과 호랑이에게 사람이 되기 위해서는 쑥과 마늘을 먹으며 백일동안 굴에서 나오지 말고 해를 보지 말라고 이야기하는 대목이 나온다. 식품학자들에게 있어 쑥과 마늘은 양념이 되겠지만 화장품학적으로는 쑥과 마늘은 미백제로 간주된다.

예로부터 전해 내려오는 민간 처방에 의하면 쑥 달인 물에 목욕을 하면 피부가 희어지고, 마늘 찧은 것에 꿀을 섞어 얼굴에 붙이면 기미, 주근깨가 제거된다는 내용이 있기 때문이다. 또한 백일동안 행한 것도 흰 피부를 숭상했기 때문이 아닌가 짐작해 볼만 한다.

이 밖에도 한반도에 거주하던 말갈인들은 하얀 피부를 간직하기 위하여 오줌으로 세수를 하였고, 동북방 지역의 추위를 견디기 위하여 돼지기름을 발라 동상을 예방하고 피부를 부드럽게 하였다. 지금의 평양 근처의 고분에서는 낙랑시대의 유물이 출토되었는데 이 가운데 팔지, 귀고리 외에 거울, 칠기류가 나온 점은 화장의 역사를 가늠하는 중요한 자료가 되고 있다. 또한 낙랑 시대의 유물 중 채화칠협에 있는 인물상을 보면 머리는 단정히 정돈되어있고, 이마를 넓히기 위하여 앞머리 털을 뽑았으며, 눈썹을 굵게 강조하는 등 미적 가치를 꽤나 추구했다는 것을 알 수가 있다. 우리나라 원시 화장은 학자들 사이에 많은 이견이 있으나 대체로 이 시대의 문신에서 비롯되었다고 본다.

2.2.2. 삼국시대

3세기에서 10세기에 이르는 삼국시대는 불교의 전래와 함께 불교문화의 영향을 받아 미용과 복식에 있어서 다분히 대륙적인 면모를 갖추기 시작했다. 불교문화는 정치, 사상, 제도에서 일상생활에 이르기까지 일반인들에게 큰 영향을 미쳤다. 신라의 미의식은 건국신화에 나타나리만큼 대단한 것이었다. 신라의 시조 박혁거세가 알에서 태어났을 때도 그 용모가 매우 수려했는데 목욕을 시켰더니 몸에서 광채가 났다고 했다. 그의 왕비 알영도 미모와 몸매가 뛰어남을 강조하였으며 단지 입이 새의 부리 같았으나 목욕 후 완벽한 아름다움을 찾았다고 했다. 이 시대에 목욕은 미를 더하기 위하여 또는 하나의 의식 수단으로 행하여진 듯하다. 이 신화에서도 나타났듯이 신라인들은 아름다운 외모에 아름다운 정신이 깃든다는 일종의 영육일치사상을 갖고 있어 이 시대를 대표했던 화랑도 미소년이어야 했고, 얼굴에 분을 바르고 귀고리를 달았으며, 구슬로 장식된 모자를 써 치장을 하였다.

또한 불교가 성장하게 됨에 따라 향의 사용과 목욕이 대중화되었다. 절간에는 목욕재계를 위하여 대형 목욕실이 설치되었고, 세제로서는 팥, 녹두를 가루 내어 사용하거나 수세미 껍질이나 부석으로 때를 밀기도 하고 밀기울이나 쌀겨를 무명 주머니에 넣어 목욕물에 띄워서 사용하기도 하였다. 그리고 이 같은 목욕제를 사용한 다음에는 콩이나 팥의 냄새를 없애기 위하여 반드시 향을 사용했는데 향료로는 향기가 짙은 꽃을 말려 가루로 만들어 썼다. 이 시대의 향은 단순히 목욕용으로만 쓰인 것이 아니라 결혼, 출산의식, 그 밖의 용도로도 많이 쓰였다.

화장 문화도 동백이나 피마자 오일로 머리를 손질하였으며 분꽃 씨 가루, 조개껍질을 태워 빻은 분말, 활석 가루 등으로 분을 만들어 물에 갠 후 얼굴에 발랐다. 그러나 부착력이 너무 약했으므로 후일 납을 함유시켜 처리한 연분을 만들어 쓰게 되었다. 또한 잇꽃의 즙으로 연지를 만들어 볼과 입술에 발랐으며 나무재를 개어 눈썹을 그렸다. 고구려 여인들의 화장 문화는 5~6세기경의 고분으로 추정되는 평남 용강군 소재 쌍용총의 벽화를 보면 잘 알 수 있다. 이 벽화에는 귀족 부인과 시녀가 그려져 있는데 머리에 관을 쓰고 옷깃은 붉으며 뺨에는 연지가 찍혀 있다. 벽화의 그림을 잘 들여다보면 고구려 여인들의 얼굴은 보름달처럼 둥글게 생겼고 눈썹은 짧고 뭉툭하게 그렸으며 머리는 틀어서 얹고 입술에 연지를 발랐다는 것을 알 수 있는데 이는 대륙에 오랫동안 전래하던 화장술로 요염한 자태를 나타내는 화장법이다.

백제의 모든 문화가 온건하고 부드러운 선을 나타냈던 것과 맥을 같이 하여 화장의 문화도 그와 크게 어긋나지 않는다. 두발과 화장은 곧 신분을 나타냈으며 대부분의 여인들은 은은하고 부드러운 화장을 위하여 분은 바르되 연지는 사용하지 않았다. 백제의 화장 문화는 곧바로 일본에 영향을 주어 화장품 화장술 등이 일본으로 건너가게 되었다.

2.2.3. 통일신라시대

통일신라에 이르러 여인들은 극도의 사치와 멋에 물들어갔다. 이 시대의 왕족들은 당나라에서 수입한 거북이 껍질로 장식한 빗을 사용하고, 옥과 상아로 만든 비녀를 꽂았다. 화장용구도 다양화되어 연분을 물에 적시는데 필요한 납작한 접시, 기름 등을 담을 수 있는 토기(놋쇠나

은그릇은 화장품을 담으면 변질을 일으키므로 토기를 사용했다), 털을 뽑는 족집게, 향을 담은 향낭 등이 지금도 전해지고 있다. 또한 신라여인들의 얹은머리 즉 사발은 신라의 독창적인 것으로 당나라 여인들의 선망을 사게 되어 당나라에서 이 가발을 사갔는가 하면 9세기 초엽의 신라는 가발을 공물로 당나라에 보내기까지 되었다. 이 밖에도 태환식의 귀고리, 금제 머리띠, 반지, 팔지 등의 사용이 보편화되고 화장기술 또한 상당한 발전을 보이고 있었다.

2.2.4. 고려시대

고려도경에 보면 고려인들은 남녀가 한 개울에서 목욕을 했으며, 하루에도 서너 차례씩 목욕을 했다고 한다. 부유층의 여인들은 난초를 삶은 물에 난탕을 하여 희고 부드러운 살결을 간직하려 했고, 몸에서 향내가 나도록 하였다. 향에 대한 애착은 어느 시대보다고 더하여 신체나 옷에 향유를 뿌리거나 발랐으며 비단 향낭을 여러 개씩 패용하는 것을 자랑스럽게 여겼다. 고려 여인들의 아름다워지고자 하는 욕망은 아마 현대 여성도 따라가기 힘든 정도가 아니었을까 생각된다. 화장술은 신분에 따라 약간 구분되어 기생은 분을 도포한 듯 얼굴을 희게 표현하고 눈썹은 뽑아 가늘게 그렸으며 머릿기름을 반질거리도록 발랐다고 한다. 또한 염색이 모든 계층에 유행하였으며 빗, 거울, 세숫대야 등 화장용구도 기술자를 두어 제작하였다.

화장품에 대한 기록도 역시 고려도경에서 찾아볼 수 있는데 병에 담아 피부에 발랐다는 대목을 보면 이 시대의 화장품이 로션이나 크림의 중간 타입이 아니었을까 추측할 수 있다. 또한 연분을 만들어 백자에 담았는데 가루를 물에 개어 쓸 수 있도록 아랫부분은 접시 모양이며, 뚜껑을 만들어 씌운 분합은 색깔을 넣어 장식하는 등 용기에도 매우 신경을 쓴 것을 엿볼 수 있다.

2.2.5. 조선시대

조선시대의 지배층은 고려시대로부터 이어 내려오던 극에 달한 사치 풍조에 대하여 금지령을 내렸고 사회 내부에서도 퇴폐풍조에 대한 반작용으로써 외면적인 화려함이 감소하고 내면의 미가 강조되었으며 근검절약하는 풍조가 생겨났다. 일반인들의 치장은 단백하며 아름답고 깨끗한 피부에 주력하였으며, 나들이, 모임 등 의례 때에만 화장과 장식을 하였고, 기생, 궁녀, 음악인 등 직업여성들만이 짙은 화장을 하였다. 정유재란과 임진왜란을 거치면서 사회는 일시 경제적 빈곤에 빠지지만 화장품에 대한 연구는 많이 진행되었다. 선조 때에 고도의 기술로 화장수가 제조되었으며, 이는 일본까지 건너가게 되어 조선의 높은 화장 문화에 대한 명성을 떨쳤다. 숙종 때에는 화장품 방문판매원인 매분구가 생겨났다. 매분구들은 당시 외출이 자유롭지 않았던 조선 여성들이 쉽게 화장품을 구입할 수 있게 해주었고, 미용에 대한 지식도 알려주었다고 전해진다. 미용법도 발달하여 조선시대 규합총서에는 얼굴이 거칠어지고 터지는데 달걀 세 개를 술에 담가 김새지 않게 봉하여 네 이레 두었다가 바르면 얼굴이 트지 않고 옥 같아 진다는 등의 미용법이 수록되어있고, 이밖에 여러 가지 두발의 형태, 입술연지 그리는 방법, 눈썹 그리는 방법 등의 내용도 담겨져 있다. 이 시대의 바람직한 여인상으로서는 둥근 얼굴에 야위지 않은 모습으로 살빛은 희고, 흉이나 잡티가 없으며, 머리숱이 많은 부자 집 맏며느리 상이 최고로 꼽혔다.

화장은 얼굴에 분을 바르고, 연지는 그리되 자기 본래의 모습은 크게 벗어나지 않도록 하였으며 단지 깨끗하고 흰 피부를 숭상하여 꿀 찌꺼기로 팩을 하거나 오이 꼭지를 피부에 문지르기도 하였다고 한다. 나라에서는 향장, 분장으로 나누어 향장에는 향을 제조하고, 분장에서는 일반 여인용 분, 기생용 분을 나누어 제조하였으나 수요를 충당하지 못하였고, 일부 연지 가게, 분 가게에서 만든 연지나 분은 단독(수은 성분), 분독(납 성분) 때문에 문제시 되었으므로 일반인들은 화장품을 직접 만들어 썼다.

2.2.6. 근 대

후진국이라 경멸했던 일본은 일찍이 유럽에 대한 문호를 개방하고 새 기술로 무장을 하게 되었다. 조선왕조도 1876년 외세에 밀려서 어쩔 수 없이 개항을 하게 되었고, 그 이후 정치적, 문화적 소용돌이에 휘말리게 된다. 미용분야도 예외는 아니어서 왕국에서는 은에 칠보로 장식한 은문갑에 가루를 넣어 사용하였지만 바깥에서는 재래식 화장품이 외국의 신식 상품에 완전히 밀리게 되었다. 일본이나 유럽 등지에서 수입된 크림, 백분, 비누, 향수 등은 사용이 간편하고, 포장, 품질 등이 뛰어나서 큰 인기를 끌었으며, 이는 국내 화장품의 산업화를 촉진하는 계기가 되었다.

이러한 시대적 요구에 따라 1916년 박승식이라는 사람이 품질 및 포장이 개선된 분을 제조하여 그의 성을 따 박가분(朴家粉)을 탄생시켰다. 박가분은 1922년 제조 허가를 받아 관허 1호 화장품이 되었는데 한때 모든 여성의 선망이 대상이 될 만큼 인기를 모았으나, 납 성분에 대한 부작용 때문에 물의를 일으켜 1937년 자진 폐업하였다.

아무튼 그 당시에는 박가분을 시발로 하여 서가분, 정가분, 서울분, 설화분 등 각종 분류와 유액, 머릿기름이 신식 기술을 모방하여 잇달아 시판되었고, 크림도 상당한 인기를 끌었다. 화장품에는 부향율이 점차 높아져 다소 짙은 향을 풍겼고, 입술 색깔도 진해졌다. 이와 때를 같이하여 쪽머리는 잘라 파마를 하게 되었고, 뾰족 구두에 양산을 쓴 신여성 차림이 등장하게 되었는데, 이렇게 파격적인 변혁이 일게 되자 기생과 접대부들은 더욱 판을 치게 되었다. 그러나 한편으로는 이러한 개방적 사고에 대한 반작용으로서 더욱 더 화장이 이전보다 짙어진 경향도 나타났다. 남성들에게도 상투가 사라지면서 모발을 정발하기 위하여 포마드가 다량 생산, 사용되었다.

2.2.7. 현 대

광복과 6.25를 거치면서 밀수 또는 수입품으로 외제 화장품이 그 어느 때보다 범람하게 되었다. 그러나 그에 위축되지 않고 국내에서도 1960년대부터 화장품의 생산 활동이 본격화되기 시작하였다. 화장품의 기능도 세분화되어 백분의 사용은 격감되고, 도포력, 부착력이 우수한 액상 백분(화운데이션)이 크게 인기를 끌었으며, 바니싱크림(vanishing cream), 스틱형 연지 등이 생산 사용되었다.

잡지와 신문에는 서구적 화장법이 소개되었고 그 이후부터는 세계와의 정보 교류가 활발해짐에 따라 패션 정보의 입수가 용이해져 여성들은 빠른 속도로 유행을 흡수하고 변모되어 갔다. 화장품의 품목별 증가와 아울러 그 대상도 폭이 넓어져 남성용, 어린이용에 이어 최근에는 주니어용 화장품도 개발되기에 이르렀고, 용도별로 전신용 제품, 두발 전용 제품이 다양하게 시판되고 있다. 1962년 본격적으로 시작된 방문 판매는 1980년대 중반까지 국내 화장품 유통의 주요 경로였으나 1983년 이래 종합 코너의 증설로 제도 판매로 이행되는 과정에 있어 유통 경로는 복잡, 다양해지고 있는 추세이다. 1980년 후반 정부는 국내 기업의 기술 축적과 국제 경쟁력 강화를 위해 기술 도입과 합작 투자를 대폭 개방하였고, 이어 1993년도 말경에는 화장품 소매업에 대한 외국인 투자가 개방되어 제조부터 판매까지 외국 자본이 진출하고 있는 실정이다. 이미 수많은 외제 화장품들이 범람하고 있는 이 시점에서 국내 화장품은 외국 자본과 기술에 대항하여 치열한 경쟁이 불가피하게 되었다. 고령화 사회로 옮아가고 있는 것은 국내도 마찬가지여서 노화를 예방하고 젊음을 유지시키려는 노력이 이루어져 최근 피부 관리실도 상당 수 증가하고 있으며, 노화를 근본적으로 지연시킬 수 있는 최첨단 신소재, 최신 기술을 이용한 기능성 화장품도 속속 개발되고 있다.

참고문헌

1. 김명자, 화장품의 세계, 정음사, 1985.
2. 하영래, 김선원, 김정인, 윤용진, 이병현, 이상경, 장기철, 장정순, 정대을, 최명석, 생물신소
    재 공학의 이해, 라이프사이언스, 2004.
3. 最新 化粧品科學, 化粧品科學硏究會, 藥事日報社, 1980.
4. 光井武夫, 新化粧品學, 第2版, 南山堂, 2001.

제 3 장

화장품과 피부 · 모발

제3장 화장품과 피부ㆍ모발

화장품은 피부, 모발, 손ㆍ발톱 등을 대상으로 사용하는 물품이다. 그러므로 화장품을 이해하기 위해서는 먼저 피부에 대한 이해가 필요하다고 하겠다. 이 장에서는 화장품에 관심 있는 사람들을 위해 피부에 대한 가장 기본적인 내용을 위주로 간략히 설명하고자 한다.

3.1. 피부의 구조

피부는 신체의 표면을 덮고 있으며 외부 환경과 신체의 경계를 담당하고 있는 기관이다. 즉, 피부는 외부로부터 신체를 보호하는 역할을 담당하는 기관으로 성인을 기준으로 그 면적은 약 1.6m²정도이다. 피부의 무게는 약 9Kg으로 전체 몸무게의 약 15%를 차지하며 인체를 구성하고 있는 기관 중 가장 큰 기관이다. 피부의 두께는 약 1.4mm 정도 되며 이는 부위 및 개인에 따라 차이가 있다. 예를 들면 눈가나 귀부위의 피부는 매우 얇으며 손바닥이나 발바닥 같은 곳이 가장 두껍다. 그림 3.1에 나타낸 바와 같이 피부는 크게 표피, 진피, 피하조직의 세 가지 부분으로 나누어져 있다.

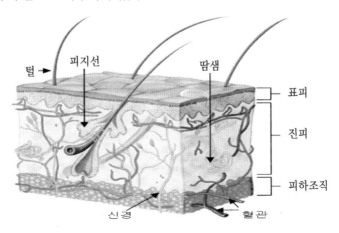

그림 3.1. 피부의 구조

표피는 두께가 약 0.1~0.3mm 정도이며 수십 개의 세포층이 쌓인 형태로 되었는데, 최 외측으로부터 각질층(stratum corneum), 과립층(stratum granulosum), 유극층(stratum spinosum), 기저층(stratum basale)으로 나누어 진다. 손바닥과 발바닥에는 각질층과 과립층 사이에 특이하게 투명층이 존재한다. 표피의 기저층에는 각질층을 만드는 케라티노사이트 (keratinocyte) 외에 멜라닌 색소를 생산하는 멜라노사이트(melanocyte)가 존재하며 이물질의 침입에 대한 방어기구인 면역반응에 관여하는 랑겔한스세포(Langerhans' cell) 등이 존재한다(그림 3.2).

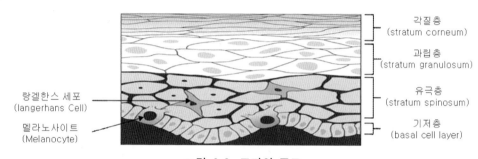

그림 3.2. 표피의 구조

진피는 표피의 아래에 존재하는 부분으로 결합조직으로 이루어져 있다. 표피에 접하는 부분은 요철모양으로 되어 있고 표피가 길게 나온 부분을 표피돌기라고 부르며, 진피가 들어간 부분을 진피 유두층이라고 한다. 보다 깊은 부분을 망상층이라고 한다. 진피에서는 표피층에서와 같이 세포가 밀집되어 있지 않고 세포 이외의 공간이 많은데 이 부분을 세포외기질(extracellular matrix, ECM)이라 부른다. 진피에는 알러지 반응을 유발하는 히스타민과 세로토닌을 생성하는 마스터셀(비만세포) 및 세포외기질을 생성하는 섬유아세포(fibroblast) 등이 존재한다. 세포외기질을 구성하는 성분은 글리코스아미노글리칸(glycosaminoglycan, GAGs), 또는 뮤코다당류(mucopolysaccharides)라 불리우는 히아루론산(hyaluroinic acid) 같은 다당류와 콜라겐(collagen) 엘라스틴(elastin) 같은 섬유상 단백질이 존재한다. 콜라겐은 진피의 세포외기질의 주요 단백질로서 피부조직의 형태를 유지하는 작용을 하며 엘라스틴은 콜라겐 섬유를 상호 결합시켜 피부조직이 탄성을 갖도록 하는데 기여한다. 이와 같은 이유로 진피는 피부의 탄력성과 장력에 크게 영향을 미친다. 진피에는 혈관, 신경, 털, 기모근, 땀샘, 피지선 등이 존재한다.

피하지방조직은 체온의 유지에 중요한 역할을 하며 일반적으로 남성보다는 여성, 성인보다는 소아에 더 발달된 조직이다.

3.1.1. 피부의 생성, 각화, 분화

표피의 가장 아래층에 있는 기저층은 기저세포 한 개의 층으로 이루어져 있으며 기저막을 사이에 두고 진피와 접하고 있다. 기제세포는 끊임없이 분열을 반복하며 이것이 피부표면 쪽으로 이동하여 유극세포가 된다. 유극세포에는 데스모좀(desmosome)이라는 물질로 세포와 세포가 서로 연결되어 있는데, 이로 인하여 세포의 표면에 가지가 있는 것처럼 보이기 때문에 유극세포라고 부른다. 유극층은 몇 개의 층으로 이루어져 있고 표피 내에서 가장 두꺼운 층이다. 유극층 위에 2~3개의 층으로 이루어진 과립층이 존재하는데, 여기에는 케라토히알린이라는 과립이 존재한다. 그 위의 각질층에서는 세포의 모양이 크게 변한다. 각질세포는 핵을 비롯한 여러 가지 소기관들이 없어지고 케라틴이라고 불리는 섬유상 단백질이 세포내의 대부분을 채운다. 이렇게 기저층에서 만들어진 세포가 점차 위쪽으로 이동하면서 복잡한 과정을 거쳐 각질층을 계속해서 만들어 내는데, 이러한 표피세포의 분화과정을 각화라고 한다. 각화를 통하여 생성된 각질층은 화장품이 직접 접촉하는 곳이고 미용과도 깊은 관련이 있는 곳이다.

각질세포는 차례차례로 계속해서 만들어 지고 상층으로 이동함으로써 최외각의 오래된 각질세포는 자연적으로 탈락되기 때문에 표피는 항상 일정한 두께를 유지한다. 이렇게 표피세포가 새로운 세포층으로 바뀌어 가는 과정을 각질박리(turnover)라고 하는데, 이는 부위나 나이에 따라 다를 수 있지만 정상적인 피부의 각질박리 주기는 약 4주 정도로 알려져 있다.

3.1.2. 피지선(Sebaceous gland, 피지샘)

피지선은 손바닥과 발바닥을 제외한 전신의 피부에 존재한다. 신체 부위에 따라 그 크기, 형태, 분포도가 다른데, 얼굴과 머리에서는 약 800개/cm^2 정도로 피지선의 크기가 크고 수도 많으며, 팔, 다리 등에서는 약 50개/cm^2 정도이다.

피지선에서 생성된 피지는 모공과 연결된 관을 통해서 피부표면으로 배출된다. 피부 표면에는 이렇게 배출된 피지와 표피 유래의 지질 등이 섞여서 약 0.4~0.05mg/cm^2 정도의 지방질이 존재하고 있다. 이것을 피부지질(skin lipids)라고 하며 그의 조성은 다음의 표 3.1에 나타내었다.

피부지질의 기능으로는 피부로부터 수분의 증발을 막아 보습, 유연성을 부여하고 외부로부터 유해물질이나 세균 등의 침입을 막아 신체를 보호하는 것으로 생각된다. 피부 지질의 양은 피부부위에 따라서 다르지만 나이, 성별, 계절, 온도, 시간에 따라서도 달라진다. 피지의 분비는 연령에 따라서는 사춘기 때 가장 왕성하고 여성보다는 남성이 많으며 겨울보다는 여름철에 피지분비가 많다.

피지선의 활동에는 호르몬의 영향이 매우 큰데, 특히 남성 호르몬은 피지선을 비대화 시키고, 지질합성 효소의 활성을 증가시켜 피지의 합성을 증가시킨다고 알려져 있다.

표 3.1. 피부지질의 조성

지 질	평 균 (wt %)	범 위 (wt %)
Triglyceride	41.0	19.5-49.4
Diglyceride	2.2	2.3-4.3
Free fatty acids	16.4	7.9-39.0
Squalene	12.0	10.1-13.9
Wax ester	25.0	22.6-29.5
Cholesterol	1.4	1.2-2.3
Cholesterol ester	2.1	1.5-2.6

3.1.3. 한선(Sweet gland, 땀샘)

한선은 땀을 분비하는 샘으로 에크린선(eccrine sweet gland)과 아포크린선(apocrine sweet gland)의 두 종류가 있다. 땀의 주요한 역할은 기화열을 이용하여 체온을 저하시키는데, 고온환경 또는 격한 운동 후의 체온 상승을 억제한다. 이와 같이 온도에 의해 생기는 땀을 온열성 발한이라고 하고 정신적 긴장에 의한 것을 정신성 발한, 쓴맛, 신맛, 매운맛에 의한 것을 미각성 발한이라고 한다.

에크린선은 동양인의 피부상에 약 230만개가 존재하고, 1시간에 1리터 이상, 하루 10리터 정도의 땀을 분비하는 능력이 있다. 에크린선은 전신에 걸쳐서 분포하고 있으며, 특히 머리, 겨드랑이, 손바닥, 발바닥 등에 많이 분포하고 있다. 에크린선은 사구상의 선체를 진피의 아랫부분 또는 피하조직 내에 갖고 있고 진피와 표피를 통과하는 도관을 통하여 몸의 표면 쪽으로 열려있다. 그의 분비물은 약산성으로 세균의 번식을 억제한다. 에크린선에서 분비되는 땀의 고형분은 약 0.3~1.5% 정도 되는데, 그 주성분은 염화나트륨이며 이외에도 요소, 유산, 황화물, 암모니아, 요산, 크레아틴, 아미노산 등이 함유되어 있다(표 3.2).

표 3.2. 땀의 성분 조성

성 분	함량범위(%)
식염 (NaCl)	0.648~0.987
요소 (urea)	0.086~0.173
유산 (Organic acid)	0.034~0.107
황화물 (Sulfates)	0.006~0.025
암모니아 (NH$_4$)	0.010~0.018
요산 (uric acid)	0.0006~0.0015
크레아틴 (creatin)	0.0005~0.002
아미노산 (amino acids)	0.013~0.020

아포크린선은 털이 있는 부분 및 젖가슴 부분에 많이 존재한다. 이는 피지선과 같이 모포와 일체를 이루고 있으며 몸 표면으로 열려 있지 않고 모포 상부로 열려 있다. 아포크린선의 분비는 땀속에 세포의 일부가 박리되어 섞이기도 하고 에크린선과는 다르게 끈끈하고 악취가 나는 물질을 함유한다. 아포크린선의 땀은 약알카리성으로 세균의 감염이 쉽고 이 세균에 의해 땀속의 유기성분을 냄새가 나는 물질로 분해한다.

에크린선은 자율신경에 의해 지배를 받으나 아포크린선은 호르몬의 영향을 강하게 받는다. 에크린선은 나이에 따라서 구조가 변하고 분비세포가 위축되어 땀의 분비가 감소되지만 아포크린선은 노화에 의한 영향이 적은 것으로 알려져 있다.

3.2. 피부의 기능

피부는 생체의 표면에서 외부에 직접적으로 접촉하고 있기 때문에 여러 가지 자극에 노출되어 있다. 피부는 이러한 자극으로부터 생체를 보호하고 신체의 움직임을 주위의 변화에 순응시키는 작용을 가지고 있으며 다양한 역할을 담당한다.

3.2.1. 피부의 생리기능

(1) 보호작용

피부는 진피의 탄력섬유와 피하지방 조직에 의해서 외부로부터 물리적 힘이 직접 생체에 미치지 않도록 완충 역할을 담당한다. 피부는 또한 알카리 중화능을 가지고 있어 표면의 pH를 약산성으로 일정하게 유지시키는 완충능력에 의해 화학적으로 유해한 자극으로부터도 피부를 지킨다. 피부 최 외층의 각질층과 피부지질은 과도한 수분의 유입이나 손실을 방지하거나 외부 유해물질의 침투를 방어하는 장벽으로 작용한다. 피지 속에 함유된 불포화지방산은 어느 정도의 살균작용이 있어 피부 상에서 세균의 발육을 억제한다. 또한 피부에는 면역에 관계하는 세포가 존재하여 면역반응을 통하여 생체를 방어한다. 표피에 존재하는 멜라닌색소는 자외선을 흡수하여 생체를 자외선으로부터 보호하는 작용을 한다.

(2) 체온조절작용

피부는 모세혈관의 확장, 수축에 의한 피부 혈류량의 변화 및 발한작용에 의해 체온을 조절한다. 피부혈관은 에크린선과 함께 자율신경에 의해 지배를 받고 있다. 체온조절의 중추신경은 시상하부에 있고 온도가 낮아지면 혈관 수축성 신경의 활동이 증가하여 피부혈관을 수축시켜 체온 저하를 방지한다. 온도가 높으면 신경활동은 떨어지고 혈관이 확장되어 열을 방출한다. 발한기능의 중추신경도 시상하부에 있다. 각질층이나 피하조직 등도 그들 자체가 신체의 열 발산을 방지하기도 하고 외계 온도의 변화를 신체 내부로 전달되지 못하도록 한다. 기모근이 수축되면 표피에 공기층을 형성하게 되고 체내로부터 열의 확산을 감소시켜 체온조절을 하게 된다.

(3) 지각작용

피부는 외부 환경의 변화를 수용하여 감각을 나타낸다. 감각에는 압각, 촉각, 온도감각, 통각 등이 있다. 피부 내에는 여러 가지 종류의 수용체가 존재하며 이들을 통하여 척수, 뇌간, 시상을 경유하여 대뇌피질에 전달되어 감지를 하게 된다.

(4) 흡수작용

피부를 통하여 여러 가지 물질들이 체내로 흡수될 수 있다. 그 경로는 표피를 통한 흡수와 모낭의 피지선으로의 흡수 두 가지 경우가 있을 수 있다. 대개 호르몬, 비타민A, D, E, K 등 지용성 물질들은 경피흡수가 잘 되지만, 염류나 비타민C 같은 수용성 물질들은 경피흡수가 잘되지 않는데, 이는 각질층 자체가 소수성이기 때문에 물이나 수용성 물질의 장벽으로 작용하기 때문이다. 피부 투과성을 의미하는 경피흡수성에는 물질의 지용성 정도, 나이, 피부 혈류량, 온도, 수분함량, 각질층 손상정도, 주변온도, 습도, 기제 등의 여러 가지 요인들에 의해서 영향을 받는다.

(5) 기타작용

피부는 감정전달기관으로 홍조, 창백, 털의 역립 등 감정의 변화에 따라 그 상태가 바뀐다. 또한 피부에서는 비타민D의 생합성이 일어난다. 피부 속에는 비타민D의 전구체인 에르고스테롤(ergosterol)이나 디하이드로콜레스테롤(dehydro-cholesterol)이 존재하는데, 이는 자외선을 받으면 비타민D로 바뀐다.

3.3. 피부의 색

피부의 색은 인종에 따라 크게 차이가 나고 성별, 개인, 연령, 지역, 계절 및 부위에 따라서 다르며, 건강상태나 스트레스 같은 감정변화에 의해서도 달라진다. 피부표면의 색에 영향을 미치는 것으로는 멜라닌색소, 카로틴, 헤모글로빈 등이 있다. 또한 피부색은 각질층의 두께나 수화상태, 혈액의 양이나 혈중 산소의 양, 세포간 접착상태 등 여러 가지 요인에 의해서도 달라진다.

3.3.1. 멜라닌 색소

멜라닌은 사람의 피부색을 결정하는 가장 큰 인자이다. 멜라닌색소는 색소합성세포인 멜라노사이트 내의 멜라노좀에서 합성되는데 합성된 멜라닌은 멜라노사이트의 수지상 돌기를 통해 표피세포인 케라티노사이트로 이동되어 피부색을 나타내게 된다. 멜라노사이트는 사람 피부에서 표피기저층 및 모근부 기저세포 7~8개 중 1개 정도의 수로 존재한다. 멜라노사이트의 수는 인종에 따라서 차이가 없지만 멜라노사이트 내에서 멜라노좀의 생성능과 표피로 이동된 멜라노좀의 수 및 존재 형태에 따라 차이가 생긴다. 백인의 경우 멜라노좀이 막 주위에 모여 복합체를 형성하는 것이 반하여 유색인종의 경우에는 멜라노좀이 골고루 분포하여 짙은 색을 띠게 된다. 멜라닌의 합성은 아미노산의 일종인 티로신을 효소 티로시나제에 의해 산화시켜 도파라는 물질로 만들고 이것을 다시 도파퀴논으로 산화시킨 다음 계속해서 복잡한 산화과정들을 거쳐 최종적으로 멜라닌이 생성된다. 멜라닌의 종류에는 흑색 멜라닌

(eumelanin)과 적색 멜라닌(pheomelanin)의 두 가지가 있다.

3.3.2. 카로틴

카로틴은 카로티노이드 색소의 일종으로 알파, 베타, 감마의 세가지 이성질체가 알려져 있다. 카로틴의 수산화 유도체인 크산토필도 여기에 포함된다. 카로틴을 경구 섭취하면 주로 장점막에서 흡수되어 비타민A가 생성되지만 비타민A로 변환되지 않고 장관에서 흡수된 카로티노이드는 혈액으로 이동되어 β-리포프로텐인과 결합한다. 혈중 카로티노이드는 각질층에 침착하기 쉬운데, 피부의 황색은 주로 카로틴에서 유래한 것이며 여성보다는 남성에게 많은 것으로 알려져 있다.

3.3.3. 헤모글로빈

Heme 4분자와 글로빈 단백질로 이루어진 호흡단백질로 적혈구에만 존재한다. Heme은 글로빈 분자의 히스티딘 측쇄의 이미다졸과 결합하고 있다. 산소분자와는 가역적으로 결합하고 산소를 폐로부터 조직으로 운반한다. 정맥혈액 중의 환원형 헤모글로빈은 푸른 홍색을 띄며 이 4분자의 산소가 결합한 동맥혈액 중의 산화형 헤모글로빈은 선홍색을 띤다. 얼굴, 목 부위에는 모세혈관이 표피 근처에 가깝게 분포하고 있어 헤모글로빈의 홍색이 얼굴색에 크게 기여한다.

3.4. 피부타입

피부타입이라는 용어는 피부의 상태를 나타내는 미용용어이다. 건강한 사람의 피부도 개인마다 차이가 있으며 같은 사람이라도 나이 계절 및 외부 환경에 따라서 다르다. 건강한 피부상태를 유지하기 위해서는 화장품을 이용한 올바른 스킨케어가 중요하다. 여기서는 피부상태를 평가하는 방법과 이를 기준으로 피부타입을 분류하는 것에 대해 간단히 설명한다.

3.4.1. 피부표면 형태

피부표면에는 미세한 구조가 종횡으로 연결되어 있는데, 그 구조를 피구(皮溝)라고 한다. 피구에 둘러쌓인 편평한 부분을 또한 피구(皮丘)라 하고 이렇게 만들어진 문양을 피문(皮紋)이라고 한다. 피부표면의 형태는 대개 실리콘 수지를 이용하여 주형(replica)을 떠서 이를 확대하여 상세하게 관찰할 수 있다. 외관상으로 볼 때 피부의 살결이 미세하고 젊고 건강한 피부에서는 피문이 명확하고 세밀하며 규칙성이 있는 반면, 각질이 갈라지거나 거칠은 피부에서는 피문이 불명확하며 심한 경우 피문이 잘 나타나지 않는 경우도 있다. 주형을 컴퓨터 화상분석을 이용하여 분석하면 피부의 상태를 보다 객관적으로 평가하는 것이 가능하다.

3.4.2. 각질층 수분량

정상적인 각질층에는 약 10~20%의 수분이 존재한다. 각질층의 수분량이 10% 이하로 감소하면 유연성이 떨어지고 딱딱해지며 잔주름이나 인설 발생의 원인이 된다. 각질층의 수분량을 유지하는 주요 요인은 천연보습인자(NMF)인데, 이 중 아미노산류가 각화상태와 밀접한 관련이 있는 것으로 알려져 있다. 각질층의 수분을 측정하는 방법에는 몇몇 방법이 알려져 있는데, 그 중에서 전기전도도를 측정하는 방법이 가장 일반적으로 이용되고 있다(14.5.4 참조).

3.4.3. 수분 손실량(TEWL)

각질층 장벽기능의 지표로서 피부 내부로부터 피부를 통하여 발산되는 수분량을 측정하는 방법이 주로 이용된다(14.5.4 참조).

3.4.4. 피부타입의 분류

피부타입을 분류하는 첫째 특성은 피지량이다. 이를 기준으로 종래에는 피부타입을 보통 건성피부, 보통피부, 지성피부 등으로 분류하였다. 그런데, 피지량과 촉촉한 피부상태와는 별개라는 것이 밝혀졌으며 이를 근거로 요즘에는 피지량과 각질층 수분량을 조합하여 지성이면서 건조한 지성건조피부를 추가하여 4가지 타입으로 분류하는 것이 일반적이다(그림 3.3).

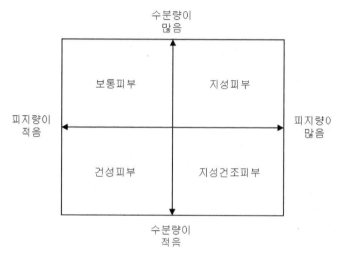

그림 3.3. 피부타입의 분류

3.5. 여드름과 피부

여드름은 전문용어로 심상성좌창 이라고 하며 피부질환의 일종이다. 이는 인간에게만 나타나는 피부질환으로 전 인류의 80%가 경험하는 것으로 알려져 있으며 환자의 70~80%는 11~25세의 연령층에 집중되어 있다. 이는 성호르몬이 여드름의 근본 원인인 피지의 생성에 영향을 미치기 때문에 사춘기에 많이 발생하는 것으로 생각된다.

3.5.1. 여드름의 원인

여드름의 원인은 여러 가지가 있을 수 있으나 그 주된 것은 다음의 3가지 요인에 의해 나타나는 것으로 알려져 있다.

(1) 피지선의 비대(피지분비 과잉)

피지선에서는 끊임없이 피지를 생산하고 모공에 연결된 관을 통하여 피부표면으로 분비된다. 남성호르몬인 테스토스테론은 피지선의 활성을 촉진시켜 지질의 생합성을 촉진시키기 때문에 피지선은 제 2차 성장 시기(10~16세)에 급속히 발달한다. 특히 얼굴, 가슴 등 부위에서 피지선이 크게 발달하고 분비기능이 활발하기 때문에 피지의 생산량과 피지 분비능력의 밸런스가 유지되지 않는 경우가 생길 수 있다. 그러므로 피지의 분비가 원활하지 못하게 되면서 모낭 내에 피지가 쌓이게 되어 발진의 원인이 된다.

(2) 모낭공의 각화항진

모낭공의 모유두에서는 각화항진이 일어나기 쉽고 두꺼워진 각질층이 모낭 내에 박리하여 모유두가 막혀 이로 인해 피지가 배출되지 못하고 모공 내에 쌓여서 면포를 형성하게 된다. 모낭공과 피지선의 개구부가 각질에서 막히던지 좁아지면 정상적인 피지의 배출이 억제되어 모유두에 피지가 정체하게 된다. 그 결과로서 여드름 균이 증가하고 그 분해물이 상피세포를 자극하여 더욱 강화 항진을 하게 된다. 피지선과 모낭은 피지가 막아서 발진을 일으키기 쉽다. 각질층은 물리적 자극과 자외선에 의해서도 각화가 촉진되어 비후되기 때문에 강한 자외선을 받은 후에 여드름이 악화되는 경우도 있다. 또한 세안을 게을리 하거나 피부가 불결한 경우에도 같은 이유로 각질이 모낭공을 막아 발진을 유발할 수 있다.

(3) 세균의 영향

피지선의 비대와 모낭공의 각화항진 등의 원인으로 인해 피지가 남게 되면 모낭의 모유두에 존재하는 피부상재균인 여드름 균과 피부 포도상 구균이 증가하며 이 균이 분비하는 효소 중 리파아제가 작용하여 피지 성분 중의 중성지방질을 분해하여 유리 지방산을 생성한다. 유리지방산은 모낭상피에 작용하여 각종 효소를 생성하고 모낭벽을 파괴하여 모낭주위의 결합조직에 염증을 유발한다. 따라서 세균류는 여드름의 직접적인 원인은 아니나 여드름을 악화시켜 염증성 여드름을 유발한다.

이 외에도 여드름은 유전적인 요인, 음식물에 의한 영향, 피로 및 스트레스 등과도 밀접한 관련이 있다.

3.5.2. 여드름의 형성 과정

여드름의 생성은 피지선의 활성화와 각화 항진이 중요하게 작용하고 모낭공이 좁아져 피지의 배출이 방해를 받아 피지가 모낭공에 쌓여 면포(comedon)라고 하는 여드름의 첫 단계가 된다. 그 후 면포의 벽 조직이 파괴되면서 내용물이 주위의 조직에 작용하여 피지선 개구부 주위에 염증을 일으키게 되는데 이런 상태를 구진이라 부른다. 이 상태가 계속되면 모낭

내에 쌓인 각화물질과 피지가 모낭벽으로부터 진피 내로 들어가 농포를 만든다. 거기에 또한 세균이 진피 내로 침입하여 백혈구가 늘어나고 결국 농종(고름)까지 생기게 된다.

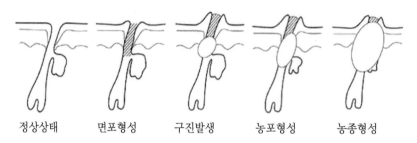

정상상태　　　면포형성　　　구진발생　　　농포형성　　　농종형성

그림 3.4. 여드름의 형성과정

3.5.3. 여드름의 스킨케어

여드름의 예방 및 치료를 위해서는 다음과 같은 스킨케어가 필요하다.

(1) 피부를 항상 청결히 한다.

살균제가 들어 있는 세안제로 세안을 하거나 두발이 이마나 얼굴에 직접 접촉하지 않도록 한다. 또한 환부를 손으로 만지지 않는 것이 좋다.

(2) 적절한 화장품의 선택

유분이 과도하게 많은 화장품은 사용을 지양하고 살균제가 들어 있는 화장품을 사용하는 것이 좋다. 진한 유성 파운데이션 등을 두껍게 바르면 미세 분체가 모공 내로 들어가 모낭공이 막히는 경우가 있으므로 진한 화장은 피한다.

(3) 지방분이 많은 음식, 당분과 전분질이 많은 음식을 피한다.

지방이 많은 고기, 과자, 초콜렛, 커피, 코코아 등의 섭취를 줄인다.

(4) 기　타

스트레스가 축적되지 않도록 하고 과도한 운동이나 피로를 피한다.

3.6. 자외선과 피부

3.6.1. 자외선

태양광선은 약 280-3000nm의 파장범위를 갖는데, 그 중 280-400nm 파장의 빛을 자외선이라고 하며, 400-700nm의 빛을 가시광선, 700-3000 nm의 빛은 적외선이라고 부른다. 자외선은 가시광선의 가장 짧은 파장인 보라색(자색) 광선보다도 짧은 광선으로 UVA(320~400nm), UVB(280~320 nm), UVC(200~280 nm)의 크게 세 가지로 구분된다. 그 중에서 장파장인 UVA는 기저세포층의 멜라노사이트를 자극하여 색소생성을 촉진하며, 중파장인 UVB는 피부에 급성 염증반응(홍반)이나 화상(sunburn)을 일으키는 광선이다. 한편 태양으로부터 지구에 도달하는 자외선 중 단파장인 UVC의 경우 대기권 상층부의 오존층에서 흡수 산란되어 지표에 도달되지 못한다.

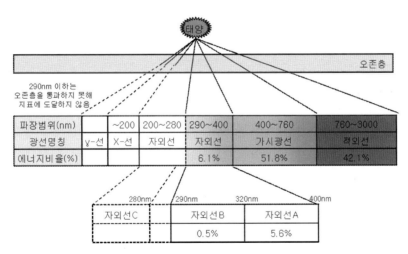

그림 3.5. 태양광선의 스펙트럼

자외선의 강도와 양은 지역, 계절 및 시간에 따라 크게 다르다. 또한 사람의 피부가 받는 자외선의 양도 반사광 등이 크게 영향을 주며 신체의 굴곡에 따라서 받는 자외선의 양도 크게 다르다. 일반적으로 코나 뺨 입술이 자외선에 대한 노출량이 많다.

자외선은 피부에 매우 유해하기 때문에 피부에는 자체적인 방어기구가 있다. 자외선은 피부 구성 물질들에 의해 산란 흡수되면서 피부 내로 들어갈수록 그 세기는 감소한다. 특히 표피층에 존재하는 멜라닌색소는 자외선으로부터 큰 방어 효과를 나타낸다.

3.7. 피부의 노화

피부는 나이가 들면서 변화가 쉽게 나타나는 장기중의 하나이다. 이러한 변화의 정도는 개인차가 크고 부위에 따라서도 다른 특징이 있다. 나이가 들면서 나타나는 피부의 변화에는 다음과 같은 것들이 있다.

- 피부의 주름이 증가한다.
- 피부가 처진다.
- 피부에 광택이나 윤기가 떨어진다.
- 피부의 탄력이 떨어진다.
- 피부결이 거칠어지고 피구가 흐트러진다.
- 색소침착이 증가하고, 개인에 따라서는 부분적 색소 탈락이 발생한다.
- 피부가 황색계열로 변한다.
- 두발이 감소하고 탄력이 떨어진다.
- 머리가 빠진다.
- 백발이 증가한다.
- 눈썹이나 귀털이 길어진다.
- 손톱이 거칠어지고 희고 탁해지며 굴곡이 강해진다.

3.7.1. 자연노화와 광노화

태양빛에 많이 노출되는 얼굴이나 목, 손 등에서는 피부가 굳어져 겹쳐진 깊은 주름이 보이고 장기간에 걸쳐서 강한 태양빛을 계속 받은 피부에서는 이러한 변화가 특히 현저해 진다. 이와 같이 자외선에 의해 나타나는 피부변화를 광노화(photo-aging)이라 부른다. 반면에 복부나 등 부위와 같이 태양빛에 거의 노출되지 않는 부위에서 나이에 따라 나타나는 피부의 변화를 자연노화(intrinsic aging)이라 부르는데, 이들 간에는 피부의 성상이나 내부 조직에 있어서 많은 차이가 있다. 나이에 따른 변화는 일반적으로 기능저하와 위축성 변화이고 피부에 나타나는 변화로는 세포수의 감소나 두께의 감소가 나타난다. 이에 비해 광노화는 피부가 두꺼워지고 변성된 탄력섬유의 축적에 의한 탄성섬유증이 나타난다. 이러한 자연노화와 광노화의 차이에 대한 것은 다음의 표 3.3에 나타내었다.

표 3.3. 자연노화와 광노화의 비교

구 분	항 목	자연노화에 따른 현상	광노화에 따른현상
표피의 변화	표피의 두께	표피가 얇아진다	표피가 두꺼워진다
	표피세포 (keratinocyte)	균일한 세포 규칙적인 세포배열 극성이 존재 대개 위축됨 멜라노좀이 균일하게 분산됨	다양한 세포 (부정형) 세포가 무질서하게 배열 극성이 소실됨 종종 비대해짐 다양한 멜라노좀(멜라노좀이 없는 세포도 있음)
	각질층	정상적인 세포층 각질세포의 크기가 균일함	세포층이 보다 많아짐 형태, 염색성 세포의 크기가 다양함
	멜라노사이트	세포가 감소함 균일한 세포 멜라노좀 생산이 불완전함	세포수가 증대함 다양한 세포 멜라노좀 생산이 증가함
	랑겔한스세포	세포수가 약하게 감소함 정상적인 세포	세포수가 명백히 감소함 다양한 세포
진피의 변화	글리코스아미 노글리칸	약하게 감소함	명백히 증가함
	탄력섬유조직	정상적인 증가 세포가 규칙적인 배열	매우 증가 변성된 부정형의 덩어리가 형성
	콜라겐	섬유속이 굵고 방향성이 없다	섬유속과 섬유가 급격히 감소함
	망상진피 섬유아세포 비만세포 염증세포	얇아진다 감소, 불활성화 감소 염증성 세포가 없다	비후성 탄력섬유증상이 있음 증가, 활성이 증가 증가 염증성 세포 침윤
	유두진피	새로운 콜라겐 granz zone(수 복대)이 없다	새로운 콜라겐 granz zone이 존재
	모세혈관	중정도의 감소 정상적인 혈관 모세혈관 확장증상이 없음	명확히 감소 비정상적인 혈관 모세혈관 확장증상이 있음
	임파관	중정도의 감소	대부분 손실

3.7.2. 노화피부의 외관변화

(1) 주 름

주름은 이마, 눈 주위, 미간, 입 주위 등 안면과 머리, 목덜미, 팔꿈치, 겨드랑이, 손, 발 등 신체 각 부위에서 일어난다. 주로 30세 전후부터 뚜렷하게 나타나기 시작되며 나이에 따라 차차 그 수와 깊이, 범위가 증가하게 되고 40대 이후 급격하게 증가하는 형태가 나타난다. 주름이 발생하는 것은 여러 가지 외적, 내적 요인이 있을 수 있는데, 특히 자외선에 의한 영향이 강하고, 건조 및 물질적 화학적 자극 등 피부에 대한 스트레스가 원인이 된다. 이러한 외적, 내적인 요인들에 의해 수반되는 각질층 수분량의 저하, 각질층의 비대, 표피의 위축, 진피의 교원섬유, 탄력섬유의 양적, 질적 변화 및 3차원적인 구조변화 등에 의해 피부 탄력이나 신축성이 떨어지고 이로 인해 주름이 발생되는 것으로 추정된다.

(2) 처 짐

피부의 처짐은 40세 이후부터 턱, 눈꺼플, 볼, 옆구리 등에서 발생한다. 발생요인은 주름과 마찬가지로 진피의 탄력성 저하나 피하지방조직의 지지력의 저하, 더 나아가서는 피부를 자극하는 근력의 저하 등이 있다.

(3) 색소침착, 색조변화

나이가 증가함에 따라 피부에 색소침착이 증가한다. 또 피부색은 명도가 저하하며 색상은 붉은색에서 황색 계열로 변화되고 결국 피부는 검은색으로 변한다. 이것은 나이가 들면서 멜라닌 색소 침착이 진행되며 피지분비량의 저하와 각질층의 두꺼워짐이나 수분량의 저하로 인해 투명감이 떨어지기 때문으로 생각된다.

(4) 피부표면의 형태

나이에 따른 피부 표면의 형태는 요철이 얕아지고 피구의 균질성이 떨어지고 피부의 밀도가 감소하며 모공이 커지는 경향이 있다.

3.7.3. 노화에 따른 피부생리기능의 변화

(1) 각질층

나이에 따라서 피부 각질층의 수분량이 감소한다고 알려져 있으나, 이는 실제로 얼굴에서는 큰 차이를 보이고 있지 않은데, 노인의 피부가 건조해 보이는 것은 피지나 발한의 저하가 더 크게 작용하기 때문으로 생각된다.

(2) 표 피

표피에서 나이에 따라 발생하는 가장 큰 변화는 세포증식활성의 저하이다. 신진대사 즉, 표피의 각질박리(turn over)가 저하된다.

(3) 진 피

표피와 마찬가지로 진피에 있어서도 주요 세포인 섬유아세포의 증식활성이 저하된다. 또 섬유아세포는 콜라겐과 엘라스틴 또는 글리코스아미노글리칸 등의 합성, 분해의 기능을 담당하고 있는데, 나이에 따라서 그러한 대사 기능이 저하된다. 거기에다 콜라겐 같은 것은 turn over가 길기 때문에 가교결합 등의 변성을 일으키게 되고 이로 인해 탄력의 저하 등 주름과 관련된 변화를 일으키는 것으로 생각된다.

(4) 피하지방 조직

나이가 들면서 피하지방은 감소하고 콜레스테롤의 증가에 따라 황색조가 증가한다. 피하지방조직의 감소는 피부의 물리적 자극에 대한 저항력을 떨어뜨리고 주름이나 처짐의 원인으로 작용하는 것으로 생각된다.

(5) 피지량과 혈류량

일반적으로 피지량과, 혈류량은 나이에 따라서 저하된다. 또한 냉자극이나 자외선 등에 대한 반응성도 떨어진다.

3.8. 모발의 구조

모발이나 손톱은 표피세포가 변화된 것으로 땀선, 피지선과 함께 피부 부속기관에 해당된다. 또 척추동물의 체모, 뿔, 깃털 등은 몸을 보호하는 목적으로 존재하며 피부 각질층의 주성분인 케라틴으로 구성되어 있다. 케라틴은 그 유래에 따라 크게 두 가지로 구분되는데, 각질층 유래의 케라틴을 연성케라틴이라 하고 모발 손톱 유래의 케라틴을 경성케라틴이라 한다. 이것은 아미노산인 시스테인의 함량에 따른 차이인데 경성케라틴은 그 함량이 높고 연성케라틴은 낮다. 따라서 경성케라틴은 외부자극이나 화학물질의 침해에 대한 저항력이 강하다.

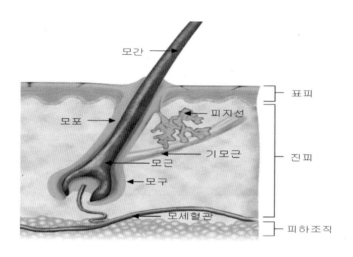

그림 3.6. 모발의 구조

3.8.1. 털의 발생

사람의 털기관은 태아 9주에서 4개월 사이에 발생한다. 태아의 털 기관 중 대부분은 머리부분부터 꼬리부분으로 형성된다. 머리 부분 중 처음에는 눈썹, 입술 윗부위, 아래 턱 부위에서 발생되고 이어서 두개골, 안면 및 후두부 이외의 부위에서 발생한다. 새로운 털 기관은 태생후기까지 형성되고 초반기에는 등간격으로 발생되나 신체가 발육하면서 피부가 늘어나게 되어 각 부위에 따라 밀도차가 발생하게 된다. 이러한 털은 솜털로서 극히 짧고 가늘다. 발생후기에는 털 기관이 새롭게 생기지 않는다. 솜털은 태생 8개월째에 거의 떨어져 나가고 그 후 약 2cm까지 아주 크게 생모로 치환되어 사람은 생모가 있는 상태에서 출생하게 된다.

게다가 성장과 더불어 부위에 따라 길고 굵은 경모로 치환된다. 경모의 출현은 성장 시기, 부위, 성별에 따라 차이가 있다.

모발은 손바닥, 발바닥, 입술, 젖꼭지, 음부의 점막 등을 제외한 신체의 전 부분에서 발생되지만 그 발생장소에 따라 길이 및 굵기에 차이가 있다. 이들 모발은 경모, 생모의 두 종류로 분류되는데 경모는 긴 털과 짧은 털로 나누어 진다. 생모는 청년기에 부위에 따라 경모로 변화되기도 한다. 사람의 모발 숫자는 인종에 따라서 다르지만 대개 약 10만개 정도인 것으로 알려져 있다. 또한 모발의 성장속도도 인종에 따라서 다르며 부위에 따라서 다른데, 대개 정수리 부위에서는 0.35mm/day, 턱수염은 0.38mm/day, 겨드랑이 털은 0.3mm/day, 눈썹은 0.16mm/day 정도 성장하는 것으로 알려져 있다.

3.8.2. 모발과 모구의 구조

그림 3.6에 모발의 구조를 나타내었다. 그림에서 볼 수 있는 바와 같이 표피가 진피 쪽으로 움푹 패인 관강을 형성하고 있는데 이것을 모포(hair follicle)라 부른다. 모포의 윗쪽에는 피지선이 연결되어 있으며 분비되는 피지는 두피나 모발을 보호하고 유연하게 해준다.

모포의 중간에는 일종의 근육이 존재하고 있는데, 위쪽으로 기울어진 채 표피 근처까지 걸쳐있다. 이것을 기모근(arrector pili muscle)이라 부르며 평활근의 일종으로 스스로의 의사로는 움직이지 않으나 차가운 감각을 느끼면 자율적으로 수축하고 소름을 유발하기 때문에 이러한 이름이 붙여졌다.

모발은 피부표면으로 나와 있는 부분인 모간(hair shaft)과 피부 내부에 있는 부분인 모근(hair root)으로 나누어진다. 모근의 하부에 팽창된 부분을 모유두(dermal papilla) 라 부른다. 모유두에서는 모세혈관과 신경이 붙어 있고 음식물로부터 영양이나 산소를 취하여 분열을 반복함으로써 모발을 형성한다. 이 부분에는 모발의 색을 부여하는 수지상의 색소형성세포(melanocyte)도 있다.

모발의 형성에 대해서는 모구를 확대한 그림 3.7을 참고하여 설명한다. 모구의 최대경을 가로로 자른 선을 Auber 임계선(critical level)이라 부르는데 이선을 기준으로 모구 하반부와 모구 상반부로 나누어진다. 하반부는 모모라 부르고 급속히 분열한 미분화 세포들로 구성된다. 모구중 대부분의 세포분열이 이 하반부에서 일어나며 상반부에서는 약간밖에 일어나지 않는다.

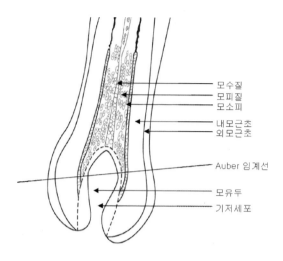

모수질
모피질
모소피
내모근초
외모근초

Auber 임계선

모유두
기저세포

그림 3.7. 모구부의 확대 모식도

모구의 임계선에서 위쪽으로 이동하는 모모세포는 모간의 거의 모든 세포 즉, 모수질 (medulla), 모피질(cortex), 및 내모근초(inner root sheath)로 각각 분리되어 성장 분화하고 모발 케라틴을 형성한다. 이러한 과정은 표피 케라티노사이트가 기저층에서 분열하여 윗 방향으로 분화하고 각화된 각질층을 형성하는 과정과 유사하다. 표피 케라티노사이트는 정상적인 각화를 하고 최종적으로는 거의 같은 균질한 각질세포로 분열한다. 그런데 모발에서는 분화의 과정은 균일하지 않고 모수, 모피질, 모소피, 내모근은 형태적으로 각각 특징이 있는 분화를 하고 또 특징이 있는 케라틴을 형성한다.

3.8.3. 헤어사이클

모발은 손톱과 달리 평생 계속해서 신장하지 않는다. 하나의 모발은 각각 독립된 수명이 있으며, 성장, 활모, 신생을 반복하는데 이것을 헤어사이클이라 부른다. 이는 크게 성장기 (anagen), 퇴행기(catagen), 휴지기(telogen)의 세 부분으로 나누어진다. 모발은 성장기에서만 생겨난다. 성장기의 모유두는 크고 모모세포는 활발히 작용하여 모발이 자란다. 또한 모구는 피하조직에까지 이른다. 성장이 정지하게 되면 모포는 퇴행기로 접어든다. 퇴행기의 최초 징후로 모구에 있어서 멜라닌의 생성이 정지된다. 그 후 모모에 대한 세포증식이 감소되고 정지된다. 이후 모포 대분의 세포는 주변의 마이크로파지에 탐식되어 수축하고 기모근이 시작되는 하부까지 모근이 단축되고 휴지기에 들어간다. 휴지기의 모포는 그 선단에 볼상의 모유두를 붙이고 있다. 휴지기의 털은 다음 세대의 털의 신장에 따라 밀려 올라가면서 자연히 탈락된다. 대개 모발은 하루에 70~120개 정도가 탈모되며, 모발의 성장기 기간은 약 5-6년, 퇴행기는 약 2~3주간, 휴지기는 약 2~3개월 정도인 것으로 알려져 있다.

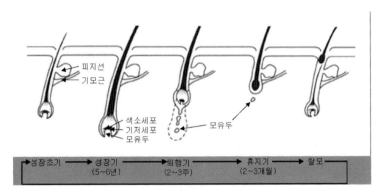

그림 3.8. 모발의 헤어사이클

3.8.4. 모발의 형태 및 색

모발의 형태는 사람마다 다른데, 직모(straight hair), 파상모(wavy hair), 축모(curly hair)의 세 종류로 나누어진다. 모발의 굵기는 인종, 연령, 성별에 따라 다르며, 보통 0.08~0.15mm 정도이다.

모발의 색 또한 인종에 따라 흑색, 갈색, 황색, 적색 등으로 다양하다. 그런데, 이들은 각각의 색소가 따로 존재하는 것은 아니고 2종류의 멜라닌색소 즉 흑갈색의 진멜라닌(eumelanin)과 황적색의 아멜라닌(pheomelanin)의 수나 양의 밸런스에 따라 다르게 나타나는 것이다. 멜라닌 색소는 모구의 모모 상부에 존재하고 수지상의 멜라노사이트 중에 존재하는 아미노산의 일종인 타이로신에서 유래하며 산화 중합과정을 거쳐 생성된다. 생성된 멜라닌 그래뉼은 타원형으로 모발의 피질세포로 이동하여 모발의 성장과 함께 윗 방향으로 이동해 간다. 모발의 색과 멜라닌색소의 조합은 표 3.4에 나타내었다.

표 3.4. 모발의 색과 멜라닌 색소의 조합

모발의 색	진멜라닌 (eumelanin)	아멜라닌(pheomelanin)
흑갈색모	수가 많고 형태가 크다	미량
밤색모	수가 약간 많고 형태도 약간 크다	적다
금색모	수가 적고, 형태도 적다	약간 많다
적색모	미량	많다
백색모	미량	미량

백발은 특히 흑갈색의 모발을 갖는 인종에 있어서 잘 나타나는데 멜라노사이트에서 멜라닌의 생성이 정지되기 때문에 나타나는 현상으로 일종의 노화현상이라고 할 수 있다.

3.8.5. 모간의 구조

모간의 종단면 및 횡단면을 그림 3.9에 나타내었다. 모간은 외측으로부터 중심방향으로 향하고 모소피, 모피질, 모수질의 3층으로 나누어진다.

(1) 모소피(cuticle)

모발의 외측부분으로 밑부분에서 앞부분으로 향하고 있고, 비늘상으로 겹쳐져 있으며 내측의 모피질을 에워싸서 보호하고 있다. 색소가 없는 투명한 세포로 구성되어 있다. 1매의 세포는 두께가 약 0.5~1.0 μm, 길이가 약 45 μm이고 보통 건강한 모발은 6~8매가 밀착되어 겹쳐져 있다. 모발이 함유하는 모소피의 비율은 10~15%이다. 모소피는 경질의 멜라닌 단백질에 붙어 딱딱해지는 반면 부서지기 쉽고 마찰에 약하기 때문에 무리한 빗질이나 샴푸에 의해 손상될 수 있다. 모소피는 크게 다음의 3층으로 구분된다.

① Ephicuticle : 모발표면에 존재하고 약 10nm 두께로 시스틴의 함유량이 많으며 각질용해성 또는 단백용해성의 약품에 대한 저항이 가장 강한 층이다. 그러나 딱딱하기 때문에 물리적인 작용에 약하다.

② Exocuticle: 두께는 약 50~300nm 정도이며 α층이라고도 불리운다. α층은 시스테인이 풍부한 비정질의 케라틴이고 단백용해성의 약품에 대한 저항성이 강하다. 그러나 시스테인 결합을 끊는 약품에는 약하다.

③ Endocuticle: α층과는 대조적으로 시스테인이 적고 케라틴 침식성의 약품에는 강하나 단백침식성의 약품에는 약하다. 모소피에는 중앙의 검은 부분과 그 양측이 흰색 선으로 구성된 부분이 있는데, 그곳을 세포막복합체(cell membrane complex, CMC)라고 부른다. 세포막복합체는 인접한 모소피 또는 모피질내 세포간 사이의 2개의 단위세포막이 융합해서 생긴 것이다. 이 구조는 3층으로 되어 있고 중앙의 검은 부분은 δ층이라 부르며 전자밀도가 높고 약 10nm로 두꺼운 부분이다. 그 양쪽의 하얀 2개의 선은 β-층이라 부르며 단백질과 지질을 포함하는 단위세포막이 있다. 근래에 이 부분의 중요성이 대두되고 있는데, 이 부분의 역할은 모소피와 모소피간 및 모피질 내 세포간의 접착에 기여하고 또한 모피질 내의 수분이나 단백질이 용출하기도 하며 반대로 외부에서 수분 및 퍼머제나 헤어칼라제 등의 약물이 모발 내부의 모피질에 침투하여 작용하기 위한 통로의 역할을 하기 때문이다.

(2) 모피질

모소피의 내측에 존재하고 케라틴질의 피질세포(cortical cell)가 모발의 장방향으로 비교적 규칙적으로 정렬해 있는 세포의 집단으로 모발의 85~90%를 차지한다. 피질세포는 길이가 약 100μm, 직경이 약 1~6μm이고 중앙에 핵의 잔해가 남아 있는 것을 볼 수 있다. 모발의 색을 결정하는 과립상의 멜라닌 색소를 포함하며 모발의 유연성, 강도 등 물리적 화학적 또는 역학적 성질을 좌우하는 매우 중요한 부분이다.

(3) 모수질

모발의 중심부에 존재하며 비어있는 벌집모양의 세포로 축 방향으로 나란히 멜라닌 색소를 함유하고 있다. 모발에 따라서는 연필심과 같이 완전히 연결된 것, 중간 중간 떨어진 것, 또는 완전히 없는 것 등이 있는데, 굵은 모발일수록 수질이 있는 것이 많고 생모(生毛)나 애기의 모발에는 없다.

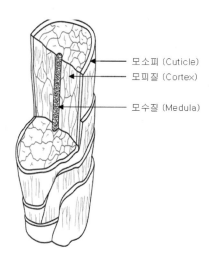

모소피 (Cuticle)
모피질 (Cortex)
모수질 (Medula)

그림 3.9. 모간의 구조

3.8.6. 모발의 화학적 구조

모발의 대부분은 단백질이며 나머지 성분은 색소, 지질, 미량원소, 수분 등이다.

(1) 모발의 아미노산 조성

모발의 주성분을 이루는 단백질은 시스테인을 많이 함유하고 있는 케라틴 단백질이다. 케라틴은 약 18종의 아미노산으로 되어 있으며, 그 조성에 있어서 사람의 표피와 비교하여 보면 표 3.5에서 보는 바와 같이 시스테인의 함유량이 많다. 또한 염기성 아미노산인 히스티딘, 라이신, 알기닌의 비율은 1:3:10인데 이는 모발 케라틴만의 특유한 비율이다.

표 3.5. 케라틴의 아미노산 조성 비교 (%)

아미노산	모발케라틴	표피케라틴
글라이신	4.1~4.2	6.0
알라닌	2.8	-
발린	5.5	4.2
루이신	6.4	(8.3)
이소루이신	4.8	(6.8)
페닐알라닌	2.4~3.6	2.8
프롤린	4.3	3.2

아미노산	모발케라틴	표피케라틴
세린	7.4~10.6	16.5
트레오닌	7.0~8.5	3.4
타이로신	2.2~3.0	3.4~5.7
아스파라긴산	3.9~7.7	(6.4~8.1)
글루타민산	13.6~14.2	(9.1~15.4)
알기닌	8.9~10.8	(5.9~11.7)
라이신	1.9~3.1	3.1~6.9
히스티딘	0.6~1.2	0.6~1.8
트립토판	0.4~1.3	0.5~1.8
시스테인	16.6~18.0	2.3~3.8
메티오닌	0.7~1.0	1.0~2.5

(2) 멜라닌 색소

모발에는 약 3% 이하의 멜라닌색소가 함유되어 있다.

(3) 미량원소

모발중에는 구리, 아연, 철, 망간, 칼슘, 마그네슘 같은 미네랄이 존재하며 이외에도 인, 규소, 등 무기성분이 존재하는 것으로 알려져 있다. 모발에 존재하는 미량원소의 양은 모발의 회분에 약 0.55~0.94% 정도로 알려져 있다.

(4) 지 질

모발 중에 존재하는 지질의 양은 개인차가 있는데 약 1~9% 정도 존재한다. 모발에 존재하는 지질은 피부에서와 같이 피지선으로부터 유래한 모발 표면지질과 모발 내부에 존재하는 지질로 구별되는데, Koch의 실험에 의하면 모발외부와 내부에서 유래한 지질의 조성에 있어서의 차이는 크지 않으며 유리지방산인 중성지질(왁스, 글리세라이드, 콜레스테롤, 스쿠알렌)이 주성분인 것으로 알려져 있다. 그런데, Zahn에 의하면 내부지질의 주성분은 극성지질이 대부분을 차지하는 것으로 보고되어 있다.

(5) 수 분

모발은 물을 흡수하는 성질이 있으며 주변의 환경 습도에 의해 대응하여 수분량이 변화한다. 그러나 $25℃$, 65% 정도의 상대습도에서 약 $12\sim13\%$ 정도의 수분을 함유한다.

(6) 모발에 존재하는 결합

모발은 화학적으로 케라틴 단백질로 구성되어 있는데, 각각의 단백질 분자들 사이에는 분자간의 힘이나 결합력이 존재하고, 이 결합에 의해 모발은 그 성상 및 형태를 유지한다.

① 염결합($-NH3 \cdot OOC-$): 라이신 또는 알기닌 잔기의 $(+)$전하의 암모늄 이온과 아스파라긴산 잔기의 $(-)$ 전하를 가지는 카르복실 이온 상호간의 정전기적 결합이다. pH $4.5\sim5.5$의 범위에서 결합력이 최대로 된다. 이는 케라틴 섬유강도의 약 35% 정도를 기여하고, 산이나 알카리에 의해 쉽게 파괴된다.
② 펩타이드 결합($-CO-NH-$): 글루타민산 잔기의 $-COOH$와 라이신 잔기의 $-NH_2$로부터 H_2O가 빠지고 $-CO-NH$가 서로 연결되어 생성된 결합으로 가장 강력한 결합이다.
③ 시스테인 결합($-CH_2S-SCH_2-$): 이 결합은 황(S)을 함유하는 단백질에서 특이하게 나타나는 것으로, 다른 섬유에서는 보이지 않는 측쇄 결합이며 케라틴에서 특징적으로 나타나는 결합이다. 퍼머넌트 웨이브는 환원제를 이용하여 이 모발 케라틴 중의 시스테인 결합을 끊고 나서 모발의 형태를 원하는 모양으로 만든 다음 산화제를 이용하여 시스테인 결합을 다시 연결하는 원리를 이용한 것이다.
④ 수소결합($C=O\cdots HN$): 아미노기와 인접한 카르복실기 사이의 결합이다. 물에 침적된 케라틴 섬유는 건조상태에 비하여 잘 늘어나게 되는데 이는 수소결합이 작용하기 때문이다. 물에 적은 상태에서 컬링하여 그 상태로 건조하면 원래대로 잘 되돌려지지 않는데 이것을 워터웨이브라 하며 이것 역시 수소결합과 관련이 있다.

3.9. 모발의 성질

3.9.1. 모발의 인장특성

모발에 하중을 걸어 잡아당기면 모발이 늘어나면서 굵기가 가늘어지다가 결국 끊어지게 된다. 이와 같이 모발의 늘어난 비율을 신장율(%), 절단되는데 필요한 하중을 인장강도(g)로 나타낸다.

3.9.2. 모발의 흡습성

모발을 공기 중에 방치하면 수분을 흡수 또는 방출하는데 결국 공기 중의 수증기와 평형을 유지하는 상태에 달한다. 이 평형은 습도에 따라 영향을 받는다. 여러 가지 상대습도에 따른 모발의 수분함량에 대해서는 표 3.6에 나타내었다. 상대습도가 높아짐에 따라 수분함량은 증가한다. 비오는 날에 헤어스타일이 잘 흐트러지는 것은 모발에 일정이상의 수분을 흡수하면서 수소결합이 끊어져서 원래의 헤어스타일로 돌아가기 때문이다. 반면 겨울에 빗질을 할 때 정전기가 발생하여 빗에 모발이 달라붙는 것은 모발에 수분이 부족하여 건조해지지 때문이다. 이와 같이 모발은 습도변화에 민감해서 수분이 많으면 약해지고 수분이 너무 적으면 거칠은 모양으로 되기 쉽다. 또한 상대습도에 따라 수분량이 많아지면 모발의 직경 및 길이도 증가하게 된다.

표 3.6. 상대습도에 따른 모발의 수분함량

상대습도(%)	29.2	40.3	50.0	65.0	70.3
수분함량(%)	6.0	7.6	9.8	12.8	13.6

3.10. 모발의 손상

3.10.1. 모발 손상의 실태

모발에 있어서 두피보다 바깥에 나와 있는 부분을 모간이라고 하는데, 이 부분은 모발의 수명과 길이에 따라 변한다. 또한 머리를 자를 때나 샴푸, 드라이기를 사용할 때, 빗질이나 파마, 헤어칼라 등을 사용할 때, 건조, 자외선, 해수, 풀장의 석회분 등의 환경적 스트레스에 의해 변한다. 특히 모간의 바깥쪽을 둘러싸고 있는 모소피는 이러한 스트레스의 영향을 직접 받지 않더라도 복합적으로 축적될 경우 손상을 입게 된다. 손상된 모발은 모소피의 끝부분이 삐쳐 나와 있거나 부분적으로 박리되어 탈락이 한층 진행되어 있다. 이러한 모발은 빛이 난반사되기 때문에 광택을 잃고 매끄럽지 못하게 된다. 모발의 손상이 보다 많이 진행되면 모소피 층이 완전히 떨어져 내부의 모피질이 노출되게 되며 결국 모발이 갈라지거나 끊어지기 쉽게 된다(그림 3.10).

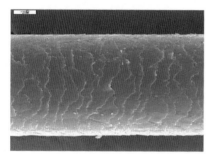 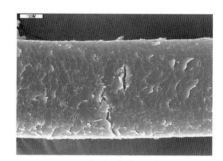

1) 건강한 모발   2) 손상된 모발

그림 3.10. 모발의 손상

3.10.2. 모발의 손상과 그 원인

(1) 화학적 요인

먼저 모발 손상의 화학적 요인으로는 파마나 염색 등의 미용시술에 기인한다. 이들 약제들은 모소피와 모소피 사이의 세포막복합체(CMC)를 통과하거나 모피질 내의 CMC를 통하여 모발 내부에 영향을 주어 CMC를 용출하거나 모발 내부의 단백질을 용출시킨다. 모피질은 모발의 수분을 유지하는 기능이 있는데 CMC나 내부 단백질이 용출되면 그 기능에 손상을 받는다.

(2) 환경적 요인

모발손상의 환경적 요인으로는 자외선과 헤어드라이어의 열과 같은 것이 있다. 자외선은 수분의 존재 하에서 모발중의 시스테인산을 형성하여 모발의 인장강도를 저하시켜 손상을 일으킨다. 또한 모발의 적색화를 일으키는데 이것은 모발중의 eumelanin이 자외선에 의해 산화 분해를 일으키는 것으로 추정되고 있다.

모발의 대부분은 단백질로 되어 있어 열에 약하므로 헤어 드라이어를 잘못 사용하면 모발에 손상을 줄 수 있다. 모발에는 보통 10~15% 정도의 수분을 함유하고 있는데, 모발에 열을 가하면 수분이 손실되어 모발이 푸석푸석하게 될 것이다. 거기에 너무 높은 온도의 열을 가하면 모발 내 단백질이 변형을 일으켜 모소피 층이 손상을 입을 수도 있다.

(3) 물리적 요인

모발손상의 물리적 요인으로는 심한 샴푸질이나 샴푸 후 건조하기 전의 불로잉이 있다. 이들은 모소피층에 영향을 주어 탈락시키기에 충분하다. 샴푸는 일상 생활에서 빠뜨릴 수 없지만 이 때 모발과 모발을 너무 심하게 문지르면 마찰에 의해 모소피층이 떨어져 벗겨지게 된다. 또 머리카락이 건조되기 전에 드라이기로 건조하면서 빗질을 하는 블로잉을 하게 되면 모피질이 물에 팽윤되기 쉽고 반대로 모소피 층은 팽윤되기 어렵기 때문에 모소피 층에 무리한 힘이 가해지게 되어 벗겨지기 쉽게 된다. 그러므로 샴푸 후에는 타월로 모발을 충분히 건조시킨 다음 블로잉을 하는 것이 좋다.

3.10.3. 모발의 갈라짐(지모, 枝毛)

모간부에 손상이 누적되면 모발이 갈라지기에 이르는데 이 때 모발은 모소피가 완전히 소멸된다. 갈라진 모발의 경우 모근에 가까운 부분에는 모소피 층이 건강한 모발과 거의 차이가 없으나 머리의 끝부분으로 갈수록 모소피 층이 적어지고 맨 끝에서는 모소피 층이 거의 없어진다. 모발은 1개월에 약 1cm가 자라는데, 약 2~3년에 걸쳐 자란 긴 모발은 여러 가지 물리적, 환경적 요인에 의해 모소피 층이 감소된다. 즉, 샴푸라든지 빗질 등의 물리적 자극에 의해 모소피 층이 감소되면서 지모가 발생되는 것으로 추정된다.

3.11. 손·발톱의 구조와 기능

3.11.1. 손·발톱의 기능과 생리

손·발톱은 손가락이나 발가락 부위의 표피로부터 생긴 각질층의 얇은 판이며 피부 부속 기관의 하나이다. 손톱의 기능으로는 손가락 끝을 보호하고, 물건을 잡는데 도움을 주며, 손 끝의 감촉을 예민하게 해주고 힘을 가할 수 있게 하는 것 등이 있다. 손톱의 성장속도는 정상인의 경우 0.1~0.15 mm/day 정도 자란다. 이러한 성장속도는 개인차가 있고 나이에 따라서도 다른데, 유아기로부터 청년기에 빠르고 노년기에는 느려진다. 계절에 따라서도 달라지는데 여름에 빠르고 겨울에 느리다.

3.11.2. 손·발톱의 구조와 조성

손톱의 구조는 그림 3.11에 나타내었다. 일반적으로 손톱은 조갑(nail plate)를 말하며 이는 피부의 각질층에 해당된다. 조갑에는 살아있는 세포는 없으며 딱딱한 케라틴으로 구성되어 있는데 얇은 판상의 각층세포가 밀착되어 있는 층상구조를 나타낸다. 조갑은 피부의 각질층에 비하여 지질이 적으며 약 0.15~0.17% 정도 되는데 유화성분은 다소 많은 약 3% 정도로 알려져 있다.

손톱은 모발과 형태적으로는 매우 다르지만 동일한 케라틴 단백질로 구성되어 있으며, 손톱의 아미노산 조성은 피부 각질층보다는 모발과 유사한 특징이 있다. 조갑은 조모(nail matrix)에서 만들어지고 조상부(nail bed)의 방향에 따라 손가락 방향으로 진해하며 성장한다.

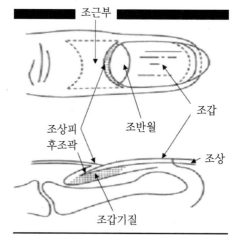

그림 3.11. 손톱의 구조

손톱의 근원은 반달모양의 유백색 부분인데 이것을 조반월(lunula)이라 부른다. 조반월에서는 조갑의 형성이 불완전하고 충분히 각질화 되어 있지 않으며 조갑의 다른 부분에 비해 약간 부드럽고 하부의 접착이 불충분한 상태이다.

조갑을 둘러싼 피부 부분을 조곽(nail wall)이라고 한다. 조갑의 뿌리 방향을 후조곽, 양쪽 부분을 측조곽이라 한다. 또한 조갑의 앞부분을 덮는 피부를 조상피(eponychium)이라고 하는데, 이는 미완성의 조갑을 보호하는 역할을 담당한다. 조상피가 없으면 조갑이 손상되기 쉬우며 새로 생긴 조갑의 형태도 정상적이지 못하다. 조모에는 멜라닌 색소를 생산하는 멜라노사이트가 존재하기 때문에 조갑 내에도 미량의 멜라닌색소가 존재한다.

3.11.3. 손 · 발톱의 물리적 성질

손톱의 수분량은 외부의 환경요인에 따라 다른데 약 5~24% 정도로 다양하다. 또한 모발과 같이 수분을 흡수하거나 건조되기 쉽다. 수분을 흡수하면 손톱의 길이가 길어지기 보다는 두께가 두꺼워지기 쉬운데 이는 층상구조가 수분에 의해 부풀려지기 때문일 것이다. 또한 모발과 마찬가지로 흡습에 의해 손톱의 강도는 보다 부드러워 진다.

3.11.4. 손 · 발톱의 손상

손톱의 손상으로는 일반적으로 조갑층상 분열증(onychoschsis)이라는 것이 있는데, 이것은 층상이 박리되는 현상을 말한다. 이것의 원인으로는 조상부로부터 수분을 공급받지 못함으로써 수분량의 감소 때문인 것도 있다. 또한 이의 외적 요인으로는 네일 에나멜이나 리무버의 빈번한 사용으로 인한 탈수, 탈지 작용 및 비누, 세제에 의한 탈지 등이 있다. 따라서 네일 에나멜이나 리무버의 사용시에는 과도한 탈수나 탈지에 주의를 해야 하며, 네일 트리트먼트의 사용으로 관리를 해 줄 필요가 있다.

참고문헌

1. S. I. Fox, Human Physiology, 7th ed., Life Science Publishing Co., 2003.
2. 대한피부과학회, 피부과학, 여문각, 2001.
3. 안성구, 핵심피부과학, 고려의학, 1999.
4. 光井武夫, 新化粧品學, 第2版, 南山堂, 2001.
5. 戶田淨, 化粧品技術者와 醫學者를 위한 皮膚科學, 文光堂, 1990
6. 고재숙, 하병조, 강승주, 고혜정, 장경자, 피부과학, 수문사, 2000.

제4장

화장품과 소재

제4장 화장품과 소재

현재 화장품에 사용되고 있는 원료는 10,000 여종 정도가 있으며 각각의 화장품에는 약 20~50여종의 원료들이 사용되고 있다. 이러한 원료는 천연물을 가공하거나 분리하여 얻은 것과 합성한 것으로 나눌 수 있으며 최근에는 생명공학적인 조직 배양, 발효 등의 기법을 활용하여 생산을 하기에 이르렀다. 이들 중 대표적인 것으로는 히아루론산(hyaluronic acid) 과 세라마이드(ceramide) 등이 있다.

최근에는 사회적 웰빙 트랜드와 부합되는 천연 원료의 사용이 증가 추세에 있으며 유효성을 갖는 미백, 주름 방지, 노화예방 및 육모 분야의 연구가 집중되고 있다. 그러나 화장품은 정상인이 출생하여 사망에 이르기 까지 평생 사용하는 제품으로 의약품과 달리 치료의 목적이 아니라 아름다움 자체가 목적이므로 화장품 원료는 안전성이 높아야 된다. 현재 화장품에 사용이 허가된 원료는 화장품 원료기준(장원기) 및 종별 허가 기준에 수재된 원료와 INCI(International Nomenclature of Cosmetic Ingredient)에 등재된 원료 등이 사용 가능하며 새로운 원료를 개발하면 안전성, 유효성 시험을 거쳐 별도의 허가를 득한 후 사용하여야만 한다.

화장품 원료는 크게 유성 원료와 수성 원료 및 이를 혼합하여 주는 계면활성제로 분류할 수 있으며 이들을 기능별로 나누어 보면 표 4.1과 같이 분류할 수 있다.

표 4.1. 화장품 소재의 기능별 분류

고형유성성분	고급지방산, 고급지방알코올, 지방산글리세라이드, 왁스류, 파라핀류
액상유성성분	식물성오일, 동물성오일, 파라핀류, 합성오일
계면활성제	양이온, 음이온, 비이온, 양성이온계면활성제
보습제	폴리올, 고분자 물질
점증제	무기, 유기, 합성고분자
향료	동물, 식물, 합성향료
용제	이온 교환수, 알코올
염료, 안료	지정 성분
첨가제	동·식물 추출물, 방부제, 금속 이온 봉쇄제, 산화방지제 등

4.1. 유성성분

유성 원료는 고체상과 액상으로 분류할 수 있으며 고급 지방산이나 고급 알코올 같은 성분을 제외하고는 화학적인 구조에 관계없이 액상인 것은 오일, 고상인 것은 왁스로 분리기도 한다.

4.1.1. 유 지

트리글리세라이드(triglyceride)이며 천연의 식물이나 동물유지의 대부분이 이러한 구조를 가지고 있다. 유지 중에서 실온에서 액체인 것은 오일이라 부르며 고체인 것은 지방이라고 부른다. 화장품에 사용되는 유지의 대부분은 동식물로부터 추출하여 탈색, 탈취 등의 정제과정을 거친 후 사용되며 불포화 결합에 수소를 첨가하여 경화유 형태로 이용한다. 대표적인 식물유에 대해 살펴보면 다음과 같다.

(1) 올리브 오일(Olive oil)

올리브 과일을 압착하여 얻으며 주산지는 스페인, 이탈리아 등의 지중해 연안 지방이다. 구성은 올레인산(65~85%)이 대부분이며 이외에 팔미틴산(7~18%), 리놀레인산(4~15%) 등이다. 올리브 오일은 피부 표면에서 수분 증발 억제나 사용 감촉 향상의 목적으로 사용되며 특히 선 태닝 등의 목적으로 선 오일 등의 기제로 널리 사용되고 있다.

(2) 메도우폼 오일(Meadowfoam oil)

메도우폼의 종자로부터 추출 정제한 오일이다. 탄소수 20~22의 불포화 지방산이 약97% 정도이다. 에몰리엔트 효과가 우수하여 에멀젼 제품에 사용된다.

(3) 로즈힙 오일(Rose hips oil)

칠레의 야생 장미의 씨방으로부터 추출한 오일로서 리놀레인산과 리시놀레닉산이 주성분으로 요오드가가 180이 넘는 불포화도가 높은 건성유이다. 1980년대부터 화장품 원료로 등장하여 상처 치유효과가 있는 것으로 알려져 있다.

(4) 아보카도 오일(Avocado oil)

아보카도 과실의 껍질을 압착해서 얻으며 주산지는 캘리포니아이다. 지방산 구성은 주로 올레인산(77%), 리놀레인산(11%)이다. 피부에 침투성이 좋고 에몰리엔트 효과가 우수하다.

(5) 동백 오일(Camellia oil)

동백나무 종자에서 얻은 유지로 구성은 올레인산이 85-90%로 올리브 오일과 유사하다. 에멀젼 및 헤어 오일 등에 사용된다.

(6) 마카데미아 너트 오일(Macademia nut oil)

마카데미아 열매를 압착하여 얻으며 올레인산(50~60%)이 주성분이나 팔미토올레인산 함유량이 20~27% 정도로 높다. 비교적 가벼운 사용감의 오일이며 산화안정성도 우수하다. 기초 및 색조 제품에 널리 사용된다.

(7) 피마자 오일(Caster oil)

피마자 종자의 식물유로 수산기를 갖는 리시놀(85~90%)을 많이 함유하고 있기 때문에 다른 유지에 비해 친수성이 높고 점성이 크며 에탄올 등의 알코올에 용해한다. 광택성이 우수하여 예전에는 포마드의 주요 구성 성분이었다.

(8) 카프릴릭/카프릭 트리글리세라이드(Caprylic/capric triglyceride)

야자유 등에서 카프릴릭산이나 카프릭산을 분획하여 이를 글리세린과 반응시켜 만든 합성 오일이다. 불포화 물을 함유하지 않은 유지로서 산화 안전성이 극히 좋고 비교적 가벼운 사용감을 가지며 피부에 대한 안전성도 좋게 때문에 화장품 원료로서 많이 사용된다.

(9) 호호바 오일(Jojoba oil)

호호바유 종자에서 얻은 액상의 왁스이나 통상 오일로 불려진다. 주성분은 고급불포화 지방산의 에스터다. 호호바 나무는 건조지역을 개척하여 인공적으로 재배가 이루어지고 있으며 다른 식물성 오일에 비해 산화 안정성이 좋으며 피부 밀착감이 좋기 때문에 에멀젼 제품 및 립스틱에 사용되고 있다.

4.1.2. 왁스(Wax)

왁스는 화학적으로 주로 고급지방산과 고급 알코올로 이루어진 에스터 형태이며 유리 지방산, 고급 알코올, 탄화수소 및 수지류도 포함되어 있다. 왁스류를 구성하는 지방산이나 고급 알코올은 천연 유지인 경우 탄소수가 대개 12~22인 경우가 대부분이나 왁스인 경우는 탄소수가 20~40인 고분자 경우가 많다.

왁스류는 기초화장품에서 크림 등의 경도와 밀착감을 주기 위해 사용되며 메이크업 화장품에서는 립스틱 등을 고체화 하거나 광택을 주어 사용감을 향상시킬 목적으로 사용한다.

(1) 카나우바왁스(Canauba wax)

남미 특히 브라질 북부에 자생 또는 재배되는 카나우바 잎에서 채취되는 왁스이다. 탄소수가 20~32의 지방산과 28~34의 알코올로 형성된 에스터이고 특히 수산기를 가진 에스터의 함량이 높다. 융점은 80~86도로 식물왁스 중에서는 높은 편이며 립스틱에 윤기를 주며 내온성을 향상 시킨다.

(2) 칸데릴라왁스(Candelilla wax)

멕시코 북서부, 미국 텍사스주 등 온도차가 심하고 비가 적은 고원 지대에 생육하는 칸데릴라 줄기에서 얻어진 왁스를 정제한 것이다. 탄소수가 16~34인 지방산 에스터가 약 30%, 탄화수소 약45%, 수지분 등이 약25%로 구성되어 있으며 립스틱에 이용되어 윤택성을 증가시키고 내온성을 향상시키는 목적으로 사용된다.

(3) 밀납(Bees wax)

꿀벌의 벌집에서 꿀을 채취한 후 열탕에 넣어 분리한 왁스이다. 동양 꿀벌과 서양 꿀벌에서 채취한 2 종류로 나눌 수 있고 왁스 성분이 다르다. 채취하면 황갈색을 띠나 정제하여 냄새 및 색상을 제거한 거의 백색 또는 연황색의 제품을 사용하고 있다. 조성은 동양 밀납과 서양 밀납이 다소 차이가 있는데 모두 고급 지방산과 고급 알코올의 에스터가 주성분이며 미량의 유리 지방산과 탄화수소가 포함되어 있다.

밀납은 붕사와 반응시켜 콜드크림 제조에 최초의 천연 유화제로 사용되었으며 현재도 일부 친유성 제품의 보조 유화제로 사용되고 있다. 또한 크림의 사용감 조절이나 립스틱의 스틱상의 경도 조절용으로 이용되고 있으며 동물성 왁스 중 화장품에 가장 많이 사용되고 있는 왁스이다.

(4) 라놀린(Lanolin)

양의 털을 가공할 때 나오는 지방을 정제하여 얻은 것으로서 연황색 또는 담황색의 연고 상 물질이다. 주성분은 고급 지방산의 에스터류, 콜레스테롤, 트리글리세라이드 등으로 이루 어진 혼합물이다. 구성성분은 복잡해서 지방산, 이소지방산, 콜레스테롤, 이소콜레스테롤 등 으로 이루어져 있으며 그밖에 고급알코올이 함유되어 있다.

라놀린은 피부에 대한 친화성, 부착성이 우수하고 포수성이 우수하므로 크림, 립스틱에 널 리 사용된다. 그러나 최근에는 동물성 원료 사용 기피와 라놀린의 알러지 유발 가능성이 대 두 되면서 사용량이 급격히 감소하였으나 피부 밀착성 증진 효과가 우수한 원료이다.

4.1.3. 탄화수소(Hydrocarbon)

광물유는 대부분 탄소수가 5이상인 포화 탄화수소이다. 주로 석유 자원에서 채취되는 유 동파라핀, 파라핀, 바셀린 등과 동물, 식물에서 얻을 수 있는 스쿠알렌을 수첨한 스쿠알란이 많이 사용된다.

(1) 유동파라핀(Liquid paraffin)

석유 원유의 300도 이상에서 비휘발분 중 고형 파라핀을 제거하고 정제한 것이다. 상온에 서 액상이며 탄소수가 16~30의 포화 탄화수소의 혼합물이다. 유동파라핀은 정제가 쉽고 무 색, 무취이며 화학적으로 안정하며 가격이 저렴하여 유성 원료로 다량 사용되고 있다. 유화 제품에서는 클렌징이나 마사지 제품에 사용되며 피부 표면에서의 수분 증발억제 및 메이크 업 제품 제거의 용제 등의 목적으로 사용된다.

(2) 파라핀(Paraffin)

석유 원유를 증류해서 마지막으로 남은 부분을 진공 증류 또는 용제 분별에 의해 얻은 무 색 또는 백색의 투명한 고체(융점 50~70도)이다. 조성은 주로 직쇄의 탄화수소로 되어있으며 2~3%의 측쇄상인 탄화수소를 함유하고 있다. 탄소수는 16~40 사이에 분포하고 특히 20~30이 많다.

(3) 바셀린(Vaseline)

석유 원유를 진공 증류하여 탈 왁스 할 때 얻어지고 연고상의 물질을 정제한 것을 바셀린이라 한다. 주성분은 탄소수가 24~34의 탄화수소이고 비결정성 물질이다. 바셀린은 유동파라핀과 파라핀의 단순 혼합물이 아니라 고형인 파라핀이 외상을 액체인 유동파라핀이 내상을 이루는 콜로이드 상태로 존재하는 것으로 생각된다. 유동파라핀과 마찬가지로 무취이고 화학적으로 안정하여 크림류 및 립스틱에 사용된다.

(4) 세레신(Ceresin)

오조케라이트를 정제한 것으로 주로 탄소수 28~35의 직쇄상 탄화수소로 이루어지며 소량의 이소파라핀을 함유하고 있다. 파라핀에 비해 비중과 경도가 높다. 친유성 크림류의 경도 조절이나 립스틱 등의 스틱상 제품의 고화제로 사용된다.

(5) 마이크로크리스탈린왁스(Microcrystalline wax)

페트롤라튬(petrolatum)등의 탈유에 의해 얻어지는 미세 결정성 고체이다. 탄소수 30~70의 이소 파라핀이 주성분이나 다른 성분도 많이 함유된 복잡한 혼합물이다. 점성이 있고 연신성을 가지며 저온에서도 딱딱하지 않으며 융점이 높다(60~85도). 다른 왁스와 혼합 사용함으로서 결정 성장을 억제할 수 있다. 립스틱 등의 고온안정성을 높여 주고 피부에 대한 밀착감을 증진 시키며 메이크업 화장의 부착력도 개선할 수 있다.

(6) 스쿠알란(Squalane)

스쿠알란은 상어류의 간유에서 얻으며 올리브유에서도 채취하여 식물성 스쿠알란으로 사용되고 있다. 천연오일은 매년 수확량에 따른 원료 공급이나 제품 가격이 변동하는 것에 유의 하여야 한다.

4.1.4. 고급 지방산(Fatty acid)

지방산은 천연의 왁스 에스터의 형태로 존재하는 것에서 얻는다. 동식물의 유지류에 포함되는 지방산은 직쇄 지방산이 대부분이며 탄소수가 짝수이다. 화장품에 사용되는 지방산은 수산화칼륨 등의 알카리로 중화하여 유화제 또는 보조유화제로 사용되며 지방산 결정은 펄 효과를 나타내기도 한다.

(1) 라우린산(Lauric acid)

야자유나 팜유를 비누화 분해하여 얻은 혼합 지방산을 분리하여 얻는다. 라우린산의 비누는 수용성이 크고 기포 생성 능력이 양호해 화장비누 또는 폼클렌징에 사용된다.

(2) 미리스틴산(Myristic acid)

팜유를 분해하여 얻은 혼합지방산을 분리하여 얻는다. 라우린산 비누에 비해 기포 생성량은 적으나 거품이 조밀하다. 라우린산 비누와 적절한 조합비로 사용하는 것이 좋다.

(3) 팔미틴산(Palmitic acid)

팜유나 우지 등을 비누화하거나 고압 하에서 가수분해 하여 제조한다.

(4) 스테아린산(Stearic acid)

우지나 팜유를 가수분해하여 제조한다. 이때 냉각 과정에서 올레린산을 분리하여 별도 이용하고 분리되지 않은 불포화지방산은 수소 첨가하여 포화 지방산으로 하여 스테아린산으로 이용한다. 스테아린산은 고급 지방산 중 화장품에 가장 널리 사용하고 있으며 보통 알카리 중화하여 보조 유화제 및 분산제로도 활용한다.

(5) 이소스테아린산(Isostearic acid)

측쇄 구조를 갖는 지방산으로 일반 직쇄 지방산이 고체인데 반해 이소스테아린산은 액체이다. 따라서 이소스테아린산으로 만들어진 비누는 액체이며 또 투명감도 좋고 다름 오일과 상용성이 좋으므로 냄새나 산패의 염려가 있는 올레인산 대용으로 활용된다.

(6) 올레인산(Oleic acid)

이중 결합을 갖는 지방산으로 액상이다. 액체 비누의 제조나 보조유화제(coemulsifier)로 사용된다. 다른 유성 성분과 상용성이 좋고 특히 친유형 유화제의 알킬기로서 널리 이용된다. 여러 가지 장점이 많으나 특이취가 있고 산패의 염려가 있으므로 사용 시 주의가 필요하다.

4.1.5. 고급알코올(Fatty alcohol)

탄소수 6이상의 1가인 알코올의 총칭으로 천연유지를 원료로 하는 것과 석유화학으로부터 합성한 것으로 나눌 수 있다. 화장품에서 고급알코올의 사용은 크림 및 로션류의 경도나 점도를 조절하고 유화를 안정화하기 위해 사용한다. 이것은 고급 알코올의 오일 입자 주변의 액정 형성으로 안정성 및 사용감 등에 결정적인 작용을 하는 것으로 많은 연구가 되어 있다.

(1) 세틸알코올(Cetyl alcohol, Cetanol)

세탄올이라고도 부르며 경납을 비누화하여 얻은 알코올에서 분류하거나, 야자유 또는 우지를 환원하여 분류하는 방법 등으로 제조한다. 백색을 띠며 에멀젼 제품의 경도 및 안정성 향상의 목적으로 사용된다.

(2) 스테아릴알코올(Stearyl alcohol)

세틸알코올과 같은 방법으로 제조하며 에멀젼 제품에 세틸알코올과 혼합하여 사용되며 립스틱 등의 일부 스틱 제품에도 사용된다.

(3) 세토스테아릴알코올(Cetostearyl alcohol)

화장품에서 가장 널리 사용되는 고급 알코올이며 세틸알코올과 스테아릴알코올이 약 1:1의 비율의 혼합물이다.

(4) 이소스테아릴알코올(Isostearyl alcohol)

측쇄구조를 가진 액체이다. 열 안정성과 산화안정성이 우수하여 유성 원료로 사용되며 에틸알코올에 용해성이 있어 다양한 화장품의 제형에 응용될 수 있다. 에멀젼 제품에서 직쇄

알코올로 안정화된 시스템을 파괴하는 작용도 있음으로 주의를 요하기도 한다.

4.1.6. 에스터 오일(Ester oil)

일반적으로 합성 오일은 크게 지방산과 고급알코올로 만들어진 에스터 오일과 실리콘 오일 및 불화 탄화수소계 오일을 뜻한다. 이들 중 실리콘 오일은 별도로 취급하여 대부분 합성유의 형태는 에스터라고 할 수 있으며 화장품에서 사용이 증가추세에 있다.

(1) 이소프로필미리스테이트(Isopropyl myristate)

미리스틴산과 이소프로판을 황산 촉매 하에서 에스터화 한 후 탈취, 탈색 공정을 거쳐 제조한다. 무색투명한 액체로 사용감이 가볍고 다른 오일과의 상용성도 좋으며 색소 분산력도 좋다.

(2) 세틸옥타노에이트(Cetyl octanoate)

이소프로필미리스테이트에 비해 분자량이 크므로 피부에 대한 자극이 적으면서 사용성도 비교적 가벼운 오일로서 에멀젼 제품에 다양하게 사용된다. 과거에는 세타노에이트(cetanoate)가 사용되었으나 유화계에서 에스터가 가수분해 되어 일부 오일이 분해될 가능성도 있고 이 경우 분해되면 에틸 헥사놀이 생성되어 제품의 냄새가 변하는 위험성이 있어 냄새가 적은 에틸 헥사노에이트 형태의 세틸 옥타노에이트 형태로 개발되었다. 사용성도 가볍고 안료 분산성도 좋고 열 안정성도 우수하여 화장품에서 광범위하게 사용된다.

(3) 옥틸도데실미리스테이트(Octyldodecyl myristate)

옥틸도데칸올과 미리스틴산을 에스터화 하여 얻은 오일이다. 융점이 낮고 가수분해에 대하여 안정하고 사용감은 비교적 무거우나 에몰리언트 효과가 우수하여 에멀젼 제품에 사용된다. 라놀린의 피부 밀착감을 대신할 수 있는 원료이다.

4.1.7. 실리콘 오일(Silicone oil)

실리콘이란 실록산 결합(Si-O-Si)을 갖는 유기 규소 화합물의 총칭이며 대표적인 것은 규소에 메틸기가 2개 붙은 디메틸폴리실록산이다. 실리콘은 분자량에 따라 여러 가지 점도를 가진 것을 얻을 수 있으며 또 반응기를 도입하여 점착성을 갖는 실리콘도 제조할 수 있다.

(1) 디메틸폴리실록산(Dimethypolysiloxane)

실리콘 중에서 가장 널리 사용되는 것으로 무색투명하다. 분자량에 따라 점도가 달라지며 분자량이 커지면 왁스상이 된다. 분자량이 너무 크면 다른 유상과의 상용성이 문제가 되어 오일을 많이 사용해야 하지만 고분자 실리콘 검을 적절히 활용하면 에멀젼 제품에 부드러운 감촉을 줄 수 있다. 두발 제품에서 모발에 윤기를 부여하기 위해서도 사용된다. 소수성이 크며 에멀젼의 기포제거성도 우수하다.

(2) 메틸페닐폴리실록산(Methylphenylpolysiloxane)

메틸페닐폴리실록산은 디메틸폴리실록산의 메틸기 하나를 페닐기로 치환한 구조를 지니고 있다. 에탄올에 용해성이 좋아 나노 에멀젼을 이용한 스킨이나 에멀젼 제조에 활용되며 이때 에너지가 크게 소요되지 않아 저에너지 유화(low energy emulsification)가 가능하며 많은 연구가 진행되고 있다.

(3) 사이클로메치콘(Cyclomethicone)

사이클로메치콘은 메틸실록산이 5개인 펜타머와 6개인 헥사머가 널리 사용된다. 가볍고 매끄러운 사용감과 휘발성을 가진 오일로서 끈적임이 전혀 없음으로 최근 기초 및 메이크업 화장품에 널리 사용되고 있다. 사이클로메치콘을 사용한 파운데이션은 친유성 타입으로 내수성이 우수할 뿐만 아니라 끈적임도 없어 현재 아주 널리 사용되고 있다.

묻어나지 않는 립스틱에도 사용 빈도가 높으며 이는 사용 후 사이크로메치콘이 증발하면서 입술 표면에 필름을 형성시켜 묻어나지 않게 하고 있다. 그러나 휘발성 이므로 매트(mat)한 느낌이나 건조한 감은 다른 방법으로 해결될 수 있다.

4.1.8. 기타 유성 성분

상기의 기본적인 유성 성분 이외도 최근 새로운 기능을 갖는 유성성분들이 많이 개발되고 있다. 아미노산에 지방산을 첨가한 아미노산 계면활성제, 피부 세포간지질 물질로 알려진 세라마이드, 콜레스테롤이나 피토스테롤 유도체, 인지질 유도체를 들 수 있다.

(1) 세라마이드(Ceramide)

1980년대 초에 생명공학적인 방법으로 히아루론산이 개발되어 화장품 발전에 크게 기여하였다면 1980년대 말에 개발된 세라마이드도 화장품 다양화에 크게 기여하였다. 세라마이드는 피부의 세포 사이에 존재하는 지질로서 라멜라 상태로 존재하여 피부가 수분을 유지하고 외부로부터 방어 수단의 중요한 인자로 작용하는 물질이다. 반면 세라마이드는 가격이 높아 화장품에 적용하는데 한계가 있었으나 최근 효모로부터 세라마이드의 골격을 얻은 후 이를 재합성하는 방법으로 세라마이드를 생산하는 방법과 천연 세라마이드와 유사한 구조를 갖는 유사 세라마이드를 합성하여 화장품에 응용하고 있다. 이러한 성분들은 에멀젼 내에서 액정 지질 구조를 형성하여 피부 보호 등에 기여한다는 것에 관한 많은 연구가 되어있다.

(2) 불화탄소류(Fluorocarbon)

탄화수소의 수소를 전부 불소로 치환한 형태의 오일이다. 퍼플루오로이소프로필에테르(perfluoropolymethylisopropylether)는 화학적으로 불활성이며 생물학적으로도 불활성이고 열에 대해 극히 안정하여 친수성과 친유성을 동시에 가지며 표면 장력이 실리콘 오일보다도 낮아 발수성이 특히 뛰어나다. 그러나 화장품 내에 다른 유성 성분들과의 상용성이 나쁘기 때문에 이점을 주의해야 하며 향후 넓은 응용이 기대된다.

4.2. 수성 성분

4.2.1. 보습제(Humectants)

보습은 화장품이 갖는 중요한 기능으로서 피부에 적절한 수분 함량을 유지하는 것은 화장품의 품질을 결정하는 중요한 요소가 된다. 피부의 각질층에는 NMF(natural moisturizing factor)가 존재하며 이는 피부가 건조되는 것을 방지하여 준다. 그러나 연령이 증가하거나 건조한 계절에는 화장 같은 보습제의 도움이 필요하게 된다.

바람직한 보습제의 요건을 표 4.2에 나타내었다.

표 4.2. 보습제의 주요 요건

1)	적절한 보습 능력을 보유한 물질
2)	지속적인 보습효과를 나타내는 물질
3)	보습력이 환경 변화에 영향이 적은 물질
4)	보습력이 피부나 제품의 보습에 기여하는 물질
5)	가능한 저휘발성인 물질
6)	다른 성분과의 상용성이 우수한 물질
7)	응고점이 가능한 낮은 물질
8)	점도가 적당하고 사용감이 우수하며 피부 친화성이 우수한 물질
9)	안전성이 높은 물질
10)	가능한 무색, 무취, 무미인 물질

(1) 글리세린(Glycerin)

가장 널리 사용되며 보습력은 우수하나 사용 시 끈적임이 남는 단점을 가지고 있다. 비누를 제조할 때 부산물로 얻어지는 것을 탈수하여 얻을 수 있다. 향후 바이오 디젤(지방산 메틸에스터) 제조 시 얻은 지는 부산물도 글리세린이다. 이외에도 천연유지로부터 고온 고압에서 수소 첨가하여 지방산을 제조할 때 얻어지는 글리세린도 널리 이용되고 있으나 냄새 부분에서 품질이 떨어지며 에피 클로로 에틸렌으로부터 물을 첨가하여 합성한 합성 글리세린은 순도와 냄새 면에서 우수하므로 고급 제품 제조 시 사용이 가능하다.

(2) 프로필렌글리콜(Propylene glycol)

글리세린에 비해 보습력은 떨어지나 사용감이 가볍고 난용성 물질의 용해성 향상에도 도움을 주어 가용화력을 향상시킨다. 피부 자극성이 보고되고 있어 사용량이 감소 추세에 있다.

(3) 1,3 부틸렌글리콜(1,3 Butylene glycol)

보습력이나 피부자극 면에서 글리세린과 프로필렌글리콜의 중간 정도에 해당된다. 광범위하게 사용되나 가격이 좀 비싼 편이다.

(4) 폴리에틸렌글리콜(Polyethylene glycol)

에틸렌옥사이드를 알카리 촉매 하에서 부가 중합하여 만들며 여러 중합도의 복합물로 얻어진다. 평균 분자량이 600이하는 액체이며 분자량이 증가하면서 반고체에서 고상으로 된다. 1000, 1500, 4000, 6000으로 분자량이 증가하면서 보습력은 감소하며 피부 자극도 마일드하다. 방부제인 파라벤(Paraben®)의 불활성화에 대한 보고가 있다.

(5) 젖산나트륨(Sodium lactate)

폴리올에 비하여 높은 보습력을 가지나 이온성 점증제와 함께 사용할 수 없으며 다량 사용 시의 피부 자극성에 대해서도 검증이 요구된다.

(6) 2-피롤리돈-5-카르본산나트륨(Sodium 2-pyrrolidone 5-carboxylate)

천연보습인자 중 중요한 성분이나 끈적임이 심하고 유화력을 저하시키기도 한다.

(7) 히아루론산나트륨(Sodium hyaluronate)

고분자 물질의 보습제로서 가장 널리 사용되며 포유동물의 결합조직에 널리 분포되어 있는 물질로서 최근에는 미생물로부터 생산이 가능하여 비교적 싼 가격으로 화장품에 널리 사용되고 있다.

(8) 키틴 및 키토산 유도체(Chitin & Chitosan derivatives)

게 등의 갑각류 껍질을 추출한 것으로서 보습력은 크지 않으나 피부 상처 치유 등의 부수적인 효과가 있어 기초 및 모발 제품에 사용되고 있다.

4.2.2. 고분자 화합물(Polymers)

화장품에서 고분자 화합물을 사용하는 목적은 히아루론산이나 콜라겐과 같이 보습 등의 어떤 특징적인 기능을 부여하기 위하여 사용되는 경우도 있지만 대부분 고분자 물질은 제품의 점성을 높여주거나, 사용감을 개선하고, 피막을 형성하기 위한 목적으로 사용된다. 특히 유화 제품에서 적절한 고분자의 사용은 유화안정성을 크게 향상 시키며 화장수 등에서 적절한 고분자 물질의 사용은 사용감을 조절하는 능력도 있다.

(1) 점증제(Thickening agents)

화장품에서 점증제로 주로 사용되는 것은 대개 수용성 고분자 물질이다. 이러한 수용성 고분자 물질은 크게 유기계와 무기계로 나눌 수 있으며 유기계는 다시 천연물질에서 추출한 것과 이러한 천연물질의 유도체로 만든 것 및 완전히 합성한 것으로 대별할 수 있다.

천연물질로서 주로 사용하는 구아검, 아라비아 검, 로거스트빈검, 카라기난, 전분 등의 식물에서 추출한 것과 산탄검, 텍스트란 등 미생물에서 추출한 것과 젤라틴, 콜라겐 등의 동물에서 추출한 것들이 사용되나 최근에는 동물에서 추출한 원료는 가급적 화장품에 사용하지 않고 있다. 이러한 천연물의 장점은 대부분 생체 적합성이 좋으며, 특이한 사용감을 갖는 것이 많다는 점이다. 단점으로는 채취시기 및 지역에 따라 물성이 변하고 안전성이 떨어지는 경우도 있으며, 미생물에 오염되기 쉽고 공급이 불안정하다는 단점이 있다. 이러한 예로는 물에 분산되기 어려우며 분산 시 완전히 투명하게 되지 않는다는 단점에도 불구하고 끈적임이 거의 없고 매끄러운 사용감으로 최근까지 일부 스킨류나 에센스 등에 널리 사용되어 왔던 로거스트빈검이 최근 세계적으로 생산이 중단된 것 등을 예로 들 수 있다. 반합성 천연 고분자 물질로는 주로 셀룰로오스 유도체가 사용되며 메틸셀룰로오스, 에틸셀룰로오스, 카복시메틸셀룰로오스 등을 들 수 있다. 이러한 셀룰로오스 유도체들은 안정성이 우수하며 사용이 용이하다는 장점으로 널리 사용되고 있다.

합성 점증제는 적은 양으로도 높은 점성을 얻을 수 있는 카르복시비닐폴리머가 가장 널리 이용되는 점증제이다.

① 산탄검(xanthan gum): 미생물로부터 얻은 다당류의 수용성 고분자 물질이다. 비교적 소량으로 높은 점성을 나타내며, 온도에 대하여 점성의 변화가 거의 없는 장점이 있다. 그러나 수용액이 불투명하여 투명제품인 경우 효소처리 등의 방법을 거쳐야 한다. 사용감이 미끈거리는 감촉이 있으나 소량 사용 시 매끄러운 감촉을 얻을 수 있고 끈적임이 거의 없는 편이다.

② 메틸셀룰로오스(methyl cellulose): 셀룰로오스에 메틸기를 도입하여 수용성으로 만든 고분자 물질로서 찬물에는 용해되나 온도가 상승하면 용해도가 감소하여 석출된다. 미끈거리는 감촉으로 화장수에는 0.1% 이하로 사용하여 사용감을 조절하는 목적으로 사

용되며 삼푸류의 점성을 조절하는데 사용한다.

③ 카르복시메틸셀룰로오스염(carboxy methyl cellulose): 셀룰로오스의 수산기를 부분적으로 카복실기로 치환한 것이다. 물에 대한 용해성이 좋고 비교적 안정성이 높으며 미끈거리는 감촉도 적고 무기염에 대한 salting out 현상도 비교적 적으므로 화장수, 에센스 등에 사용되며 에멀젼 제품에는 유화안전성을 향상시킬 목적으로 사용되는 경우도 있다.

④ 카르복시비닐폴리머(carboxy vinyl polymer): 소량으로 높은 점성을 얻을 수 있고 중화하면 투명한 젤을 얻을 수 있으므로 현재 화장품에서 가장 널리 쓰이는 폴리머이다. 특히 폴리머의 점탄성이 강하고 항복값(yield value)이 높아 에멀젼의 크리밍 현상 및 침강 현상을 막을 수 있어 안정성 향상에 주요한 원료이다. 국내에서는 1960년대 초부터 사용되었으며 지금도 로션류에는 $0.1 \sim 0.15\%$ 정도가 사용되며 에센스류에는 두 배 정도의 양이 활용되고 있다. 그러나 광에 대해 불안정하여 점성이 낮아지며 염(salt)과 반응하여 불용성의 폴리머가 형성되므로 주의가 필요하다. 특히 파운데이션 등의 제품에서 사용 후 때처럼 밀리는 현상을 유발 할 수 있다.

⑤ 라포나이트(laponite□): 합성 무기 물질로서 Veegum□(magnesium aluminum silicate)은 분산 시 현탁되나 라포나이트는 투명한 젤을 얻을 수 있다. 무기 물질로 끈적임이 없으나 다량 사용 시 상용성의 문제로 젤의 구조가 깨지면 점증제로서의 기능을 상실하기 쉽다.

(2) 필름형성제

고분자 필름을 화장품에 이용하기 위하여 사용되는 것으로 제품의 종류에 따라 다양한 종류의 필름형성제가 사용될 수 있다. 표 4.3에 용도별 대표적 원료를 나타냈다. 필름의 강도 및 물성을 조정하기 위하여 점증제와 혼합하여 다양한 성질을 구현할 수 있다.

표 4.3. 피막제 고분자의 용도와 대표적 원료

피막제의 용해성	제품명	대표적 원료
물, 알코올 용해성	팩	폴리비닐알코올
	헤어스프레이, 헤어 세팅젤	폴리비닐피롤리돈, 메타아크릴산 에스터 공중합체
	샴푸, 린스	양이온성 셀룰로오스, 폴리염화디메틸 메틸렌 피페리듐
수계 에멀전	아이라이너, 마스카라	폴리아크릴산 에스터 공중합체, 폴리초산비닐
비 수용성	네일 에나멜	니트로셀룰로오스
	모발 코팅제	고분자 실리콘
	선오일, 액상 파운데이션	실리콘 레진

① 폴리비닐알코올(polyvinyl alcohol): 폴리비닐 아세테이트를 검화하여 제조하며 주로 필 오프(feel-off) 타입의 팩 제조에 사용된다. 대체로 검화도가 85 ~ 90%인 원료가 사용되며, 분자량과 검화도에 따라 점도 및 용해성 피막의 강도가 달라진다. 검화도가 95% 이상이 되면 자체 내 수소 결합이 너무 강하여 불용성이 된다. 폴리비닐알코올을 사용한 경우 가소제로서 폴리에틸렌글리콜류의 비이온성 계면활성제를 사용할 경우 피부와 결합력이 적어지며, 또한 폴리비닐알코올 자체의 보호 콜로이드 성질을 저해하여 일부 유화 타입의 필 오프 팩의 경우 분리 현상이 일어날 수 있다. 가소제로서 글리세린을 사용하는 경우는 글리세린의 농도가 높으면 필름의 강도는 부드러워지나 건조속도가 늦을 수 있다. 유화타입의 경우 함유되어 있는 오일이 팩을 한 후 건조되면서 오일이 표면으로 이동하게 되어 폴리비닐알코올의 하이드록시기가 피부 쪽으로 향하게 되어 피막의 피부 부착력이 더 커지게 된다.

② 니트로셀룰로오스(nitro cellulose): 대부분의 네일 에나멜의 피막제로 사용된다. 밀폐된 공간에서 폭발성이 있으므로 보관 및 건조 시 주의를 요한다.

③ 폴리비닐피롤리돈(polyvinyl pyrrolidone): N-비닐 피롤리돈을 과산화 촉매 하에서 중합하여 제조된다. 물에 잘 녹는 점조한 용액을 형성하고 알코올, 글리세린, 초산에틸 등에 가용성을 갖는다. 피막 형성능 및 모발에의 밀착성을 이용해 두발제품에 기포 안정화나 모발 광택 부여의 목적으로 샴푸에 배합할 수 있다.

4.3. 계면활성제(Surfactants)

계면활성제란 한 분자 내에 물과 친화성을 갖는 친수기와 유성 성분과 친화성을 갖는 친유기를 동시에 갖는 물질로서 계면에 흡착하여 계면의 성질을 현저히 바꿔주는 물질, 즉 계면 자유에너지를 낮추어 주는 물질이다.

계면활성제의 작용은 유화, 가용화, 분산, 습윤, 세정, 대전방지 등 그 구조에 따라 다양한 기능을 가지고 있으며 이온 성질에 따라 음이온, 비이온, 양이온 등의 계면활성제로 분류한다.

화장품에서 사용되는 계면활성제는 에멀젼과 같이 물과 오일을 혼합하기 위한 유화제, 향 등과 같이 물에 불용인 물질을 용해하기 위한 가용화제, 안료를 분산하기 위한 분산제 및 세정을 목적으로 하는 세정제가 대표적 응용 분야이다. 그러나 화장품은 인체에 도포하는 제품으로 피부 안전성이 무엇보다 중요하므로 피부 자극성과 관련이 있는 경피 흡수나 방부제 불활성화 등 여러 가지 현상을 고려하여 선정되어야 한다.

4.3.1. 음이온계면활성제(Anionic surfactants)

음이온 계면활성제는 물에 용해할 때 친수기 부분이 음이온으로 해리하는 것이고 카복실산형, 황산 에스터형, 인산 에스터형으로 대별할 수 있으며 일반적으로 친수부는 나트륨염, 트리에탄올아민 등과 같은 염으로 사용된다. 친유기는 알킬기, 이소 알킬기 등이 주요 물질이고 구조 중에 에스터, 에테르, 아마이드 결합을 포함한다. 대표적인 음이온 계면활성제는 다음과 같다.

(1) 고급지방산비누(Soap)

야자유, 팜유, 우지를 알카리 수용액과 함께 가열하여 비누화를 행하여 얻거나 고급 지방산을 알카리로 중화시켜 얻기도 한다. 우수한 세정력과 기포력을 활용하여 세안폼, 쉐이빙 크림 등에 사용된다.

(2) 알킬황산에스터염(Alkyl sulfate)

지방알코올에 무수황산이나 발열황산 등을 가하여 황산화 시킨 후 중화하여 만들며 샴푸, 치약 등의 세정 제품에 널리 사용된다.

(3) 폴리옥시에틸렌알킬에스터황산염(Polyoxyethylene alkyl ether sulfate)

알킬 황산 에스터에 에틸렌 옥사이드를 가하여 제조하며 알킬 황산 에스터염의 용해성을 향상시킨 것으로 샴푸 등에 사용된다.

(4) 아실메틸타우레이트(Acyl n-methyl taurate)

아실클로라이드와 메틸타우린염을 알카리 존재하에서 탈 염산 반응, 지방산과 메틸타우린 염과의 탈수반응으로 얻을 수 있다. 샴푸, 세안폼 등에 사용된다.

(5) 알킬에테르인산염(Alkyl ether phosphate)

일반적으로 세제는 비누에 비하여 사용 후 미끈거림의 감촉이 남는다는 단점이 있다. 비교적 감촉이 비누와 비슷하며 세정력도 우수하여 바디 클렌져 등에 응용된다.

(6) 아실아미노산염(n-Acylamino acid salt)

아미노산을 응용한 세제이며 비교적 피부에 대한 미끈거림이 적은 장점이 있다. 그러나 음이온 계면활성제 중 가격이 높은 편이며 물에 대한 용해도가 낮은 단점이 있다. 아실사르코시네이트, 아실글루타메이트 등이 있으며 세안폼, 치약 등에 응용 가능하다.

4.3.2. 양이온계면활성제(Cationic surfactants)

양이온 계면활성제는 일반적으로 분자량이 적은 경우 살균제로 이용되며 분자량이 큰 경우는 모발이나 섬유에 흡착성이 커서 헤어 린스 등 유연제 및 대전 방지제로 주로 활용된다. 구조적으로는 암모늄염, 아민 유도체가 있으나 화장품에서는 주로 암모늄염이 사용된다.

(1) 알킬디메틸암모늄클로라이드(Alkyl dimethyl ammonium chloride)

알킬아민과 메틸클로라이드를 알카리 촉매를 이용하여 가압 하에서 얻어지는 알킬디메틸아민을 거쳐 제4급암모늄이 얻어진다. 비교적 살균력이 적고 피부자극도 적어 헤어 린스에 대전방지제 및 유연제로 사용된다.

(2) 벤잘코늄클로라이드(Benzalkonium chloride)

일반적으로 살균제로 사용되며 샴푸, 헤어토닉, 헤어 린스 등에 사용된다.

4.3.3. 양쪽이온성계면활성제(Amphoteric surfactants)

한 분자 내에 양이온과 음이온을 동시에 갖는 계면활성제로서 알카리에서는 음이온, 산성에서는 양이온 특성을 나타낸다. 특히 다른 이온성 계면활성제에 비하여 피부에 안전하고 세정력, 살균력, 유연효과 등을 나타내므로 샴푸, 어린이용 제품에 이용되고 있다.

(1) 알킬아미도디메틸프로필아미노초산베타인(Alkyl amido propyldimethyl amino acetic acid betaine)

넓은 pH 영역에서 안정하며 모발에 대하여 유연효과, 대전방지 효과, 습윤 효과 등이 있으므로 샴푸, 린스 등에 이용된다.

4.3.4. 비이온계면활성제(Nonionic surfactants)

비이온계면활성제는 이온성에 의한 친수기를 갖는 대신 하이드록시기나 에틸렌옥사이드기에 의한 물과의 수소결합에 의한 친수성을 갖는 계면활성제이다. 피부에 대하여 이온 계면활성제 보다 안전성이 높으며 유화력 등이 우수하므로 세정제를 제외한 에멀전 제품에서의 유화제로 사용되고 있다.

(1) 폴리옥시에틸렌 타입(Polyoxyethylene type nonionic surfactants)

피부에 대한 안전성이 높아 화장품에 가장 널리 사용되는 타입으로 고급지방산과 에틸렌옥사이드를 반응시킨 폴리옥시에틸렌알킬에스터나, 솔비톨에 첨가시킨 폴리옥시에틸렌솔비탄알킬레이트 등이 유화, 가용화, 분산 등의 목적으로 사용된다. 알코올이 많은 화장수인 경우에는 비교적 분자량이 큰 폴리옥시에틸렌경화피마자유 에스터 등도 사용되고 있다.

(2) 다가알콜에스터 타입(Polyhydric alcohol type surfactants)

글리세린을 비롯한 여러 종류의 다가 알코올의 친수기 일부를 지방 에스터로 하고 잔여 하이드록실기를 친수기로 하는 계면활성제이다. 예를 들면 솔비탄 고급지방산 모노에스터의 잔여 하이드로실기에 적절하게 에틸렌옥사이드를 부가 중합 시킨 계면활성제라든지 천연 피마자유를 경화하고 여기에 에틸렌옥사이드를 부가시킨 계면활성제가 있으며 모두 양호한 유화력과 가용화력을 가지고 있어 화장품에 보편적으로 사용되고 있다.

(3) 에틸렌옥사이드/프로필렌옥사이드 공중합체 타입

친유기가 폴리프로필렌글리콜 친수기가 폴리에틸렌글리콜로 된 것으로 각각의 몰수를 달리함에 따라 다양한 HLB를 갖는 계면활성제의 제조가 가능하다. 다른 계면활성제와 비교하면 큰 분자량으로 피부 자극성이 마일드하다. 구강 제품이나 민감성 제품에 널리 활용되고 있다.

4.3.5. 기타 계면활성제

(1) 고분자계면활성제(Polymeric surfactant)

다양한 폴리머들의 유도체 들은 피막형성 작용을 가지고 있지만 계면에 작용하면서 계면활성제의 역할을 할 수 있다. 알긴산 나트륨, 전분유도체 등도 유화, 응집, 분산제로서 사용할 수 있다.

(2) 천연계면활성제(Natural surfactant)

천연계면활성제로는 인산에스터의 음이온 계면활성제와 4급 암모늄염의 양이온 계면활성제를 공유하는 레시틴이 대표적이다. 레시틴의 주성분은 대두, 난황 등에서 얻어지며 포스파티딜세린, 포스파티딜에탄올아민, 포스파티딜콜린으로 이루어진다. 레시틴은 특이한 용해성, 이중막 형성을 이용한 리포좀 등의 구조체를 형성함으로 응용 범위가 넓다. 또한 사포닌의 인삼염도 주요한 천연 계면활성제이다.

4.4. 유효성분

미래의 화장품 개발은 안정성을 강조한 일반화장품에 비해 효능이 강조되는 기능성 화장품의 중요성이 강조되고 있으며 미백, 주름, 자외선 차단을 축으로 향후 카테고리의 확대가 화장품 산업의 현안이 되고 있다. 즉 여드름, 아토피, 체형개선 등 소비자 니즈와 결부된 다양한 신소재들이 연구되고 있으며 노화방지, 주름개선, 미백 및 자외선 차단의 소재 중심으로 알아보기로 한다.

4.4.1. 기능성 미백화장품 소재

미백원료는 흑화의 원인인 멜라닌의 생성 경로에 따라 많은 연구가 진행되고 있으며 기작별로 서로 다른 원료가 개발되고 있다. 티로시나제(tyrosinase)의 활성을 억제하는 알부틴, 감초추출물, LG 106W®, 티로시나제의 발현을 억제하는 멜라솔브®. 멜라닌 합성을 차단하는 비타민 C 및 그 유도체 등이 개발되어 사용되고 있다.

그러나 티로시나제 저해 물질이 멜라노좀 까지 전달되어 활성을 보이는 부분에서는 경피 흡수, 케라티노사이트와의 상호관계 등 다각적인 연구가 필요하며 소비자의 기대 수준을 만족하기 위한 다양한 연구가 요구 된다. 즉 *in-vitro* 상에서는 우수한 신소재도 동물시험 및 *in-vivo* 실험에서 활성을 보이지 않은 경우가 많다. 표4.4에 국내에 출시된 미백 기능성 원료 현황을 정리하였다.

(1) 미생물 유래 미백 신소재

대표적인 미백소재로 사용하던 코직산(kojic acid)이 갑상선 암에 대한 발암성의 문제가 제기 되면서 사용이 중지 되었고, 현재는 알부틴 및 비타민 C 유도체가 활용되고 있으나 알부틴(arbutin)의 약한 활성과 비타민 C의 불안정성 문제로 이들의 유도체가 활용되고 있다. 한편 미생물 대사산물로부터 생산되는 이소나이트릴 계열의 화합물들은 *in-vitro* 조건에서 티로시나제 효소활성을 측정하면 코직산보다 수천 배 강하지만 임상 시험에서는 활성을 보이지 않기 때문에 주의할 필요가 있다.

(2) 약용식물 유래 미백 신소재

약용 식물로부터 미백 활성 소재의 탐색은 국내외 많은 연구자에 의해 진행되고 있다(표 4.4). 그 결과 엘라직산(ellasic acid) 및 플라보노이드(flavonoid) 계열의 화합물에서도 활성이 있음이 확인되고 있다. 이들 화합물들은 티로시나제 저해활성 뿐만 아니라 자외선 흡수 및 항산화 활성과 복합적으로 작용하여 미백 활성을 나타내는 것으로 생각된다. 최근에는 감초,

표 4.4. 국내에 출시된 미백 기능성 원료 현황

소재명	특 징	기 타
알부틴® (고시 원료)	티로시나제 활성 저해	
유용성 감초 (고시 원료)	티로시나제 활성 저해	식물성 원료
3-에톡시 비타민 C (고시 원료)	비타민 C의 안정성 향상 경피 흡수율 증대	
메디민 C® (폴리에톡실레이티드 비타민 C)	비타민 C의 안정성 향상 경피 흡수율 증대	LG 생활건강
닥나무 추출물 (고시 원료)	카지놀 F(kazinol-F)	아모레 퍼시픽
LG 106-W®		LG 생활건강
피토클리어 EL-1®	멜라닌 합성 유전자 발현 억제, 속수자 추출물	LG 생활건강
AA-2G®	glucosyl ascorbic acid 비타민 C 안정화	일본 약용 화장품 원료
Melasolv®	티로시나제 발현 억제	아모레 퍼시픽
뽕나무 추출물	멜베린	코리아나
세리나	백출의 주성분	LG 생활건강
기타	반하 추출물, 상백피 추출물, 천궁 추출물	

백출(atractylodis rhizome)로부터 세리나(serina)를 분리하여 상품화 한 경우도 있다. 세리나는 한방 처방의 데이터베이스에 기초하여 B16 멜라노마셀(B16 melanoma cell)에서 활성을 스크린하여 백출 추출물의 핵산 분획에서 높은 활성을 확인하였다. 분획을 정제하여 세리나(selina-4(14), 7(11)-dien-8-one)로 구조 결정하였다(그림 4.1). B16 멜라노마셀의 멜라닌 합성에 대한 IC_{50}은 5g/ml이었다.

세리나는 배양된 멜라노마 셀과 인체 멜라노사이트의 티로신 히드록실라제(tyrosine hydroxylase)의 활성을 억제하였으나 분리된 효소활성을 직접 억제하지 않는 특성이 있었다. 티로시나제의 유전자 발현에 대한 영향을 검토한 결과 세리나는 티로시나제 mRNA 발현을 억제하였으며 티로시나제, TRP1(tyrosinase related protein 1), TRP의 mRNA 및 단백질 발현을 현저히 감소시키는 것이 확인 되었다. 특이한 것은 티로시나제와 TRP2의 경우 mRNA에 비해 단백질 감소가 더욱 두드러져 세리나가 이들의 post transcriptional modification에도 관여함을 시사한다. 이는 한방 미백 소재 개발의 예가 될 수 있겠다.

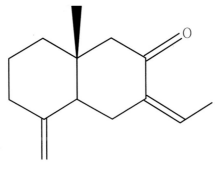

그림 4.1. 세리나의 구조

4.4.2. 기능성 노화방지 화장품 소재

화장품이 어떻게 피부노화를 지연시킬 수 있을까? 이미 알려진 피부노화의 외적 요인으로 자외선, 환경오염, 스트레스 등이 있으며 이들 외적 요인에 의한 피부노화를 지연시키기 위해 새로운 보습제의 개발과 세포간지질의 구성성분인 세라마이드에 의한 보습효과 개선에 대한 연구가 진행되었다. 피부 보호에는 자외선 방어에 관한 연구, 유해산소 같은 프리라디칼을 효과적으로 제거하는 연구 및 피부 면역 기능을 높여 주고자 하는 연구 등을 들 수 있으며 혈행 촉진과 피부 신진대사 개선에 관한 연구도 진행되고 있다.

주름 개선 원료로는 레티놀 및 이의 안정화 원료가 주류이며 최근 민간요법 및 전통의학에 근거한 천연추출물이 개발되고 있다. 현재 주름개선 기능성 고시 원료로 알려져 있는 레티놀, 레티놀 팔미테이트, 아데노신, 메디민 A®️ 이외에도 다양한 신소재 개발이 추진되고 있다. 표 4.5에 국내 각 사에서 개발한 원료를 나타냈다.

노화방지 화장품 개발을 위한 연구의 타겟은 주로 표피세포의 분화 재생 분야, 셀의 기질 응용분야, 또는 활성산소 제어 분야이다. 이상의 각 분야별 노화 조절 화장품 소재는 다음과 같다.

(1) 표피세포 분화 재생을 조절하는 항노화 소재

① 레티노이드 : 레티노이드는 천연물 유래의 비타민A 또는 합성 비타민A군을 총칭하는 것으로 레티놀, 레티날, 레티노인산 등이 포함된다. 1980년대에 여드름 치료의 임상으로부터 시작된 레티노이드의 광노화에 대한 효과는 과학적인 입증을 거쳐 현재 항노화 화장품 소재로 가장 많이 사용되는 소재이다. 단기간 투여로는 주로 표피의 분화 재생에 효과가 있으며 진피까지 효과를 얻으려면 4개월 이상 투여할 필요가 있다. 작용 기작은 콜라겐이나 히아루론산의 합성 촉진작용에 의한 것으로 알려져 있다.

표 4.5. 국내에 출시된 주름 개선 소재

소재명	특 징	비 고
레티놀 (고시 원료)	콜라겐합성 촉진 열, 공기에 불안정	안정화가 요구됨
폴리에톡실레이티드레틴아미드 (고시 원료)	레티놀에 PEG를 결합 안정성 및 경피흡수 개선	LG생활건강
레티닐팔미테이트	레티놀 유도체, 안정성 향상	
7-DHC(7-dehydrochoresterol)	비타민 D 전구체	한불화장품
아데노신 (고시 원료)	DNA 구성 염기	한국화장품
카이네틴	식물 성장 인자	CJ엔프라니
빈랑자 추출물	엘라스타제, 콜라게나아제 저해	코리아나
안젤리카	백지의 주성분	LG생활건강

② α -하이드록시애시드 (AHA) : 젖산(lactic acid), 글리콜산(glycolic acid) 및 시트르산 (citric acid) 등의 AHA 중에서 특히 글리콜산이 표피세포의 증식 촉진 효과가 있는 것으로 알려져 있다. 또한 젖산은 유기산의 농도에 따라 효과가 보고되어 있으며, 그 작용기작으로는 낮은 pH에 의한 각층의 박리효소의 활성화와 세포의 혈관내피증식인자 (VGEF, vascular endothelial growth factor)의 분비 촉진 등이 알려져 있다. VEGF는 UVB의 조사에 의해서 표피층에서 발현이 항진 된다고 알려져 있다. 그밖에 혈관신생이나 혈관 투과성을 증가시키는 요인이 되기도 한다. 또한 AHA는 RA와 같이 표피에

서 히아루론산를 포함한 글리코스아미노글리칸(glycosaminoglycan)의 합성을 촉진하는 것으로 알려져 있다. 최근에는 AHA 대체 소재로 글루코노락톤(gluconolactone)등 폴리하이드록시애시드(polyhydroxy acid, PHA)가 주목받고 있다.

③ 메바로노익애시드(mevalonic acid, MA) : 피부의 제일 외각에 있는 각질층은 체내로부터 수분 증산 방지뿐 아니라 외부로부터의 물리적, 화학적 자극에 대한 보호효과를 가지고 있다. MA는 콜레스테롤 합성의 중요한 효소인 HMG-CoA 리덕타제의 활성을 증가시키고 나이가 들면서 저하되는 콜레스테롤의 양을 증가시켜 기능을 활성화 시킨다.

④ 나이아신아마이드(Niacinamide, NA) : 나이아신아마이드는 비타민B군인 나이아신류의 일종이다. NA는 세라마이드와 함께 라멜라 구조형성에 필요한 콜레스테롤과 지방산의 합성을 동시에 촉진하여 표피의 수분 상실을 감소시키고 지질량을 개선하는 효과가 확인되었다.

(2) 세포외기질매트릭스(Extracellular matrix, ECM)성분을 조절하는 항노화 소재

① 콜라겐 대사 제어 소재 : 콜라겐은 3중 구조를 가진 비교적 안정한 섬유상의 단백질로 피부의 탄력을 유지 시켜주는 물질이다. 콜라겐 분해 효소인 MMP(matrixmetalloproteinase) 단백질 생산을 촉진하는 소재와 반대로 MMP-1 단백질을 저해하는 소재로 나누어 생각할 수 있다.

② 엘라스틴 대사 제어 소재 : 콜라겐과 함께 ECM 단백질의 일종인 엘라스틴 대사를 제어하는 물질들이 기능성 항노화 소재로 개발 이용되고 있다. 엘라스틴은 피부 탄력성에 크게 기여하고 있으며 특히 광노화 피부에서는 변성 엘라스틴이 축적되는 문제가 중요하게 때문에 주름 형성과 엘라스틴을 함유하는 탄성 섬유의 미세구조 변화와의 관계에 대해서도 연구가 진행되고 있다.

③ 하이루론산 대사 제어 소재 : 히아루론산은 높은 수분 보유능이 있어 피부에서 히아루론산의 대사를 촉진 시키는 소재를 개발하는 것은 항노화에 주요한 일이 될 수 있다.

(3) 활성 산소 소거 물질을 이용한 항노화 소재

활성산소는 세포의 구성 성분들인 지질, 단백질, 당, DNA 등에 비선택적, 비가역적으로 파괴 작용을 함으로서 세포노화를 촉진하고 있다. 이러한 활성산소를 적절히 소거하는 소재도 항노화 화장품 개발에 유용한 도구가 될 수 있다.

① 수퍼옥사이드디스뮤타제(SOD, superoxidedismutase) : 포유동물의 조직에는 두개의 다른 SOD가 있다. 구리/아연을 포함하는 효소는 대부분 세포질에서 발견되고 망간을 포함하는 효소는 미토콘드리아 내에 존재한다. SOD는 활성산소 중의 슈퍼옥사이드 음이온 라디칼을 소거하며 이때 생성된 과산화수소(H_2O_2)는 몸속에 존재하는 카탈라제(catalase)에 의해 무해한 물과 산소로 분해된다.

SOD의 화장품적 응용은 경피 흡수를 고려하여 SOD에 Tat(transcriptional transactivator)을 접목하여 시도되고 있다.

② 코엔자임큐-10(Coenzyme Q-10) : 1950년대에 발견된 물질로 생물의 세포 내에서 산화 환원 반응에 중요한 역할을 감당하고 있는 화합물이다. 특히 미토콘드리아에 많이 존재하고 있다고 알려져 있다. 또한 세포외 체액 중이나, 혈액 중에도 존재하며, 지질 미립자 중에 분포하면서 지질의 항산화 역할을 담당하고 있다. 특히 혈장 중에서 비타민보다도 강력한 지질 과산화를 억제하기 때문에 기능성 건강식품으로 활용되다가 최근에는 노화방지 화장품 소재로 활용되고 있다.

4.4.3. 기능성 자외선 차단용 소재

오존층 파괴에 따른 자외선에 의한 피부 손상의 위험성이 커지면서 자외선 차단 화장품의 시장이 확대되고 있다. 자외선 차단용 소재는 크게 자외선 흡수제, 자외선 산란제 및 피막형성제 등으로 구분할 수 있다.

(1) 자외선흡수제

자외선 흡수제는 분자 내 이중결합을 갖는 화합물로 자외선을 받으면 분자 내 전자의 에너지 준위가 상승하여 여기 상태가 되면서 자외선을 흡수하게 된다. 자외선 흡수제로는 전통적으로 PABA(p-aminobenzoic acid)유도체, 계피산(cinnamic acid)유도체, 살리실산 유도체, 벤조페논 유도체 등이 주로 사용되었다. 그런데, 최근에는 발암성 논란으로 인해 PABA 계 물질은 거의 사용하지 않으며, 벤조페논계 물질들 역시 환경호르몬 의심물질로 분류되면서 사용이 급격히 감소하고 있다. 또 자외선흡수제는 자외선의 흡수 파장 대에 따라 UVA(320~400 nm)와 UVB(280~320 nm)로 분류할 수 있는데 이들 자외선흡수제는 주로 단파장 자외선인 UVB를 자단하는 소재가 널리 쓰이고 대표적인 것으로는 옥틸메톡시신나메이트(octyl methoxycinnamate)를 들 수 있다.

(2) 자외선 산란제

자외선 산란제는 물리적으로 자외선을 산란시킴으로써 자외선이 피부에 직접적으로 닿지 않도록 하는 소재로서 산화티탄, 산화아연 등의 분말이 사용되어 왔다. 이들은 굴절률이 높아 자외선을 산란하는 효과가 크기 때문에 이용되고 있지만 피부에 도포하였을 때 도포한 흔적이 희게 남게 되어 가시광선의 투과성을 저하시키는 단점이 있어 해결책이 요구된다. 특히 이들 산란제는 입자의 크기, 형태 및 분산 정도에 따라 효과가 차이가 많이 난다. 파장 300 nm의 자외선 방어 최적 입자 크기는 0.03~0.07 mm, 파장 400 nm에서는 0.1~0.15 mm가 적당하다.

(3) 피막 형성제

자외선 차단 제품은 내수성이 무엇보다 중요하게 때문에 피막 형성제를 사용한다. 소재로는 셀룰로오스계, PVP/α-olefin계 중합체, 아크릴산 중합체, 실리콘 수지, 불소 변성 실리콘 수지 등 여러 종류의 수지나 고분자 소재가 이용된다. 이들 피막 형성제를 제품에 배합하면 휘발성 성분이 휘발하면서 피부 상에 도포막이 형성되어 더욱 효과적이 된다.

4.4.4. 기타 유효성 소재

상기 유효성 소재 외에 연구가 활발한 분야의 각종 유효성분을 표 4.6에 나타냈다.

표 4.6. 효능효과 메카니즘 별 대표 소재

용 도	작용 메카니즘	대표적 소재
육모용	혈관 확장	비타민 E 및 유도체, γ-오리자놀
	양모 영양	비타민류 (A,B_1,B_2,B_6), 아미노산류 (시스틴, 시스테인)
	여성 호르몬	에스트라디올
	모근 강화	판토텐산 및 유도체, 프라센타 엑기스
기타	염증 억제	글리시레친산 및 유도체, 알란토인, 아미노카프론산
	수렴 작용	산화아연, 황산알루미늄, 탄닌, 구연산, 젖산
	냉감 효과	멘톨, 캄파
여드름	피지억제	비타민B_6, 에스트라디올, 에스트론
	각질 박리	살리실산, 유황
	살균 작용	염화벤잘코늄, 연화벤제토늄
비듬	각질 박리, 용해	염화세린, 살리실산
	살균 작용	징크피리치온, 클로로헥시딘, 트리클로로카바마이드
	소염 작용	글리시레친산 및 유도체
체취	제한 작용	클로로히드록시알루미늄, 염화알루미늄
	살균 작용	염산클로롤헥시딘, 염화벤잘코늄
구강	충치 예방	불화나트륨, 글루콘산클로로헥시틴
	치주 질환 예방	히노키치올, 알란토인
	구취 방지	동클로핀나트륨

4.5. 색 소

색소는 화장품에 배합하여 색채를 나타내거나 피복력을 부여하고 자외선을 방어하기도 한다. 주로 메이크업 화장품에 다량으로 배합하여 피부의 검버섯, 주근깨 등을 은폐하여 아름다운 색채를 부여하며 건강하고 매혹적인 용모를 만드는 것이다.

4.5.1. 색소의 분류

화장품에 배합되는 색소는 유기 합성 색소, 천연색소, 무기 안료로 구분 된다(표 4.7). 또한 합성 기술의 진보로 새로운 기능을 지닌 분체가 개발되어 화장품에 쓰이고 있지만 화장품에서 쓰이는 색소는 안전성이 충분히 보장된 것에 한하여 국한되어 있다.

표 4.7. 화장품용 색소의 분류

화장품용 색소	유기 합성 색소 (타르 색소)	염료
		레이크
		유기 안료
	천연 색소	
	무기 안료	체질 안료
		착색 안료
		백색 안료
	진주 광택 안료	
	고분자 안료	
	기능성 안료	

4.5.2. 유기합성색소

화장품에 사용 가능한 유기합성 색소(타르 색소)를 다음의 3가지로 구분하여 허가하고 있다. 이 색소를 법정색소라 한다.

Ⅰ 그룹: 모두 의약품, 의약부외품, 화장품에 사용 가능한 것
Ⅱ 그룹: 외용의약, 의약부외품 및 화장품에 사용 가능한 것
Ⅲ 그룹: 점막 이외에 사용하는 외용의약품, 의약부외품 및 화장품에 사용 가능한 것

표 4.8에 법정 색소 리스트를 나타냈다. 이는 약사법 제44조제2항, 제56조제7호, 제59조 및 화장품법 제4조3항, 제13조제7호의 규정에 의하여 의약품, 의약외품 및 화장품에 사용할 수 있는 타르 색소를 지정하고 기준 및 시험 방법을 규정하였다.

표 4.8. 법정색소 리스트

색소 번호	품 명	색소 번호	품 명	색소 번호	품 명
점막을 포함한 외용 색소					
적색40호	알루라레드 AC	황색4호	타르트라진	황색5호	선섵옐로우 FCF
황색203호	퀴놀린 옐로우 WS	녹색3호	파스트그린 FCF	청색1호	브릴리안트블루 FCF
청색2호	인디고카르민	적색2호	아마란스	적색102호	뉴콕신
적색103호의1	에오신 YS	적색104호의1	플록신 B	적색104호의2	플록신 BK
적색105호의1	로즈벤갈	적색201호	리솔루빈 B	적색202호	리솔루빈 BCA
적색215호	로다민 B 스테아레이트	적색218호	테트라클로로테트라브로모플루오레세인	적색219호	브릴리안트레이크레드 R
적색220호	디프마론	적색223호	테트라브로모플루오레세인	적색225호	수단 III
적색226호	헬리통 핑크 CN	적색227호	파스트에시드 마젠타	적색228호	파마톤레드
적색230호의2	에오신 SK	등색201호	디브로모플루오레세인	등색204호	벤지딘 오렌지 G
등색206호	디요오드플루오레세인	등색205호	오렌지 II	등색206호	디요오드플루오레세인
등색207호	에리스로신 옐로우 NA	황색201호	플루오레세인	황색202호의1	우라닌
황색204호	퀴놀린 옐로우 SS	황색205호	벤지딘 예로우 SS	녹색201호	알리자린시아닌 그린 F
녹색202호	퀴니자린그린 SS	녹색204호	피라닌콘크	청색201호	인디고
청색204호	카르반스렌블루	갈색202호	레소―르신브라운	자색201호	알리자롤퍼플 SS
점막을 제외시 추가 되는 색소					
적색105호2	조즈벤갈 K	적색106호	에시드레드	적색205호	리솔레드
적색206호	리솔레드 CA	적색207호	리솔레드 BA	적색208호	리솔레드 SR
적색214호	로다민B아세테이트	적색221호	톨루이딘레드	적색401호	비오라민 R
적색404호	브릴리안트파스트스칼렡	적색405호	파마넨트레드 F5R	적색501호	약용스카렛
적색503호	폰소 R	적색504호	폰소 SX	적색506호	파스트레드 S
등색402호	오렌지 I	황색202호의2	우라닌 K	황색401호	한사옐로우
황색403호의1	나프톨옐로우 S	황색406호	메타닐예로우	황색407호	파스트라이트 옐로우 3G
녹색2호	라이트그린 SF옐로위쉬	녹색401호	나프톨그린 B	녹색402호	규네아그린 B
청색202호	파텐트블루 NA	청색203호	파텐트블루 CA	청색403호	수단블루 B
자색401호	알리자롤퍼플	흑색401호	나프톨블루블랙	적색203호	레이크레드 C
적색204호	레이크레드 CBA	적색213호	로다민 B	등색203호	파마넨트오렌지

미국에서는 FDA(Food & Drug Administration)에 의해 식품 화장품에서 허가된 것만을 사용할 수 있다. 그리고 허가 색소의 번호 앞에 다음과 같은 기호를 붙여 사용 구분을 표시하고 있다.

- FD & C : 식품, 의약품, 화장품에 사용가능
- D & C : 의약품, 화장품에 사용 가능
- ext. D &C : 외용 의약품, 외용화장품에서 사용 가능

그러나 미국에서는 색소 전체를 재점검하여 각종 검토 과정을 거친 후 1990년 잠정 리스트를 폐기하고 35종의 색소를 다음의 3가지 카데고리로 분류하여 허가 하였다.

- 내용, 외용에 사용 가능한 색소
- 내용에만 사용 가능한 색소(화장품은 사용 불가)
- 외용에만 사용 가능한 색소

미국에서는 눈 주위 제품에서는 유기 합성 색소의 사용을 인정치 않고 있다. 이점이 일본, 유럽과 크게 다른 것이며 미국에서 판매되는 제품에는 각 제품마다 FDA에서 허가 받은 색소를 사용하지 않으면 안 되는 규제가 있다. 한국에서는 대체적으로 일본의 법 규제와 유사하다.

유기 합성 색소는 염료, 레이크(lake), 안료의 3가지 종류가 있고 그 대표적인 구조에 대해서는 아래에서 설명한다.

(1) 염료(Dye)

염료는 물, 알코올, 오일 등의 용매에 용해하며 화장품 기제 중에 용해 상태로 존재하며 색채를 부여하는 물질이다. 물 용해성인 수용성 염료와 오일 알코올에 가용한 유용성 염료가 있다.

① 아조계 염료(azo dyes) : 대부분의 허가 염료는 이 계열에 속한다. 발색단으로서 아조기(-N=N-)를 지닌 것이 특징으로 황색5호와 같이 슬폰산나트륨을 지닌 수용성 염료와 이를 지니지 않은 유용성이 있다. 수용성 염료는 화장수, 로션, 샴푸 등에 사용되고 유용성 염료는 헤어 오일 등에 활용 된다.

② 잔틴계 염료(xanthine dyes) : 잔틴계 염료는 산형, 염기형으로 분류된다. 산~알카리에 의한 상호 변형체로 퀴노이드형과 락톤형으로 분류하며 퀴노이드형은 물에 용해하여 선명한 색조를 나타내지만 염료로서 보다 후에 서술하는 레이크화 하여 이용하는 경우가 많다. 이 타입에는 적색 104호의 프녹신 B 등이 있다. 락톤형은 유용성으로 피부에 염착되는 성질을 가지기 때문에 립스틱에 응용되며 이 타입에는 진한 적색의 적색 218호, 청색기를 띠는 적색 223호, 오렌지계의 등색 201호 등이 있다. 염기형의 염료로는 적색 213호가 있다. 높은 채도를 지니며 뛰어난 착색력과 내광성을 지녀 화장수 샴푸 등에 이용된다.

③ 퀴놀린계 염료(quinoline dyes) : 이 계에 속하는 허가 염료는 황색 204호와 수용성 슬폰산 나트륨염의 황색 203호 뿐이다.

④ 트리페닐계메탄 염료(triphenyl methane dyes) : 트리페닐 메탄기를 지닌 염료는 2개 이상의 설폰산 나트륨을 지닌 것으로 대체적으로 수용성으로 색상은 녹, 청, 자색을 나타내는 것이 많고 화장수, 샴푸 등의 착색에 이용된다. 내광성이 떨어지는 것이 많아 주의를 요한다.

⑤ 안트라퀴논계 염료(anthraquinone dyes) : 수용성 염료로서 설폰산 나트륨을 안트라퀴논을 모핵으로 한 화합물에 도입한 녹색 201호, 유용성 염료로서 설폰산이 없는 녹색 202호, 자색201호 등이 있다. 이 타입은 내광성이 우수하며 수용성 염료는 화장수, 샴푸에 유용성 염료는 두발 제품에 이용된다.

(2) 레이크(Lake)

레이크에는 두 가지 종류가 있다. 하나는 적색 201호 같은 물에 용해가 어려운 염료를, 칼슘 등의 염으로서 물에 불용화 시킨 것으로 이것을 레이크라 한다. 이외에도 적색 204호, 206호, 207호, 208호 등이 있다.

또 다른 종류로는 황색 5호, 적색 230호와 같이 잘 녹는 염료를 황산 알루미늄, 황산 지르코늄 등으로 물에 불용성화 하여 알루미나에 흡착 시킨 것도 있다.

레이크와 염료의 사용상에 엄밀한 구분은 없으며 립스틱, 부러쉬, 네일 에나멜 등에 안료와 함께 사용되고 있다. 레이크를 안료와 구별하지 않고 안료라 총칭하기도 한다. 일반적으로 레이크는 안료에 비하여 내산성, 내알카리성이 떨어져 중성에서도 물에 용출하는 성질이 있음으로 충분히 안정성을 실험할 필요가 있다.

(3) 유기안료(Organic pigment)

유기 안료는 구조 내에 가용기가 없고 물, 오일에 용해하지 않는 유색 분말이다. 허가 색소 중에 유기 안료를 분류하면 아조계 안료, 인디고계 안료, 프탈로시아닌계 안료로 대별된다.

일반적으로 안료는 레이크에 비해 착색력, 내광성이 뛰어나 립스틱, 브러쉬 등의 메이크업 제품에 널리 쓰인다.

4.5.3. 천연색소

천연 색소는 동물에서 유래된 것과 미생물 유래의 것이 있다. 합성 색소에 비해 착색력, 내광성, 내약품성이 떨어지며 원료 공급에도 불안정한 면이 있다. 그러나 고대로부터 식용되어 온 것으로 안전성, 효능 측면에서 최근 천연 색소의 활용이 기대된다. 표 4.9에 분류를 나타냈으며 화장품에 응용되고 있는 색소를 중심으로 설명한다.

표 4.9. 천연색소의 분류

대분류	소분류	색소명	색상	기원
카로티노이드계		β-카로틴	황-등	당근 및 합성
		β-아포-8-카로티널	황-등	오렌지 및 합성
		잔틴	등-적	파프리카
		리코핀	등-적	토마토
		비키신	황-등	잇꽃나무
		크로신	황	치자나무
		칸다잔틴	적	버섯
플라보노이드계	안토시아닌	시소닌	자적	자소
		라마닌	적	순무
		니노시아닌	자적	
	카르콘	카르사민	적	잇꽃
		사프롤옐로우	황	
	프라보놀	루틴	황	메밀
		구엘세틴	황	흑화사
	프라본	카카오 색소	갈색	카카오
플라빈계		리보플라빈	황	효모 및 합성

대분류	소분류	색소명	색 상	기 원
퀴논계	안트라퀴논	라카인산	등적자	곤충
		카르민산	청적	연지 벌레
		케르메스산	등적자	연지 벌레
		알리자린	등	서양 꼭두서니
	나프토퀴논	시코닌	자	자근
		아르카닌	암적색	자근
		니키노크롬	황	악어
포피린계		클로로필 혈색소	녹 암적색	녹색식물 혈액

(1) 베타카로틴(β-Carotene)

당근에서 처음 추출되는 것으로 광범위하게 동식물에 존재하는 것이 확인된 황색색소, 식물체에서 추출법, 발효법 등으로 제조하며 구조상 시스. 트랜스 모두 존재하지만 천연의 것은 트랜스이다. 산성 쪽에서는 산화 분해되기 쉽고 금속 이온의 영향을 받기 쉽다.

(2) 카라스민(Carathmin)

홍화(잇꽃)에서 추출한 색소이며 잇꽃은 국화과의 1년생 식물로서 산지는 인도 중국 등이 유명하다. 옛날부터 주홍색으로 사용되어 왔다.

(3) 코키닐(Cochineal)

사보텐에 기생하는 암꽃의 건조 분체에서 얻어진 적색 색소로 서양에서는 과거로부터 립스틱에 사용되어 왔다. 안트라퀴논계 색소로 pH 5이하에서는 적등색, pH 7 이상에서는 적자색을 나타내며 립스틱에 활용 된다.

4.5.4. 무기안료

무기 안료는 광물성 안료라 부르며 천연에서 산출되는 광물, 예를 들면 산화철을 주성분으로 하는 적토, 황토, 녹토와 군청을 파쇄 하여 안료로 사용하여 왔다. 그러나 이들은 불순물을 함유하여 품질 면에서 많은 문제점을 있어 합성에 의한 무기물이 주로 사용된다. 무기

안료는 내열, 내광의 안정성은 좋으나 색의 선명도는 염료에 비해 떨어진다.

표 4.10. 무기 안료의 분류

사용 특성 별	안 료
체질 안료	마이카, 탈크, 탄산칼슘, 탄산마그네슘, 무수규산, 산화알루미늄, 황산바륨
착색 안료	적색산화철, 흑색산화철, 황색산화철, 산화크롬, 군청, 감청
백색 안료	이산화티탄, 산화아연
진주광택 안료	운모티탄, 어린박, 옥시염화비스머스
특수 기능성 안료	질화붕소, 포토크로믹 안료, 미립자 복합분체

무기 안료를 사용 특성으로 분류한 것이 표 4.10이지만 화장품에 배합하는 경우에는 이들 안료를 조합하여 여기에 화장품용 유성 원료, 수용성 원료, 계면활성제 등을 첨가 분산 시킨다. 화장품에 있어서 무기 안료의 역할은 착색 안료는 색상을 조절하고 백색 안료는 은폐력을 조절하며 체질안료는 제형을 유지 하는 역할을 한다.

(1) 체질 안료

마이카, 탈크, 카올린은 점토 광물을 분쇄하여 입자의 형태, 두께 등을 고려하여 사용 된다. 점토 광물을 대부분 층상 구조를 가지며 대부분 규소, 알루미늄을 주체로 하여 마그네슘, 철, 알카리 금속을 함유한 함수 규산염 화합물이다. 점토 광물은 산지에 따라서도 조성이 다르므로 많은 종류가 있다. 점토 광물을 분쇄하여 얻어지는 체질 안료를 표 4.11에 나타냈다.

표 4.11. 체질안료의 일반적 성질

항 목	마이카	탈 크	카올린
화학식	$KAl(Si_3Al)O_{10}(OH)_2$	$Mg_3Si_4O_{10}(OH)_2$	$Al_2Si_2O_5(OH)_2$
분자량	398.4	379.4	258.2
성상	백색 박편상	백색 박편상	백색 박편상
결정계	단사정	단사정	단사정
비중	2.80	2.72	2.61
경도(모스)	2.8	1-1.3	2.5
굴절률	1.552~1.588	1.539~1.589	1.561~1.566
pH	7.0~9.0	8.5~10.0	4.5~7.0

(2) 착색안료

적색 산화철, 흑색 산화철, 황색 산화철은 색상이 다른 적, 흑, 황색의 착색 안료이다. 산화철 안료는 천연에서 생성되는 것을 분쇄, 소성시켜 제조되기도 하지만 불순물 등을 고려하면 현재는 황산철이나 염화철을 원료로 습식 합성법으로 제조한다. 그림 4.2에 제1철염 수용액을 원료로 하여 반응 조건과 생성되는 철화합물에 대하여 표기 하였다.

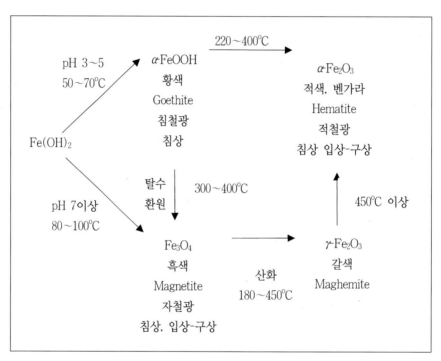

그림 4.2. 산화철(적, 황, 흑색) 안료의 제조방법

(3) 백색안료

백색안료에는 이산화티탄과 산화아연 두 종류가 있다. 이산화티탄은 굴절률이 높고 입자경이 작으므로 백색도, 은폐력, 착색력 등의 화학적 성질이우수하다. 또한 광, 열, 내약품성도 우수한 대표적 백색 안료이다. 이산화티탄의 공업적 제법으로는 황산법, 염소법 등이 있으며 기상법을 활용하기도 한다. 제법에 따라 종류가 달라질 수 있으며 시판되는 대표적인 종류는 루타일, 아나타제, 초미립자 등의 종류가 있다. 각각의 성질을 표 4.12에 나타냈다.

표 4.12. 산화티탄의 일반적 성질

항 목	루타일(rutile)	아나타제(anatase)	초미립자 상
화학식	TiO_2	TiO_2	TiO_2
분자량	79.9	79.9	79.9
성상	백색 미분체	백색 미분체	백색 미분체
결정계 격자 정수 aA° 격자 정수 cA°	정방계 4.58 2.95	정방계 3.78 9.49	정방계 아나타제 70 루타일 30
비중	4.2	3.9	2.6
굴절률	2.71	2.52	2.6
경도(모스)	6.0~7.0	5.5~6.0	-
pH(5% 분산)	6.0~7.5	5.5~7.0	3.0~4.0
105℃ 건조감량(%)	0.2	0.2	1.5
융점(℃)	1825	루타일로 전이	루타일로 전이

4.5.5. 진주광택 안료

진주광택안료는 피착색물에 진주광택, 홍채색 또는 메탈릭(metallic)한 감을 부여 하기 위하여 사용되는 특수한 광학적 효과를 지닌 안료이다. 역사적으로는 프랑스에서 펄에센스 (어린박, 魚鱗薄)가 발견되어 사용되었으나 고가임으로 다양한 합성 제품이 개발되었다. 대체품인 옥시염화비스무스는 안정성이 떨어진다. 1965년 듀폰사에 의해 획기적인 이산화티탄 피복 운모가 개발되어 현재에는 이 안료가 진주광택 안료의 주류가 되어 있다.

이산화티탄 피복운모(이하 운모티탄)는 운모를 평활한 박편상(薄片狀) 입자로 하여 이것을 핵으로서 그 표면에 이산화티탄의 균일층을 형성시킨 것이다. 즉 티탄염의 산성 용액 중에 박편상 운모를 분산 시키고 가수분해 하여 산화티탄의 수화물을 석출시키고 900~1000℃로 소성한다. 이때 생성된 산화티탄은 통상 아나타제이지만 루타일형은 산화티탄을 석출시키기 전에 미리 박편상 운모에 산화주석을 피복시키고 여기에서 산화티탄의 수화물을 석출시켜 소성하는 것으로 제조된다.

진주광택안료의 발색은 착색 안료의 발색 원리와는 다르다. 착색안료는 광의 흡수 및 산란 형상을 이용한 것인데 반하여 진주광택안료의 경우 박편상의 입자가 피착색물 중에서 규칙적으로 평행으로 배열하여 광을 반사시켜 반사광이 간섭을 일으켜 진주광택을 부여한다. 운모 티탄의 경우에는 운모와 티탄의 계면에서도 광이 분산되어 간섭을 일으키고 산화티탄층의 두께에 따라 간섭하여 광의 파장을 변화시켜 여러 가지 간섭색이 얻어진다.

진주광택 안료의 성질을 표 4.13에 나타내었다. 또한 운모 티탄의 산화티탄 막 두께와 반사광(간섭색)의 관계를 표 4.14에 나타내었다.

표 4.13. 진주광택 안료의 성질

항 목	천연물	염기성 탄산납	옥시염화비스무스	비소산수소납	운모티탄
굴절률	1.85	2.09	2.15	1.95	이산화티탄:2.52 운모: 1.58
비중	1.6	6.8	7.7	5.9	이산화티탄: 3.9 운모: 2.8
입경 (μm)	30	8~30	8~20	7	20
두께 (μm)	0.07	0.05-0.34	0.15	0.07	이산화티탄: 0.1 운모: 0.25

표 4.14. 광학적 막 두께와 간섭색

가시광선 (nm)	400~450	450~500	500~570	570~610	610~760
광학적 막 두께 (nm)	210	265	285	330	385
간섭색	황색	등황색	적자/자색	청색	녹색
보색	자색	청색	녹색	등황색	적색

4.5.6. 고분자분체

고분자분체는 초기에는 무정형의 입자가 사용되었지만 중합 기술의 진보에 의해 구상 입자의 제조가 가능하게 되어 메이크업 제품에 광범위하게 사용되게 되었다. 또한 라미네이트화 기술에 의해 적층시킨 판상 입자가 개발되어 굴절률 차이에서 간섭색을 나타내는 아름다운 분체가 이용되게 되었다.

(1) 폴리에틸렌 파우더

에틸렌 중합으로 얻어지며 제법에 따라 저밀도, 중밀도 고밀도의 것이 있으며 융점, 비중 등의 성질이 다르다. 저밀도의 것들을 유동 파라핀에 용해하여 점증제로 사용되지만 분체로서 이용되는 것은 중, 고밀도의 것으로 구성되며 구상 분체, 미립자로서 메이크업 제품에 응용된다. 또한 스크럽(scrub)제로도 이용된다.

(2) 폴리메틸메타아크릴레이트

메타크릴산메틸의 중합체로서 구상 제품은 유화 중합으로 얻어지며 입경은 메이크업 제품의 경우 10 ㎛ 이하의 것이 이용된다.

(3) 나일론 파우더

나일론 12의 원료 오메가-카프로락탐을 불활성 촉매에서 급속 개환 중합 시킨 것으로 구상의 나일론 12 파우더를 얻는다. 입도 분포 2~12 ㎛, 평균 입경 5 ㎛, 내열성, 내용제성이 우수하여 분쇄의 충격에도 변형되지 않는다. 파운데이션류의 퍼짐성을 좋게 한다.

4.5.7. 기능성안료

화장품 특히 파운데이션으로 대표되는 메이크업 제품에서 지금까지의 안료를 그대로 배합시켜서는 사용성 개선을 물론 메이크업 화장품의 기능 개선이 어려운 점이 있음으로 최근 다양한 기능성 안료 개발이 활발하다. 여기서 몇 가지를 소개해 본다.

(1) 보론나이트라이트(Boron nitrite)

사용 감촉이 좋은 탈크는 은폐력이 낮고 반대로 은폐력이 높은 이산화티탄 등은 사용 감촉이 떨어진다. 또한 탈크나 마이카는 박편상이며 이산화티탄은 입자 형태를 지니므로 균일하게 분산시키기는 근본적으로 어렵다.

헥사고날 보론 나이트라이드는 매끄럼성이 뛰어나며 고온에서도 화학적으로 안정하므로 고체 윤활제나 소결제로서 화인 세라믹의 소재로 활용된다. 보론나이트라이드는 탈크와 이산화티탄의 단점을 보완할 수 있는 좋은 원료이나 값이 좀 비싸다.

(2) 합성마이카

천연보다는 합성 마이카가 불순물 등의 요인으로 활용도가 높으며 제조는 무수규산, 산화알루미늄, 산화마그네슘 등을 혼합하여 1,400~1,600℃로 용융하여 1,200~1,400℃에서 정출(晶出)시킨다. 냉방 후 미세분쇄, 마쇄, 분급, 세척, 여과, 건조 공정으로 제조한다. 합성 마이카는 제조 조건에 따라 물성에서 차이가 나지만 특히 분급 과정이 중요하다.

(3) 포토크로믹안료(Photochromic powder)

실내에서 알맞게 화장된 피부는 빛이 강한 실외에서는 얼굴 전체가 흰빛을 띠며 들떠 보이는데 이러한 현상을 백부(白浮) 현상이라고 한다. 또한 빛의 세기에 따라 메이크업의 색을 조절할 수 있다면 백부 현상 없이 자연스런 모습의 이상적인 메이크업이 될 수 있다. 이산화티탄에 소량의 금속 산화물을 복합화 시킴으로써 광 조사에 따라 색이 가역적으로 변하고 광의 강도에 따라 명도도 대응하는 이산화티탄계 안료가 개발되었다. 이것이 포토크로믹 안료로서 파운데이션에 배합하여 백부 현상이 없는 메이크업이 가능하게 되었다.

(4) 복합미립자분체

구상 분체를 피부에 도포 시키면 매끄럼성은 아주 좋지만 이산화티탄은 입자의 미립자화로 피부에 도포할 때 은폐력은 좋지만 매끄럽지 못하다. 이러한 측면에서 두 안료의 장점을 복합화 시킨 것이 하이브리드파인파우다(hybrid fine powder)이다. 이 분체는 은폐력도 좋으며 피부 적용시의 매끄러운 감촉도 유지한다.

참고문헌

1. 김청택, 장윤희, 이상화, 강상진, 조완구, 화장품학회지, 31(1), 17-23, 2005.
2. Y. S. Song, B. Y. Chung, S. G. Park, M. E. Park, S. J. Lee, W. G. Cho and S. H. Kang, Cosmetics & Toiletries, 114(6), 53-58, 1999.
3. N. G. Kang, J. M. Lim, M. Y. Chang, S. G. Park, W. G. Cho and S. Y. Choi, IFSCC Magazine 8(2), 87-94, 2005.

제5장

화장품과 향료

제5장 화장품과 향료

화장품을 다른 말로 향장품이라고도 하는데, 이는 화장품과 향료가 매우 밀접한 관계가 있기 때문이다. 향료는 인류의 역사와 더불어 인간 생활의 많은 부분에서 이용되어 왔다. 동서고금을 막론하고 미인들은 향기에 둘러 쌓인 생활을 하였고 미이라의 보존에 대량의 향료가 사용되었는데, 이는 향료가 가진 방부효과 때문이었다. 좋은 향기는 주위사람들의 기분을 좋게 해줌과 동시에 사용하고 있는 사람 자신의 마음을 풍요롭게 해준다. 냄새는 후각으로 느끼는 것으로 먼저 후각에 대해 살펴본 다음 향료에 관하여 설명한다.

5.1. 후 각

5.1.1. 후각의 역할

(1) 기본적인 역할

동물 세계에 있어서 후각은 생명의 보존 및 종족의 번식과 밀접한 관련이 있는데, 가스 냄새, 타는 냄새 등은 위험을 알려주는 신호이고 음식물이 상했는지의 여부를 냄새를 맡아서 확인하기도 한다. 동물 세계에서 암컷과 수컷이 서로 불러내 만나는 것은 후각이 주체이고, 이렇게 동종의 이성간에 영향을 주는 물질을 페로몬(pheromone)이라고 한다.

(2) 정신적인 역할

기분 좋은 냄새를 맡으면 기분이 침착해지고 정신적으로 풍요로운 기분이 들 수 있다. 반대로 악취를 맡으면 기분이 나빠지고 역겨움을 느끼기도 한다. 따라서 일상생활 중에 항상 좋은 냄새를 접함으로써 정신적으로 풍요로운 생활을 할 수 있을 것이다.

5.1.2. 후각의 성질

(1) 피 로

같은 냄새를 계속 맡으면 점차 그 냄새를 느낄 수 없게 되는데, 이것을 후각의 피로현상이라고 한다. 즉, 같은 향수만 사용하고 있으면 본인은 점차 그 냄새에 둔감하게 되는데, 이것은 곧 후각의 피로현상 때문이다.

(2) 기 억

어떤 냄새를 맡았을 때 전에 그 냄새를 맡았을 때의 정경이 떠오르는데 이것 역시 후각의 특성중의 하나이다.

(3) 개인차

같은 냄새를 맡아도 강하게 느끼는 사람과 약하게 느끼는 사람이 있는데, 이러한 개인차는 비교적 큰 편이다. 대개 여성이 남성보다 민감하고 연령대별로는 20대 후반에서 30대 초반이 가장 민감하다고 한다.

(4) 예민함

인간은 대부분 시각으로부터 많은 정보를 얻는데 반하여 동물들은 후각을 통하여 많은 정보를 얻는다. 예를 들면 개의 경우 냄새에 대한 민감도가 인간에 비해 수십 배 예민하다.

(5) 농도와 질

고급 천연향료인 자스민 중에는 인돌(indol)이라는 성분이 있는데, 이는 높은 농도에서는 악취가 나지만 엷은 농도에서는 좋은 냄새가 난다. 따라서 약과 마찬가지로 향료도 인간에게 유용한 적당한 농도로 이용하는 것이 필요하다.

5.1.3. 후각 메카니즘

후각 메카니즘에 대해서는 여러 가지 학설이 있었으나 현재는 향기 물질이 호흡을 따라

비강의 상부에 존재하는 후점막(嗅粘膜)에 이르고, 여기에 분포하는 후각세포에서 화학적 자극이 전기적 자극으로 바뀌어 후신경을 통하여 후구에 보내지고 이곳으로부터 대뇌에 전달되어 냄새를 느끼게 된다는 설이 설득력을 얻고 있다.

5.2. 냄새와 향기 및 향료

냄새의 종류는 약 40여만 가지가 있다고 한다. 향기는 대개 이들 냄새 성분들이 혼합되어 나타나는 복합적인 현상이다.

5.2.1. 향기의 기원

향료는 영어로 "perfume"이라고 하는데, 이의 어원은 "~에 의하여"란 뜻의 "Per"와 "연기"란 뜻의 "Fumum"으로부터 온 것이다. 즉 향료의 기원은 향기가 나는 나무나 풀을 태우는 것에서부터 시작되었다. 예부터 사람들은 질병을 치료하기 위하여 주위의 식물이나 동물로부터 약효물질을 구하여 왔다. 그 중에는 좋은 향기를 갖는 것이 많아 그들을 식물성 향료나 동물성 향료로 이용하게 된 것으로 생각된다. 고대로부터 제단에 향초나 향나무를 태워서 향기로운 냄새를 신에게 봉헌하는 것은 어느 문명이나 공통으로 존재하였다. 주변의 꽃이나 과일에서 좋은 향기를 뽑아내어 사용하여 왔는데, 11세기 이슬람 문명에 의한 증류법의 발견과 에탄올의 농축 분리기술은 향료문화 발전에 중요한 역할을 담당하였다. 중세에는 향료의 발달이 미약한 암흑시대였으나 근세에 들어서는 천연향료 제조기술의 발달과 19세기 후반 합성향료의 발달에 함께 20세기 향료와 향수의 화려한 발달을 도모하였다.

5.2.2. 화장품에서 향료의 역할 및 중요성

사람들은 예부터 올리브오일과 같은 식물유나 유지 또는 우지 등을 화장료로서 사용해 왔다. 그 중에서도 꽃에서 뽑아낸 것이 향유나 포마드 인데, 지금도 그 형태가 남아 있다. 향료의 중요한 역할은 다음과 같다.

(1) 매력을 높이는 역할

아름다움과 건강을 목적으로 하는 화장품이 풍부한 향기를 갖게 하여 그것을 사용하는 사람의 매력을 이끌어 낸다.

(2) Masking 효과

화장품을 처음 접하게 되면 대개 무의식적으로 냄새를 맡게 된다. 화장품 기제 중에는 원료 고유의 냄새가 있을 수 있기 때문에 이를 마스킹하여 느낌을 좋게 하는 것이 필요한데 이런 면에서 향료는 매우 유익하게 이용된다.

(3) Aromachology 효과

과도한 스트레스를 받게 되면 마음과 몸에 이상이 오게 되며 호르몬 밸런스가 무너지고 신진대사도 쇠약해져 피부가 거칠어지기 쉽다. 향기는 사람의 감정이나 정서에 좋은 감각을 줄 뿐만 아니라 사람의 자율신경계, 호르몬계, 면역계 등에 영향을 미쳐 항상성(homeostasis)에 도움을 준다고 알려져 있다.

(4) 항균, 항산화 효과

예부터 향료는 부패를 방지하는 보존제로 쓰이기도 했는데, 환경친화적인 관심의 증대와 함께 이러한 향료의 항균성과 항산화능에 대한 관심이 높아지고 있다.

5.2.3. 방향요법(Aromatherapy)

방향요법의 역사는 매우 길어서 고대 중국이나 이집트까지 거슬러 올라간다. 이 시대로부터 동물이나 식물에서 채취한 향기물질을 치료에 이용했다는 기록이 있는데, 향료는 일종의 약으로서의 역할을 담당하고 있었다. 이러한 향기를 이용한 치료법은 20세기 초에 프랑스의 비교병리학자인 R. M. Gattefosse에 의해 방향요법(aromatherapy)라고 명명되었다. 방향요법은 단지 향기의 흡입에 의한 효과만을 지칭하는 것은 아니고 마사지나 입욕 등에 의한 도포 또는 음용 효과까지 포함하여 향료식물이 가진 다양한 효과를 지칭하는 용어로 사용되어 왔다.

5.2.4. 향료의 분류

향료는 크게 천연향료, 합성향료, 조합향료의 3가지로 구분할 수 있다. 천연향료는 식물에서 분리한 식물성 향료와 동물의 분비선에서 채취한 동물성 향료로 구분된다. 합성향료는 단일 화학구조를 갖는 향료를 지칭하지만 여기에는 천연향료에서 주요성분만을 분리한 단리향료와 화학적 합성반응에 의해 만들어진 순합성 향료가 있다. 조합향료는 천연향료와 합성향료를 목적에 맞게 혼합한 것을 일컫는다.

5.3. 천연향료

천연향료는 천연에 존재하는 식물이나 동물로부터 증류, 추출, 압착 등의 분리조작에 의해 얻어낸 것으로 여기에는 식물성과 동물성의 두 가지로 분류된다. 식물성 향료는 식물의 꽃, 과실, 종자, 목재, 줄기, 껍질, 뿌리 등에서 추출하며, 동물성 향료는 동물의 분비선 등에서 채취한 것으로 여기에는 무스크(musk), 시벳(civet), 카스토레움(castoreum), 앰버그리스(ambergris) 등의 4종류가 있다. 그러나 요즘은 동물보호 차원에서 천연의 동물성 향료는 거의 사용되지 않고 이와 유사한 대체 물질을 합성하여 사용하고 있다. 다음의 표 5.1에 대표적인 천연향료를 나타내었다.

표 5.1. 대표적인 천연향료

	명 칭	원 료	주성분 (%)
식물성향료	Rose oil	Rosa damascena, Rosa centifolia의 꽃	l-citronellol(30~59), geraniol, l-linalool, damascene, damascenone, ß-phenylethylalcohol, farnesol, norylaldehyde, roseoxide
	Jasmine oil	Jasminum officinale var. 의 꽃	benzylaldehyde(65), d-linalool(16), jasmine, indol, fidol?, sisjasmon, benzylalcohol, jasminlacton, benzylbenzoate
	Neroli oil	citrus aurantium amara의 꽃	l-linalool(30), linalool, acetate(7), d-nerolidol(6), geraniol, terpineol, pinene, nerol, camphene
	Lavender oil	Lavendula officinalis 의 꽃, 줄기	linalyl acetate(30-40), limonene, nerol, cineole, linalool 및 geraniol 등의 ester
	Ylang Ylang oil	Cananga odorata forma genuina의 꽃	d-borneol, lavendulol, linalool, geraniol, benzyl alcohol, farnesol, sesqui-terpene류
	Tuberose oil	Polianthes tuberosa 의 꽃	geraniol, farnesol, benzyl alcohol, methyl benzoate, benzyl benzoate, methyl salicylate, methyl anthranilate, nerole

명 칭		원 료	주성분 (%)
식물성향료	Clarysage oil	Salvia sclarea의 꽃	linalyl acetate, linalool, nerolidol, scareol
	Clove oil	Eugenia caryophyllata의 꽃잎	eugenol(79-90), acetyleugenol, methyl salicylate, ß-caryophy- llene, methyl-m-amyl ketone, methyl heptyl ketone
	Peppermint oil	Mentha piperita var의잎, 꽃, 줄기	l-menthol(40-50), menthone(16-25), isomenthone, 1,8-cineole, ß-caryophyllene, menthyl acetate, mentofuran
	Geranium oil	Pelargonium graveolens의꽃	l-citronellol(40-50), geraniol(10-15), methone, linalool, geranyl formate, geranyl tiglate, citronellyl formate, isomenthone
	Patchouli oil	Pogostemon cablin의 마른 잎	pachouli alcohol(35-40), patchoulene, patchoulenone, ß-cary- ophyllene, αguaene, , ß-bulnesene
	Sandalwood oil	Santalum album의 나무	αß-santalol(90), santene, saantenone, santenol, teresantalol, santalone, αß-santalene
	Cinnamon oil	Cinnamomum zeyla- nicum의 나무껍질	cinnamic aldehyde(65-76), eugenol(2-5), l-phellandrene, pinene, linalool, 1,8-cineole, caryophyllene
	Coriander oil	Coriandrum sativum의 씨앗	d-linalool(60-70), αß-pinene, limonene, terpinene, phellandrene, geraniol, l-borneol, n-decyl aldehyde
	Nutmeg oil	Myristica fragrans의 씨앗	sabinene(20-25), ß-pinene, camphenem, limonene, linalool, boruneol, telupineol
	Pepper oil	Piper nigrum의 열매	ß-pinene, sabinene, caryophyllene, elemole
	Lemon oil	Citrus limon의 과일	d-limonene(70), γ-terpinene(7), citral, αß-pinene, camphene, methylhepenone, ß-bisabolene
	Orange oil	Citrus sinensis의 과일	d-limonene(90), n-decyl aldehyde, citral, d-linalool, n-nonyl alcohol, d-terpineol, nutocaton
	Begamont oil	Citrus aurantium bergamia의 껍질	linalyl acetate(35-40), l-linalool, limonene, citral, p-cymene, decanal
	Opoponax oil	Commiphora erythea var.의 수액	basabone, gurjunene, caryophyllene, santalene, α-bergamotene
	Vetiver oil	Vetoveroa zizaniokids의 뿌리	ximol(13-22), veticerineol,(10-12), αß-vetivone, vetiverol, vetivene
	Orris oil	Iris pallida의 뿌리	αß-γ-irone, linalool, geraniol, benzyl alcohol, n-decylaldehyde
	Oakmoss oil	Evernia prunastri 떡갈나무에 붙은 이끼류	evernic acid(2-3), αß-thulone, atlanolin, chloroatranol, camphor, borneol, naphthalene
동물성향료	Musk oil	사향노루 수컷의 생식선 분비물	3-methyl cyclopentadecaone, musk pyridine
	Civet oil	사향고양이 분비물	civetone,, sketole, indole
	Castoreum oil	비버의 생식선 근처의 내분비낭 분비물	castorine, castoramine, isocastoramine
	Ambergris oil	향유 고래의 내장에 생기는 병적 결석모양의 이물	ambrein

5.3.1. 천연향료의 제조법

(1) 수증기 증류법

채집한 식물을 그대로 또는 건조하여 수증기로 찌면 정유성분이 수증기와 함께 유출된다. 이 방법은 열에 강한 향료의 생산에 유리하며 정유의 채유에 많이 이용된다.

(2) 추출법

헥산이나 석유에테르 등의 휘발성 용매를 이용하여 추출하는 방법이다. 열에 불안정한 정유나 끓는점이 높아 성분이 많아 수증기로는 수율이 적게 나오는 경우에 이용한다. 식물을 휘발성 용매에 담그고 약간 가열하여 추출한다. 이렇게 얻어진 오일을 컨센트레이트라고 하며 그대로 사용할 수도 있지만 식물의 수지 등 불순물이 섞여 나오기 때문에 에탄올로 정유성분만 재추출하여 사용하는 경우가 많다.

(3) 압착법

주로 오렌지와 같은 과일류의 껍질을 눌러 짜내어 정유를 채취하는 방법이다. 감귤류의 정유는 열에 불안정하므로 저온에서 처리할 필요가 있어 주로 이용된다.

(4) 탈 테르펜·세스퀴테르펜유의 제조법

주로 감귤유에서 얻어진 에센셜 오일중의 테르펜(terpene)계 탄화수소는 알코올에 난용성이고 산화나 중합하기 쉽다. 이를 그대로 향료로서 사용하는 경우도 있지만 유기용제 추출이나 분별증류에 의해 테르펜이나 세스퀴테르펜(sesquiterpene)을 제거하여 사용하는 경우가 있다.

5.3.2. 정유의 분석 방법

정유의 품질평가 및 성분연구에 관한 분석항목 및 분석기기에 대한 것을 표 5.2에 표시하였다.

표 5.2. 정유의 품질평가 항목 및 성분 분석 장치

구 분	평가 항목·측정 장치
물리적 측정	비중(Specific gravity)
	굴절율(Refractive index)
	선광도(Optical rotation)
	용해도(Solubility in alcohol)
화학적 측정	산가(Acid value)
	에스터가(Ester value)
	아세틸화 후 에스터가(Ester value after acetylation)
	알코올 함량(Alcohol content)
	알데히드 함량(Aldehyde content)
성분분석	Gas chromatography, Olfactory gas chromatography, Head space gas chromatography
	질량분석(Mass spectrometry)
	UV(Ultraviolet absorption spectrometry)
	IR(Infrared absorption spectrometry)
	NMR(Nuclear magnetic resonance)
	HPLC(High performance liquid chromatography)
	LC(Liquid chromatography)
	TLC(Thin Layer chromatography)

　　예로부터 정유의 분석으로는 물리화학적 성질을 측정해 왔다. 이들 수치는 물질의 집합상태에서 각각의 특성을 나타내는 것으로 정유의 품질이나 변형상태 등을 알아보는 중요한 수단이었다. 물리적 성질로는 비중, 굴절율, 선광도 등을 측정한다. 화학적 성질로는 산가, 에스터가, 알코올 함량, 알데히드 함량, 케톤 함량 등을 측정한다. 이들은 정유의 특성을 나타내는 것으로 정유의 품질 평가 이상의 중요한 의미를 갖는다.

　　천연의 정유성분은 매우 복잡한데, 이는 수백 종류의 화합물들로 이루어져 있다. 대개 이들 복잡한 휘발성 혼합물의 분리는 가스크로마토그래피(GC)를 이용한다. 또한 구조를 확인하는 데는 질량분석기를 이용한다. 컬럼의 고정상 액체에는 극성인 것과 비극성인 것이 있다. 예를 들면, "동양란 꽃"에서 추출한 정유를 극성 컬럼으로 분석하면 주성분인 methyl jasmonate는 단일피크로 나오는데, 비극성 칼럼으로 분석하면 두 개의 피크로 나누어진다. 이 피크는 methyl jasmonaate의 이성체인 epi체가 분리된 것인데, "동양란 꽃"향을 재현하는 데 있어서 중요한 역할을 끼치는 성분이다.

　　물질의 광학이성질체도 향기에 있어서 중요한데, d, l-체를 특수한 칼럼을 사용함으로써 분리할 수 있다. Coriander 등에 함유된 *d*-linalool은 우디 계열의 향기를 나타내는데 반하여 bergamot 등의 정유에 들어 있는 *l*-linalool은 스위티 한 꽃향기이다.

향료 소재나 정유에서의 휘발성 성분을 직접 분석하기 위한 방법으로 head space gas chromatography가 있다. 이것은 휘발하는 성분을 직접 분석하는 방법이며 특히 휘산이 잘되는 성분을 분석하는데 유용하다.

정유성분의 분리, 농축하기 위해서는 컬럼크로마토그래피나 박층크로마토그래피(TLC)를 등을 이용한다. 또한 분자량이 큰 성분이나 고 비점의 성분을 분석하는데 있어서는 액체크로마토그래피(LC) 또는 고속액체크로마토그래피(HPLC)가 이용된다. 또한 단일성분의 확인에는 자외선흡수스펙트럼(UV spectrometry), 적외선흡수스펙트럼(IR spectrometry), 핵자기공명(NMR) 등으로 분석하여 구조를 결정한다.

5.4. 합성향료

19세기 후반 오늘날의 테르펜 화학의 기초가 구축된 이래 많은 합성방법이 개발되어 왔다. 20세기에 들어서 향료의 수요 증가와 함께 천연향료의 가격상승 및 원료부족으로 인해 천연향료만으로는 한계가 있었다. 그러므로 저가에 대량으로 공급이 가능한 합성향료가 속속 개발되었다.

5.4.1. 대표적인 합성향료

합성향료는 그 화학 구조(structural group) 또는 작용기(functional group)의 관점에서 볼 때, 일반적으로 탄화수소, 알코올, 알데히드, 케톤, 에스터, 락톤, 페놀, 옥사이드, 아세탈 등의 관능기별로 분류된다. 대표적인 합성향료들을 다음의 표 5.3에 나타내었다.

표 5.3. 대표적인 합성향료

화학구조적 분류		향료명	냄 새
탄화수소류	Monoterpene	limonene	오렌지 향기
	Sesquiterpene	ß-caryophyllene	woody 향기
알코올류	지방족 alcohol	cis-3-hexanol	신록의 어린 잎 향기
	Monoterpene alcohol	linalool	muguet 향기
	Sesquiterpene alcohol	farnesol	신선한 그린노트에 floral 향기
	방향족 alcohol	ß-phenylethyl alcohol	로즈 향기
알데히드류	지방족 aldehyde	2,6-nonadienal	제비꽃, 오이 향기
	Terpene aldehyde	citral	강한 레몬 향기
	방향족 aldehyde	αhexyl cinnamic aldehyde	자스민 향기
케톤류	환상형 ketone	ß-ionone	제비꽃 향기
	Terpene ketone	l-carvone	스피어민트 향기
	큰고리 ketone	cyclopentadecanone	무스크 향기
에스터류	Terpene계 ester	linalyl acetate	베가모트, 라벤더 향기
	방향족 ester	benzyl benzoate	약한 발삼 향기
Lactone		γ-undecalactone	복숭아 향기
Phenol		eugenol	클로버 향기
Oxide		rose oxide	green, floral 향기
질소화합물		indole	강하고 불쾌한 냄새, 희석하면 자스민 향기
Acetal		phenylacetaldehyde dimethylacetal	엷은 히아신스 향기
Schiff 염기		aurantiol	오렌지 플라워 향기

5.5. 조합향료

화장품에 향료를 첨가하는 것을 부향(賦香)이라고 하는데, 실제 화장품에서는 천연향료나 합성향료를 그대로 사용하는 경우는 매우 드물고, 이들을 서로 목적에 맞게 혼합한 조합향료가 흔히 사용된다.

5.5.1. 베이스 향료

조합향료를 만들 때 기본이 되는, 향료 원료를 부분적으로 조합한 향기를 조합 베이스라고 하며 이것을 기초로 하여 여러 가지 향료를 첨가하여 다양한 향기를 창출해 내는데, 베이스 향료에는 다음의 여러 종류가 있다.

(1) 후로랄(Floral)

꽃향기는 향료 역사상 가장 중요한 비중을 차지하는 향기 그룹으로 동서고금을 통하여 사람들의 많은 사랑을 받고 있는 향기이다. 베이스 향료 중에서 가장 중요한 소재들로는 rose, jasmine, muguet, lilac, carnation, tuberose, hyacinth, orange flower, neroli, violet, heliotrope, gardenia, honeysuckle, jonquil, narcissus, freesia, ylang ylang 등이 있다. 이 중에서 rose, jasmine, muguet을 3대 floral이라 부른다.

(2) 우디(Woody)

건조하고 힘이 강한, 그러나 우아한 느낌의 vetiver 계, 중후하고 달고 섹시한 sandalwood 계, 강하고 이국적인 patchouli 계, 기타 cedar wood 계, pine 계 등의 나무 향기의 특징을 가진 향료이다.

(3) 쉬프레(Chypre)

1917년에 발매된 Coty 사의 chypre가 원조로 되어 있다. Bergamot, oakmoss, orange, rose, jasmine, musk, amber 등으로 조합된 것으로 조향하는데 있어서 중요한 향기의 하나이다.

(4) 시트러스(Citrus)

상쾌한 감귤계의 향료인 bergamot, lemon, orange, lime, grape fruits, mandarin 등을 주로 한 향기로, fresh cologne이나 shower cologne에 많이 이용되며 기호도가 높은 향기이다.

(5) 그린(Green)

잎을 찢거나 비빌 때 느껴지는 향기 또는 오이, 토마토, 피망 등에서 느껴지는 풀 냄새 같은 향기이다. 이 향기의 원조는 1945년 발매된 Vent Vert(Balmain)이다.

(6) 후제아(Fougere)

1882년 발매된 Fougere Royale (Houbigent) 향수가 원조이다. Laveder, oakmoss, coumarin, 등을 베이스로 하여 rose, jasmine 등의 floral 노트에 sandalwood, vetiver, patchouli 등의 우디 노트를 가하고 amber, musk 등으로 잔향성을 부여하여 중후감이 있는 향기를 특징으로 하고 있으며 남성용 향기에 널리 응용되고 있다.

(7) 오리엔탈(Oriental)

이는 동양으로부터 유럽에 수입된 향료의 특징으로부터 붙여진 이름으로, balsam류, vanilla계 향료, 우디, 애니멀 노트를 배합하여 파우더리 하고 달고 진한 향조를 많이 배합한 것이 특징이며 80년대 이후에는 오리엔탈을 바탕으로 floral 등이 강화된 semi-oriental 또는 floriental 향조가 등장하였다.

5.5.2. 기타 베이스 향료

(1) 후루티(Fruity)

감귤계 이외의 과일향으로 복숭아, 딸기, 사과, 바나나, 메론, 파인애플, 라스베리 등이 있다.

(2) 스파이시(Spicy)

크로버, 신나몬, 타임, 페퍼, 카다몬 등에서 유래하는 향기를 특징으로 하는 향료이다.

(3) 알데히드(Aldehyde)

지방족 알데히드에 속하는 탄소수 7에서 12개까지의 강열하고 예리한 향기에서 유래하는 향기의 특징을 갖는 것으로 Channel No. 5 향수에 적용되어 주목 받은 향료이다.

(4) 애니멀(Animal)

Musk, civet, castoreum, ambergris와 같은 향기로 주로 동물에서 유래된다. 최근에는 동물에서 채취가 어려워 대부분 합성 및 조합된 것을 사용한다.

5.6. 조 향

향기를 창작하는 것을 조향이라고 하며, 이를 행하는 사람을 조향사(perfumer)라고 한다. 조향사는 향기의 기본이 되는 향료(천연향료 500여종, 합성향료 100여종)를 이용하여 이미지에 맞는 향기를 창조해 낸다.

5.6.1. 조향 방법

화장품용 향료를 만들 때는 우선 상품의 컨셉에 맞는 향기의 이미지를 그린 다음 이 이미지에 맞는 천연, 합성 또는 조합향료를 이용하여 안전성, 안정성 등을 고려하여 향료 처방을 개발한다.

예를 들면, 치약 향료에는 산뜻하고 청량 감이 있는 향이, 비누, 샴푸 등에는 청결한 느낌을 주는 향기의 처방이 필요하다. 그런데, 제품에 사용되는 조합향료의 처방 에는 공통점이 있는데, 그것은 바로 top note, middle note, lasting note 또는 base note 라고 하여 향료를 휘발도에 맞추어 조화가 좋게 조합하고 여기에 살을 붙이는 역할의 변조제(modifier)와 보류성을 주기 위한 보류제(fixative)를 첨가하는 것이다. Top 노트는 향기의 첫번째 인상을 주는 것으로 매우 중요하다. 여기에는 시트러스 노트나 그린 노트 등이 주로 이용된다. 이들은 기호성이 높고 휘발성이 강하여 smelling paper에 찍었을 때 2시간 이내에 휘발한다. Middle 노트는 자스민, 로즈 등 후로랄 노트나 알데히드, 스파이시 노트 등의 향기가 이용되고 있다. 이는 향기의 특징을 결정 짓는 중요한 부분으로 smelling paper로 찍어서 2~6시간 정도 지속된다. 마지막으로 lasting 노트에는 휘발성이 낮고 보류성이 풍부한 oakmoss, woody, animal, amber, balsam 계의 향료가 사용되며 이는 smelling paper로 찍어서 6시간 이상 지속되는 향기이다.

5.6.2. 향기의 기호성

향기는 성별, 연령, 경험, 인종 등에 따라 기호가 다르다. 대개 8~15세 까지는 fruity 노트를 좋아하지만 15세부터는 감귤계의 시트러스나 단순 꽃향기인 single floral을, 20~24세의 젊은 여성은 가벼운 floral aldehydic, green floral 계통의 향기를 선호한다. 향기에 대한 경험이 깊을수록 쉬프레나 오리엔탈 계통의 향기를 좋아하는 경향이 있다.

한국 남성은 우디나 스파이시 계열을 좋아하는데 비하여 같은 동양권인 일본인들은 시트러스 계열을 좋아한다. 미국의 여성용 향수는 오리엔탈, 쉬프레 계통이 선호되나 프랑스에서는 특정 노트가 선호되지 않고 기호가 다양한 특성이 있다.

기초화장품에서는 로즈, 자스민, 라일락 등의 향기가 주로 사용되지만 색조화장품에서는 파우더리하고 달콤한 향기가 주로 사용되는데, 최근에는 후로랄 계 향기도 많이 이용된다.

5.6.3. 향기의 강도와 부향율

같은 향기도 강도가 다르면 다르게 느껴질 수 있으므로, 화장품은 그 목적에 맞게 적당한 강도로 부향할 필요가 있다. 일반적으로 향료는 향기의 강도가 강하면 기호도는 떨어지고 피부에 부작용을 일으킬 염려도 있으므로 가능하면 낮은 농도로 부향할 필요가 있다. 또한 최근에는 화장품에 사용되는 원료들의 순도가 높고 냄새가 적어 굳이 높은 농도로 부향을 할 필요가 없기 때문에 부향율은 점점 낮아지고 있다.

화장품 및 토일레트리 제품의 부향율은 일반적으로 화장수, 로션, 크림류 등 기초화장품은 0.01~0.2%, 파운데이션, 립스틱, 페이스파우더 등은 0.05~0.5%, 아이메이컵 제품은 0.01~0.1%, 헤어리퀴드, 헤어토닉 등은 0.3~1.0%, 헤어스프레이, 헤어무스는 0.05~0.3%, 샴푸나 린스는 0.2~0.6%, 염모제, 포마드 등은 0.5~3.0%, 비누는 1.0~1.5%, 폼클렌징은 0.1~0.7%, 입욕제 0.2~3.0%, 치약 0.7~1.2%, 세제 0.1~0.3% 정도이다.

5.6.4. 향기의 변화·변색

화장품에 이용되는 향료는 각종 작용기를 갖는 화합물의 복합체 이므로, 이들은 화장품 기제와의 상호 작용에 의해 변취나 변색 등이 발생할 수 있으므로 충분한 주의가 필요하다. 조합향료는 산소, 광, 온도, 습도 등의 영향으로 산화, 중화, 축합, 가수분해 등의 반응이 일어나 화장품의 향기가 나빠진다든지 색이 변한다든지 하는 현상이 있다. 화장품의 베이스는 대개 중성영역이 많으나 비누 같은 것은 알카리성이고 헤어케어 제품의 일부에는 산화력이나 환원력이 강한 것도 있으므로 이들은 향료선정에 있어서 신중을 기할 필요가 있다. 또한 향료 중에는 열과 광에 특히 약한 것이 있으므로 용기나 포장재의 선택에도 주의할 필요가 있다.

5.6.5. 향료의 안전성

화장품에 사용되는 천연 또는 합성향료는 대개 분자량이 적고 휘발성의 물질이기 때문에 피부에 트러블을 일으킬 가능성이 있다. 이와 관련하여 국제학술기구인 RIFM(Research Institute of Fragrance Materials)에서는 향료에 대해서 급성경구독성, 급성경피독성, 피부1차자극성, 안점막자극성, 알레르기성, 광독성, 광알레르기성, 최기형성, 발암성, 신경독성 등 광범위한 항목에 대해서 안전성 평가를 하고 있다. 또한 향료업계의 국제기구인 IFRA-(International Fragrance Association)에서는 그 평가결과에 준하여 향료를 안전하게 사용하기 위한 가이드라인을 정하고 있다. 각국에서는 이 자율규제(사용금지, 사용량 규제)에 준하여 사용하고 있다. 또 한편으로는 광독성이나 광알레르기성이 있는 천연향료들의 원인물질을 밝혀내고 이것을 제외시켜 안전한 향료를 개발하기 위한 노력도 계속되고 있다.

참고문헌

1. 光井武夫, 新化粧品學, 第2版, 南山堂, 2001.
2. 한상길, 향료와 향수, 신광출판사, 2001

제 6 장

화장품의 제형화 기술

제6장 화장품의 제형화 기술

화장품은 제 4 장 화장품과 소재에서 언급한 바와 같이 그 사용목적 및 기능에 따라 다양한 소재(원료)들을 함유하며 또한 다양한 형태의 제형(劑形)으로 만들어 진다. 화장품의 사용 목적에 맞는 원료들을 균일하게 혼합하고 사용방법상의 특성에 맞도록 제형을 만들기 위해서는 유화(乳化, emulsion), 분산(分散, dispersion), 가용화(可溶化, solubilization) 등의 제형화 기술이 활용된다. 이러한 제형 기술은 화장품의 기본요건인 안정성(stability), 안전성(safety), 사용성(usability), 유효성(efficacy)은 충족시키는 데 가장 중요한 기술이라고 볼 수 있다.

이번 제 6장에서는 물리화학적으로 성질이 다른 물질들이 서로 접촉할 때의 현상에 관한 계면화학(界面化學, surface chemistry)과 이를 응용한 유화, 분산, 가용화 등의 다양한 제형화 기술에 대하여 알아본다.

6.1. 계면화학

6.1.1. 표면과 계면

물질에는 3가지 상(相, phase)이 존재하는데, 기체(gas), 액체(liquid), 고체(solid)가 그것이다. 모든 물질의 분자들은 서로 끌어당기는 인력이 작용하는데 이러한 인력의 결과 일정 공간 내 많은 분자들이 존재하면 액체 또는 고체 상태를 유지하고 한편 일정 공간 내 존재하는 분자들의 수가 적으면 기체가 된다. 이와 같이 물리적 상태가 다른 물질들 또는 같은 물리적 상태라도 화학적 성질이 다른 물질들이 서로 접촉하게 되면 그 접촉면(경계면)을 계면(界面, interface)이라고 한다. 일반적으로 기체 또는 진공과 경계면을 이루는 액체나 고체의 경우는 그 경계면을 표면(表面, surface)라고 한다. 표면은 넓은 의미로 계면의 일부라고 보면 된다. 계면을 사이에 두고 격리되어 있는 물질을 상(相, phase)이라고 한다. 즉 두 개의 서로 다른 상이 접촉하는 면이 계면이다.

액체 또는 고체는 내부의 분자들은 모든 방향에서 서로간의 인력이 작용하여 균형을 이루어 전체적으로는 인력의 합계가 영(zero)이지만 표면에 존재하는 분자는 전체적으로는 표면의 안쪽방향으로 인력이 작용한다. 이 힘에 의해 표면에서 발생하는 에너지를 표면 자유 에너지(surface free energy) 또는 표면 장력(surface tension)이라고 하고, 통상 γ 또는 σ 로 표시한다. 표면장력 때문에 유동성이 있는 액체는 기체와 접촉시 구형(球形, sphere)을 형성한다(예: 물 방울, 수은 방울).

표면장력의 특성이 서로 다른 두 개의 물질(액체와 액체, 액체와 고체, 고체와 액체)이 경계면을 이룰 때, 경계면에서의 장력을 계면장력(interfacial tension)이라고 한다. 이 경우 계면장력(γ)은 각 물질(a, b)의 표면장력(γ_a, γ_b)의 합에서 두 물질간의 인력(γ_{ab})의 2배를 빼주어야 한다.

$$\gamma = \gamma_a + \gamma_b - 2\gamma_{ab}$$

표면장력 또는 계면장력은 mN/m(milli-Newtons per meter), dyne/cm(dynes per centimeter), mJ/m^2(milli-Joules per square meter), erg/ cm^2(erg per square meter)의 단위를 가지며 이들 단위간 환산인자는 모두 1 이다. 즉 1 mN/m = 1 dyne/cm = 1 mJ/m^2 = 1 erg/ cm^2 이다.

계면 장력의 의미와 단위(mJ/m^2)에서 알 수 있듯이 계면장력은 물질의 표면적에 비례하는 에너지이다. 따라서 어떤 물질의 표면적을 증가시키기 위해 필요한 에너지(W, 단위 mJ)는 다음 식으로 표시 된다.

W = γ x ΔA
ΔA는 증가된 표면적(m^2), γ 는 어떤 물질의 계면장력(mJ/m^2)

화장품에서 유상(油相; oil phase)을 작은 입자로 만들기 위해서는 많은 에너지가 필요한데 이때 계면장력을 낮추면 에너지도 적게 필요하고 또한 만들어진 작은 입자들도 비교적 안정한 상태로 오래 유지되는데 이는 6.2절 유화에서 보다 자세하게 설명한다.

다양한 물질들의 계면장력수치들이 표 6.1 과 표 6.2 에 나타나 있다

표 6.1. 계면장력의 일반적인 수치(mN/m)

계면의 종류	계면장력
물 - 공기	72~73
물 - 10% NaOH용액	78
물 - 계면활성제용액	40~50
물 - 탄화수소(Hydrocarbon)	30~50
탄화수소 - 계면활성제용액	1~10

표 6.2. 액체들의 계면장력과 표면장력(mN/m)

액 체	표면장력(공기와 접촉시)	계면장력(물과 접촉시)
물(20℃)	74.23 (10 ℃) 72.75 (20 ℃) 66.24 (60 ℃)	-
수은(Hg)	485 (20 ℃)	375(20 ℃)
벤젠(Benzene)	28.22 (25 ℃)	34.71(25 ℃)
톨루엔(Toluene)	27.93 (25 ℃)	-
올리브오일(Olive Oil)	35.8 (20 ℃)	22.9(20 ℃)
헥산(Hexane)	17.89 (25 ℃)	51.0(20 ℃)
옥탄(Octane)	21.14 (25 ℃)	50.8(20 ℃)
사염화탄소(CCl_4)	26.43 (25 ℃)	43.7(25 ℃)
부탄올(Butanol)	21.97 (25 ℃)	1.8(25 ℃)
헥사놀(Hexanol)	25.81 (25 ℃)	6.8(25 ℃)
옥타놀(Octanol)	27.10 (25 ℃)	8.5(20 ℃)

6.1.2. 분산계와 콜로이드

자연계를 크게 보면 바다와 하늘(액체와 기체), 그리고 땅과 하늘(고체와 기체)이 계면을 사이에 두고 나누어져 있고, 화장품이나 우유를 현미경으로 확대하여 보면 액체 또는 고체 입자가 매우 작은 크기로 존재하면서 기체 또는 다른 액체와 계면을 형성하고 있다. 이와 같이 서로 다른 상이 혼합된 경우 대개 하나의 상은 분산매(分散媒, dispersion medium), 즉 연속상(連續相, continuous phase)이 되고, 다른 한 상은 분산상(分散相, dispersed phase)이 된다. 이러한 상들 간의 혼합체를 분산계(分散系, dispersed system)라 할 수 있는데, 이들은 연속상 및 분산상에 따라 다음의 표 6.3 과같이 나누어진다.

표 6.3. 분산계의 종류

연속상	분산상	명 칭	예
기체	액체	에어졸 (Aerosol)	구름, 안개, 헤어 스프레이
	고체	에어졸 (Aerosol)	연기, 먼지
액체	기체	기포 (Foam)	비누거품, 쉐이빙 폼
	액체	유액 (Emulsion)	우유, 마요네즈, 화장품 크림
	고체	현탁액 (Suspension)	잉크, 페인트, 치약
고체	기체	Solid foam	스티로폼, 스폰지
	액체	Solid Emulsion	버터, 치즈
	고체	Solid suspension	콘크리트, 진주, 보석

분산계는 분산상의 입자 크기에 따라 분자분산(molecular dispersion), 콜로이드 분산(colloidal dispersion), 조 분산(粗分散, coarse dispersion)으로 나눌 수 있다 (표 6.4). 특히 콜로이드 분산계는 단순히 콜로이드(colloid)라고도 하며 분산입자의 크기가 약 1 nm ∼ 500 nm 정도 범위의 분산계라고 정의할 수 있으나 그 범위는 엄밀한 것은 아니다. 경우에 따라서는 콜로이드입자의 크기의 범위를 10 nm ∼ 10000 nm 또는 1 nm ∼ 1000 nm 라고도 한다. 또한 다당류, 단백질, 고분자화합물 같은 거대분자의 경우는 분자상태로 분산되어 분자분산계에 속하나 그 크기가 크기 때문에 콜로이드 분산계에 속하기도 하며, 현탁액이나 유제인 경우도 조 분산계에 속하기는 하나 콜로이드 분산계로 취급한다.

표 6.4. 분산상의 크기에 따른 분산계의 분류

분산계	입자크기	특징	예
분자분산	1 nm 이하	전자현미경으로도 보이지 않음 확산이 빠름	산소분자, 물속에 용해된 이온, 설탕용액 등
콜로이드 분산	1 ∼ 500 nm	전자현미경으로 관찰 가능 확산이 매우 느림	은 콜로이드, 마이셀(micelle) 등
조 분산	500 nm (0.5 μm)이상	일반현미경으로 관찰 가능 확산되지 않음	에멀젼, 서스펜젼 등

콜로이드 분산계는 분자입자와 분산매와의 관계에 따라, 분산입자와 분산매가 서로 친화성이 있는 친액(親液) 콜로이드(lyophilic colloid), 친화성이 없는 소액(疎液) 콜로이드(lyophobic colloid)로 분류한다. 분산매가 물인 경우는 하이드로 콜로이드(hydrocolloid), 분산

매가 유기용매인 경우는 오가노 콜로이드(organocolloid)라고 한다.

또한 콜로이드 분산계는 분산입자의 성질에 따라 분자 콜로이드(molecular colloid), 회합 콜로이드(association colloid), 분산 콜로이드(dispersed colloid)로 나눌 수 있다. 분자콜로이드는 고분자가 용매에 용해되어 있는 상태이고, 회합콜로이드는 비교적 작은 분자들이 다수 모여 회합체를 만들어 콜로이드 크기의 입자로 분산되어 있는 경우이다(예: 계면활성제 마이셀). 분산 콜로이드는 분산상과 연속상이 확실하게 구분되는 일반적인 콜로이드의 특성을 가지고 있다.

콜로이드 분산계는 분자 콜로이드나 회합 콜로이드와 같이 열역학적으로 안정한 경우와 분산 콜로이드와 같이 불안정한 경우가 있다. 열역학적으로 안정한 콜로이드는 외부의 에너지가 필요 없이 단순히 혼합하면 자발적으로 생성되고 따라서 시간이 경과 하여도 입자크기의 변화가 없으나, 열역학적으로 불안정한 콜로이드는 외부의 에너지가 투입되어야만 만들어지며 시간이 경과하면 입자의 크기가 변하게 된다.

화장품은 앞에서 설명한 다양한 콜로이드 분산계에 속하는 것이 대부분이므로 콜로이드 분산계의 생성과 안정성에 대한 이론과 기술이 화장품 제형화 기술의 주요한 부분을 차지하고 있다.

6.1.3. 계면활성제

(1) 계면활성제의 구조와 기능

화장품, 식품, 의약품 분야에서 많이 응용되고 있는 콜로이드는 입자 크기가 작기 때문에 높은 표면활성을 가지고 있다. 한 단면의 길이가 1 cm인 정사면체는 6 cm^2 의 표면적을 가지지만 이 정사면체를 한 면의 길이가 10^{-4} cm (1 μm)인 작은 정사면체 입자로 나누면 표면적은 60,000 cm^{2}이 되어 만 배로 증가하고 따라서 표면 자유에너지도 만 배가 증가하게 된다. 이렇게 높은 콜로이드의 계면활성을 낮추기 위해서 대부분 계면활성제가 깊이 관련된다.

계면활성제(界面活性劑, surface active agent, surfactant)란 한 분자 내에 물과 친화성(親和性)을 갖는 친수기(親水基, hydrophilic)와 유성(油性, oil)성분과 친화성을 갖는 친유기(親油基; lipophilic)를 동시에 갖는 물질을 말한다(그림 6.1). 유성성분과 친화성을 가진다는 친유기는 물과는 친화성이 없다는 의미로 소수기(疏水基, hydrophobic)라고 하기도 한다.

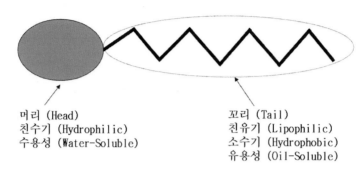

머리 (Head)　　　　　　　　꼬리 (Tail)
친수기 (Hydrophilic)　　　　친유기 (Lipophilic)
수용성 (Water-Soluble)　　　소수기 (Hydrophobic)
　　　　　　　　　　　　　　유용성 (Oil-Soluble)

그림 6.1. 계면활성제의 일반적 구조

계면활성제는 양쪽 친화성(amphiphilic)의 특성에 의해 서로 잘 섞이지 않는 물질들 사이의 계면에 흡착하여 계면의 성질을 현저히 바꾸어 주는 작용, 즉 계면 자유에너지를 낮추어 주는 작용을 함으로써 유화, 가용화, 분산, 습윤, 세정, 대전방지 등 다양한 기능을 가지고 있다(표 6.5). 화장품에서 사용되는 계면활성제는 에멀젼(유액)과 같이 물과 오일을 혼합하기 위한 유화제, 향 등과 같이 물에 불용성인 물질을 용해하기 위한 가용화제, 안료를 분산하기 위한 분산제 및 세정을 목적으로 하는 세정제 등으로 이용되고 있다.

표 6.5. 계면활성제의 주요 기능

기 능	정 의
유화	한 액체 속에 그것과 서로 섞이지 않는 또 다른 액체가 미세하게 분산되어 있는 계(系)를 말한다.
가용화	물속에서 거의 녹지 않는 유용성 물질을 계면활성제 회합체인 마이셀의 내부에 침투 또는 표면에 흡착시켜 용해도를 급격하게 높인 상태를 말한다.
분산	고체 또는 액체 물질이 콜로이드 입자가 되어 분산되어 있는 것을 말한다.
세정	음이온계면활성제가 주로 이용되며 이온화한 음이온 부분이 일반적으로 강한 세정 작용을 나타낸다.
습윤	세정의 초기 단계에서 세정대상 물질의 습윤 작용이 일어난다.
기포	액체 속에 기체가 분산되어 있는 분산계로 계면활성제의 대표적인 성질이다.
대전방지	모발, 또는 의류의 정전기를 제거하는 작용으로 주로 양이온계면활성제가 이용된다.
살균	일부 양이온 계면활성제의 경우 살균작용을 갖는 것이 있다.

(2) 계면활성제 마이셀(Micelle)

계면활성제는 물속에 용해될 때 그 농도에 따라 계면활성제 분자의 배열상태가 변하게 된다(그림 6.2).

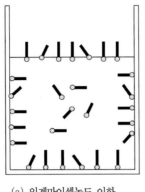 

(a) 임계마이셀농도 이하 　　　　(b) 임계마이셀농도 이상

그림 6.2. 수용액에서의 계면활성제의 거동

농도가 아주 낮을 때에는 단분자(monomer) 형태로 물속에 분산되거나 공기와 물의 계면에 높은 농도로 흡착 배열된다. 계면에서 계면활성제 분자의 친수기는 물과, 그리고 소수기는 공기와 접촉하는 배열을 하게 된다. 여기서 계면활성제의 농도를 증가시킴에 따라 표면에서의 계면활성제는 포화상태가 되고, 결과적으로 계면활성제 분자들끼리의 회합이 일어나 마이셀(micelle)을 형성하게 되는데 이러한 현상을 마이셀화(micellization)라고 하며, 마이셀이 형성되기 시작하는 계면활성제의 농도를 임계마이셀농도(critical micelle concentration, CMC)라고 한다.

임계마이셀농도(CMC)에서는 그림 6.3에서 알 수 있듯이 계면활성제 용액의 물리적인 성질이 급격하게 변하게 되는데 이는 마이셀이 형성된 효과에 의한 것이다. 표면장력의 경우는 표면에서의 계면활성제 농도가 증가함에 따라 표면장력이 낮아지지만 표면에서의 계면활성제가 포화되는 순간 즉, 임계마이셀농도부터는 더 이상 표면장력이 낮아지지 않는다. 또한 임계마이셀농도부터는 마이셀이 형성하기 시작하므로 마이셀에 의한 가용화 현상에 의해 물에 용해되지 않은 유성성분의 용해도가 급격하게 증가한다.

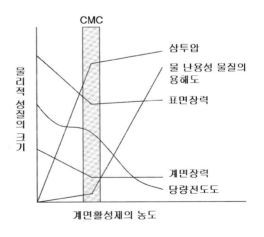

그림 6.3. 임계마이셀농도에서의 물리적 성질

계면활성제가 수용액상에서 농도가 증가함에 따라 일차적으로 마이셀같은 회합 콜로이드를 형성하는 데 계면활성제의 농도 및 구조에 따라 다양한 형태의 회합체를 구성하고 있다 (그림 6.4).

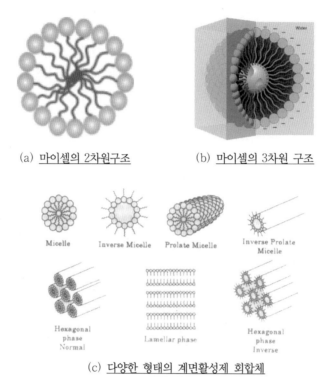

(a) 마이셀의 2차원구조   (b) 마이셀의 3차원 구조

Micelle   Inverse Micelle   Prolate Micelle   Inverse Prolate Micelle

Hexagonal phase Normal   Lamellar phase   Hexagonal phase Inverse

(c) 다양한 형태의 계면활성제 회합체

그림 6.4. 일반적인 계면활성제 회합체의 구조

(3) 계면활성제의 HLB

계면활성제는 한 분자 내에 친유기와 친수기를 동시 가지고 있는 데, 친수기 및 친유기의 화학적 구조에 따라 계면활성제의 전체적인 성질이 달라지는 데 이를 HLB(Hydrophile-Lipophile Balance)라고 한다.

1949년 W.C.Griffin은 수많은 유화실험의 경험으로부터 비이온 계면활성제를 구성하는 친수기와 친유기의 크기 비에 따라 계면활성제 전체의 친수성 및 친유성의 크기가 다른 것을 알아내고 이를 HLB라 하고, 친수성이 최대인 계면활성제의 HLB값을 20으로 하고, 반대로 친유성이 가장 큰 HLB값을 1로 해서 그 사이에 모든 계면활성제 각각의 값을 배열하여 분류하였다. 동시에 그는 다가 알코올의 지방산에스터, 지방알코올의 산화에칠렌 유도체 등에 대해서 HLB를 구하는 계산식을 발표했다. HLB의 계산식은 분석 또는 구성 성분에 대한 데이터를 바탕으로 계산된 것이다.

① 다가 알코올의 지방산에스터

　HLB = 20 (1 - S/A)

　S : 에스터의 비누화가　　A : 지방산의 산가

② 산가를 측정하기 어려운 지방산에스터

　HLB = (E + P) / 5

　E : 함유된 산화에칠렌의 wt %　　P : 함유된 다가 알코올의 wt %

③ 친수기로서 산화에칠렌을 갖는 것 (지방알코올의 산화에칠렌 유도체)

　HLB = E / 5

　E : 함유된 산화에칠렌의 wt %

이상과 같은 실험과 계산에 의해 산출한 대표적인 비이온계면활성제의 HLB값을 표 6.6에 나타내었다.

표 6.6. 비이온계면활성제의 HLB

구 분	일반명(상품명)	화학명	HLB값
구 분	스판 20(Span 20)	Sorbitan Mono Laurate	8.6
	스판 40(Span 40)	Sorbitan Mono Palmitate	6.7
	스판 60(Span 60)	Sorbitan Mono Stearate	4.7
	스판 65(Span 65)	Sorbitan Tri Stearate	2.1
	스판 80(Span 80)	Sorbitan Mono Oleate	4.3
	스판 85(Span 85)	Sorbitan Tri Oleate	1.8
솔비탄계	트윈 20 (Tween 20)	POE(20) Sorbitan Mono Laurate	16.7
	트윈 40 (Tween 40)	POE(20) Sorbitan Mono Palmitate	15.6
	트윈 60 (Tween 60)	POE(20) Sorbitan Mono Stearate	14.9
	트윈 65 (Tween 65)	POE(20) Sorbitan Tri Stearate	10.5
	트윈 80 (Tween 80)	POE(20) Sorbitan Mono Oleate	15.0
	트윈 85 (Tween 85)	POE(20) Sorbitan Tri Oleate	11.0
지방 알코올 에테르	브리즈 30(Brij30)	POE(4) Lauryl Ether	9.7
	브리즈 35(Brij35)	POE(23) Lauryl Ether	16.9
	브리즈 52(Brij52)	POE(2) Cetyl Ether	5.3
	브리즈 56(Brij56)	POE(10) Cetyl Ether	12.9

	일반명(상품명)	화학명	HLB수치
지방 알코올 에테르	브리즈 58(Brij58)	POE(20) Cetyl Ether	15.7
	브리즈 72(Brij72)	POE(42) Stearyl Ether	4.9
	브리즈 76(Brij76)	POE(10) Stearyl Ether	12.4
	브리즈 78(Brij78)	POE(20) Stearyl Ether	15.3
	브리즈 93(Brij93)	POE(2) Oleyl Ether	15.3
	브리즈 97(Brij97)	POE(10) Oleyl Ether	12.4
	브리즈 98(Brij98)	POE(4) Oleyl Ether	15.3
지방산에스터	미리즈 45(Myrj45)	POE(4) Stearate	11.1
	미리즈 49(Myrj49)	POE(20) Stearate	15.0
	미리즈 59(Myrj59)	POE(100) Stearate	18.8

하지만 비이온 계면활성제 중에서도 산화프로필렌, 산화부칠렌, 질소, 유황 등이 함유되어 있는 것은 Griffin 계산식을 적용할 수 없다. 또 이온성 계면활성제에 대해서도 적용되지 않는다. 이들에 대해서는 실험적인 방법에 의해 HLB값을 산출해야만 한다. 따라서 Davies가 제안한 HLB의 개량된 계산방법은 Griffin방법에서는 계산할 수 없었던 이온성 계면활성제의 HLB값까지도 계산식으로 구할 수 있는 점에 있어 편리하다. Davies의 방법은 계면활성제의 분자를 원자단으로 나눠 생각하고 각각의 원자단의 종류에 대해서 특유의 값을 매겨 그들을 합산하여 구한 계면활성제의 HLB값을 얻는 방법이다. 그가 제창한 계산식은 다음과 같다.

$$HLB = \Sigma \, (친수기의 \; 基數) - \Sigma \, (소수기의 \; 基數) + 7$$

또 그가 밝힌 각 원자단 특유의 기수(基數)를 나타내면 표 6.7과 같으며 친수성의 기수는 +, 소수성(疎水性)의 기수는 - 로 나타내었다. 예를 들면, 화장품에서 자주 사용되고 있는 스테아린산칼륨의 HLB는 다음과 같다.

$CH_3(CH_2)_{16}$ COOK
∴ $HLB = (21.1) - (17 \times 0.475) + 7 = 20$

또 라우릴황산나트륨(sodium lauryl sulfate : $CH_3(CH_2)_{11}OSO_3Na$)의 경우는
∴ $HLB = (38.7) - (12 \times 0.475) + 7 = 40$

표 6.7. 원자단의 기수

구 분	원자단	기 수
친수기	-SO₄Na	38.7
	-COOK	21.1
	-COONa	19.1
	-N(3급아민)	9.4
	-COO-(솔비탄링)	6.8
	-COO	2.4
	-COOH	2.1
	-OH	1.9
	-OH(솔비탄링)	0.5
	-O-	1.3
	-CH₂-CH₂-O-	0.33
소수기	-CH-	- 0.475
	-CH₂-	- 0.475
	-CH₃	- 0.475
	=CH-	- 0.475
	-CH₂-CH₂-O- CH₃	- 0.15
	-CF₂-	- 0.870
	-CF₃	- 0.870

계면활성제가 혼합된 경우에는 각각의 계면활성제의 HLB값에 중량백분율에 의한 가중치를 곱한 다음 이를 모두 합함으로써 계면활성제 혼합물의 HLB값을 계산할 수 있다.

계면활성제의 HLB값이 크면 친수성이 크고 따라서 수상(水相, 물)에 우선적으로 용해하고 HLB값이 적으면 친유성이 크고 따라서 유상(油相, oil)에 우선적으로 용해한다. 이러한 HLB값의 특성에 의해 HLB값에 따른 계면활성제의 용도가 구분된다 (표 6.8).

표 6.8. HLB에 따른 계면활성제의 주용도

HLB 범위	용 도
1~3	소포제(Anti-foaming agent)
4~6	W/O 유화제
7~9	침투습윤(Wetting agent)
8~18	O/W 유화제
13~15	세정제
10~18	가용화제(Solubilizer)

6.2. 유화(Emulsion)

유화(乳化)란 서로 섞이지 않는 두 가지 이상의 액체를 외부에서 인위적으로 에너지를 가하여(mixing) 이들 액체가 비교적 균일하게 분산되어 있는 상태를 말한다. 혼합하고 교반하는 과정을 유화과정(emulsification)이라고 하며 유화과정을 거쳐 형성된 제형을 에멀젼(emulsion) 또는 유액/유제(乳液/乳劑) 라고 한다.

일반적으로 화장품용 에멀젼에는 대부분의 경우 한쪽의 액체는 물 및 수용성물질의 혼합수용액이고 다른 쪽은 물과 혼합되지 않는 물질인 유지류(油脂類) 및 왁스(wax)와 같은 유성(油性 ; oil)의 물질을 이용하고 있다. 이 경우 미세한 작은 입자의 부분을 내부상(內部相) 또는 분산상(分散相)이라고 하고 그 미세한 구상(球狀)입자를 둘러싸고 있으면서 전체적으로 연결되어 있는 액체부분을 외부상(外部相) 또는 연속상(連續相)이라고 한다. 그러나 오일과 물을 유화하는 경우에 안정한 에멀젼을 얻기 위해서는 제 3의 물질 즉, 유화제(乳化劑)가 필요하다. 따라서 에멀젼은 일반적으로 내부상, 외부상 및 유화제로 구성된 계이지만 화장품용 에멀젼에서는 여기에다 또 다른 첨가제, 향료, 안료 등이 가해지게 된다.

화장품에서는 크림, 로션 류의 기초화장품은 물론이고 색조화장품에 있어서도 유화를 이용하는 경우가 비교적 많다. 그 이유로서는 다음과 같은 것을 생각할 수 있다.

① 유성 원료와 비유성(非油性)의 원료를 비교적 간단히 혼합할 수 있으며 단독으로 사용할 수 있는 유지류(油脂類)하고는 다른 형태의 사용감 및 외관을 나타낼 수 있다.

② 유용성(油溶性) 원료와 수용성(水溶性) 원료를 동일 처방에 혼합시켜 보다 높은 질적인 향상을 꾀할 수 있다.

③ 에멀젼형태로 피부에 주는 작용을 쉽게 조절할 수 있다.

④ 에멀젼상태(예: 점도)를 조정하여 여러 형태 사용목적에 적합한 제품을 만들 수 있다.

⑤ 피부에 대해서 유용한 미량의 성분을 피부위에 균일하게 사용할 수 있다

⑥ 유지류 단독으로 얻을 수 없는 피부의 보호 작용을 부여할 수 있다. (피부의 유연성은 단지 단독 형태의 유지류만 으로서는 부여하기 어렵고 수분도 각질층의 유연성에 기여하는 것으로도 이해할 수 있다.)

⑦ 피부위에 얇은 피막으로 도포시키는 것이 가능하고 유상(油相, oil phase)과 수상(水相, water phase)의 혼합 형태는 유상원료를 단독으로 사용했을 때보다도 오일감이 적다.

⑧ 유지류의 자체 또는 수용액 자체로는 병용해서 사용할 수 없는 물질도 에멀젼에 의해

쉽게 공존시킬 수 있다.

⑨ 광택 또는 유백색(乳白色)의 에멀젼은 상품가치를 향상시킬 수 있다.

6.2.1. 에멀젼의 특성

(1) 에멀젼의 형태

에멀젼에는 물을 연속상으로 하고 그 안에 오일이 분산되어 있는 수중유적형(水中油摘型)(oil-in-water type, O/W형)과 그 반대로 오일을 연속상으로 하고 그 안에 물이 분산되어 있는 유중수적형(油中水摘型)(water-in-oil type, W/O형) 두 가지가 있다. 화장품용 에멀젼의 경우에는 일반적으로 크림이나 로션류는 대부분 O/W형태에 속하지만 예전부터 있어 왔던 클렌징크림이나 콜드크림 또는 특수한 영양 크림 등에서는 W/O 타입이 있었다. 그리고 다중 에멀젼 (multiple emulsion)이라고 하여 분산상 내부에 또 다른 에멀젼이 형성되어 있는 경우도 있다 (그림 6.1).

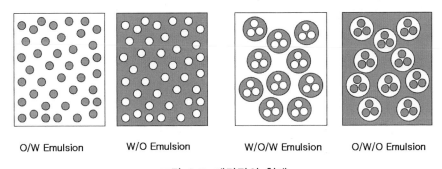

O/W Emulsion   W/O Emulsion   W/O/W Emulsion   O/W/O Emulsion

그림 6.5. 에멀젼의 형태

에멀젼 형태는 화장품의 경우 외관이나 사용감에 직접 큰 영향을 주기 때문에 처방을 설계할 때에는 그 상품의 사용목적, 사용 연령층, 첨가제 등을 충분히 고려해서 결정해야만 한다.

① 에멀젼 형태를 지배하는 요인

생성하는 에멀젼의 형태에는 처방의 조합에 의해서 결정되는 것은 당연하지만 유화방법에 의해서도 좌우되는 경우가 있다.

a) 분산상과 연속상의 부피비율: 만일 유화제가 존재하지 않을 때에는 일반적으로 양쪽상

(相, phase) 중에서 부피비율이 큰 쪽이 연속상이 된다. 이론적으로는 균일한 직경의 분산 입자가 closed packing한 경우에 연속상과 분산상이 점하는 부피비율은 25.98:74.02로 된다. 그러나 이것은 분산 입자가 동일한 형태의 직경을 갖는 완전한 구상(球狀)형태이고 그것도 한 개의 입자가 다른 열두 개의 입자에 접한 상태에서 계산된 것이지만 실제의 에멀젼은 분산 입자 크기나 지름이 일정하지 않으며, 거기에다 사용하는 유화제의 종류나 양에 따라서 연속상과 분산상의 부피비율이 1:99와 같이 농축 에멀젼도 생성하는 경우가 있다. 이와 같은 높은 농도의 에멀젼은 그 분산 입자가 일정하지 않을 뿐만 아니라 다면체(多面體)를 취하는 것도 생각할 수 있다. 화장품용 에멀젼에서도 분산상의 비율이 큰 경우에는 유화제의 종류 와 사용량에 주의해야 한다.

b) 유화제의 종류와 양: 어떠한 형태의 에멀젼을 만드는가 하는 것은 유화제의 종류와 그 사용량에 따라 결정된다. 즉, 일반적으로 HLB값이 낮은 HLB 3~6인 비이온계면활성제나 지방산의 2가(價) 또는 3가의 금속염을 이용하면 W/O형의 에멀젼이 얻어진다. 그 반면에 HLB값이 8~14인 비이온계면활성제나 지방산알칼리금속염 및 유기아민염인 알킬황산염 등을 이용하면 O/W형태의 에멀젼 생성이 용이해진다.

c) 원료의 성질: 처방 중에 특수한 성분을 함유하면 그 성분이 유화제 형태에 영향을 주는 경우가 있다. 예를 들면 크림 파운데이션과 같은 경우는 분체 중에 금속비누를 함유하기도 하고 산화아연과 같이 다가(多價) 금속염을 사용하게 되면 장기간에 걸쳐서 O/W형의 에멀젼이 부분적으로 W/O형으로 바뀌어 안정성을 방해한다. 또 산화티탄이나 카오린(kaolin)과 같이 친수성 안료의 경우에도 에멀젼 중에 분산되어 있으면 그것이 계면막에 집합하여 일종의 계면활성제 같은 행동을 취해 계면막에 변화를 주므로 충분히 유의해야만 한다. 이와 같은 경우에는 당연히 사용하는 계면활성제의 균형을 조절하여 이용할 필요가 있다. 이들 외에 화장품용 에멀젼에는 수상 중에 다가 알코올류(polyols)의 배합이 있지만 이것도 에멀젼의 성질(특히 점도나 사용감)이나 안정성에 직접 영향을 미친다.

d) 유화조건: 유화할 때 성분을 첨가하는 순서나 교반속도, 유화온도, 유화장치의 구조나 재질(材質) 등에 의해 에멀젼 형태가 영향을 받는 경우가 있다. 예를 들면 일반적으로 동일한 유화제를 이용하더라도 하나의 상을 미세화하기 쉬운 형태의 유화가 되면 그 상은 내부상으로 되기 쉽다. 또 유화제의 양이 필요양보다 적은 경우 플라스틱(예: polyethylene)같은

소수성(疎水性)의 표면을 갖는 용기에서 유화시키면 아무리 O/W형태의 유화를 하려고 해도 W/O형태로 되는 경우가 종종 있기 때문에 충분히 주의해야만 한다.

② 에멀젼의 형태 판별법

에멀젼의 형을 판별하는 간단한 방법으로서는 다음과 같은 3가지 방법이 있다.

a) 희석법; 에멀젼의 외부상(연속상)과 동일한 액체를 가하면 그 에멀젼은 분산 희석된다. 예를 들면 O/W형태의 에멀젼 소량을 물속에 떨어뜨리면 물에 희석될 수 있지만 W/O형태의 에멀젼의 경우에는 물에 섞이지 않아 희석이 될 수 없다.

b) 전기 전도도법; 에멀젼의 전기전도성은 외부상(연속상)의 전기전도성에 의해 지배된다. 물과 오일의 전기저항 차를 이용하는 방법으로서 O/W형태의 에멀젼은 전도성이 크지만 W/O형태의 에멀젼은 미약한 전도성을 갖고 있기 때문에 전기전도도를 측정하면 판별할 수 있다.

c) 색소 첨가법; 에멀젼의 표면에 유용성(油溶性) 염료 또는 수용성(水溶性) 염료의 분말을 가하여 현미경으로 염료의 용해성을 관찰한다. W/O형 에멀젼의 경우에는 Oil red나 Sudan blue등과 같은 유용성 염료를 이용하면 염료는 외부상 중에 분산하여 용해하기 때문에 W/O형태인 것을 알 수 있다. 한편 O/W형 에멀젼의 경우에는 Ponseau SX나 Amarance 같은 산성염료를 가하면 외부상인 물에 분산 용해되기 때문에 O/W형태로 판별할 수 있다.

(2) 에멀젼 입자의 크기와 분포

에멀젼 입자측정은 통상 현미경을 이용하여 분산상인 액적(液滴)의 직경을 측정한다. 일반적으로 화장품용 에멀젼의 경우에는 입자크기가 균일하지 않기 때문에 최소와 최대의 입자를 측정하는 것과 함께 가장 많이 분포되어 있는 입자의 크기를 측정하여 기록한다. 보통 화장품용 에멀젼 입자의 크기는 대체로 $0.5 \sim 5$ ㎛정도 크기가 가장 많다. 일반적으로 입자의 크기가 작고 균일하면 양호한 안정성을 나타내는 에멀젼이고, 또 입자의 크기는 에멀젼의 외관으로도 어느 정도 추측할 수 있다. 다음 표 6.9에 에멀젼 입자의 크기와 광학적 성질을 요약해 놓았다.

표 6.9. 에멀젼입자 크기와 광학적 성질

입자크기(nm)		외관	틴들현상		열역학적안정성
			반사광	투과광	
마크로 에멀젼	1,000 ~ 10,000	유백색 불투명	없음	없음	불안정
	100 ~ 1,000	청백색 불투명	약한 청색	약한 적색	
마이크로 에멀젼	50 ~ 100	반투명	청색	적색	안정
	10 ~ 50				
가용화 용액	5 ~ 10	투명	없음	없음	

불투명한 에멀젼은 지금까지 통상 마크로에멀젼(macroemulsion)이라고 불려왔다. 이러한 에멀젼 (O/W 또는 W/O)은 모든 가시광선을 반사하기 때문에 백색으로 보인다. 마크로에멀젼의 분산상은 다분산 상태, 즉 여러 가지 크기의 입자들로 구성되는데, 이들 중의 일부 또는 대부분이 빛을 반사한다.

투명한 에멀젼은 마크로에멀젼에 비해 매우 작은 입자들이 내상을 구성하므로 빛을 반사하지 않고 투과시킨다. 따라서 이러한 에멀젼을 마이크로에멀젼(microemulsion)이라고 부르기도 한다. 마크로(macro-)와 마이크로(micro-) 에멀젼의 분류는 사람의 눈으로 인지하는데 기초하여 구분하는 임의의 분류이다. 특정 빛을 쪼여 관찰하면 마이크로에멀젼이 뿌옇게 보이기도 한다(틴달효과: Tyndall effect).

또한 마이크론이하에멀젼(sub-micron emulsion)이라는 분류가 있다. 이 에멀젼은 사람 눈에는 불투명하게 보이지만 내상의 입자 크기는 매우 균일하고 작아서 멸균 여과시에도 통과할 수 있는 정도가 된다. 마이크론이하에멀젼은 보다 거친(입자가 큰) 에멀젼을 고압 유화기와 여과를 통하여 단분산(單分散)의 작은 입자 크기의 에멀젼을 얻을 수 있다. 이때 입자 크기는 보통 100 ~ 200 nm로써 1 ㎛ 미만으로 된다. 화장품에서는 이를 미니(mini-) 또는 나노(nano-) 에멀젼이라 부르기도 한다.

일반적으로 유화는 유화제에 의해 오일과 물의 계면장력을 최소화하여 오일과 물을 섞이기 쉽게 하는 것이다. 오일과 물을 유화제 없이 강하게 흔들어 혼합한 후 방치하면 혼합액은 계면 장력을 최소화하기 위해 두 층으로 빠르게 분리된다. 그런데 계면 주위에 유화제가 존재하면 계면 장력을 감소시키며 오일과 물의 분리 속도는 크게 감소된다. 그러나 유화제가 마크로에멀젼의 열역학적인 불안정성(분리되려는 경향)을 완전히 극복할 수 있는 것은 아니고, 마크로에멀젼의 최종적 분리 현상을 연기시켜 줄 뿐이다. 또한 분리를 지연시키기 위해서는 이를 도와주는 각종 보조 수단을 이용해야만 한다. 열역학적으로 안정한 유일한 에멀젼은 마이크로에멀젼이다. 마크로에멀젼에 비해 작은 상태로 입자 크기는 가시광선 파장의 약 1/5 정도이며(약 100 nm미만) 육안으로 투명하게 보인다. 마이크로에멀젼은 일반적인 에멀젼과 다르게 강력한 교반이 필요 없이 자발적으로 형성되는데, 마이크로에멀젼은 원하는 정도의 투명성을 얻기 위해서 마크로에멀젼보다 많은 양의 유화제를 필요로 한다.

에멀젼 입자의 크기는 에멀젼 형태나 유화제 종류, 각 성분의 첨가순서, 유화방법, 유화온도, 유화장치 등에 의해 좌우된다. 화장품용 에멀젼의 경우에는 당연히 입자의 크기가 외관, 감촉(사용감)등의 상품적 요소와 안정성에 큰 영향을 미친다.

(3) 에멀젼의 점도

에멀젼 화장품의 상태 및 촉감, 사용효과 등은 화장품으로서 중요한 상품가치를 좌우하기 때문에 점도를 포함한 유변학적인 성질을 중요시하고 있다. 일반적으로 화장품용 에멀젼 점도는 다음과 같은 인자에 의해 좌우되고 있다.

① 연속상(외부상)의 점도

로션류같이 내부상의 부피비가 극히 작을 때에는 에멀젼 점도는 외부상 점도에 의해 지배된다. 또 로션류 중에서도 오일함량이 적은 것은 점도가 낮으며 안정성이 나쁠 뿐만 아니라 사용성도 불편한 점이 많다. 그렇기 때문에 이와 같은 제품의 경우 외부상에 점액질을 첨가하여 점도를 높여 안정성과 사용감을 도와주는 것도 있다.

② 분산상(내부상)의 점도

대부분의 화장품용 에멀젼에 있어서 점도는 어느 정도 내부상 성분의 점도(때로는 융점)에 영향을 받는다. 특히 입자가 큰 경우에 영향이 크다. 화장품용 에멀젼의 경우 내부상 점도의 영향은 O/W형에서, 그것도 내부상이 비교적 많은 크림 등에서 현저하게 나타난다.

③ 분산상과 연속상의 비율

에멀젼 형태에 관계없이 분산상 농도가 증가함에 따라 에멀젼 점도는 점점 증가한다. 분산상 부피가 연속상 부피에 비해 클 때에는 외관상의 점도는 상당히 증대된다. 이 현상은 에멀젼 내에서 분산상인 미세한 액적이 밀집되어 일어나는 것이다.

④ 계면활성제와 계면막

사용하는 계면활성제의 종류와 농도에 따라서 에멀젼의 점도는 상당히 변화한다. 비이온 계면활성제에서 비록 같은 HLB값을 가지고 있어도 융점(또는 응고점)에 따라 생성되는 에멀젼 점도가 다르게 된다. 또 음이온 계면활성제에서도 지방산알칼리염을 이용하는 경우에는 알킬기에 따라 생성되는 에멀젼 점도가 다르게 된다. 일반적으로 알킬기의 탄소수가 많은 쪽이 적은 쪽에 비해 생성되는 에멀젼 점도는 높게 되는 경향이 있는 것은 당연하다. 그러나 올레인산과 같은 불포화지방산의 경우에는 같은 탄소수라 하더라도 포화지방산에 비해 점도가 상당히 낮게 되어 액상 에멀젼 생성에 적합하다. 또 계면활성제의 농도에 있어서는 일반적으로 비이온 계면활성제의 경우 같은 유상에서도 사용하는 계면활성제의 농도가 낮으면 높은 농도의 경우에 비해 퍼짐성이 양호하고, 사용감이 좋은 크림을 만들 수 있지만 농도가 높은 경우에는 사용감이 무거운 크림으로 된다. 이것은 계면활성제가 계면막에서 농축된 막(concentrated film)을 형성시킨 것이며 비이온계면활성제로 유화한 경우에는 이러한 경향이 크다.

⑤ 입자의 전하

일반적으로 에멀젼내의 분산 입자가 전하를 띄게 되면 분산 입자의 상호작용에 의해 점도는 증가한다.

⑥ 입자의 크기와 분포

분산 입자가 작게 되면 오일과 물 사이의 계면면적이 크게 되기도 하고 따라서 각 입자간의 상호작용이 강하게 되어 점도가 상당히 증가한다.

그러나 이상 서술한 외에 화장품용 에멀젼 경우에는 첨가제에 의한 영향도 무시할 수가 없다. 첨가제 중에서도 특히 향료, 보습제 및 분체(안료)의 영향은 상당히 크고 점도뿐만 아니고 에멀젼 안정성 까지도 영향을 미치는 경우가 많다.

(4) 에멀젼의 외관

에멀젼 외관은 사용한 유상성분의 성질과 양 및 에멀젼 입자의 크기 등에 따라 영향을 받는다. 화장품용 크림이나 로션류는 종류나 제조회사에 따라서 광택이 적은 것도 있고 또 진주형태의 광택이나 오일의 광택이 있는 것도 가끔 있다. O/W형의 화장품용 에멀젼의 외관은 유상으로서 사용되고 있는 원료의 조합을 변화시킴에 따라 여러 가지로 변화시킬 수 있다.

일반적으로 유동파라핀 (liquid paraffin)을 주 원료로 사용하면 생성된 에멀젼은 광택이 있는 외관과 오일성분 느낌이 강하게 나타나고 스테아린산이나 세틸알코올 또는 스테아릴알코올이 오일중에 주 원료로 되었을 때 에멀젼은 진주형태의 광택이 나오기 쉽고 매트(matt)한 사용감이 나타난다.

일반적으로 굴절률이 같은 오일을 같은 상비율(相比率)로 그것도 같은 크기의 입자상태로

유화하면 같은 형태의 백탁도(白濁度)가 얻어진다고 할 수 있는 것은 에멀젼 백탁도의 원칙
이다. 만일 분산상과 연속상이 완전히 같은 굴절률이고, 작은 입도(粒度)로 유화시키면 투명
하게 되는데, 바꾸어 말하면 분산상과 연속상의 비율이 일정하고 입자의 크기가 같은 경우
분산상과 연속상의 굴절률의 차가 크게 되면 될수록 생성된 에멀젼은 백탁도가 높아진다.
또 분산상의 분산 입자의 크기도 백탁도에 영향을 주는 데, 같은 상비율의 경우에 어느 정
도 분산 입자의 크기를 미세하게 하면 입자의 수가 증가하게 되어 백탁도가 높아진다. 이런
것들은 모두 광선의 산란차에 의한 문제이고 크림의 백탁도에 중요한 인자가 되고 있다. 그
러나 분산 입자의 크기를 지나치게 미세하게 하면 다시 백탁이 되지 않고 푸른색 계통의 반
투명형태의 되는 에멀젼으로 된다.

6.2.2. 에멀젼의 유화제

화장품 에멀젼의 구성성분은 크게 유성(油性)원료(oil)와 물을 포함한 수성(水性)원료, 그
리고 이들을 유화시키는 유화제(乳化劑)로 되어 있다. 화장품에 넓게 이용되고 있는 것에 대
해서는 제 4장 화장품과 소재에서 소개하였다. 일반적으로 화장품용 유화제로서 현재 넓게
이용되고 있는 것은 비이온과 음이온 계면활성제이다.

(1) 유화제의 종류

음이온계면활성제를 이용하여 화장품용 에멀젼을 만드는 경우 고급 지방산을 유상에 용해
하고 수상에 알칼리류를 미리 용해시켜 놓고 혼합과 동시에 고급 지방산의 알카리염을 생성
시켜 이것을 유화제로 이용하는 경우가 있다. 사용되는 고급 지방산으로서는 스테아린산
(stearic acid)과 일부 특수한 용도로 쓰이는 미리스틴산(myristic acid), 올레인산(oleic acid)
또는 베헤닌산 (behenic acid)도 이용되고 있다. 또 알칼리류로서는 수산화칼륨(KOH), 수산
화나트륨(NaOH) 및 유기아민으로서 트리에탄올아민(triethanolamine)이 대부분을 차지하고
있다. 고급지방산의 수산화칼륨, 수산화나트륨의 염류는 그 생성 에멀젼의 pH가 높은 것이
결점이지만 트리에탄올아민의 경우는 무기 알카리염류에 비해 pH가 낮기 때문에 현재 대부
분 이용되고 있다. 고급지방산의 알카리염은 일반적으로 강한 친수성을 갖고 있기 때문에 화
장품용 에멀젼 유화제로서는 거의가 O/W형태의 유화제에 이용되고 있다.

비이온 계면활성제에는 현재 화장품용 계면활성제로서 다량 이용되고 있는 계면활성제이
다. 1950년부터 솔비탄(sorbitan)계의 지방산에스터 및 산화에칠렌 유도체가 화장품 업계에

등장하여 피부에 대하여 독성 또는 자극성이 없어 크림이나 로션류의 유화제로서 사용되기 시작하였고, 그것이 비이온 계면활성제에 의한 유화를 본격적으로 이용하게 된 것이다. 비이온 계면활성제를 이용한 에멀젼은 pH가 중성이며, 안정성이 좋고, 전해질에 대해 안정하다 등의 장점을 갖고 있다.

화장품에 사용중인 비이온 계면활성제는 다가알코올 지방산에스터, 지방산 솔비탄에스터 및 산화에칠렌 유도체, 지방알코올 에테르 등이다.

① 글리세린(glycerin) 또는 글리콜(glycol)의 지방산에스터는 제2차 세계대전 이전부터 이용되어 왔으며 그 대표적인 것으로서는 스테아린산의 모노글리세라이드(mono glyceride)가 많이 쓰여졌고 현재에도 일부 이용되고 있다. 그러나 스테아린산 모노글리세라이드는 그 자체만을 이용하게 되면 W/O형으로 작용하기 때문에 일반적으로 음이온/다른 비이온계면활성제와 병용하여 사용하고 있다. 같은 스테아린산 모노글리세라이드 중에서도 자기유화형(self emulsifying)이라고 칭하는 것이 있는데 이것은 음이온 계면활성제 (주로 지방산 알카리염) 또는 친수성 비이온 계면활성제를 소량 첨가한 것이다. 이외에도 폴리글리세릴 지방산에스터 또는 폴리옥시에칠렌 글리세릴 지방산에스터도 사용된다.

② 솔비탄(sorbitan)계의 계면활성제가 화장품용 유화제로서 넓게 이용되어 온 것은 1950년 이후이다. 솔비탄 지방산에스터는 모두 친유성(親油性)의 비이온계면활성제이고 지방산의 종류 및 몰(mol)수에 따라 친유성의 강도가 다르기 때문에 유성성분의 성질에 따라서 알맞은 것을 선택해야 한다. 폴리옥시에칠렌(polyoxyethylene) 솔비탄 지방산에스터는 지방산의 솔비탄에스터에 산화에칠렌(에칠렌옥사이드)을 부가시킨 것으로서 모두 친수성 비이온계면활성제이다. 화장품용 유화제로서 이용되는 경우에는 친수성 비이온계면활성제를 단독으로 이용하는 경우는 있지만, 앞에 서술한 지방산 솔비탄에스터 친유성 계면활성제와 병용하여 이용되고 있다. 이러한 종류의 계면활성제의 특징으로서는 알킬계의 탄소수가 변함에 따라 또 산화에칠렌의 부가 몰수가 증가함에 따라 친수성, 친유성의 균형(Hydrophilic-Lipophilic Balance, HLB)를 자유롭게 조절할 수 있다.또 친수성이 높은 것과 낮은 것을 혼합하여 자유롭게 조절할 수 있는 점은 대단히 편리하다.

③ 최근에는 지방알코올 에테르 계통의 것도 자주 이용되고 있다. 그러나 사용에 있어서는 알킬계의 종류와 산화에칠렌의 부가 몰수를 충분히 고려하지 않고 선택하면 제품에 문제가 일어날 가능성이 있다. 즉, 지방알코올 에테르의 비이온 계면활성제중에서 산화에칠렌의 부가 몰수가 낮은 것은 사용 농도와 온도에 따라 친수성과 친유성의 균형이 변하기 때문에

이러한 것들을 이용하여 유화하는 경우에는 충분히 주의를 요한다. 예를 들면 폴리옥시에칠 렌 알킬에테르(polyoxyethylene alkyl ether)의 산화에칠렌 몰수가 6~7 몰인 것은 온도 상승 에 따라 친수성이 떨어지고 친유성이 증가하기 때문에 실온 (18~20 ℃)에서는 O/W였지만 30 ℃ 근처에서는 W/O형으로 되고 그 이상 온도가 상승하면 유화가 깨져 물과 오일이 분 리되는 경우가 있다.

④ 이외에도 레시친(lecithin)유도체, 폴리에칠렌 폴리프로필렌 공중합체(polyethylene poly-propylene copolymer), 그리고 일부 수용성 폴리머도 유화제로 사용된다.

유화제와 병행하여 보조유화제를 함께 사용하면 유화의 안정성 등 물리적 성질이 변하게 된다. 친수성 유화제에 유용성(油溶性)이면서 극성(極性)을 갖는 물질을 첨가하면 에멀젼은 상당히 안정 화 된다. 예를 들면 세틸알코올(cetyl alcohol)이나 콜레스테롤(cholesterol)같이 하이드록실기 (hydroxyl group)를 갖는 유용성물질은 일반적으로 친수성의 유화제와 계면에 극성결합을 만들어 계면에서 착화합물을 형성하여 에멀젼안정화에 기여한다. 이와 같은 물질을 일반적으로 보조유화 제라고 칭한다.

(2) 유화제의 선택

화장품에 한하지 않고 어떤 산업에 있어서 유화제품을 만들기 위해서는 유화목적에 최적인 계 면활성제를 선택하고 그것을 가장 좋은 방법으로 이용하기 위해 유화조건을 결정하는 것이 유화기 술의 기본이다. 화장품에서도 화장품용 크림 또는 로션류와 같은 유화제품의 연구에서 계면활성제 의 선택이 생성하는 에멀젼의 성상을 거의 지배한다고 해도 과언이 아니며 그 상품가치를 좌우한 다. 계면활성제의 선택에 있어서 가장 중요한 것은 ① 유화제품의 사용목적의 명확화 ② 사용목적 에 적합한 유상의 검토 ③ 에멀젼의 형태 및 제형의 결정(O/W형태 또는 W/O형의 상태, 크림상 또는 로션류의 상태) 등이 필요하다. 이상과 같은 단계를 거쳐 실제로 유화를 행하기 위해서는 상 기 기술한 여러 가지 조건을 만족시키기 위한 계면활성제를 선택하지 않으면 안 된다.

유화제로써의 계면활성제 선택에 있어서 지표가 되는 것은 계면활성제의 HLB이다 (6.1.3 계면활성제의 HLB 참조). 유화제를 선택하는 데 있어서 1 단계는 유화시키고자 하는 오일 의 소요 HLB를 구하는 것이다. 유화를 시키고자 하는 오일은 그 종류 그리고 유화형태에 따라 유화에 필요한 HLB(소요 HLB: required HLB)가 달라 진다 (표 6.10). 즉, 유동파라핀 의 경우 O/W 에멀젼을 만들기 위해서 필요한 유화제의 HLB는 10~12 이고, W/O 에멀젼 을 만들기 위해서 필요한 유화제의 HLB는 5~6이다.

표 6.10. 유성성분의 소요 HLB

유성성분	O/W 에멀젼	W/O 에멀젼
면실유(Cotton Seed Oil)	6~7	-
바셀린(Petrolatum)	8	-
밀납(Bees Wax)	9~11	5
파라핀왁스(Paraffin Wax)	10	4
유동파라핀(Liquid Paraffin)	10~12	5~6
메칠 실리콘(Methyl Silicone)	11	-
무수 라놀린(Lanolin, Anhydrous)	12~14	8
카나우바 왁스(Carnauba Wax)	12~14	-
피마자유(Castor Oil)	14	-
세틸알코올(Cetyl Alcohol)	13~16	-
스테아릴알코올(Stearyl Alcohol)	15~16	-
라우린산(Lauric Acid)	16	-
올레인산(Oleic Acid)	17	-
스테아린산(Stearic Acid)	17	-

유성성분이 한 가지 이상인 경우는 각 유성성분의 소요 HLB값을 중량백분율을 곱하여 더하면 유상(oil phase)의 소요 HLB를 계산할 수 있다. 표 6.11의 O/W 에멀젼 처방을 기준으로 자세한 계산 예를 보여 준다.

유성성분의 무게 합계 = 15+10+20+5 = 50 g
유상의 총 소요 HLB = 9x(15/50)+12x(10/50)+10x(20/50)+15x(5/50) = 10.6

유화제 선택에 있어서 2 단계는 유상의 소요 HLB값에 적합한 계면활성제의 조합을 구하는 것이다. 이때 단독계면활성제 보다는 친유성과 친수성 계면활성제를 혼합 사용하는 것이 유화제로써의 성능 및 에멀젼의 안정성이 우수하다.

표 6.6에서 HLB 15인 친수성 유화제 트윈 80과 HLB가 4.3인 친유성 유화제 스판 80을 선택한 후, 각 유화제의 중량 비율을 아래와 같이 계산한다.

트윈 80의 중량비율 = [유상 소요HLB - 낮은 HLB]/[높은 HLB - 낮은 HLB]
= [10.6 -4.3] / [15.0 - 4.3] = 0.59

따라서 유화제를 총 2 g 사용하는 경우 트윈 80은 1.18 g 그리고 스판 80은 0.82 g을 사용하면 된다.

표 6.11. O/W 에멀젼의 처방 (100 그람중)

원 료	함 량	소요 HLB
1. 밀납	15 g	9
2. 라놀린	10 g	12
3. 파라핀 왁스	20 g	10
4. 세칠 알코올	5 g	15
5. 유화제	2 g	
6. 방부제	0.2 g	
7. 물	합계 100 g으로 보정	

이상 서술한 것과 같이 HLB값은 계면활성제를 취급함에 있어 대단히 편리하며 유용한 것이지만 그 자체로서 쉽게 안정한 에멀젼을 얻을 수 있다고 생각하면 안 된다. HLB는 전체적인 방향만을 제시하는 방법이며 HLB값을 이용하여 유화제를 선택하는 경우에는 우선 유화시키고자 하는 유성성분의 소요 HLB값을 구하고 다음에 유성성분의 성질에 적합한 특성을 가진 유화제를 선택하는 것이 중요하다. 왜냐하면 비록 동일한 형태의 HLB값을 갖는 계면활성제라도 그 구성성분이 다르면 물리 화학적 성질도 다를 뿐만 아니라 그들의 유화작용 및 안정성에 영향을 주는 것은 당연하기 때문이다. 이것은 계면활성제의 수상 및 유상에 대한 친화성(affinity)이 다르고 또한 계면장력도 다른 것에 기인한다고 볼 수 있다.

6.2.3. 에멀젼의 제조방법

화장품 에멀젼은 일반적으로 유상(油相)과 수상(水相)을 각각 가온 용해 한 후, 유상과 수상을 혼합하면서 강력한 교반력을 가진 유화장치로 유화를 시키고 나서 서서히 교반하면서 냉각시킨다. 에멀젼을 제조하는 경우에는 유상과 수상의 첨가방법, 유화장치, 유화온도 및 유화시간, 교반속도, 냉각 등 생성 에멀젼의 성질에 영향을 주는 사항이 많이 있으므로 제품의 종류, 에멀젼형태 및 점도(粘度)등에 따라 적당한 방법을 선택해야만 한다.

(1) 첨가방법

에멀젼 제조에 있어서 대부분의 경우에 성분 첨가의 순서나 속도 등 첨가방법이 제품의 품질을 좌우하기 때문에 주의를 기울여야 한다.

① 발생기법(發生機法, Nascent Soap Method)

이 방법은 화장용 크림이나 로션류에는 오래 전부터 이용되어 왔으며, 고급지방산의 알칼리염을 유화제로 이용하는 경우에 넓게 이용되는 방법으로 O/W형이나, W/O형의 경우에 모두 이용되고 있다. 이 방법의 경우에 혼합과 동시에 생성되는 계면활성제(비누)의 알킬기로 되는 지방산을 미리 유상에 용해하고 친수기인 알칼리류(예: KOH, triethanolamine)을 수상에 가하여 혼합하면 오일-물의 계면에서 고급지방산의 알칼리염이 발생되어 이것이 유화제로 작용하여 유화하는 방법이다. 이 방법을 이용하여 유화하는 경우에는 일반적으로 유상에 수상을 서서히 가하는 방법이 많지만 때로는 유상을 수상에 가하는 경우도 있다. 처음에는 유상에 수상을 서서히 가하여 우선 W/O형의 에멀젼을 생성시킨다. 수상의 첨가량이 증가함에 따라 에멀젼은 서서히 점도가 증대된다. 그리고 전상점(轉相点)을 지나면 갑자기 O/W형으로 변하고 점도는 급격히 감소한다. 이점을 지나면 수상의 첨가속도를 빨리 해도 지장은 없다. 상품의 종류나 에멀젼의 형태 또는 유상의 조성에 따라 다르지만 일반적으로는 전상법을 이용하는 쪽이 보다 면이 곱고, 안정성도 좋다. 단 전상시 교반에 주의할 필요는 있다.

② 유화제를 모두 유상에 첨가하여 유화하는 방법(Agent-in-Oil Method)

이 방법은 비이온 계면활성제를 유화제로서 이용하는 경우에 실행하는 방법이며, 친수성의 유화제와 친유성의 유화제 모두 유상에 용해한다. 이 방법도 에멀젼의 형태나 종류에 따라 유상을 수상에 첨가하여 O/W형을 만드는 경우와 역으로 수상을 유상에 가하여 W/O형을 만들기도 하고, 또 전상법(轉相法)에 따라 O/W형으로 되는 경우도 있다. 화장품의 경우이 방법을 이용하는 것이 많다.

③ 유화제를 수상에 가하는 방법(Agent-in-Water Method):

유화제를 모두 수상에 가하여 강하게 교반하면서 유상을 가하는 방법이지만 화장품의 경우에는 이 방법은 거의 사용하지 않는다.

④ 유화제를 유상 및 수상에 첨가하여 유화하는 방법:

이 방법은 사용하는 유화제를 친유성인 것을 유상에 넣고 친수성인 것을 수상에 첨가하여 유화를 하는 방법으로 첨가방법은 앞에 기술한 것과 같이 유상을 수상에 또는 수상을 유상에 첨가하는 경우, 전상법(轉相法)을 이용하는 경우가 있다.

⑤ ①과 ②의 병용법:

이 방법은 유화제로서 비이온 계면활성제와 고급지방산의 알카리염을 병용하여 이용하는 경우에 이용되는 방법이다.

이상의 5가지 방법은 각각의 특징을 갖고 있고 실제로 유화를 하는 경우 어떠한 방법이 최적인가를 제품의 종류, 에멀젼의 형태와 점도(粘度), 유상의 성질 및 첨가제의 성질 등에 따라 신중히 검토해야만 한다. 또 첨가제는 일반적으로 미리 유상 또는 수상에 가한다. 예를 들면 산화방지제나 살균제는 유상에 용해시키고 방부제나 보습제(sorbitol, propylene glycol등)은 수상에 용해시켜 놓는다.

그러나 수렴제(astringent)나 향료는 유화가 끝나고 냉각과정에서 첨가하는 것이 좋다. 또 안료(顔料)의 경우에는 미리 수상 중에 가하는 경우와 때에 따라서는 유화가 완료된 후에 가하는 경우도 있다.

(2) 유화장치

제조하는 에멀젼의 종류 및 형태에 따라 사용해야 할 유화장치를 선택한다. 현재 화장품용 에멀젼의 제조에는 일반적으로 프로펠러 교반기(propeller stirrer)와 호모믹서/호모게나이저(homomixer/homogenizer)를 사용한다. 유화장치에 의한 화장품용 에멀젼에 미치는 영향은 교반 장치의 구조, 교반 속도, 및 교반 탱크의 구조 등이다. 보다 자세한 내용은 제7장 화장품의 제조기술 및 설비에서 설명한다.

(3) 유화온도 및 유화시간

에멀젼의 생성에 미치는 영향으로서 유화온도 및 유화시간이 크게 작용하는 것은 당연하지만 이들의 인자는 생성하는 에멀젼의 형태, 유상의 융점(融点), 사용하는 유화제의 종류 유상 및 수상에서의 용해도 등에 따라 변하기 때문에 이들을 충분히 고려하여 결정해야 한다. 일반적으로 특수한 유화 이외는 대부분 가온하여 실행하는 것이 보통이다. 유상을 가온하면 당연히 액체의 점도가 저하하여 유화하기 쉽게 되지만 수상의 증발, 첨가물의 가수분해 등의 문제가 일어나는 경우도 있다. 또 너무 온도가 높으면 유화제의 종류에 따라서 용해성의 변화가 생겨 반대 형태의 에멀젼으로 전상(轉相)되기도 하고, 불안정화 되는 경우도 있다. 일반적으로는 유상에 함유한 높은 융점의 왁스보다 유상의 온도를 5~10℃ 정도 높게 해야 하고, 혼합할 때 유상과 수상이 같은 온도가 되도록 해야 한다. 따라서 첨가하는 쪽의 온도는 첨가 시에 온도강하를 고려하여 2~3℃ 높게 가온하는 것이 보통이다. 또 유상성분의 융점에 관계없이 계면활성제의 특성에 따라 전상유화(轉相乳化)를 하는 경우는 전상온도에 따라 유화온도도 좌우된다. 유화에 요하는 시간은 유상과 수상의 부피 비에 관계 할 뿐만 아니라 유상과 수상의 점도, 유화제의 종류 및 사용량, 생성 에멀젼의 점도, 유화온도 등에 따라 다르게 된다.

(4) 교반속도

교반속도는 고속이 반드시 좋다고는 할 수 없다. 수상과 유상이 잘 혼합되면 충분하다. 너무 교반속도를 빨리 하여 공기가 혼입되지 않도록 주의해야만 한다. 계면활성제는 오일과 물과의 계면에 정렬할 뿐만 아니라, 공기와 물과의 계면에서도 집합하기 때문에 오일-물의 계면에서 유화제의 농도가 저하되어 안정성에 영향을 주게 된다.

(5) 냉각온도

특수한 경우를 제외하고는 급속냉각은 하지 않는 것이 좋으며, 냉각중 충분한 교반을 지속해야만 한다. 또 냉각중의 교반속도는 생성되는 에멀젼의 점도에 영향을 주기 때문에 충분한 시험을 해둘 필요가 있다. 특히 높은 융점의 왁스류나 지방산의 함유량이 많은 에멀젼의 경우에는 그 영향이 크다.

6.2.4. 에멀젼의 안정성

에멀젼은 열역학적으로 불안정하기 때문에 시간이 경과함에 따라 분산되었던 입자가 크리밍(creaming), 응집(凝集, coagulation, flocculation), 합일(合一, coalescence)이라는 과정을 거쳐 궁극적으로 완전 분리가 일어난다 (그림 6.6).

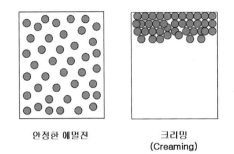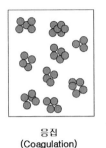

| 안정한 에멀젼 | 크리밍
(Creaming) | 응집
(Coagulation) | 합일
(Coalescence) |

그림 6.6. 에멀젼의 파괴과정

크리밍은 분산된 입자가 연속상과의 비중차이에 의해 상층으로 부유 또는 하층으로 침강하는 운동학적인 현상을 말한다. 이 경우 입자들은 본래의 형태로 유지한다.

Stokes의 식에 의해 구형(球形)의 분산입자(반지름, 밀도)가 연속상(점도, 비중)에서 부유 또는 침전하는 속도를 구할 수 있다(g: 중력가속도).

$$\nu = \frac{2\gamma^2(P_o - \rho)}{9\eta} g$$

크리밍속도를 늦추기 위해서는 Stokes식에서 알 수 있듯이 분산입자의 크기를 작게 하고, 분산상과 연속상의 밀도차이를 작게 하며, 연속상의 점도를 높게 한다. 특히 입자의 크기가 0.1 ㎛이하인 경우는 입자자체의 브라운운동(Brownian motion)에 의해 입자가 안정하다.

응집(凝集, coagulation, flocculation) 또는 회합(會合, aggregation)은 분산입자의 표면의 전기적 성질에 의해 입자가 본래의 형태 변화는 없이 모여 있는 것을 말한다. 이러한 전기적 현상에 의한 응집은 DLVO 이론으로 설명할 수 있다. 즉, 두 개의 입자간의 상호작용의 전체 포텐샬 에너지(total potential energy) V_T 는 인력(attraction; V_A)과 반발력(repulsion; V_R)의 합계이다. 인력은 물질간의 반데르 발스 힘(van der Waals force), 그리고 반발력은 입자의 전기 이중층에 의한 정전기적 반발에 의한 것이다.

$$V_T = V_R + V_A$$

그림 6.7에서 볼 수 있듯이 인력은 항상 - 값이고 반발력은 + 값이다. 따라서 2개의 입자간 거리가 가까워질수록 전체 포텐샬 에너지 V_T 는 V_R 와 V_A의 크기에 따라 작아지거나(1) 또는 증가하여 최고점을(2) 나타낸다.

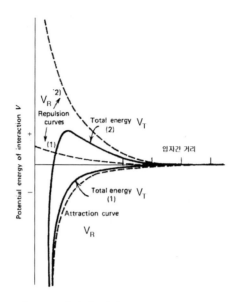

그림 6.7. 입자간 거리에 따른 포텐샬에너지

입자간 반발력이 클 경우는 입자들이 서로 가까워짐에 따라 전체 포텐샬 에너지 V_T 는 증가하여 입자간 거리는 더 이상 가까워지지 않아 입자의 응집이 더 이상 진행되지 않는다. 하지만 반발력이 작은 경우는 전체 포텐샬 에너지 V_T 는 감소하여 입자간 거리가 계속 가까워지면서 입자의 응집이 계속 진행된다.

합일(合一, coalescence)은 응집된 분산입자의 계면막이 파괴되어 입자들이 융합되어 거대 입자화 되는 것을 말하며 계속 진행되면 결국 수상과 유상이 완전히 분리되는 상분리(相分離, phase separation)가 일어난다. 일반적으로 계면막의 강도가 높게 되면 합일을 억제할 수 있다. 또한 큰 입자와 작은 입자가 동시에 존재하는 경우, 작은 입자는 내부압력이 높아 분자확산에 의해 큰 입자에 흡수 소멸되어 결국은 작은 입자는 없어지고 큰 입자는 더욱 커지게 된다. 이러한 현상을 오스트발트 숙성(Ostwald ripening)이라고 한다.

화장품용 에멀젼의 안정성은 다른 공업에서의 에멀젼제품과 비교하여 보다 장기간에 걸친 안정성이 요구되고 있다. 그러나 안정성이라도 화장품용 에멀젼의 경우에서는 에멀젼 자체의 분리 (separation)나 외관상의 분리(creaming) 뿐만이 아니고 수송 중이나 저장 중에서의 점도, 경도 또는 경향의 변화 또 지역에 따른 기후의 변동에 의해 외관, 사용감의 변화 등을 가급적 최소한으로 할 필요가 있다. 화장품용 에멀젼 자체의 상태가 불안정화 되는 요소로서는 ① 사용한 유화제의 종류 및 사용량, ② 에멀젼 자체의 점도(또는 경도), ③ 분산 입자의 크기 및 분포상태, ④ 분산 입자가 띠고 있는 전하(電荷), ⑤ 유상과 수상의 비중차이, ⑥ 연속상의 점도 등의 에멀젼 자체의 문제(내부적 요인)와 ① 수송 중에서의 진동, 교반의 조건, ② 저장중의 영향(계절에 의한 온도의 고저 (高低) 및 직사일광 또는 광 등에 의한 온도의 상승), ③ 사용중의 영향(수분의 증발, 세균 또는 곰팡이 등과 같은 이물의 혼입), ④ 용기에 의한 영향(재질적 영향과 구조 등에 의한 영향) 등과 같은 외부적인 요인이 있다.

화장품용 에멀젼은 장기간에 걸친 안정성이 요구되지만 실제로 신제품을 연구, 개발하는데 있어서 1~2년이라는 장기간에 걸친 안정성을 관찰하려면 신제품으로서의 기회를 잃어버리게 된다. 그러기 위해서는 가혹실험을 실시하여, 안정성을 추정해야만 하는 경우가 자주 있다. 일반적으로 행하는 안정성의 실험으로서는 다음과 같은 방법이 있다.

① 40~50 ℃ 항온조(恒溫槽) 중에서 1~2개월 보관한다.

② 0~5 ℃의 냉장고에서 2~3 개월 보관한다.

③ 40 ℃의 항온조 중에서 5~7일 보관후 0~5 ℃의 냉장고에서 5~7일 보관하며, 그 후에 약 1개월 다시 42~43 ℃에 보관한다.

④ -5 ℃와 40 ℃에서 각 1일씩 보관을 5~6회 반복하여 그 결과를 실온에서 관찰한다.

⑤ 2~50 ℃ 범위에서 온도를 저온에서 고온으로 변화시키는 것을 24시간 주기적으로 반복하여 이것을 3~4주간 계속(예: 4℃ 8시간 → 상온 4시간 → 40 ℃ 8시간 → 상온 4시간)한다.

⑥ 원심분리기를 이용하여 3,500~5,000 rpm의 원심분리를 약 60분간 실시한다.

이상의 실험에서도 안정성의 저하(低下)(특히 에멀젼의 분리)가 보이지 않고 또한 에멀젼 본래의 성질을 잃지 않을 필요가 있다. 특히 안정성 실험에 의해 분리되지 않아도 점도에 큰 변화가 있거나 광택이나 피부에 대한 촉감이 다르게 나타나면 바람직하지 않다고 하겠다.

6.2.5 최근 에멀젼의 제조기술

앞에서 설명한 일반적인 에멀젼과 유화방법 외에도 다양한 에멀젼과 유화방법이 있는 데 이들을 간략하게 소개한다.

(1) 전상유화법(轉相法; Phase Inversion Method)

이 유화방법은 유화제로서 계면활성제를 유상에 용해하고 거기에 서서히 수상을 첨가하면서 교반하여 연속상을 유상으로부터 수상으로 반전시켜 O/W형 에멀젼을 만드는 것으로 전상유화법 또는 agent-in-oil 법으로도 불린다. 이 방법에 의하면 계면활성제를 수상에 용해시킨 경우보다 미세한 에멀젼 입자가 얻어지므로 일반적으로 널리 이용되고 있다. 그러나 실제로 이 방법으로 유화를 하는 경우

① 친유성 계면활성제와 친수성 계면활성제의 종류 및 비율, ② 유화온도, ③ 교반조건, ④수상의 첨가 속도 등 요인에 의해 영향을 받아 재현성이 좋고 안정한 에멀젼을 얻는 것은 쉽지 않다.

(2) 전상온도 유화법(Phase Inversion Temperature Method; PIT Method)

이 방법은 비이온계면활성제의 HLB가 온도에 의해 변화하여 온도가 상승하면 친수성으로부터 친유성으로 변하는 것을 이용한 것이다. 즉, 온도가 상승하면 수소결합이 약해지기 때문에 일정 온도에서 친수성과 친유성이 균형을 이루는 온도를 전상온도(phase inversion temperature)라고 한다. 오일/물계의 계면장력을 측정하면 전상온도에서 유상, 계면활성제상, 수상의 3상 영역으로 되고 계면장력이 최저로 된다. 그래서 이 온도 부근에서 유화를 하게 되면 아주 미세한 에멀젼이 생성된다. 이 방법으로 얻어진 미세한 에멀젼 입자도 전상온도에서 장시간 방치하면 불안정화 되므로 빠른 시간 내에 급격히 냉각시킬 필요가 있다.

(3) D상 유화법(D-Phase Method)

이 방법은 2단계로 만드는데, 제1단계는 물과 다가 알코올(polyol)을 함유한 계면활성제상(D상)에 오일을 섞어주면서 첨가하여 O/D형 겔(gel)상 에멀젼을 형성시킨다. 제2단계로는 이 겔상 에멀젼에 물을 첨가하여 연속상을 계면활성제상으로부터 물로의 변화시켜 O/W형 에멀젼을 만드는 과정을 거친다. D상 유화법의 특징은 미세한 유화입자의 O/W 형 에멀젼을 만드는 것이 가능하고 계면활성제의 HLB값의 범위가 넓다는 것이다.

(4) 아미노산 겔 유화법(Amino acid Gel Method)

아미노산 또는 그 염의 수용액을 화학구조상 일정 조건을 갖는 친유성 계면활성제 중에 혼합시키면 외상이 계면활성제, 내상이 아미노산 또는 그 염의 수용액을 갖는 겔상이 생성된다. 이 겔상을 유상에 분산시키고 거기에 수상을 가하여 유화하면 광범위하게 물을 함유하고 매우 특징적이고 안정한 W/O형 에멀젼이 얻어진다. 이를 "겔 유화법"이라고도 부른다. 이렇게 만들어진 유화물은 외관이 약간 투명하고 사용 시 피부에 밀착감 있게 발리는 장점이 있으나, 끈적임이 남는 등의 단점도 있다. 아이크림 같은 부분용 제품에 이를 적용하면 좋다.

(5) 나노 유화(Nano Emulsion)

미세 에멀젼의 제조기술로는 D상 유화법과 HLB유화법 등이 있어 화장품에 이용되어 왔다. 이들은 계면장력을 낮추는 것으로 간단히 미세한 에멀젼을 제조하는 기술이지만 화장수 같은 저점도 제형에 있어서 크리밍 염려가 없는 수십 나노미터 정도의 미세 에멀젼(나노에멀젼)을 제조하는 것은 어렵다. 나노에멀젼을 제조하기 위해서는 가용화 영역을 이용하는 방법, 고압 호모게나이저를 이용하는 방법, 응축법에 의한 제조 등이 있다.

먼저 가용화 영역을 이용하는 방법은 계면활성제-오일-물 계를 먼저 가용화시켜 이를 실온으로 급냉시켜 입자경이 50 nm 이하의 초미세 에멀젼을 생성시키는 방법이다. 고압 호모게나이저를 이용하는 방법은 부틸렌글리콜 및 글리세린 같은 수용성 용매를 고농도 배합한 수상을 함유한 O/W 에멀젼을 고압 호모게나이저로 유화하는 것에 의해 30 nm 까지도 작은 에멀젼을 제조하는 방법이다. 응축법에 의한 방법은 저분자량의 실리콘 오일이 에탄올에 용해하는 것에 착안하여 계면활성제, 실리콘오일을 알코올에 용해시킨 다음 수상에 고속 주입하는 것에 의해 실리콘오일의 나노에멀젼을 생성시키는 방법이다.

나노 에멀젼의 장점으로는 유화입자가 작아서 피부에 침투가 잘 된다는 점과 화장수 같은 저점성의 투명 제형에 많은 양의 오일을 함유시킬 수 있는 점, 그리고 외관이 투명하고 사용 시 느낌이 특이한 점 등을 들 수 있다. 단점으로는 제조가 다소 복잡하고 번거롭다는 점이다.

(6) 다중 유화(Multiple Emulsion)

다중 에멀젼은 분산상 중에 다른 별도의 상이 분산된 다층구조를 갖는 에멀젼으로 O/W/O형과 W/O/W형이 있다. 다중 에멀젼은 약학에서는 약물전달체로의 응용 및 불안정한 약제의 안정화, 식품업계에서는 whip 크림 및 버터 등의 물성 개선 등에 관한 연구가 진행되고 있다. 불안정한 약제의 안정화 및 피부상의 도포 시 사용감촉의 변화 등이 주목된다.

화장품에의 응용예로서는 O/W 에멀젼을 제조한 후 유기변성 점토광물을 이용한 W/O 유화법을 2차 유화로 이용한 O/W/O 다중 에멀젼에 관한 보고도 있다. 2단계 유화법은 제조가 복잡하나, 내외상의 조성을 비교적 자유롭게 조절할 수 있는 장점이 있다. 실제로 외유상중에 휘발성실리콘 오일, 내유상중에 고형유분을 함유한 O/W/O 에멀젼은 도포 시 처음에는 약간 리치한 감촉이 느껴지나 중간에서는 급격히 가벼워지고 최후에는 촉촉하게 되는 종래의 에멀젼에서 볼 수 없는 특징적인 감촉을 나타낸다.

(7) 액정 유화(Liquid Crystal Emulsion)

계면활성제와 고급알코올과 물의 3성분계로 이루어진 라멜라 액정은 O/W크림에 이용된다. 라멜라 액정은 양호한 사용감촉과 피부에의 수분보급뿐만 아니라 크림의 수상부분으로 network 구조를 형성하여 그것이 항복치(yield value)를 갖는 레올러지(rheology) 특성을 나타내기 때문에 O/W에멀젼의 합일(coalescence)에 대하여 안정성에 기여한다.

(8) 피커링 유화(Pickering Emulsion)

피커링 유화는 유화제 즉 계면활성제 대신에 나노미터 크기의 미세한 무기분체에 의해 안정화된 유화를 말한다. 이는 무기분체의 계면에서의 접촉각에 의해 O/W 또는 W/O 형태의 에멀젼을 얻을 수 있다. 즉, 접촉각이 90 도 보다 작은 경우에는 O/W 에멀젼을, 90 도 보다 큰 경우에는 W/O 에멀젼을 생성하게 된다. 피커링 유화는 무기분체의 접촉각에 의해 안정화된 유화로 계면막이 그다지 강하지 않기 때문에 외부의 물리적 충격이나 약간의 조성변화에 의해 유화파괴가 쉽게 일어날 수 있다. 그러므로 화장품에서 피커링 유화를 이용하면 피부에 도포시 유화파괴에 따른 독특한 사용감촉을 얻을 수 있는 반면 안정화시키기 어려운 단점이 있다.

(9) 인지질(Phospholipid)과 리포좀(Liposome)

인지질은 생체막을 구성하는 주성분이므로 이는 생체친화적 화장품 제조에 있어서많이 응용되고 있는 물질이다. 이는 인산기에 결합된 알킬기의 종류에 따라 Phosphatidyl choline (PC), Phosphatidyl ethanolamine(PE), Phosphatidyl glycerol(PG), Phosphatidyl serine(PS) 등 여러 종류가 있다(그림 6.8). 그림 6.9 에서 볼 수 있듯이 이들은 양친매성 물질로 분자구조상 라멜라 또는 베지클(리포좀)형태의 구조를 잘 형성하기 때문에 생체막의 모델로서 많이 연구되어 왔다.

　리포좀은 극성 및 비극성 물질을 모두 봉입할 수 있고, 다양한 소수성 막을 통과하여 봉
입된 약물을 세포 내로 운반할 수 있기 때문에 생리활성성분 수송체, 즉 약물전달시스템
(DDS)으로서도 많은 응용연구들이 이루어져 왔다. 대표적인 응용 예로는 불안정한 약물의
안정화, 불용성 약물의 용해도 증진, 약물의 타겟 세포로의 전달효율 향상 등을 들 수 있다.
화장품에서 리포좀의 유용성은 소수성(hydrophobic)인 피부에 대해 흡수 및 친화성이 작은
수용성(water-soluble) 유효성분을 인지질로 된 리포좀 내에 포접하는 것으로 피부흡수성 문
제를 개선할 수 있다고 생각된다. 예를 들면 콜라겐, 엘라스틴, 히알루론산과 같은 고분자나
여러 가지 식물 추출물로 대표되는 보습제, 미백제 또는 세포부활 성분 등을 리포좀에 포접
하여 수용성 미용성분이나 약제의 피부 침투성을 높이고 장시간에 걸쳐 유효량의 성분을 계
속 방출하는 controlled release효과가 기대된다.

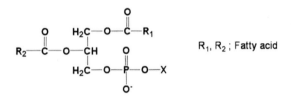

그림 6.8 인지질 구조 및 종류

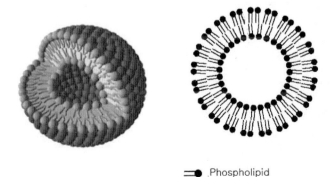

그림 6.9. 리포좀의 구조 모식도

한편, 인지질은 리포좀 제조에 있어서 주로 이용되어 왔지만, 최근에는 유화제로의 이용이 활발하다. 특히 나노에멀젼 같은 미세한 유화입자를 얻기 위해서는 고압유화믹서 등 강력한 에너지를 필요로 하지만 유화제의 선택이 무엇보다 중요한데, 여기에 인지질이 매우 유용하게 이용되고 있다. 인지질은 분자 내에 불포화결합을 가지고 있어 산패가 쉽고 가격이 고가인 단점도 있지만, 최근에는 산패문제를 해결한 수소첨가 레시친이라든지 유사 합성 세라마이드 같은 물질들의 개발되어 응용되고 있기도 하다.

(10) 마이크로에멀젼(Microemulsion)

마이크로에멀젼은 반투명에서 투명성상으로 분산된 입자크기가 10~100 nm정도로서 유상(oil phase)을 다량 함유하면서도 열역학적으로 안정한 에멀젼이다. 육안으로 투명해 보이는 마이크로에멀젼은 틴들현상을 보이며, 입자의 크기가 10 nm이하인 가용화용액은 틴들현상이 보이지 않는다 (표 6.9 참조).

마이크로에멀젼의 구조는 계면활성제 마이셀 내부에 유상을 함유하는 팽윤된 마이셀(swollen micelle)형태, 또는 연속된 계면활성제층을 형성하는 이연속 층(bicontinous layer)형태가 있다. 마이크로 에멀젼은 비이온 계면활성제(예: 폴리옥시에칠렌알킬에테르(poly-oxyethylene akyl ether)) 또는 음이온성 계면활성제(예: 디옥틸설포호박산나트륨(sodium dioctyl sulfosuccinate))를 이용하여 제조하는 데, 이 때 탄소개수가 4~10인 알코올 같은 소수성 양친매성 물질(疏水性 兩親媒性 物質 :hydrophobic amphiphile)인 보조계면활성제(cosurfactant)를 같이 사용하면 보다 투명하고 안정한 마이크로에멀젼을 제조할 수 있다.

마이크로에멀젼은 다량의 오일을 함유할 수 있다는 장점이 있으나 투명한 성상을 위해서는 계면활성제 함량을 높여야 하는 문제가 있다.

6.3. 가용화(Solubilization)

물에 전혀 용해하지 않는 불용성(不溶性) 또는 조금밖에 용해하지 않는 난용성(難溶性)물질이 계면활성제 수용액에서는 용해도가 급격하게 증가하는 현상이 오래 전에 밝혀졌다.

이와 같이 가용화(可溶化, solubilization)는 통상의 용매(溶媒, solvent)에 대하여 녹지 않거나 녹기 어려운 물질을 제 3의 성분인 양친매성(兩親媒性, amphiphile) 물질을 첨가하여 용해시킴으로써 열역학적으로 안정한 투명한 등방성(等方性, isotropic)용액을 만드는 것을 말한다. 용해되는 물질을 피가용화물질(被可溶化物質, solubilizate)라고 하며, 제 3의 물질, 즉 피가용화물질의 용매에서의 용해도를 급격하게 상승시키는 양친매성물질을 가용화제(可溶化劑, solubilizer)라고 한다. 그리고 용매는 대부분 물이지만 물이 아닌 다른 유성성분이 될 수도 있다.

이러한 가용화 현상을 이용한 화장품은 스킨, 에센스, 헤어 토닉과 같이 수용액에 유성성분 (피부유연제, 비타민, 유용성색소 등)을 용해시킨 경우 및 향수와 같이 정유(精油, essential oil)성분을 용해시킨 경우가 대표적이다. 또한 립스틱과 같이 유성성분 베이스에 수용성성분을 첨가하는 경우도 있다.

가용화는 유화 및 분산과 함께 화장품 연구 및 제조에 있어서 계면활성제의 3대 작용의 하나이고, 제조방법의 개선뿐만 아니라 독특한 신제품을 개발하는 기반으로도 되어 있다.

6.3.1. 가용화의 특성

(1) 가용화 현상

계면활성제는 물에 용해하여 마이셀(micelle)을 형성하거나, 유지류(oil)에 용해하여 역마이셀(reverse/inverse micelle)을 형성한다 (그림 6.4).

가용화 현상은 계면활성제의 마이셀이 중요한 역할을 수행하는데 실제로 마이셀을 형성하지 않는 낮은 농도에서는 가용화 현상이 보이지 않고 임계마이셀농도(CMC; critical micelle concentration)이상에서 그 현상이 나타난다 (그림6.2).

물에 불용성 또는 난용성 물질이 계면활성제 수용액상에 용해될 때 피가용화물질의 특성에 따라 계면활성제 마이셀에 용해되는 방식이 다르다 (그림 6.10).

탄화수소와 같이 비극성(非極性, nonpolar)유성성분은 마이셀의 내부에 용해되고 (그림 6.10 (a)), 지방산(fatty acid), 지방알코올(fatty alcohol), 지방산에스터(fatty acid ester)와 같이 분자내에 극성기와 비극성기를 함께 갖는 약간의 극성(極性, polar)유성성분은 마이셀의 내부와 팔리세이드(palisades)층에 걸쳐서 용해된다 (그림6.10 (b)).

즉 지방산의 탄화수소 친유성부분은 마이셀내부에, 지방산의 산부분의 친수성부분은 팔리세이드층에 위치하게 된다. 한편 다가 알코올 같은 친수성그룹을 갖는 극성유성성분은 마이셀 표면에 용해한다 (그림 6.10 (d)).

그리고 폴리옥시에칠렌계 비이온계면활성제의 마이셀 경우는 피가용화물질이 마이셀 외부로 펼쳐 있는 극성 폴리옥시에칠렌그룹의 팔리세이드 층에 용해된다. (그림6.10 (c)).

(a) In the micellar core.   (b) At the core/palisades interface.

(c) In the palisades layer.   (d) On the micelle surface.

그림 6.10. 피 가용화 물질의 위치에 따른 가용화 상태

(2) 가용화를 지배하는 요인

화장품은 원료가 다양하기 때문에 피가용화물질과 가용화제의 물리화학적 특성으로 인해 복합적인 형상을 나타낸다. 여기서 가용화를 지배하는 일반적인 조건은 다음과 같다.

① 가용화제(계면활성제)

계면활성제의 종류, 분자구조와 HLB에 따라 가용화력의 차이가 있다. 계면활성제의 이온 형태가 음이온, 양이온, 비이온, 양쪽성에 따라, 그리고 분자구조에 있어서 알킬기의 길이, 측쇄(側鎖, branched chain)의 유무(有無) 및 길이, 이중결합의 유무 및 개수, 치환기의 유무 및 개수에 따라 생성되는 계면활성제 마이셀의 형태가 다르고 또한 피가용화물질과의 상호 작용이 달라진다. 일반적으로 알킬기의 길이가 길어짐(탄소수가 증가함)에 따라 피가용화 물질의 가용화되는 양이 상승하고 가용화제의 분자 중에 2중 결합을 갖는 것이 양호한 가용화 능력을 나타내는 경우가 많다. 계면활성제가 가용화제로써의 적정한 HLB범위는 10 ~18정 도 이다.

② 피가용화물질

가용화 시키고자 하는 물질의 분자구조와 분자량에 따라 가용화 되는 양이 차이가 난다. 분자구조 측면에서 알킬기의 길이, 알킬기의 탄소수가 같은 경우에는 직쇄(直鎖, straight chain)형태, 측쇄 또는 고리형태와의 차이, 2중 결합의 유무와 그 수, 치환기의 유무 및 그

종류와 수, 극성기의 종류와 그 수, 측쇄의 위치 및 길이가 고려할 요인이다. 일반적으로 분자량이 작을수록 가용화량은 크다(예를 들면 지방산과 지방알코올인 경우에는 탄소수가 짧고, 방향족 화합물인 경우에는 측쇄가 짧은 것 또는 적을수록 좋다). 그리고 저급 탄화수소의 경우는 방향족이 지방족보다 가용화량이 크고, 극성기를 포함한 물질은 극성기를 포함하지 않은 물질보다도 가용화량이 크며, 탄소수가 비록 같더라도 2중 결합을 갖는 것은 없는 것보다 가용화 양이 크다. 그리고 지방알코올 등 극성기를 포함한 물질은 마이셀의 탄화수소 사이에 가용화되고 혼합 마이셀을 형성하여 다른 피가용화물질의 가용화를 보조적으로 촉진하는 것도 있다.

③ 첨가물

전해질의 유무와 그 종류 및 비전해질의 유무와 그 종류는 가용화 현상에 영향을 준다. 전해질인 염류의 첨가는 일반적으로 가용화제의 임계마이셀농도(CMC)를 낮추어 가용화를 촉진시키는 경우가 많다. 극성물질(일가 또는 다가알코올 등)첨가는 일반적으로 가용화량을 증대시킨다. 하지만 전해질 및 비전해질은 그 종류와 첨가량에 의해서 가용화량을 반대로 감소시키는 경우도 있다.

④ 기타 조건

온도, 농도(가용화제, 피가용화물, 첨가물), pH, 시간(가용화 평형에 달하는 시간) 등이 가용화에 영향을 미친다. 온도는 일반적으로 높을수록 가용화양은 크지만 반대의 경우도 있다. 일반적으로 비이온계의 가용화제는 온도가 상승하면 탁해지기 쉽다. 그 탁해지기 시작하는 온도는 가용화제의 HLB와 가용화제에 포함된 피가용화 물질 및 공존하는 첨가제의 종류, 농도 등에 따라 다르다. 이온성의 가용화제를 이용할 때는 반대로 저온에 있어서 가용화 능력이 급격히 감소하는 것도 있다. 같은 가용화제에 대하여 농도의 증가에 따라 가용화양이 일정치에 도달하는 경우와 극대 (極大), 극소 (極小)를 나타내는 경우가 있다.

6.3.2. 가용화제

(1) 가용화제의 종류

화장품에서 가용화에 사용되는 계면활성제는 피부에 대한 자극성이 적은 비이온계의 계면활성제가 주로 이용된다. 표 6.6에서 제시된 비이온 계면활성제가 주로 사용되고 그 외에도 폴리옥시에칠렌 피마자유(polyoxyethylene castor oil), 폴리옥시에칠렌 경화피마자유(polyoxyethylene hydrogenated castor oil), 폴리옥시에칠렌폴리옥시프로필렌 공중합체

(polyoxyethylene polypropylene copolymer), 폴리옥시에칠렌폴리옥시프로필렌 알킬에테르 (polyoxyethylene polypropylene alkyl ether) 등이 사용된다.

(2) 가용화제의 선택

계면활성제를 가용화 제품에 응용하는 경우에는 유화의 경우와 같은 방법으로 상당수 많은 계면활성제 중에서 피가용화물에 적당한 것을 선택할 필요가 있다. 그 선택에서는 다음과 같은 모든 사항을 고려하면 비교적 용이하게 선택이 된다.

① 가용화의 형태

화장품에서 가용화는 유화의 경우와 같이 2가지 타입이 있다. 일반적으로 많이 이용되고 있는 것은 향료와 유성물질을 수상에 투명하게 가용화하는 경우이지만 반대로 수용성 물질(다가 알코올, 산성염료) 등을 유상 중에 투명하게 가용화하는 경우도 있다. 일반적으로 전자는 친수성이 높은 계면활성제를, 후자의 경우에는 친유성이 강한 계면활성제를 이용한다.

② 가용화와 HLB

가용화계에 있어서도 유화계의 경우와 같은 방법으로 HLB System 이용은 가용화제 선택의 기준이 된다. 일반적으로 수용액에 유성성분을 가용화 하기 위한 최적의 HLB값의 범위는 15~18사이이지만, 가용화시키고자 하는 어느 특정 한 개의 유성성분에 대한 적당한 HLB의 범위는 매우 좁다(0.5~1.0). 그러나 화장품의 경우 단지 하나의 유성성분과 물과의 단순한 계는 아니며, 향료도 단순향료가 아니고 거의가 상당한 종류의 단품향료를 혼합한 조합향료이다. 또 수상 중에도 에칠알코올과 다가 알코올을 시작으로 여러 가지 첨가물이 함유되어 있다. 이와 같이 복잡한 가용화계의 경우에는 포함된 성분에 따라 가용화제의 최적 HLB값이 변동되는 것은 당연하다고 생각한다.

③ 가용화제의 구조와 가용화 능력

일반적으로 가용화제의 수용액에 있어서 가용화능력은 그 친유기의 구조에 따라 큰 영향을 받고, 피가용화물의 구조와 유사한 구조를 가질수록 가용화능력이 커진다. 이것은 앞에서 에멀젼의 안정성에서도 서술했지만 가용화에 있어서도 같은 형태인 것이다.

④ 가용화제의 용해도

유성성분, 향료 등을 수상에 가용화하는 경우에는 일반적으로 수상에 투명하게 용해하는 계면활성제를 가용화제로서 사용하는 것은 당연하지만 알코올과 물을 유상에 가용화시키는 경우는 반드시 가용화제가 유상에 투명하게 용해되지 않아도, 물과 다가알코올을 서서히 가함에 따라 투명한 가용화계를 만드는 경우도 있다.

⑤ 가용화제의 사용량

이론적으로 말하면 형성된 마이셀이 피가용화물을 완전히 포함하는데 충분한 계면활성제의 양이지만, 실제로 화장품에 가용화를 응용하는 경우에는 피가용화물질에 대한 가용화제의 비율로 나타내고 있다. 예를 들면 화장수 등에 향료를 가용화하는 경우에는 피가용화 물질(향료)과 가용화제와의 양의 비는 사용하는 향료 및 가용화제의 종류에 따라 다르지만 최고의 경우 1:5~6, 보통 1:2~3의 비율이 이용되고 있다. 일반적으로는 피가용화 물질을 가용화 하는데 필요한 양보다도 약간 많이 사용하는 경우가 보통이다. 그러나 가용화제로서 이용되는 경우라고 해도 계면활성제의 양을 필요 이상으로 지나치게 많이 이용하면 그 자체가 피부에 대하여 자극을 주지 않더라도 피가용화물질의 자극을 도와주는 결과가 되기도 하며, 상품적 가치를 부여할 수 없다. 가용화제를 선택할 때는 충분히 시험을 거쳐 적절히 선택되어야만 한다.

6.3.3. 가용화의 방법

피가용화 물질(유지류, 지방알코올, 향료, 염료, 다가 알코올, 물 등)을 수상(水相) 또는 유상(油相)에 가용화 하는 경우에는 다음의 2가지 방법이 있다.

① 가용화제와 피가용화 물질을 미리 혼합하여 놓고 거기에 서서히 수상(또는 유상)을 가하여 희석하는 방법.

② 가용화제를 수상(또는 유상)에 미리 용해시켜 놓고, 거기에 피가용화물질을 가하는 방법.

일반적으로 전자의 경우가 후자의 방법에 비해 가용화 능력은 좋고 가용화제의 양도 적게 하여 달성될 수 있다. 그러나 비수계(非水系)에 있어서 가용화는 후자가 양호한 경우가 많다.

6.3.4. 가용화의 안정성

화장품용 가용화제품은 화장품용 에멀젼제품과 같이 장기간의 안정성이 요구되고 있다. 가용화는 기본적으로 계면활성제에 의해 열역학적으로 안정한 투명한 등방성용액을 만드는 것이다. 하지만 열역학적으로 안정한 경우라도 온도 등의 변화에 의해 불안정해 질 수 있다. 특히 가용화제로써 폴리옥시에칠렌계의 비이온 계면활성제를 사용한 수용액제품에는 온도의 변화에 민감할 수 있다. 폴리옥시에칠렌계의 비이온 계면활성제는 온도가 상승하면 친수성에서 친유성으로 변하기 때문에 즉 HLB값이 낮아지게 되어 가용화 능력이 하강한다. 그리고 피가용화물질의 경우도 온도가 상승 또는 하강하게 되면 역시 계면활성제 마이셀에 용해되는 양이 변할 수 있다.

화장품용 가용화제품의 안정성실험은 에멀젼제품의 경우와 동일하게 가혹실험을 실시한다 (6.2.4. 에멀젼의 안정성 참조).

6.4. 분 산(Dispersion)

분산(分散, dispersion)이라는 현상도 유화 및 가용화와 함께 화장품 연구 또는 제조에서 계면활성제의 3대 작용의 하나로서 중요한 것 이지만 화장품이라는 상품적인 특수성으로 보아도 기능적으로 중요한 문제이다. 일반적으로 분산계라는 것은 기체, 액체, 고체 등의 하나의 상(相)에 다른 상이 미세한 상태로 분산되고 있는 것을 말하지만 화장품의 경우에는 거의 모든 제품이 일종의 분산계의 상태라고 생각할 수가 있다. 그러나 여기에서는 크림이나 로션 같은 액체-액체 분산계(에멀젼)에 대한 것은 아니고 고체-액체 분산계인 현탁(懸濁, suspension)에 대해 서술하고자 한다.

화장품 분야에서 고체-액체 분산계로서는 립스틱(lipstick)이나 파운데이션(foundation)을 비롯하여 아이섀도(eye shadow), 네일락카(nail lacquer), 아이라이너(eye liner)등과 같은 색조(色調, make-up) 화장품이 거의가 여기에 속하며, 특수한 것으로서는 파운데이션 로션 같이 고체-액체-액체분산계도 존재한다. 이들은 모두 피부 또는 손톱에 색채를 하고 미화하는 것을 목적으로 하여 사용되는 것이며 그러기 위해서 고체로서는 안료(顔料)가 이용되고 있다. 이들 분산계에 대해서는 화장품이라는 상품적인 특수성 때문에 다음과 같은 여러 가지의 기능이 각각 요구되고 있다.

- 목적으로 하는 색채(色彩), 즉 색조(色調), 명도(明度), 채도(彩度)가 항상 얻어지는 것
- 우수한 피복력(被覆力, 커버효과)을 갖고 동시에 피부에서 양호한 퍼짐성을 나타내는 것
- 양호한 부착성(付着性)을 갖고 땀이나 비, 기타 영향에 의해 화장이 지워지지 않는 것
- 피부에 대해 사용감이 소프트(soft)하고 이물감(異物感)을 주지 않는 것
- 분산상태의 안정성이 양호하며, 경시변화가 적고, 상품적 기능이 저하되지 않는 것
- 피부에서 생리적 기능을 저해시키지 않고 매일 사용해도 피부에 해를 주지 않는 것

6.4.1. 분산의 특성

(1) 분산의 형태

고체-액체 분산계에서 미세한 고체입자가 액체에 분산되어 있는 경우, 분산되어 있는 미세한 고체입자를 분산질(分散質, dispersoid)이라고 하고 그 미세한 입자를 둘러싸고 있는 액체부분을 분산매(分散媒, dispersion medium)라고 한다. 분산질이 분산매에 안정하게 분산되기 위해서 사용되는 제 3의 물질을 분산제(分散劑, dispersant, dispersing agent)라고 한다. 고체 분산입자의 크기가 콜로이드 크기(1 ~ 500 nm)인 경우를 졸(sol), 그리고 큰 경우를 현탁액(懸濁液, suspension)이라고 한다.

(2) 분산을 지배하는 요인

색조화장품에서는 색채를 줄 목적으로 하여 유기안료 및 무기안료가 여러 종류에 걸쳐서 그것도 다량으로 이용되고 있다. 이들의 안료는 각각의 목적에 따라 여러 가지의 분산매 중에서 볼 밀(ball mill), 콜로이드 밀(colloid mill), 롤러 밀(roller mill) 또는 프로펠러식 교반기 등의 기계적인 힘에 의해 혼합, 분쇄, 분산, 색조합 등이 실행되고 있다. 이 경우 이들의 안료를 각각 분산매 중에 쉽게 또는 균일한 상태로 분산시킬 수 있는 가의 여부는 제조상의 문제만이 아니고, 상품가치상에서도 중요한 문제로 되어 있다. 또 고체-액체 분산계는 열역학적으로 불안정하기 때문에 비록 제조직후에 안료가 균일하게 분산되어 있어도 장기간에 걸친 경시변화가 일어나 침전이 일어나기도 하고, 응집을 일으켜 얼룩이 생겨 상품가치를 손상시키는 경우도 자주 있다. 이들 안료의 분산상태가 색조 화장품의 상품적 가치에 어느 정도 영향을 미치는가는 다음과 같은 항목을 열거할 수가 있다.

① 제품의 제조직후에서 광택의 차이와 경시변화에 의한 광택의 감소
② 제품의 점도
③ 경시변화에 의한 침전, 응집 또는 크리밍 등에 의한 상품적 가치의 저하
④ 경시변화에 의해 사용시 퍼짐성, 은폐력, 색조, 명도, 채도, 착색력, 색얼룩, 화장 지속성 등의 변화

이상과 같이 상품적 가치에 영향을 주는 안료의 분산 상태는 여러 가지 요인에 의해 좌우된다. 안료의 분산에서 일반적인 요인을 크게 구별하면, ① 분산질(안료), ② 분산매, ③ 분산

제, ④ 분산방법 등으로 나눌 수 있으며 이들에 대해서는 다음에 좀더 자세하게 설명한다.

6.4.2. 분산질

(1) 분산질의 종류

분산계를 취급하는 경우에 있어서는 우선 그 분산질(dispersoid)인 안료에 대해 미리 잘 알고 있어야 된다. 화장품에 이용되는 안료는 그 사용목적에 따라 다음과 같이 크게 나눌 수 있다.

① 체질안료(體質顔料) ; 탈크(talc, 활석), 카오린(kaolin, 고령토), 이산화티탄, 산화아연, 탄산칼슘, 탄산마그네슘, 무수규산(silica) 등이며, 사용목적에 따라 각각 피복성, 부착성, 퍼짐성, 지속성 등이 요구되어 상품의 종류, 제형, 분산매 등에 따라 적당하게 선택, 배합되어 이용되고 있다. 체질안료는 일반적으로 무기의 산화물 또는 염류가 대부분이고 빛이나 열에 대한 안정성이 우수하나 물과의 접촉각이 일반적으로 작아 피부에서 부착력의 경우 소량의 땀이나 비에 의해 잘 적셔져 화장이 잘 지워지는 원인이 되고 있다. 또 제조면에서도 물을 사용하지 않는 분산매에서는 적시기가 어려워 표면처리의 문제는 화장품의 기술상 중요한 과제 중 하나로 되어 있다.
② 착색안료(着色顔料) ; 산화철(iron oxide), 카본 블랙(carbon black), 군청(ultra marine) 등과 같은 무기안료와 타르(tar)계의 색소인 유기안료가 이용되고 있지만 타르계의 안료는 사용허가가 되어 있는 법정색소 이외는 이용할 수가 없다.
③ 휘광성안료(輝光性顔料, pearl pigment) ; 물고기비늘(魚鱗箔, guanin이 주성분)이나 옥시염화비스무스(BiOCl), 운모티탄(titanated mica), 운모(mica) 또는 기타 금속가루같이 진주(pearl) 또는 은색 형태의 광택을 부여시켜 립스틱, 아이섀도, 네일락카 등에 많이 이용되고 있다.

이상의 안료 외에도 색조화장품의 퍼짐성 등의 기능 향상을 목적으로 구형(球形)의 고분자 분체(폴리에칠렌, 폴리메칠메타아크릴레이트, 나일론)가 분산질로 사용 된다. 이 경우 일반 무기계 안료와 달리 분산매 및 분산제에 의해 팽윤 등의 현상이 발생할 수 있다.

(2) 분산질의 형상

분산입자의 형상에는 여러 가지가 있으며 (표 6.12), 그 형태에 따라서는 분산성에 영향을 주는 경우가 있다. 입자의 형상은 분산매에 대한 적시는 현상(wetting)과 깊은 관계를 갖고 예를 들면 카본블랙같이 작은 구멍을 갖는 안료는 분산매로 입자의 모든 표면에 적시는 것이 곤란하여 분산이 어렵다.

표 6.12. 화장품 분체의 형상

분 체	형 상
카오린	육각 판상
탈크	무정형
카본블랙	구상 또는 타원형
이산화티탄	육면체
산화아연	봉상
탄산칼슘	육면체 또는 방추체

(3) 분산질의 입도

일반적으로 색조화장품에 이용되고 있는 분체 입자의 크기는 표 6.13과 같다. 색조화장품 같이 피복력, 퍼짐성, 부착성, 색채효과 및 사용시에서 감촉 등이 문제가 되는 제품에서는 분산된 안료입자가 가급적 미세한 것이 바람직하다. 또 입자의 크기는 분산계의 안정성에도 영향을 주어 상품의 경시변화에 미치는 영향도 크다.

표 6.13. 화장품용 분체의 입도

분 체	입도(μm)
탈크	5 ~ 150
카오린	1 ~ 25
침강성 탄산칼슘	⟨1 ~ 10
탄산마그네슘	⟨1 ~ 5
산화아연	0.25 ~ 5
이산화티탄	0.1 ~ 0.5
금속비누	1 ~ 50
산화철안료(천연)	5 ~ 25
산화철안료(합성)	2 ~ 25
유기안료(Toner 및 Lake)	⟨1 - 10

색조화장품에 실제로 사용하고 있는 안료의 입자는 한번 미세화된 1차 입자가 다시 서로 응집하여 존재하는데, 이를 2차 입자라고 하며 또는 그 이상의 고차입자를 형성하는 경우도 있다. 분산에 있어서 이러한 2차 또는 그 이상의 고차입자를 원래 상태인 1차 입자 상태로 되돌리는 것이 바람직하며 만일 충분하게 1차입자의 상태로 되지 않으면 분산계에서 안정성이 나쁠 뿐만 아니라 상품가치로서의 광택이나 색채효과도 충분히 발휘되기 어렵다. 입자의 크기와 분산계에서 입자의 침강속도에 대해 생각해 보자. 예를 들면 안료의 입자를 작은 구(球)로 보면 Stokes의 법칙이 해당될 수 있다 (6.2.4 에멀젼의 안정성 참조). 안료입자의 침강속도는 입자크기의 함수로써 입자크기가 클수록 입자의 침강 속도가 증가한다.

(4) 분산질 표면의 성질

일반적으로 분체 입자의 성질은 그 안료 특유의 성질을 갖고 있어 분산계를 다루는 경우에 미리 사용하는 안료 각각의 성질을 충분히 검사하고 파악해 둘 필요가 있다. 화장품용 안료에는 앞에 서술한 것 같이 무기계 및 유기계가 있으며 각각의 종류 또는 입자의 형상 등에 따라 물에 적시기 쉬운 것과 또 역으로 유성성분에 적시기 쉬운 것이 있는 것은 잘 알려져 있다. 일반적으로 무기안료는 물에 적시기 쉬우며 유성성분에는 적시기 어려우며 이에 반해 유기안료는 유성성분에 적시기 쉽고 물에 적시기 어려운 성질을 갖고 있다.

분산매에 적시기 어려운 분체는 그 분산매의 표면에 부상하여 분산매가 분체중에 습윤되기 어려워 분산시키는 것이 상당히 곤란하다. 따라서 사용하는 분체가 어떠한 분산매에 적시기 쉬운가 어떤가를 미리 알아놓는 것은 안료의 분산기술상 중요한 것이다. 예를 들면 색조화장품 중에서도 O/W형의 에멀젼을 분산매로 하고 있는 제품의 경우에는 물에 적시기 쉬운 안료(예: 무기안료)을 사용하는 것이 바람직하며 이에 반하여 립스틱이나 아이섀도 등과 같이 유지나 왁스류의 혼합물을 분산매로 하고 있는 경우에는 유성성분에 적시기 쉬운 안료(예: 유기안료)을 이용하는 것이 필요하다. 이 분산매에 대해 적시기 쉬운 성질을 친매성(親媒性; lyophilicity)이라 하고 앞에 서술한 무기안료와 같이 물에 적시기 쉬운 것을 친수성(親水性; hydrophilicity), 유기안료와 같이 유성성분에 적시기 쉬운 것을 친유성(親油性; lipophilicity) 또는 소수성(疏水性; hydrophobicity)이라 한다. 그러나 이들도 안료의 표면에서의 성질을 비교하면 같은 유기안료라도 친유성의 정도가 다르며 또 무기안료에서도 친유성에 가까운 성질을 갖고 있는 것도 있다.

최근에는 분산안료의 퍼짐성, 은폐력, 색조, 명도, 채도, 착색력, 화장 지속성 등을 향상시키기 위해 분산안료의 입자크기를 보다 작게 그리고 균일하게 할 뿐만 아니라, 분산안료의 표면을 다른 물질로 표면처리하는 경우가 많다. 이 경우에는 분체안료 본래의 표면특성과 차이가 있으므로 이점을 고려해야 한다.

(5) 분산질의 전하(電荷)

안료의 입자는 일반적으로 분산매 중에서 표면에 전하(electric charge)를 갖는 것으로 잘 알려져 있다. 이 전하의 원인은 안료입자 자체의 대전(帶電)과 다른 물질의 안료입자 표면의 흡착에 의한 대전으로 생각될 수 있다. 안료가 물속에 분산된 경우에는 안료 표면의 일부 용해에 의해 생긴 이온(ion)을 흡착함에 따라 전하를 갖게 된다. 즉 물과 접촉하고 있는 안료입자의 표면에는 (+)이든가 (-)의 전하가 생긴다.

이러한 안료입자의 전하의 종류나 세기의 비율은 수계(水系)에 있어서 안료의 분산에 중요한 인자로 되어 있다. 즉 각각 전하를 갖는 안료입자간의 반발에 따라 서로 응집이 방해되어 분산계를 안정화 할 수 있어 수계의 분산매에서 안료의 분산에서는 입자표면의 하전효과를 충분히 이용하면 좋다.

6.4.3. 분산매

(1) 분산매의 표면장력

색조화장품에 있어서 분산입자들이 분산매(dispersion medium)에 균일하게 분산되기 위해서는 분산입자표면이 분산매로 완전히 적셔져야 한다. 분산계에 있어서 분산입자의 분산성이 분산매의 성질에 따라 영향을 받는 것은 앞에서도 설명했다. 분산입자와 분산매 간에 습윤(wetting)에 대한 문제는 일반적으로 말하는 고체-액체 경우의 습윤이다. 그림 6.11에서와 같이 액체방울이 고체표면에 퍼지면서(spreading) 고체표면을 적시는 현상을 습윤(wetting)이라고 하고, 이때 액체가 고체 표면에 접촉하는 끝부분의 각도를 접촉각(contact angle)이라고 한다.

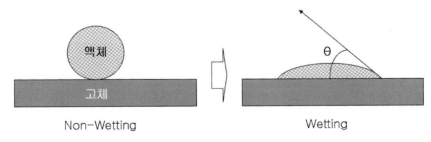

그림 6.11. 습윤 (Wetting) 현상

습윤현상을 액체의 표면장력(γ_l)과 고체의 표면장력(γ_s)만 고려하면 다음과 같은 관계가 있다.

고체표면장력(임계표면장력) 〉 액체표면장력 → Wetting
고체표면장력(임계표면장력) 〈 액체표면장력 → Non-wetting

따라서 분산매의 표면장력은 분산입자의 표면장력보다 낮아야 분산입자에 분산매가 충분하게 적셔진다.

보다 자세한 습윤현상은 액체의 표면장력(γ_l), 고체의 표면장력(γ_s), 그리고 고체/액체 계면장력(γ_{sl})에 의해 결정된다. 고체/액체 계면장력을 고려한 습윤현상은 Young Equation 으로 설명할 수 있다 (그림 6.12).

$$\gamma_s = \gamma_{sl} + \gamma_l \cos \theta \quad \Rightarrow \quad \gamma_{sl} = \gamma_s - \gamma_l \cos \theta$$

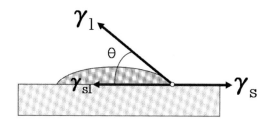

그림 6.12. Wetting 과 Young Equation

Non-wetting의 경우는 $\theta = 180$, 따라서 $\cos \theta = -1$ 이 되므로 $\gamma_s = \gamma_{sl} - \gamma_l \Rightarrow$ $\gamma_{sl} = \gamma_s + \gamma_l$ 의 관계가 성립한다. 완전한 습윤의 경우는, $\theta = 0$, 따라서 $\cos \theta = 1$이 되므로 $\gamma_s = \gamma_{sl} + \gamma_l \quad \Rightarrow \quad \gamma_{sl} = \gamma_s - \gamma_l$ 의 관계가 성립한다.

(2) 분산매의 극성

분산계에서 안정성은 분산입자와 분산매 각각의 극성(極性, polarity) 균형에 의해 영향을 받는 것은 분명하다. 분산입자에 대한 분산매 극성의 차이가 크면, 고체-액체간에 계면장력이 크게 되고, 분산매가 분산입자의 표면에 적셔지기 어렵게 되어, 분산계는 불안정하게 된다. 반대로 극성의 차이가 작게 되면 계면장력은 작게 되고, 분산매가 분산입자의 표면에 적셔지기 쉬워져 분산계는 안정화된다. 따라서 분산매와 분산입자가 같은 극성끼리 또는 같은 비극성끼리로 되는 경우에 계면장력은 영보다 적거나 또는 영(≤ 0 또는 ≒ 0)이 되어 그 분산계는 안정하지만 분산매가 극성이고 분산입자가 비극성인 경우 또는 그 반대인 경우에는 계면장력은 영보다 크게(0 〈) 되어 불안정화 된다.

(3) 분산매의 용해도 지수

용매(溶媒, solvent)의 용해도 지수(solubility parameter)가 용질(溶質; solute)의 용해만이 아니고 안료의 분산에도 관계를 갖고 있는 것이 보고되고 있다. 즉 안료의 입자를 용해도 지수 (δ)가 다른 여러 종의 용매 중에 넣어 분산시켰을 때에 용매의 응집력이 안료입자 간에 균형을 취하게 되면 입자의 분산상태가 잘 되었다고 할 수 있다. 또 어떤 특정의 용해도 지수에서 비교적 양호한 분산상태를 얻을 수 있는 경우도 있다고 한다. 네일락카와 같이 분산매가 유기용매를 주체로 하는 제품에 대해서는 용해도 지수를 적용할 수 있다.

6.4.4. 분산제

(1) 분산제의 종류

분산제(dispersing agent)라 해도 우리가 화장품에 응용하고 있는 것은 그 범위가 대단히 넓다. 광의의 분산제라면 다음과 같이 설명할 수 있다.

① 분체의 표면에 흡착함에 따라 분체 그 자체의 표면 성질을 변화시켜 분산계를 안정화 시킨다. 이것은 일반적인 계면활성제가 이용되고 있다(협의의 분산제).
② 분체표면에 흡착함에 따라 입자에 전하를 주고, 그 반발작용에 의해 2차 또는 그 이상의 고차입자를 일차입자로 만들어 침강속도를 늦춘다. 여기에 일반적으로 수용성인 인산염류나 규산염류 등이 이용되고 있다(분산조제).
③ 분산계에서 분산매의 점도를 높임에 따라 분산입자의 침강속도를 늦춘다(증점제).
④ 분산입자에 흡착함에 따라 표면에 용매화층을 형성시키고 분산계를 안정화 시킨다(보호 colloid 안정제).

화장품에서 분산제로 이용되고 있는 계면활성제는 종류도 많고 사용목적, 분체종류, 분산매의 성질, 제품형태(제형)등에 따라 여러 가지로 나눌 수 있다. 그러나 여기서는 자세한 분류, 용법에 대해서는 생략하고 크게 친수성 안료를 이용하는 경우와 친유성 안료를 이용하는 경우로 나누어 설명하겠다.

① 친수성 안료를 이용한 경우

화장품에서 일반적으로 넓게 이용하고 있는 친수성 안료는 이산화티탄, 카오린 등과 같은 체질 안료와 착색안료가 있지만 이들은 모두 무기안료이다. 이들을 그대로 유성 분산매 중에 첨가하면 분산매에 적시기가 어렵고, 제조상 문제가 발생되기 쉽다. 비록 강제적인 기계력을 이용하여 분산한다 해도 상품가치상 바람직한 결과가 나오지 않는 경우가 많다. 이와 같은 친수성 안료를 유성의 분산매 중에 이용하는 경우 미리 안료의 입자 표면을 친유성화 할 필요가 있다. 이러한 목적으로 이용되는 계면활성제로서는 알킬아민, 지방산 및 알킬황산에스터의 금속염, 솔비탄 지방산에스터, 라놀린 유도체, 레시친 등이 일반적으로 이용되고 있다.

② 친유성 안료를 이용하는 경우

화장품에서 이용하고 있는 친유성 안료는 유기안료이지만 이들은 레이크(lake: 수용성 유기색소를 알루미나에 흡착시킨 것), 토너(toner: 유기바륨 이나 칼슘염 형태)가 있다. 이들은 일반적으로 립스틱을 비롯해 아이섀도 등과 같은 비수계(非水系) 분산매에 이용하는 경우가 많다. 그러나 비수계 분산매라 해도 레이크와 토너는 분산상태가 다르고, 또 안료화 하는 경우 금속염(바륨, 칼슘 등)에 의해서도 습윤성에 차가 있어서 제품의 광택을 저하시키기도 하고 경시변화에 따라 상품가치를 저하시키는 것이 자주 있다. 또 특수한 예로서 아이라이너, 마스카라 등과 같이 수계(水系) 분산매 중에서 이용하는 경우도 있다. 이와 같이 친유성의 안료입자를 보다 활성화 시키고 또 친수성화함에 따라 습윤성 또는 분산상을 향상 시키는데 이용되는 계면활성제로서는 솔비탄 지방산에스터, 레시친, 알킬아민, 라놀린 유도체, 금속비누, 알킬황산에스터 금속염, 폴리옥시에칠렌 알킬에테르, 폴리에칠렌글리콜 지방산에스터 등이 있다.

(2) 분산제의 선택

분산제의 선택에서는 분산계 그 자체가 유화계 또는 가용화계에 비해 상당히 불안정한 계이므로 분산제의 선택은 될 수 있는 한 여러 개의 계면활성제를 실제로 응용하여 최상의 것을 골라야만 한다. 색조화장품에서 분산제의 선택에 있어서 일반적으로 말할 수 있는 것은

① 대상으로 하는 분산계에서 분산매가 수계(水系)인가 비수계(非水系)인가, 분산질이 유기안료를 이용하는가, 무기안료를 이용하는 가에 따라 선택방법이 다르다.

② 다음에는 목적으로 하는 제품에 안료를 분산하는 수단으로서 계면전기현상을 응용할 수 있는가, 계면 흡착막을 이용할 수 있는가를 확인하여 어떠한 것이 적합한가를

판단해야만 한다.

③ 분산질로서 유기안료를 이용한 경우에는 안료 용출(bleeding) 또는 변색을 촉진시키는 계면활성제인가 어떤가를 미리 검토할 필요가 있다

Griffin에 의해 제창된 계면활성제의 HLB System을 분산계에 응용할 수 있다. 수계에서 탄산칼슘에 대한 비이온계면활성제의 분산능력을 보면 HLB값이 9~14 정도가 우수한 분산능력을 가졌으며, 15 이상인 것은 분산능력이 없다. 또한 수계 및 비수계의 분산매 중에서 유기 및 무기안료 분산에 대한 적정 HLB값을 검토한 결과, 모든 안료는 소요 HLB값을 가지고 그에 따른 HLB값에서 양호한 착색력을 발휘한다. 화장품용으로 이용되고 있는 안료의 소요 HLB값으로는 적색221호(toluidine red)는 8~10, 청색 404호(phtalocyamine blue)는 14~16, 이산화티탄은 17~20, 카본블랙은 10~12, 황색산화철은 약 20이다.

6.4.5. 분산의 방법

안료를 분산제를 이용하여 분산매 중에 잘 분산시키기 위해서는 각종 형태의 혼합기, 롤 밀(roll mill), 볼 밀(ball mill) 또는 콜로이드 밀(colloid mill) 등을 이용하지만 여기서는 기계적인 문제에 대해서는 생략한다. 색조화장품 제조에서 일반적으로 분산제를 이용하여 안료를 분산매 중에 분산시키는 수단으로서는 다음 방법이 이용되고 있다.

① 제조시에 안료, 분산매, 분산제의 3성분을 동시에 혼합하여 섞는 방법
② 분산매 중에 미리 분산제를 용해 또는 분산시켜 놓고 나중에 안료를 가하여 섞는 방법
③ 안료는 분산매 중 첨가하여 섞어 놓은 후 분산제를 가하여 다시 잘 섞는 방법
④ 미리 사용하는 안료의 입자 표면을 분산제로 코팅 (coating)시켜 놓고 제조시에 분산매 중에서 섞는 방법

이들 방법은 각각 특징이 있고 제조하는 제품의 종류, 제형 또는 안료 및 분산제의 종류에 따라 어떠한 방법이 유리한가는 개개의 경우에 대해 검토하여 선택할 필요가 있다. 그러나 어느 경우에서도 기계력을 이용하여 분산효율을 높여야만 하기 때문에 사용하는 기계효율을 생각하여 목적에 맞는 분산방법을 선택하여 조색성과 작업성이 좋은 방법을 선택해야만 한다.

6.4.6. 분산의 안정성

화장품용 분산제품은 열역학적으로 불안정하고 분산매와 분산입자 간 비중의 차이가 큰 경우가 많기 때문에 분산입자의 응집 및 침강이 가장 중요한 문제이다. 물론 계면활성제 및 분산보조제에 의한 분산효과뿐만 아니라 분산매의 점도 상승을 통해 안정성을 향상시키고 있다.

분산제품인 색조화장품은 제형이 다양하기 때문에 제형의 특성에 맞게 다양한 실험조건하에서 안정성 실험이 요구되고 있다 (6.2.4 에멀젼의 안정성 참조). 가혹조건에서 실험된 제품을 육안 및 현미경으로 관찰하여 분산 상태의 변화유무를 확인하는 것도 중요하지만 사용시 퍼짐성, 은폐력, 색상표현력 등 상품적 가치 측면에서도 점검해야 한다.

참고문헌

1. Encyclopedia of Emulsion Technology, Paul Becher (Editor), Marcel Dekker, 1983

2. Principles of Colloid and Surface Chemistry, 3rd edition, Paul C. Hiemenz and Raj Rajagopalan, Marcel Dekker, 1997

3. Surfactant Science and Technology, 3rd edition, Drew Myers, Wiley-Interscience, 2006

4. Surfaces, Interfaces, and Colloids, 2nd edition, Drew Myers, Wiley-VCH, 1999

5. Surfactants and Interfacial Phenomena, 3rd edition, Milton J. Rosen, Wiley-Interscience, 2004

6. The Chemistry and Manufacture of Cosmetics, 3rd edtion, Mitchell L. Schlossman (Editor), 2000

7. Handbook of Cosmetic Science and Technology, 1st edition, John Knowlton and Steven Pearce, Elsevier, 1993

8. Surfactant in Cosmetics, 1st edition, Martin M. Rieger (Editor), Marcel Dekker, 1985

9. Surfactant in Cosmetics, 2nd edition,, Martin M. Rieger and Linda D. Rhein(Editor), Marcel Dekker, 1997

10. Surfactants A Comprehensive Guide, 1st edition, Kao, 1983

11. 新化粧品學, 光井武夫, 南山堂, 2001

12. 香粧品科學 理論と實際, 第3版, 田村健夫, 廣田 博, フレグラスジャ-ナル 社, 1990

13. 化粧品ハントブック, 日光ケミカルズ株式會社, 1996

14. コロイド化學の進步と實際, 日光ケミカルズ株式會社, 1987

15. 化粧品のための油脂・界面活性劑, 廣田 博, 辛書房, 1970

제 7 장

화장품의 제조 기술 및 설비

제7장 화장품의 제조 기술 및 설비

화장품 과학은 "blend 과학"이라고 할 만큼 혼합 기술이 아주 중요하다. 화장품 품질은 처방 설계 단계에서 대부분 결정되지만 제조 단계에서는

- 항상 일정한 품질을 만든다.
- 미생물 오염 방지 및 위생적 제조 관리를 한다.
- 생산 효율을 높이고 비용 절감을 한다.

등이 제조 기술상 중요한 과제이다.

특히 화장품은 다품종(多品種) 소량(少量) 생산이 많아 로트(lot) 수가 많은 품목이기 때문에 로트마다 품질의 편차, 계절에 따른 품질 이상 등은 주의 해야만 한다. 기초화장품은 일회(一回) 제조량이 수백 킬로그램(kg) 내지는 수 톤(ton)이 되지만 메이컵 제품과 같이 수 킬로그램부터 수십 킬로그램도 있어 제조 설비 및 제조상의 품질 관리도 각각 제조 품목의 종류와 제조량에 따라 제조 설비가 결정되어야 한다.

7.1. 유화 제품의 제조

7.1.1. 크림, 로션 등 유화 제품의 제조

크림이나 로션과 같이 비이온(non-ion) 계면활성제 또는 비이온계면활성제와 지방산 비누를 같이 사용하여 유화를 하는 경우 유화 온도는 75℃ 전후(前後)로 실시한다. 일반적으로 유화 전의 예비 믹서(pre-mixer)는 그림 7.1과 같은 디스크 타입(disk type)의 믹서와 수상 및 유상의 프로펠러믹서(propeller mixer)를 이용하고 유화를 실시하는 메인(main mixer)는 고속 호모믹서(homo mixer)를 이용한다. 고속 호모믹서는 유화 입자를 미세하게 하며 내용물 외관도 양호하고 유화물이 안정화된다. 고속 호모믹서는 그림 7.2와 같이 고정되어 있는 고정자(stator)

와 내부가 회전하는 운동자(rotor, 또는 turbin)로 이루어져 있으며 고정자와 운동자 사이의 간격(clearance)은 약 0.5 mm 정도이며 유화물이 이곳을 통과하면서 입자가 작아진다.

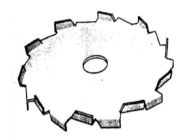

그림 7.1. Disk Type Gum Mixer

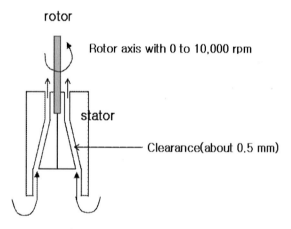

그림 7.2. 고속 호모믹서(Homo mixer)

7.1.2. 유화형 파운데이션 제품의 제조

유화형 파운데이션, 아이라이너, 크림 형태 마스카라 등 제조 방법으로서 안료(顔料)를 포함한 유화 제품으로서 수상(水相)에 안료를 분산시키기 때문에 수상을 교반하면서 유상(油相)을 첨가하는 것이 일반적이다. 단 안료를 수상에 분산시키기 위해서는 디스퍼믹서(disper mixer) 형태의 교반기를 이용하는 것이 좋다. 안료를 포함한 유화 제조는 안료 자신에 공기가 포함되어 있어 수상에 분산시킨 후에 탈포(脫泡)시키고 유화를 시키는 것이 바람직하다.

7.1.3. 유화 제품의 제조상에서의 유의점

(1) 유상의 가열 · 용해

일반적으로 믹서가 닿는 부분만큼 액상(液狀)을 넣고 융점(融点, melting point)이 높은 성분들을 넣어 용해시킨 후 나머지 액상을 넣어 혼합 가온시켜 온도를 맞춘다. 액상을 모두 넣고 융점이 높은 성분을 넣으면 열전달이 늦어져 가온 시간이 길어지기 때문에 액상 원료를 일부만 넣는 것이 바람직하다.

콜레스테롤(cholesterol)이나 피토스테롤(phytosterol)은 고(高)융점 성분이기 때문에 약간 더 높은 온도에서 용해 후에 냉각시키는 것이 좋다. 냉각 방법은 남아있는 실온의 액상 원료를 이용한다.

산화방지제, 방부제, 자외선흡수제 등은 유상 성분 용해 후 균일하게 된 후에 첨가하는 것이 좋다.

(2) 유화 온도

크림의 경우는 고(高) 융점 물질의 녹는점보다 5~10℃ 높은 것을 추천하며 유상 온도와 수상의 온도가 같은 것이 좋으나 제형에 따라 나중에 넣는 상이 약간 더 높은 온도가 바람직하다. 메인믹서(main mixer)로 배관 이동 시 온도 저하를 감안해야 한다.

(3) 첨가제의 첨가

유상과 수상을 가온 용해시키고 유화 시까지 시간이 너무 길어지면 원료들의 열화(劣化) 현상이 나타날 수가 있다. 특히 첨가제 등은 열화 가능성이 높아 유화 후에 첨가하여 혼합하는 경우도 있다.

(4) 고분자 물질의 첨가

로션이나 액상 파운데이션에 사용되는 보호 콜로이드제로서 고분자 물질을 사용하는데 처음부터 수상에 첨가하지 않고 별도로 미리 디스퍼 타입의 검믹서(gum mixer)로 분산시키고 유화 후에 첨가하는 것이 좋다 일반적으로 고분자 물질을 가열하게 되면 점도가 저하되는 경우가 있지만 카보머(carbomer) 같이 점도가 올라가는 경우도 있다.

(5) 냉각온도

유화 후 냉각에 있어서 교반 속도는 제품에 경도나 점도에 영향을 준다. 특히 유상 중에 높은 온도 융점의 왁스(wax)류나 결정성 고형 성분을 갖고 있는 경우 영향이 크다. 또한 냉각 시간은 냉각수 온도와 관계가 깊기 때문에 냉각수 온도도 중요하다. 냉각수 온도는 계절에 따라 다르고 물 낭비 문제로 최근에는 메인믹서(main mixer)에 순환식 냉각 장치(chiller)를 설치하는 경우가 많다.

(6) 충진온도

포마드 제품 같은 것은 고화(固化) 온도보다 10℃ 정도 높은 온도에 용기에 충진한다.

7.2. 화장품의 제조 공정

화장품이 제품화까지의 공정은 화장품 원료들을 계량부터 시작해서 포장까지 몇 개의 공정을 거쳐야 한다. 이 공정에서 대표적인 제조 공정을 아래에 나타냈다.

7.2.1. 로션 · 크림류

원료 검사 =〉 계량 =〉 원료 투입(예비 혼합기) =〉 필터(mesh) =〉 메인 · 유화기 =〉 냉각 =〉 숙성조(槽) =〉 검사 =〉 충진 =〉 포장

7.2.2. 화장수

원료 검사 =〉 계량 =〉 혼합기 =〉 필터(mesh 또는 microfilter) =〉 숙성 =〉 검사 =〉 충진 =〉 포장

7.2.3. 고형 분말제품

원료 검사 =〉 계량 =〉 분쇄기 =〉 검사 =〉 성형기 =〉 충진 =〉 숙성 =〉 검사 =〉 포장

7.2.4. 립스틱

원료 검사 =〉 계량 =〉 혼합기 =〉 분산기·유화기 =〉 냉각 =〉 검사 =〉 성형기 =〉 충진 =〉숙성 =〉 검사 =〉 포장

7.3. 분산기·유화기 종류

7.3.1. 프로펠러믹서(Propeller mixer)

저점도(low viscosity) 상태의 액체 혼합에 이용된다. 전단력(剪斷力)이 약하기 때문에 화장수 제조에 사용된다.

7.3.2. 검믹서(Gum mixer, Disper)

안료 분산, 수용성 고분자 등의 점증제를 효율적으로 분산시키는데 이용되며 그림 7.3은 실험실용 디스퍼믹서(disper mixer)이다.

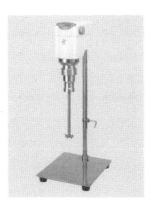

그림 7.3. 디스퍼 믹서 (Disper, Gum mixer)

7.3.3. 호모 믹서(Homo mixer)

고정된 고정자(固定子, stator)와 고속 회전이 가능한 운동자(運動子, rotor, 또는 turbin)

사이에 간격(clearance)으로 내용물이 대류(對流) 현상으로 통과되며 강한 전단력(剪斷力)을 받는다. 즉 전단력, 충격, 대류에 의해서 균일하고 미세한 유화 입자를 얻을 수 있다.

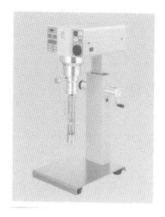

그림 7.4. 호모믹서 (Homo mixer)

7.3.4. 콜로이드밀(Colloid mill)

고정자(stator)표면과 고속 운동자(rotor)의 작은 간격에 액체를 통과시켜 전단력에 의해 분산·유화가 일어난다.

7.3.5. 진공 유화 기기

크림이나 로션 등 유화 제품을 제조하는데 가장 많이 사용하고 있는 기종 중 하나이다. 이 진공 유화 기기는 진공 하에서 교반, 유화를 실시하거나 대기압에서 유화를 실시하고 냉각 시 진공을 걸어 준다. 각각의 예비 용해조(溶解槽)에서 유상과 수상 성분을 용해시키고 유화 메인믹서(main mixer)에 투입하여 일정시간 유화시키고 그 후 일정 온도까지 냉각, 진공 탈포시킨 후 교반을 멈춘다. 배출 시 에는 상압(常壓)에서 배출시킨다.

탈포로 인하여 수분이 증발이 되고 약간의 손실(loss)이 있지만 내용물에 기포가 없기 때문에 산화가 일어나기 어렵고 표면이 깨끗하여 외관이 좋다. 유화 시간과 속도, 냉각 속도와 패들믹서(paddle mixer)속도 등을 잘 선정할 필요가 있다. 여름철과 겨울철 냉각수 온도가 다르기 때문에 최근에는 냉각수(chilling water)를 만들어 주는 chiller를 이용하여 냉각수 온도를 일정하게 해 주고 있다. 그림 7.5는 생산용 진공 유화 제조 장치이다.

그림 7.5. 생산용 진공 유화 제조 장치

7.3.6. 초음파유화기

초음파 캐비테이션(cavitation)에 의해 발생하는 순간적 충격에 의해서 입자를 미세화시켜 유화를 시킨다. 그러나 현재는 초음파유화기의 단점인 주파수가 고정되어 있고 조작 시 주파수 변경이 어려워 처방 변화가 심한 화장품에서는 사용하지 않는다. 일부 리포좀 제조 시에도 사용하나 전력 소비 등도 문제가 있어 주로 실험실에서 소니케이터(sonicator) 형태로만 사용하고 있다.

7.4. 파우더 혼합 및 성형기

7.4.1. 파우더 분쇄 및 혼합 기기

그림 7.6부터 그림 7.9는 파우더 분쇄, 분산을 시키는 기기들로서 리본 블렌더(ribbon blender), V 형 혼합기, 볼밀(ball mill) 등이 일반적으로 사용되고 있지만 최근에는 고속으로 교반하는 헨셀 믹서(Henschel mixer)가 많이 사용되고 있다. 헨셀 믹서는 고속 교반으로 인하여 열이 발생하여 파우더의 변색 등이 생길 가능성이 있어 주의를 요한다. 좀 더 완벽한 혼합을 위해서는 아토마이저 스윙햄머식(atomizer swing hammer) 기기를 이용한다. 아토마이저도 사용 시 열이 발생하기 때문에 주의를 요한다.

그림 7.6. 리본블렌더 및 내부

그림 7.7. V형 혼합기

그림 7.8. 헨셀 믹서(Henschel

그림 7.9. 아토마이저(Atomizer)

7.4.2. 분말 성형기(프레스, Press)

대부분 자동 프레스(press)기기가 사용되고 있다.

접시 공급 =〉 분체 정량 충진 =〉 프레스 =〉 금형 청소

자동 프레스는 접시의 오차, 분말 물성의 조건 등이 생산성에 영향을 준다. 특히 분말 성형 시 습도에 따라 물성이 변하는 경우 프레스 성능에 크게 영향을 준다. 그림 7.10은 일반적인 프레스 기기이다.

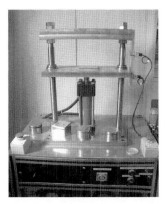

그림 7.10. 분말 성형기 (프레스)

7.5. 립스틱 제조기 및 성형기

립스틱은 여성의 모발, 의상과 함께 유행을 타고 있어 립스틱의 색상 또한 종류가 다양하다. 립스틱을 제조하기 전에 립스틱 색상 베이스 제조는 그림 7.11과 같은 3단 롤밀(roll mill)을 이용하여 제조한다. 점도가 높은 분산계에서는 3단 롤밀을 사용했으나 최근에는 색소 베이스 입자를 더 작게 할 수 있는 비드밀(beads mill)을 이용하는 경우도 있다. 3단 롤밀은 회전수가 서로 다른 공급 롤(roll)과 중앙 롤(roll) 사이에 시료를 넣으면 그 간격이 좁아 적은 양이 롤 사이로 통과되는데 이때 롤 압력과 롤 간의 속도 차이에 의해서 시료가 강력한 전단력을 받고 2차적으로 중앙 롤과 에이프론롤(apron roll) 사이에서 다시 한번 전단력을 받아 분산시키는 것이다. 얻어진 분산계는 knife edge에서 받아내며 통상 롤 면의 압력은 30~50 기압 정도이고 연속 처리하는데 장점이 있으며 점도가 높은 시료를 처리하는데 적당하다. 립스틱 성형기는 금형 성형법과 자동 성형법이 있다. 그림 7.12는 실험실용인 립스틱 성형기이다.

그림 7.11. 3단 롤밀(Roll mill)

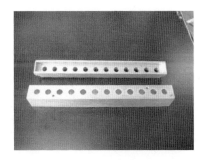

그림 7.12. 립스틱 성형기(금형, Mold)

7.6. 충진기 및 포장기기

화장품 제형은 점도가 낮은 화장수부터 점도가 아주 높은 크림류까지 종류가 많고 용기 형태도 다양하다. 이에 따라서 충진 기기도 수동부터 자동까지 여러 형태가 있다. 또한 충진 속도, 세척 작업까지도 생각해야 한다. 최근에는 튜브에 충진하는 튜브 실링(sealing) 기기, 정량 충진, 레벨 충진, 파우치 충진 기기가 발달되어 있다.

충진 후에 일어나는 작업으로서 버진실(vergin seal), 고주파 실(seal), 라벨 부착기, 제트 프린터(jet printer) 등이 있고 단품을 넣는 개입 상자와 여러 개를 넣을 수 있는 박스 상자 (단보루 박스), 기타 중량 체크기 등이 있다. 그림 7.13은 튜브 충진기이고 그림 7.14는 점도 가 낮은 제품의 충진기인 레벨 충진기이다.

그림 7.13. 튜브 충진기

그림 7.14. 레벨 충진기

7.7. 최신의 주요 유화 및 분산 기기

7.7.1. 마이크로플루다이저(Microfluidizer)

미국 Microfluidics 회사가 1980년대 중반에 독자적으로 고안 설계한 초고압 호모게나이저 (homogenizer, U.S. Patent 4533254)로서 에멀젼, 분산, 분쇄기로 사용되고 있고 그림 7.15와 같다. 식품용에서 출발했던 호모게나이저를 개량 발전시킨 형태로 높은 압력(max. 250 MPa)까지 사용 가능하여 폭 넓은 제형 설계가 가능하다. 챔버(chamber) 구조는 액/액을 충돌시키는 Y자 형태와 고/액을 충돌시키는 Z형태로 재질은 경도(硬度)가 높고 챔버 내의 오리피스 (orifice)의 마모도가 적은 모스(Mohs) 경도 10의 다이아몬드나 세라믹 재질로 구성되어 있다. 기계 구조는 유압 펌프에서 발생한 압력을 플런저(plunger)속도가 일정하게 작동하는 증압(增壓) 펌프와 그 펌프의 일의 양에 따라 처리량과 처리 압력에 맞춘 챔버 (chamber)로 이루어져 있다. 현재까지 제시하는 유화 기기 중 기계적인 힘에서는 가장 크다고 할 수 있다.

그림 7.15. 마이크로플루다이저 (Microfluidizer)

7.7.2. 파이프라인믹서(Pipeline mixer)

연속식 유화 장치로서 전단력과 파괴력을 갖은 호모믹서(homo mixer)로서 고속 회전을 파이프라인(pipe line) 중에 통과시켜 유화시키는 방법이다. 낮은 전단력으로부터 높은 전단력까지 여러 형태로 이용되고 있다. 이동식으로 되어 있어 사용이 편리하며, 예비 유화 기기로도 이용이 가능하고 그림 7.16과 같다.

그림 7.16. 파이프라인 믹서(Pipeline

7.7.3. 제트밀(Jet mill)

단열 팽창(Joule-Thomson 효과)을 이용하여 수(數) 기압 이상의 압축 공기 또는 고압 증기, 고압가스를 생성시켜 분사 노즐(nozzle)에 분사시키면 초음속의 속도인 제트 기류가 형성되고 이 제트 기류를 이용하여 원료들을 가속시켜 입자끼리의 충돌 또는 충격으로 분쇄시키는 분쇄기이다. 건식 분쇄로서 수 ㎛에서 나노 입자까지 작은 입자를 얻을 수 있다. 형식은 수평 선회류(旋回流)를 만드는 제트 분류를 이용한 마이크로나이즈형과 고체 혼합류의 對抗 충돌에 의한 Blaw-Knox 또는 Trost 제트밀 형이 있다. 건식 형태의 분쇄기기 중 가장 작은 입자를 만들 수 있는 기기이며 그림 7.17과 같다.

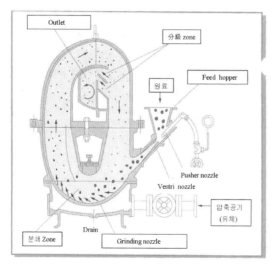

그림 7.17. 제트밀(Jet mill)

7.7.4. 비드밀(Beads mill, 媒體分散機)

볼밀(ball mill)로 시작한 매체 분산기는 샌드밀(sand mill)을 거쳐 비드밀 기기로 발전했다. 그림 7.18과 같이 처리 방법은 믹서 형태로 처리하려고 하는 분산액체(slurry)와 매체(beads)가 같은 탱크(vessel)에서 고속으로 회전시켜 분산액체와 매체가 반복 충돌과 그라인딩(grinding)되어 분산 입자가 작아지는 원리이다. 매체는 주로 지르코니아(zirconia)를 사용하고 분산액체가 점도가 낮아야 처리할 수 있는 단점을 갖고 있다. 화장품에 사용하고 있는 TiO_2나 ZnO 분산액은 주로 이 기기로 처리하여 사용한다.

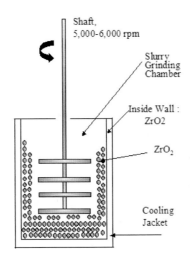

그림 7.18. 비드밀(Beads mill)

7.8. 순수 제조 장치

화장품 제조 시 사용되는 물은 활성탄 여과를 통과시키고 이온교환수지(ion交換樹脂)를 통과시켜 이온 및 여과물을 제거시키고 나중에 역삼투압(逆滲透, RO, reverse osmosis)방식으로 이온을 더 제거한 후에 마이크로필터(micro filter)를 거쳐 저장조(貯藏槽, storage tank)에 저장한다. 이 때 저장조에는 자외선 살균등(殺菌燈)을 가동한다. 또한 저장조에서 나온 물은 다시 배관에 있는 살균등을 조사(照射)시켜 사용한다. 막(膜)여과 종류에 따른 특징을 아래 표 7.1 로 나타낸다.

표 7.1. 막(膜) 여과의 특징

	정밀여과 MF[1]	한외여과 UF	나노여과 NF[2]	역삼투여과 RO
막 크기(膜孔徑)	0.02 ~ 1㎛	5 ~ 20 nm	2 ~ 5 nm	〈2 nm
순수(純水) 투과유속 [1/m².h]	500 ~ 10,000	100 ~ 2,000	20 ~ 200	10 ~ 100
膜 구조	균질, 비대칭	비대칭	비대칭, 복합	비대칭, 복합
膜 재질	CA, PC, PE[3], PP[4], PTFE[5], PVDF, CE[6]	C[7], CA, PA, PS, PAN[8],PES,PVA, PVDF,CE	CA,PA	CA,PA
膜 제조법	相전환법, 延伸법, 소결법	相전환법, 소결법	相전환법 (표면처리)	相전환법 (표면처리)
Module	中空絲型, spiral型, 管型, 평판型			
제거 물질	미립자, 세균, 바이러스, 藻類 등	미립자,세균, 바이러스, 불용 물질, 藻類 등	미립자,세균, 바이러스, 불용 물질, 藻類 소독副生物質 NH₃-N 등	미립자,세균, 바이러스, 불용 물질, 藻類 소독副生物質 NH₃-N 등
여과 시 압력[kPa]	20 ~ 200	50 ~ 500	500 ~ 3,000	2,000 ~ 10,000
운전 에너지 [kWh/ m³]	0.03 ~ 0.3	0.05 ~ 0.5	0.5 ~ 3.0	1.0 ~ 7.0

[1] MF : Micro Filteration, UF : Ultra Filteration
[2] NF : Nano Filteration, RO : Reverse Osmosis
[3] PE : Poly Ethylene, PES : Poly Ester Sulfone
[4] PP : Poly Propylene, PS : Poly Styrene
[5] PTFE : Poly Tetra Fluoro Ethylene, PVDF : Poly Vinyli Dene Fluoride
[6] CE : Ceramic, PA : Poly Amide
[7] C : 再生 Cellulose, CA : Cellulose Acetate(초산 Cellulose)
[8] PAN : Poly AcryloNitrile, PC : Poly Carbonate

표 7.2. 정제 방법에 따른 수질(水質)

	Ion교환방식	RO 방식	증류수	초순수
전기전도율(㎲/cm)	0.1 ~ 1	2 ~ 3	1 ~ 100	0.055
TOC[1] (mgC/L)	2	0.1	0.1~1.0	0.001~0.05
염소 ion(㎍Cl/L)	1 ~ 10	80	100	0.02
황산이온(㎍SO4/L)	0.5~10	----	400	0.02
과망간산칼륨 소비량(mL)	0.8 ~ 1.0	〈0.5	0.75	〈0.2
Endotoxin (EU/mL)	〉8	〈0.6	0.24	0.006~0.024
생균수 (CFU/mL)	〉100	〈10	〈10	〈1
미립자 〉5㎛(개/mL)	〉10,000	〈100	〈10	〈1

[1] TOC : Total Organic Compound

7.9. 파우더 제품의 멸균장치

원료는 가스 멸균을 사용한다. 탈크(talc), 카오린(kaolin), 산화아연(zinc oxide) 등 무기 안료에는 세균이 부착되어 있기 때문에 주로 에틸렌옥사이드(ethylene oxide) 가스 멸균 장치를 이용한다. 최근에는 감마레이(γ-ray)를 이용하는 경우도 있지만 원료의 물성 변화 등이 일어날 수도 있어 주의를 해야 한다. 에틸렌옥사이드 가스 멸균 처리 방법은 진공 하에서 50℃ 정도에서 2~7시간 정도 처리한다.

7.10. 여과장치

여과는 깨끗한 작업 환경을 만들기 위한 공기 정화의 공조(空調)와 화장품 제조 과정에서의 여과로 나눌 수 있지만 여기서는 화장품 제조 과정만 다루겠다. 화장품 원료 입고부터 완제품 출하할 때까지의 여러 공정 단계에서 이물질 혼입의 가능성은 배제를 할 수가 없다. 이에 따른 여과는 제조 공정상에서 꼭 필요하며 그 공정에 맞게 여과를 실시해야 한다. 화장품에서는 주로 중력 여과, 가압 여과, 진공 여과를 이용하고 있다. 중력 여과는 액체 등을 여과망(재료)에 통과시킬 때 중력으로 여과시키는 것을 말한다. 여과망은 스테인레스 스틸(stainless steel) 여과망이나 천으로 된 여과망을 사용한다. 가압 여과는 펌프나 압축 공기압을 이용하는 여과 방법으로서 향수 여과나 가용화 제품류의 일부를 이용할 수 있고 여과망은 마이크로필터(micro filter)나 스테인레스 스틸 여과망을 사용한다.

진공 여과기는 화장품 제조에서 많이 사용하는 방식으로 이미 화장품 제조 탈포 시 진공을 이용하고 있어 그 진공을 이용하여 여과를 실시한다. 예비조(pre-mixer)에서 메인 믹서(main-mixer)로 이송할 때 진공을 걸어 주고 이송 라인에 여과망을 설치하여 여과하는 방식으로 여과망은 주로 스테인레스 스틸 여과 망을 이용한다. 여과망을 이용하여 여과할 때에는 여과망 크기 선택이 아주 중요하다. 표 7.3은 여과망의 메쉬(mesh)에 따른 여과망 구멍의 크기(pore)를 나타냈다.

표 7.3. 여과망(Mesh)과 구멍(Pore)의 크기

여과망(Mesh)	Pore 크기(μm)	여과망(Mesh)	Pore 크기(μm)
2	11100	110	130
3	7090	70	117
4	5160	75	113
5	4040	130	109
6	3350	140	107
7	2870	150	104
8	2460	160	96
10	1900	170	89
7	1520	175	86
14	1300	180	84
16	1130	200	74
18	980	230	65
20	864	240	63
24	701	250	61
28	577	270	53
30	535	300	46
32	500	325	43
35	447	400	35
40	381	500	28
42	355	600	23
45	323	800	18
48	295	1000	13
50	279	1340	10
60	221	2000	6.5
65	203	5000	2.6
70	185	8000	1.6
80	173	10000	1.3
90	150	7700	1.0
100	140		

* Mesh: 국내에서는 테일러 표준체(Tayler's standard sieve)를 사용하고 있다. 예를 들어 200 mesh는 한변의 길이 1 inch 길이에 줄의 지름 0.0021 inch인 것이 200개가 있어 줄과 줄 사이 간격이 0.0029 inch (0.074 mm) 가 되는 것을 말하고 있다.

이상과 같이 화장품의 제조 공정 및 충진·포장 공정을 간략하게 설명했지만 의약품인 경우는 검정(validation)이라는 개념이 의무화되어 있고 향후 화장품에서도 기계의 정밀화 등으로 더 진보가 일어 날 것으로 보인다.

참고문헌

1. G.A. Nowak, 「Cosmetic Preparations Vol. One」, Ziolkowsky KG · Augsburg(F.R.G.), 1985

2. Temple C. Patton, 「Paint flow and Pigment Dispersion」, John Wiley &Sons , 1979

3. 製劑機械技術研究會, 「製劑機械技術ハンドブック」, 地人書館, 2000

4. Primix Company, Laboratory Mixers Guide(2006)

5. 高橋 幸司, 「液體混合技術」, 日刊工業新聞社, 1988

제8장

화장품의 용기 및 포장

제8장 화장품의 용기 및 포장

　화장품의 용기와 포장의 기본적 기능은 일반적으로 다음 3가지로 열거할 수 있다 첫째는 내용물의 보호 기능이며 이는 수송, 온도, 습도, 미생물, 빛 등의 보관 환경에서 내용물의 품질을 보호한다. 둘째는 취급의 편리성으로 제품의 취급, 물건 취급에 편리한 중량, 치수, 형상, 표시 및 용기 개폐의 편리성 등을 목적으로 한다. 마지막으로 판매를 활성화하기 위한 방법이다. 즉, 용기, 포장은 상품의 일부이고, 그것도 그 자체의 얼굴이다. 용기 포장의 디자인 등은 세일즈맨이 되기도 하고, 기업이미지(CI, company image)를 상징하기도 한다.

　그림 8.1에 화장품 용기와 포장이 구비해야 할 조건을 나타냈다.

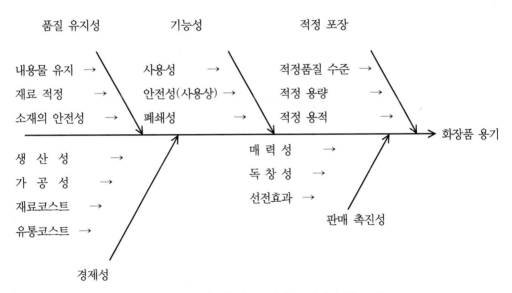

그림 8.1. 화장품용기, 포장의 구비해야 할 조건

8.1. 화장품 용기의 필요조건

8.1.1. 품질 유지에 적합한 재료와 기구

화장품 용기에 사용되는 재료는 플라스틱을 시작으로 유리, 금속, 종이 등이 있다. 이들 포장을 합리적으로 조합시켜 사용 편리성을 가지며 빛 등의 외부환경에서 내용물의 품질을 보호하고 용기 그 자체의 품질유지를 할 필요가 있다.

8.1.2. 인간공학적 특성(사용 편리성)

화장품 용기가 어느 정도 미적인 외관을 갖고 있어도 사용하기 어려운 용기는 바람직하지 않다. 예를 들면 콤팩트가 여성이 휴대하기 편하고 사용하기 쉽게 그리고 외관이 아름답게 하기 위한 콤팩트의 크기나 기구를 예를 들 수 있다. 디자인과 기능이 일치되는 것이 좋다.

8.1.3. 매력 있는 디자인

생활에 청결과 미를 직결하는 상품으로서, 시각적인 점두(店頭)효과, 패션이 있는 디자인을 하는 것은 물론이고 사용해 보고서도 만족이 있는 매력 있는 디자인을 구할 수가 있다.

8.1.4. 경제성

디자인을 중시하여 많은 형상을 변형시켜서, 생산 라인에 포장하기 어려운 용기는 바람직하지 못하다. 형태상으로도 양적으로도 합리적인 생산성을 가미하여 코스트가 낮은 화장품을 만드는 것이 바람직하다.

8.1.5. 안전성

용기, 포장재료 위생상의 안전성, 사용 환경과 사용 방법에 의한 형태, 구조상의 안전성을 생각해야만 한다.

(1) 소재 안전성

화장품 용기는 기본적으로 식품 위생법에 준한 재료를 사용한다. 특히 내용물이 접하는 부분은 용기 재료의 첨가제와 착색제의 용출이 되지 않도록 충분히 보증 실험 후 사용해야 안전성이 높다.

(2) 사용상 안전성

용기 설계 시 해당 제품이 어떠한 장소, 어떻게 사용되는가를 고려해야한다

예를 들면 목욕탕 사용 제품은 유리병이 아니고 플라스틱 용기로 설계해야 하고 목욕 후 사용 용기는 캡 부분이 날카롭지 않게 해야 한다. 개스를 사용하는 경우에는 관계 법규인 고압가스 취급법, 소방법 등도 고려해야 한다.

(3) 상부 공간량

① 입구가 작은 용기: 내용물이 주위 온도에 따라 팽창하여 내부 압력이 상승한다. 유리의 경우 용기 파손이 발생되며 플라스틱의 경우 용기 변형이 되므로 용량 산정 시 표시 용량(허가 용량)상부 공간량으로 설정해야한다 상부 공간은 내용물 각각의 체적 팽창율을 감안하여 설정해야 한다.

② 입구가 큰 용기: 내용물 팽창에 의한 흘러넘침(overflow) 및 플라스틱 캡 변형에 의한 캡핑(capping) 불편을 방지해야한다

③ 기타: 용기 설계 시 투명 용기인 경우는 상부 공간이 있으면 소비자들한테 용량이 적다고 오해를 받을 우려가 있기 때문에 이를 감안해야 하고 특히 에탄올 함량이 높은 남성 스킨, 샤워 코롱 등은 온도가 올라가면 내용물 부피 팽창이 일어나 이를 감안해야 한다.

(4) 용기의 사용 기능

① 캡빠짐(헐거워짐) 캡이 헐거우면 입구가 작은 초자 용기에서 용기 나사선에 내용물이 묻어 새는 경우가 있음 이는 나사선의 외경, 피치(pitch), 캡의 재질에 따라 다르다. 나사선 일부에 요철을 줌으로써 구조상 방지할 수 있다.

② 충격 강도: 다양한 충격에 내구성을 지내야 한다. 즉 용기 휴대(화장)시 떨어뜨림, 캡이 겉도는 것, 용기 내구성(콤팩트류의 개폐 마모) 등을 포함한다.

(5) 내용물 보호 기능

① 알카리 용출: 유리는 내약품성에 있어 안정하나 '소다라임(sodalime) 소재'는 알카리 용출에 유의해야 한다. 알카리 용출 원인은 알카리 함유가 많은 것을 말하며 유리 원료 제조시 용융온도, 성형성 때문에 알카리 13~14% 이상이 되어 알카리 용출이 일어나 내용물의 경시 변화(pH 안정성 등)를 충분히 검토하여야 함

② 광 투과성: 내용물의 색상을 보기 위하여 투명 용기를 채택하나 내용물은 내광성이 약한 허가 색소를 사용함으로써 자외선 차단 효과가 있는 용기가 필요하다. 투명 유리 용기는 파장이 400 nm 이하의 자외선에 투과되므로 착색병을 사용하거나 내용물에 자외선 흡수제를 투입 퇴색을 방지해야 한다.

③ 내용물 투과성: 용기로부터 내용물과 기체 투과성은 플라스틱 용기의 경우 발생(유리, 금속은 없음)한다. 폴리에틸렌(polyethylene, PE)는 내용물이 용기에 투과되고 특히 향수 제품, 헤어 리퀴드는 향의 일부가 침투 용기 변형 발생하여 PE 용기는 사용 않는다. 또한 처방 중에 산소를 흡수하거나 영향을 쉽게 받으면 PE를 사용하지 않는다.

④ 수분 투과성: 폴리스타이렌(polystyrene, PS) 흡수성이 적고 수분 투과성은 PE, PP(polypropylene) 보다 높으므로 수분이 많이 함유된 제품은 주의를 요한다.

⑤ 변취: 유리, 금속은 문제가 없으나 플라스틱 용기는 여러 첨가제 투입하여 성형하기 때문에 문제가 발생할 수 있다. 수지 내 첨가제, 이형제(離形劑), 냄새가 없도록 성형 조건과 이형제, 수지가 변형되지 않는 재료 선정이 필요하다.

(6) 재료 적성

① 내약품성(耐藥品性): 유리병은 그다지 문제가 없으나 플라스틱 용기에는 종류에 따라 내용물에 의해 팽윤, 변형, 색소 약제가 흡착되는 수가 있다. PE는 직렬의 탄화수소에 약하고, 팽윤, 변형되고 표면에 번지는 경우가 있다. 또한 유용성의 색소, 약제를 흡착하므로 의약외품에 특히 주의가 요망된다. PE의 내유성(耐油性)이 필요한 경우는 병의 내면을 내유성 코팅(주로 에폭시)을 실시한다. 폴리비닐클로라이드(polyvinylchloride, PVC)는 탄화수소에는 안정하지만 에스터 오일이 함유된 처방은 사전에 팽윤 용해성의 테스트가 필요하다.

폴리에스터는 강산과 강알카리에 부적합하며, 아세테이트, 톨루엔, 페놀 등에는 백화, 팽윤이 발생한다. 폴리스틸렌은 에스터오일(저분자에스터 오일류, IPM), 알코올류(ethanol, isopropyl alcohol, PEG 400) 탄화수소류, 향료류 등에 용해, 팽윤 등이 생기기 쉬우므로 내

용물에 많이 포함되는 경우는 사전에 폴리스타이렌 조각을 침전시켜 외관, 중량, 치수, 변화 등을 관찰할 필요가 있다

② 내부식성(耐腐蝕性): 금속 용기, 튜브 등은 오일에는 문제가 없으나, 내식성(耐蝕性)이 많은 원료 강전해질, EDTA류)가 내용물에 포함되면 부식을 일으켜 구멍이 생길 수 있으며, 특히 에어로졸 용기는 구멍이 나는 부분에서 내용물이 분출되는 수가 있으므로 주의를 요한다. 부식을 방지하기 위해 금속 내면을 에폭시 코팅하는 경우가 많다

③ 변형: PE병에 내용물을 충전하면 점차 변형되는 수가 있다.

a) 용기의 팽윤에 의한 경우

PE병이 내용물 처방(오일, 지방산, 알코올, 에스터류)에 의해 평윤 되는 경우 병의 용적이 커지고 그 요철 면에서 변형이 발생한다.

b) 산소 흡수에 의한 경우

내용물 처방에 산소 흡수가 용이한 원료가 포함되고 상부 공간의 산소와 반응하여 그 부분의 용기 내압이 저하하여 변형이 발생하고 자외선을 조사하면 가속되는 경우가 있다. 내용물이 세제, 올리브유, 불포화물인 경우 특히 주의를 요한다.

PP는 경도가 높기 때문에 내유성이 비교적 적다

c) PE 튜브

내유성이 적은 오일 처방, W/O 처방에는 튜브의 변형(튜브가 팽윤하여 체적이 늘고 그 부분으로부터 터짐), 튜브 외벽으로 내용물이 새어 나와 사용이 어려운 경우가 있다. O/W 처방에 사용되는 오일량은 30~40%가 한계로 이를 위해 내면 코딩, 여러 겹 튜브를 사용한다.

④ 대전(帶電)방지성: 플라스틱은 일반적으로 표면 저항이 높기 때문에 진열하면 오염되기 쉬운 결점이 있다. 이를 방지하기 위해 계면활성제로 표면 저항치를 낮추는 방법을 사용하고 있다. 플라스틱 용기 성형 시에 대전방지제용 계면활성제를 혼합하여 용기를 만든다. 또한 내용물을 충진 하기 전에 용기 하나 하나를 방전시키면서 진공으로 용기 내부를 빨아들여 세정하는 방법도 있다. 특히 플라스틱은 습도와 온도가 낮을 때 사람이 붐비는 곳에 진열하는 경우 용기의 정전기 현상이 잘 발생하여 진열된 제품 용기에 오염을 시킨다.

8.1.6. 폐기성

지구환경 보전에서 폐플라스틱 대책의 확립이 서둘러지고 있어, 이러한 관점에서, 분해성 플라스틱(광, 미생물)이 연구되고 있으며, 재생(recycle)화도 진행되고 있다. 그 외 미국, 유럽

에서는 정부, 자치단체에서도 비분해성 플라스틱에 대한 사용규제 및 과세 등의 대책이 취해지기 시작했다.

8.2. 용기 형태의 종류

8.2.1. 세구병(細口瓶)

병의 입구의 외경이 몸체에 비해 작은 것을 말한다. 이러한 병에 뚜껑을 씌워 용기가 된다. 주로 화장수, 헤어토닉, 향수, 네일 에나멜 등 액상 제품에 사용되고 있다.

8.2.2. 광구병(廣口瓶)

병의 입구의 외경이 몸체에 비해 같든가, 세구병에 비해 큰 것을 말한다. 이러한 병에 뚜껑을 씌워 용기가 되게 한다. 주로 크림이나 포마드 제품에 사용되고 있다.

8.2.3. 튜브(tube)

용기의 몸체를 눌러 적량의 내용물을 내보내는 기능을 갖고 있으며, 주로 크림, 세안료 등의 페이스트(paste) 상의 내용물에 사용되고 있다.

8.3. 용기 · 포장 재료에 이용되는 소재

용기포장 재료는 유리, 플라스틱, 금속, 종이 등의 재질이 단독 또는 조합으로 사용되고 있다.

8.3.1. 유리(glass)

(1) 유리의 특징

유리는 거의 병으로 이용되고 있다. 병의 제법은 소위 반 인공으로 만드는 방법과 자동

제병기에 의한 방법이 있다. 유리병에는 투명 병, 착색 병, 유백색 병이 있고 이들에게 부식,
인쇄(유기, 무기), 도장, 연마 등의 가공이 실행되고 있는 것도 있다.

유리병의 주요 특징은 첫째 투명감이 좋고 광택이 있으며 착색도 할 수 있다. 둘째로는
유지, 유화제 등의 화장품 원료에 대해 내성이 크며 수분, 향료, 에탄올, 기체 등의 투과 되
지 않으며 세정, 건조, 멸균의 조건에서 잘 견디고 깨끗하게 하기 쉽다. 그러나 유리병의 주
요 결점은 깨지기 쉽고 충격에 약하며 중량이 크고 운반, 운송에 불리하다. 또한 알카리 용
출에 의해 내용물이 영향이 있을 수 있다.

(2) 유리의 종류

① 소다석회 유리: 통상 사용되는 투명 유리병의 성분은 산화규소, 산화칼슘, 산화나트륨
이 주이고 그 외에 소량의 마그네슘, 알루미늄, 등의 산화물이 함유되어 있다. 화장수, 로션,
크림 등의 용기에 주로 사용된다.

② 납유리: 산화규소, 산화납, 산화칼륨이 주성분으로 산화납을 많이 사용할수록 투명도가
높으며 광의 굴절율이 높은 것을 크리스탈 유리라고 부르며 주로 고급 향수용기에 이용된다.

③ 유백(乳白) 유리: 투명한 유리 속에 무색의 미세한 결정(불화규산소다 등)이 분산된 것
으로 광을 산란하기 때문에 유백색으로 보인다.

(3) 유리의 성형법

① 중공(blow) 성형: 용융 유리를 형틀에 넣고 공기를 불어넣어 모양을 만든다. 입구가 가
는 세구병은 대개 이 방법으로 만든다.

② 압력/중공(press and blow) 성형: 용융유리를 1차로 프레스 하여 두께를 균일하게 하
고 blow 형틀에 옮겨 공기를 불어넣어 성형하는 방법이다.

③ 압력(press) 성형: 용융 유리를 형틀에 넣고 프레스 하여 성형하는 방법으로 입구의 내
경과 몸체의 내경이 같거나 복부의 내경이 적은 것에 주로 이용된다.

8.3.2. 플라스틱

(1) 플라스틱의 특징

① 열가소성(熱可塑性) 수지(PET, PP, PS, PE, ABS, 등)

열을 가하면 녹아서 밀랍처럼 되고 냉각하면 다시 본래의 형태로 돌아오는 가열·냉각에 의해 용융(熔融), 고화(固化)가 가역적(可逆的)으로 되는 것을 말한다. 대개 직쇄상의 고분자들로 열을 가하면 각 분자의 운동이 가능하기 때문에 움직임이 활발해져서 녹는 현상이 나타난다. 이런 물질은 적당한 용제(solvent)를 가하면 분자가 서로 풀리게 되어 녹아버린다.

② 열경화성(熱硬化性) 수지(페놀, 멜라민, 에폭시수지, 등)

열경화성 수지는 예를 들면, 계란처럼 한번 열에 의해 경화되면 다시 가열하여도 용융하지 않는 것을 의미하며 열경화성 수지는 대개 열에 의해 분자들 간에 화학반응이 일어나서 3차원의 망상구조를 이루어 경화되기 때문에 분자들의 움직임이 자유롭지 않아 다시 열을 가해도 용융하지 않는다.

(2) 플라스틱의 장점

① 가공성: 가공이 용이하다.
② 착색성, 투명성: 자유로운 착색이 가능하고 투명성이 좋다.
③ 경량성: 가볍고 튼튼하다.
④ 전기절연성: 전기가 통하지 않는다.
⑤ 내수성: 흡수성이 없다.
⑥ 단열성: 열이 잘 통하지 않는다.

(3) 플라스틱의 단점

① 내열성: 열에 약하다
② 변형성: 경화되어 변형이 생기기 쉽다
③ 오염성: 표면에 흠집이 생기기 쉽고 오염되기도 쉽다
④ 내충격성: 강도가 금속에 비해 약하다.
⑤ 투과성: 가스나 수증기 등의 투과성이 있으며 용제에 약하다.

(4) 플라스틱의 가공 방법

① 사출성형: 스크류를 이용하여 이송, 금형 내에서 채워서 냉각하는 방식
② 압축성형: 프레스로 압축하여 성형하는 방식(열경화성 수지에 이용)
③ 사출/압력성형: 사출과 압력성형의 장점을 활용한 성형방법

④ 압출성형: 압출성형기(extruder)로 밀어내는 성형법(pipe 제조 등에 이용).

⑤ 팽창성형: 농업용 필름, 비닐 팩 등 제조

⑥ 카렌더(calender)가공: 얇은 시트 제조 시 사용

⑦ 중공(blow)성형: 병 형태의 제조에 이용하며 injection blow와 extrusion blow의 두 가지 형태가 있다.

(5) 플라스틱 수지의 종류 및 특징

① PE 수지(polyethylene): 에틸렌을 중합시켜서 얻어지는 유백색의 불투명 또는 반투명의 열가소성 수지로 비중은 1보다 작다. 분자량에 따라 크게 저밀도 폴리에틸렌(low density polyethylene, LDPE)과 고밀도 폴리에틸렌(high density polyethylene, HDPE)로 나누어진다. 흡습성이 거의 없고 내약품성, 전기절연성, 성형성이 우수한 반면, 인쇄 및 접착성은 나쁘다. 화장수, 로션, 샴푸, 린스 용기나 튜브 용기에 주로 사용된다.

② PP 수지(polypropylene): 프로필렌을 공중합 시켜 얻어지는 수지로 반투명으로 광택이 좋고 내약품성과 내충격성이 우수한 반면 인쇄성이 나쁘다. 주로 one-touch cap이나 크림류의 넓은 입구 용기, 각종 캡류에 사용된다.

③ PS 수지(polystyrene): 딱딱하고 투명하며 광택이 있다. 성형 가공성이 매우 좋고 치수안전성도 좋은 반면 내약품성이 나쁘다. 콤팩트나 스틱 용기에 주로 사용된다.

④ SAN, AS 수지(polyacrylonitrilestyrene): 투명성, 강도가 높고 PS보다 내열성, 내약품성, 내후성이 우수한 반면 성형성은 약간 약하다. 크림, 콤팩트, 스틱류 및 각종 캡류에 많이 이용된다.

⑤ ABS 수지(poylacrylonitrilebutadienestyrene): AS수지의 내충격성을 한층 강화시킨 수지로 콤팩트 등 특히 내충격성을 필요로 하는 용기에 사용된다. 내약품성이 나빠서 향료나 알코올에는 약한 단점을 가지고 있다.

⑥ PVC 수지(polyvinylchloride): 투명하며 성형 가공성이 좋은 반면, 가소제를 사용해야 하는 관계로 환경오염이나 환경호르몬 등의 문제로 인해 최근에는 사용이 기피되는 수지이다.

⑦ PET 수지(polyethyleneterephthalate): 딱딱하고 유리에 가까운 투명성과 광택성이 좋고 내약품성도 우수하다. 화장수, 로션, 샴푸, 린스 등의 용기에 주로 사용된다.

⑧ PC 수지(polycarbonate): 내충격성, 내후성, 치수안전성이 우수한 반면 변형 시 균열이 가기 쉽다.

⑨ 기타 수지: 나일론(nylon), EVOH(ethylene vinyl alcohol copolymer), POM (polyoxymethylene, polyacetal) 등의 수지가 내약품성, 내충격성 등을 높일 목적으로 일부 사용되고 있다.

플라스틱은 뚜껑, 몸체, 콤팩트 등 거의 모든 화장품 용기에 이용되고 있다. 표 8.1에 각 플라스틱 별 사용 화장 용기의 예를 나타내었으며, 표8.2에 여러 가지 플라스틱 사출 성형용 수지 종류를 나타내었다.

표 8.1. 플라스틱 별 사용 화장 용기의 예

종 류	주요 용도
PE	주입구가 작은 병, 캡, 팩킹, 샴푸 용기
PP	병, 캡, 원통형 용기, 파우더, 콤팩트, 스틱 용기
PS	주입구가 큰 병, 파우더, 콤팩트, 스틱 용기
ABS	콤팩트
PET	투명 용기류
PETG	투명 용기류
PVC	병, 원통상 용기
PU	도포용 팁, 퍼프
합성 고무	원통 용기

표 8.2. 플라스틱 사출 성형용 수지 종류

약식 표기	한국식 표기	원 명
ABS	ABS수지	Acrylonitrile Butadiene Styrene
AS(SAN)	AS수지	Acrylonitrile Styrene
CA	셀룰로오스 아세테이트	Cellulose Acetate
CAB	셀룰로오스 아세테이트 부티레이트	Cellulose Acetate Butyrate
CAP	셀룰로오스 아세테이트 프로피오네이트	Cellulose Acetate Propionate
CN	니트로 셀룰로오스	Cellulose Nitrate
CP	셀룰로오스 프로피오네이트	Cellulose Propionate
EC	에틸 셀룰로오스	Ethyl Cellulose
EP	에폭시 수지	Epoxy Plastics
MF	멜라민 수지	Melamine Formaldehyde Resin
PA	폴리아미드(나일론)	Polyamide
PC	폴리카보네이트	polycarbonate
PCTEE	폴리클로로, 트리클로로에틸렌	Polychloro Trifluoro Ethylene
PE	폴리에틸렌	polyethylene

약식 표기	한국식 표기	원 명
PETP(PET)	폴리에틸렌 테레프타레이트 (가소성 폴리에스터)	polyethylene Terephthalate
PMMA	아크릴(메타크릴 수지)	Poly(methyl) Methacrylate
POM	폴리아세틸(아세틸 수지)	polyacetal
PP	폴리프로필렌	polypropylene
PS	폴리스티렌	Polystyrene
PTFE	4불화 에틸렌 수지	Polytetrafluoro Ethylene
PUR	폴리우레탄	Polyurethane
PVAC	폴리초산비닐(초산비닐수지)	Poly Vinyl Acetate
PVAL(PVA)	폴리비닐 알코올	Poly Vinyl Alcohol
PVB	폴리비닐 부티랄	Poly Vinyl Butyral
PVC	폴리염화비닐(염화비닐수지)	Poly Vinyl Chloride
PVDC	폴리염화비닐리렌(염화비닐렌수지)	Poly Vinylindene Chloride
PVFM	폴리비닐포르말	Poly Vinyl Formal
SI	규소수지	Silicone
UF	우레아 수지(요소수지)	Urea Formaldehyde
UP	불포화 폴리에스터 수지	Unsaturated Polyester
GPPS	일반용 폴리스티렌	General Purpose Polystyrene
HIPS	내충격용 폴리스티렌	High Impact Polystyrene

8.3.3. 금 속

금속은 튜브, 뚜껑, 에어로졸 용기, 립스틱 케이스 등에 사용된다. 종류는 철, 스테인레스 강, 놋쇠, 알루미늄, 주석 등이다. 가공방법은 프레스, 절단, 휨의 방법에 의한 것과 캐스팅이나 임팩트, 전주(電鑄)등의 방법이 있다. 표면가공의 방법은 도금, 도장, 인쇄, 다이아몬드 커브 등이 있으며 특히 알루미늄의 경우는 양극산화(알루마이트) 처리에 의해 착색을 하는 것이 많다.

금속의 주요특징은 기계적 강도가 크고, 얇아도 충분한 강도가 있으며 충격에 대해 강하고, 가스 등을 투과시키지 않는다. 또한 도금, 도장 등의 표면가공이 쉽다.

금속의 주요결점은 녹에 대해 주의를 해야 하며 불투명하고 무거우며 가격이 높다.

8.3.4. 종　이

종이는 주로 포장상자, 완충재, 종이드럼, 포장지, 라벨 등에 이용된다. 종이에는 통상의 접는 상자 외에 풀로 붙이는 상자, 선물세트 등의 상자가 있다. 포장지나 라벨에는 종이를 소재로 필름을 부치는 코팅을 하며 광택을 증가시키는 것도 있다. 인쇄의 방법은, 요판, 그라비아, 오프셋 스크린 인쇄 외에 hot stamp, jet print, 에폭시 가공 등의 수법이 있고 이들의 특징을 살려 이용하고 있다.

8.4. 용기·포장재의 품질보증

만들어진 용기가 설계 품질에 적합한 물성, 성능, 기능을 갖고 있는지 확인하기 위해 제품화의 각 단계에서 충분한 시험을 할 필요가 있다. 이 때 용기의 최종 형태, 기구, 소재, 가공방법, 사용방법, 사용 장소, 유통경로 등을 고려하여 그에 맞는 적절한 보증항목과 그에 대응한 시험법에 따라 검사를 해야 한다.

8.4.1. 재료시험법

대표적인 재료 시험법으로는 온도, 습도, 온수, 열충격성, 내내용물성, 내알코올성, 내수성, 내염성, 내오염성, 내세제성, 스트레스균열, 내압성, 내낙하성, 내구성, 내마모성, 운송시험 등이 있다. 다음의 품질 보증항목에 대하여 시험을 실시한다.

　(1) 내용물 보증의 확인: 내용물의 안정성, 약제의 안정성, 변취, 변색, 변형성, 중량감소 등
　(2) 소재 적정성의 확인: 부식, 변취, 변퇴색, 포화, 용출, 균열, 안정성 등
　(3) 기능의 확인: 개폐용이성, 결합부분 강도, 표면장식의 박리, 긁힘, 기밀성, 경시에 따른 중량변화 등
　(4) 기본 사양의 확인: 용기외관, 용법, 용량 등

8.4.2. 시험법 설정에 있어서 유의할 점

(1) 종래의 유사한 제품을 참고하는 것은 당연하지만 특히 새로운 형태의 용기는 사용방법, 사용 장소, 등 모든 것을 고려하여 충분히 검토할 필요가 있다.

(2) 용기 단독에 한하지 말고 반드시 내용물과 함께 제품 전체의 관점에서 검토한다.

(3) 용기의 사용성이나 휴대성은 모니터 요원을 대상으로 충분히 검증한다.

(4) 종래의 시험법에 국한하지 말고 해당 제품의 사용조건을 고려하여 각 제품의 특성에 맞는 시험항목을 설정하고 가혹시험, 가속시험을 통하여 적절히 선정하여 시험기간을 단축한다.

8.5. 화장품 용기의 개발 동향

화장품의 포장에 관한 법적 규제는 약사법에 의한 표시규제, 소방법의 고압가스 단속법, 화장품의 적정포장규제, 의장등록 등이 있다.

8.5.1. 소재 가공 방법

과학기술의 진보에 따라 화장품 용기에 이용되는 소재 및 가공방법도 다양화 되어 있다. 예를 들면, 지금까지 화장품에서는 내용물 보호성 및 투명성이 양호하여 유리용기가 많이 사용되어 왔는데, PET 용기가 개발됨에 따라 유리를 대체할 수 있게 되어 많이 사용되고 있는 추세이다. 새로운 소재, 가공방법의 개발로 지금까지 불가능했던 새로운 용기 형태 및 사용성을 지닌 용기를 개발해 나가야 한다. 또한 여러 가지 수지의 혼합사용을 통하여 각각의 장점을 살린 물성을 나타내는 새로운 복합 소재의 개발도 필요하다.

8.5.2. 환경보전에의 대응

세계 각국에서 지구 환경보전을 위해 적극적으로 대처하고 있다. 화장품 용기에 있어서도 이러한 자원보전 및 환경보전의 노력에 적극적으로 대처해야 한다. 현재도 재생(recycling)이 가능한 용기의 사용을 늘리고 재생용지를 사용한다든지 하는 노력을 계속하고 있으나, 리필 (refill) 용기 등의 적용을 적극적으로 추진함으로써 쓰레기 감량화에 동참하고, 환경호르몬

의심물질을 가소제로 사용하지 않는다든지, 연소 시 유독가스가 발생되지 않는 용기를 적극 개발하여 사용할 필요가 있다. 또한 생분해성 수지의 개발 적용에도 관심을 가져야 할 것이며, 용기의 회수 재활용 기술의 진보도 예상되는데, 이러한 환경보전을 충분히 고려한 용기 설계가 필요 하다.

참고문헌

1. 光井武夫, 新化粧品學, 第2版, 南山堂, 2001.
2. 한국플라스틱기술정보센터, 플라스틱 해설과 물성집, 한국플라스틱기술정보센터, 2006.

제 9 장

기초화장품

제9장 기초화장품

9.1. 기초화장품의 개요

화장품이란"인체를 청결·미화하여 매력을 더하고, 용모를 밝게 변화시키거나, 피부의 건강을 유지 또는 증진하기 위하여 인체에 사용되는 물품으로서 인체에 대한 작용이 경미한 것"으로 화장품법에 정의되어 있다. 이러한 목적으로 사용되는 화장품에는 여러 가지 종류가 있는데, 특히 피부의 청결, 보호 및 건강을 유지시키기 위해 사용되는 물품이 기초화장품이라고 할 수 있다. 즉, 피부는 생명체를 외부로부터 보호해 주는 아주 중요한 기관이며, 이는 환경 변화 및 연령 증가와 함께 작용이나 구조가 불균형을 일으키게 되는데, 기초화장품은 피부가 정상적인 기능을 수행할 수 있도록 도와주는 제품이다.

9.2. 기초화장품의 사용 목적

피부는 신체를 보호하기 위하여 여러 가지 보호 물질 및 시스템을 가지고 있다. 그러나 이들은 피부 내부와 외부의 여러 요인들에 의하여 손실 또는 파괴되어 본래의 기능을 수행하기 어렵게 되는 경우가 흔히 발생한다. 기초화장품은 이렇게 피부가 가지고 있는 본래의 기능을 원활히 수행할 수 있도록 도와주는 제품이라고 할 수 있는데, 그 사용 목적을 보면 다음과 같다.

① 피부를 청결히 한다.
② 피부의 수분밸런스를 유지시킨다.
③ 피부의 신진대사를 촉진시킨다.
④ 피부를 유해한 외부 환경 인자(자외선, 미생물, 먼지, 공해 등)로부터 보호한다.

9.3. 기초화장품의 기능

기초화장품의 기능은 피부 본래가 가지고 있는 기능을 정상적으로 작용하도록 도와주는 것이다. 즉, 피부 항상성(恒常性, homeostasis)이 정상적으로 발휘되도록 해 주며 결과적으로 피부를 아름답고 건강하게 유지시켜 준다. 기초화장품의 주요 기능들을 살펴보면 다음과 같다.

① 세정(cleansing)
② 청결(clearness)
③ 보습(moisturizing)
④ 항산화(抗酸化, anti-oxidation)
⑤ 자외선 방어(anti-sunlight)
⑥ 미백(whitening)
⑦ 주름·처짐의 개선(anti-wrinkle, lifting)
⑧ 여드름 방지(anti-acne)

피부 자체에도 보습 및 보호 기능을 담당하는 성분들이 있는데 그 대표적인 것으로 자연보습 인자(NMF, natural moisturizing factor), 세라마이드(ceramide) 및 피지(皮脂, sebum) 등이 있는데, 이들에 대해서 간단히 살펴본다.

9.3.1. 피부자연보습인자(NMF)

아미노산(amino acid)을 주성분으로 하는 보습 성분들로 피부 각질층에 존재하며 그 조성은 표 9.1과 같다.

표 9.1. NMF의 조성

성분명	함량(wt %)	비 고
Amino acids	40.0	
PCA[1]	12.0	
Lactate	12.0	
Urea	7.0	
NH$_3$, 구연산염 등	1.5	

성분명	함량(wt %)	비 고
Minerals	18.5	Na 5%, K 4%, Ca 1.5%, Mg 1.5%, PO4 0.5%, Cl 9%
기타 당(糖), 유기산(有機酸), 펩타이드(Peptide) 등	8.5	

PCA[1] : sodium-2-pyrrolidone-5-carboxylate

9.3.2. 세라마이드(Ceramide)

피부는 각질 세포가 여러 층으로 마치 블록(block)을 쌓아 놓은 것처럼 되어 있는데, 이를 그림9.1에 간단히 나타내었다. 피부 각질 세포 사이에 존재하는 세포간지질(細胞間脂質)의 약 40%를 차지하는 성분으로 피부의 보습 및 보호 기능에 결정적인 역할을 하는 것으로 알려져 있다. 세포간지질의 조성을 표 9.2에 나타내었다.

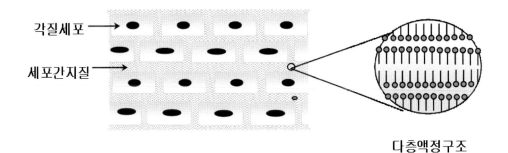

다층액정구조

그림 9.1. 피부 각질층의 구조 모식도

표 9.2. 세포간지질의 조성

성분명	함량(wt %)	비고
Ceramides	41.1	
Cholesterol	26.9	
Cholesterol Esters	10.0	
Fatty Acids	9.1	
Cholesterol Sulfate	1.9	
Others	11.0	phospholipids 등

9.3.3. 피지(Sebum)

피부내의 모공과 연결된 피지선(sebaceous gland)에서 분비되는 물질들로 피부 표면에 보호막(膜)을 형성하여 외부로부터 피부를 보호하고 내부로부터 수분이 손실되는 것을 막아주며 피부를 부드럽게 해주는 역할을 담당한다. 주로 지방질 같은 유성(油性) 성분들로 구성되며 그 조성은 표 9.3과 같다.

표 9.3. 피지의 조성

성분명	함량 평균(wt %)	함량 범위(wt %)
Triglyceride	41.0	19.5 ~ 49.4
Diglyceride	2.2	2.3 ~ 4.3
Free fatty acids	16.4	7.9 ~ 39.0
Squalene	12.0	10.1 ~ 13.9
Wax ester	25.0	22.6 ~ 29.5
Cholesterol	1.4	1.2 ~ 2.3
Cholesterol ester	2.1	1.5 ~ 2.6

즉, 피부는 위에서 언급한 세 가지 주요 인자들에 의해 수분을 유지하고 있는데, 기초화장품은 이들과 유사한 성분들로 구성함으로써 외부 환경 및 나이에 따라 손실되기 쉬운 피부 보습 및 보호 인자들의 기능을 대신해 준다. 다음의 그림 9.2에 피부와 화장품과의 관계를 나타내었다.

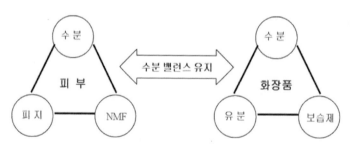

그림 9.2. 피부와 기초화장품의 관계 모식도

9.4. 기초화장품의 종류 및 특성

9.4.1. 세안제(洗顔劑, Foam cleansing)

(1) 세안제의 기능 및 사용 목적

세안제는 화장의 첫 단계에서 사용되는 제품으로서 피부에서의 과잉(過剩)된 피지, 오래된 각질, 먼지, 오염, 메이크업 잔유물 등을 제거할 목적으로 사용된다. 과잉의 피지, 노폐물, 오염 물질 등이 피부에 오래 존재하게 되면 이들이 산패(酸敗)되거나 미생물이 서식하게 되어 피부에 나쁜 영향을 미치기 때문에 이들을 효과적으로 제거하는 것이 화장에 있어서 무엇보다 중요하다. 그러나 피부를 너무 지나치게 세정할 경우 피부가 필요로 하는 정상적인 피지, NMF 성분 및 각질층까지도 손상되기 때문에 과도한 세정은 오히려 피부 보습 및 보호 기능을 떨어뜨리는 나쁜 결과를 초래할 수도 있다. 따라서 사용 목적에 맞는 적당한 세안제를 선택하여 올바른 사용법으로 사용하는 것도 매우 중요한데, 세안제 선택 시 고려할 사항은 다음과 같다.
　① 씻고자 하는 대상(피부 표면 상태)
　② 피부 표면에 존재하는 오염의 종류
　③ 세안제의 형태
　④ 세정 방법

(2) 세안제의 종류 및 특성

세안제는 크게 두 가지 형태로 나누어지는데, 그 하나는 물을 이용하여 거품을 내어 사용하는 폼클렌징(foam cleansing)으로 대표되는 계면활성제 형태의 수성(水性) 세안제가 있다. 또 다른 형태로는 물을 사용하지 않고 얼굴에 문지른 후 티슈로 닦아내거나 물로 헹구어내는 클렌징 크림(cleansing cream)같은 용제(溶劑) 형태의 유성(油性) 세안제가 있다. 보통의 오염은 수성 세안제만으로 쉽게 제거되지만 과잉의 피지나 내수성(耐水性)이 강한 메이크업 잔유물 등은 잘 제거되지 않기 때문에 유성 세안제로 먼저 오염을 제거한 후 수성 세안제를 사용하는 이른바 이중(二重) 세안이 일반적으로 실시되고 있다. 아래 표9.4에 세안제의 종류 및 특성에 대하여 간단히 나타내었다.

표 9.4. 세안제의 종류 및 특성

제 형	성 상	특 징
계면활성제 형	고형 비누	전신용(全身用) 세정제의 주류, 사용이 간편함
	페이스트(Paste)	얼굴 전용(專用)으로 사용시 거품 생성이 우수함
	젤(Gel)	두발, 바디용 세정제의 주류
	과립, 분말	사용 간편, 효소 등 배합 가능
	에어로졸	발포(發泡)형으로 쉐이빙 폼에 주로 사용
용제형(溶劑形)	크림	오일을 다량 함유한 O/W에멀젼이 주류, 진한 메이컵 화장 제거용
	유액(乳液)	크림에 비해 산뜻한 사용감
	워터	가벼운 메이컵 화장 제거용
	젤	마이크로 에멀젼 타입과 수성 젤 타입의 두종류가 있음
기 타	오일	사용 후 촉촉한 감촉이 남음
	팩	건조 후 제거 시 피부 표면의 오염 물질 흡착 제거

최근에는 수성 세안제의 제형(劑形)이 비누 베이스(soap base) 형태에서 좀 더 마일드한 아미노산 계면활성제가 혼합된 비누 베이스가 주류를 이루고 있고 유성(油性) 세안제의 종류도 O/W클렌징 크림에서 W/O타입, 액정 또는 마이크로에멀젼 타입으로 다양화되고 있다.

(3) 제조 공정도 및 처방 예

① 폼클렌징 제조 공정도

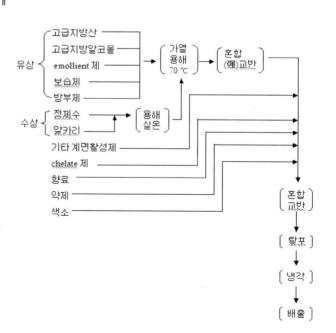

② 폼클렌징 처방 예(Faom cleansing)

	원료명	wt %	제조순서
1	Stearic acid	10.0%	① 1~7을 용해조에 투입 75℃ 가온 혼합시키고 메인믹서에 투입시킨다.
2	Palmitic acid	10.0	
3	Myristic acid	12.0	② 8~15를 투입 75℃ 가온 혼합시킨다.(20분 이상 가열하지 말 것)
4	Lauric acid	4.0	
5	Palm oil	2.0	
6	Glycerine mono stearate(GMS)	2.0	③ 호모믹서 2000rpm, 패들믹서 20rpm으로 3분간 유화(검화)시킨후 패들믹서만 20분간 더 혼합시킨다. (온도가 80℃~85℃ 유지)
7	Twwen-80	2.0	
8	Glycerin	15.0	
9	PEG 1500	10.0	
10	KOH	6.0	
11	방부제	적량	
12	EDTA-3Na	적량	④ 패들믹서 20rpm을 유지하면서 냉각, 탈포시킨다.
13	향료	적량	
14	색소	적량	⑤ 30℃에 배출시킨다.
15	정제수	To100	

③ 클렌징크림 처방 예(Cleansing cream, O/W 타입)

	원료명	wt %	제조순서
1	Bees wax	0.5%	
2	Cetostearyl alcohol	1.0	
3	Glyceryl monostearate	1.0	
4	Petrolactum(Vaseline)	3.0	
5	Glyceryl stearate (and) PEG-100 stearate	0.5	
6	Liquid paraffin	45.0	
7	Octyl dodecanol	3.0	
8	Dimethicone	0.2	
9	PEG 40 stearate	1.2	9.4.4. 에몰리엔트 크림 참조
10	Sorbitan monostearate	0.8	
11	1,3 Butylene glycol	3.0	
12	Glycerine	3.0	
13	Carbomer	0.2	
14	TEA	0.2	
15	Hydroxyethyl cellulose	0.05	
16	방부제	적량	
17	향료	적량	
18	정제수	to 100	

9.4.2. 화장수(Skin, Toner)

(1) 화장수의 기능 및 사용 목적

화장수는 저점성(低粘性, low viscosity)의 투명 또는 반(半)투명 액상의 제품으로 피부를 청결하게 하고 수분을 공급하며 pH 조절 등 세안 후의 피부 정돈을 목적으로 사용된다. 세안제로 피부를 세정하면 피부 각질 및 보습 성분들도 함께 제거되므로 피부가 건조해지기 쉽다. 한편 피부의 pH는 4.5~5.5 정도의 약산성(弱酸性)인 반면에 대개의 수성(水性) 세안제인 비누나 폼클렌징 등은 pH가 높은 알카리성이기 때문에 세정 후 피부가 일시적으로 알카리성으로 바뀌게 된다. 화장수의 경우 pH가 대개 5.0~6.0정도이므로 화장수를 사용하면 피부의 pH를 원래 상태로 회복시키는데 도움을 준다.

(2) 화장수의 종류 및 특성

화장수의 종류는 크게 피부 각질층에 수분을 공급하고 피부를 유연하게 할 목적으로 사용되는 유연화장수(柔軟化粧水, skin lotion)와 수렴 작용 및 피지 분비 억제 작용의 수렴화장수(收斂化粧水, astringent) 및 세정을 목적으로 사용되는 세정용화장수로 나눌 수 있으며, 다음 표 9.5에 간단히 요약하여 설명한다.

표 9.5. 화장수의 종류 및 특성

구 분	특 징
유연화장수	각질층에 수분을 공급하고 보습 성분을 함유하여 피부를 유연하고 매끄럽고 건강하게 유지시킴
수렴화장수	각질층 보습외에 수렴 작용 및 피지 분비 억제 작용 등의 효과를 부여하며, 흔히 아스트린젠트 또는 토닝 스킨으로도 불리움
세정용화장수	가벼운 화장 및 피부 오염을 제거하고 피부를 청결하게 유지시키기 위해 사용됨

최근에는 세정용화장수는 세안제의 보편화로 많이 사라졌고 수렴화장수도 모공 케어 제품들이 출시되고 유연화장수와의 차별화 부족으로 대부분 사용하지 않고 있다. 그러나 유연화장수인 스킨은 시장이 더욱 커져 유연화장수 제형이 투명 화장수, 반투명화장수 및 유화 화장수 등으로 제형이 다양화되고 있다.

(3) 화장수의 주요 성분 및 제조 방법

화장수에 사용되는 원료에는 여러 가지 기능을 갖는 성분들이 사용되고 있는데, 이들을
다음의 표 9.6에 요약했다.

표 9.6. 화장수의 주요 성분 및 사용량

구 분	주기능	대표적 원료	사용량
정제수	수분 공급, 다른 성분 용해	이온 교환 및 RO[1]처리	30~95
알코올	청량감, 정균, 다른 성분 용해	에탄올	0~40%
보습제	보습, 사용 감촉, 타 성분 용해	글리세린, 디프로필렌글리콜, 프로필렌글리콜, 부틸렌글리콜, 폴리에틸렌글리콜, 히아루론산, PCA, 당류, 아미노산류 등	~20%
유연제	유연, 보습, 사용 감촉	에스터유, 식물유, 실리콘 오일 등	적량
가용화제	오일, 향료 등의 용해	비이온 계면활성제 (POE[2]경화피마자유에스터)	~1%
완충제	PH 조절	구연산, 구연산나트륨	적량
점증제	사용감, 보습, 점도 조절	카르복시비닐폴리머, 셀룰로오즈유도체, 산탄검 등	~2%
향료	향취	합성 및 천연 향	적량
방부제	미생물 오염 방지	파라벤, 페녹시에탄올 등	적량
색소	색상 표현	허가 색소	미량
변색방지제	변퇴색 방지	자외선 흡수제	적량
효능성분 (수렴제) (살균제) (세포활성제) (소염제) (미백제)	피부 긴장감 유해(有害) 세균 살균 피부 활성 촉진 항염증 멜라닌색소 억제	탄닌, Benzalkonium chloride, 비타민, 동·식물추출물, 감초산유도체, 비타민C, 알부틴	적량

[1] RO: Reverse Osmosis (역삼투압 방식)
[2] POE: Poly Oxy Ethylene

화장수의 제조 방법은 단순 혼합 형태로 물에 용해시키기 어려운 물질들을 계면활성제인 가용화
제라는 성분을 이용하여 용해시키는 기술로서 소위 가용화(solubilization) 기술을 이용하여 제
조하고 있다. 위 표9.6에 나타낸 성분들 중 수용성 성분들은 정제수에 용해시켜 수상(水相,
water phase)을 만들고, 물에 불용성(不溶性)인 유연제, 방부제, 향료 등은 계면활성제와 함께
에탄올에 용해시켜 알코올상(alcohol phase)을 만든 후 알코올상을 수상에 서서히 첨가하면서

혼합 교반하여 제조한다. 또한 화장수는 장기간 보관시 pH 변화에 따른 색상 변화를 주의해야
하기 때문에 완충제를 처방에 넣어야 한다. 표 9.7은 pH에 따른 구연산과 구연산나트륨을 이용
한 조제 방법이다. 가용화의 원리에 대한 것은 그림 9.3에 나타내었다.

표 9.7. 구연산/구연산나트륨의 pH에 따른 완충용액 제조

pH	x	pH	x
3.0	46.5	4.8	23.0
3.2	43.7	5.0	20.5
3.4	40.0	5.2	18.0
3.6	37.0	5.4	16.0
3.8	35.0	5.6	13.7
4.0	33.0	5.8	11.8
4.2	31.5	6.0	9.5
4.4	28.0	6.2	7.2
4.6	25.5		

x ml 0.1M citric acid (21.01g $C_9H_8O_7 \cdot H_2O/L$)에 $(50-x)$ ml 0.1M sodium citrate
(29.41g $C_9H_5O_7Na_3 \cdot 2H_2O/L$)를 가하고 추가로 증류수를 가하여 100 ml로 만든다.

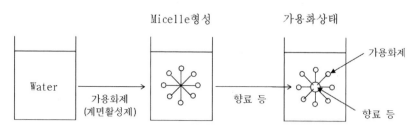

그림 9.3. 가용화의 원리

(4) 제조 공정도 및 처방 예

① 화장수 제조 공정도

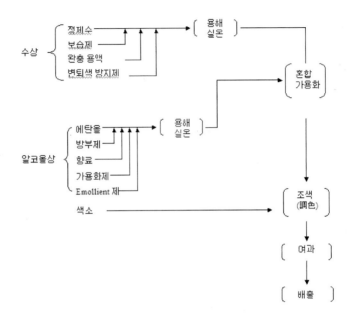

② 투명화장수 처방 예

	원료명	wt %	제조순서
1	Ethanol	7.0%	
2	POE(40) Hydrogenated castor oil	0.3	① 1~4를 용해조에 투입 실온 혼합시킨다.
3	향료	적량	
4	방부제	적량	② 별도의 용해조에 5의 일부를 이용하여 6, 7을 분산시키고 메인믹서로 투입시킨다.
5	정제수	to 100	
6	Quince seed gum	0.1	
7	Methyl cellulose	0.2	
8	1,3 Butylene glycol	5.0	③ 5의 나머지와 8~15를 실온 혼합시키고 메인믹서로 투입시킨다.
9	Dipropylene glycol	5.0	
10	PEG 1500	5.0	
11	EDTA-3Na	적량	④ ①항을 메인믹서에 서서히 투입시켜 가용화시킨다.
12	변색방지제	적량	
13	Buffer solution	적량	
14	식물추추물	적량	⑤ 여과하면서 배출시킨다.
15	색소	적량	

③ 반투명(현탁제형)화장수 처방 예

	원료명	wt %	제조순서
1	Ethanol	8.0%	투명화장수 제조 방법과 동일
2	PEG-40 Hydrogenated caster oil	0.6	
3	Phenyl trimethicone	0.2	
4	방부제	적량	
5	정제수	to 100	
6	Glycerine	5.0	
7	Dipropylene glycol	5.0	
8	Buffer solution	적량	
9	EDTA-3Na	적량	
10	식물추출물	적량	
11	색소	적량	
12	향료	적량	

9.4.3. 유액(乳液, Milk lotion, Lotion)

(1) 유액의 정의, 기능 및 사용 목적

유액은 흔히 로션이라고 하고 있고, 화장수와 크림의 중간 형태를 갖는 제품으로 보통 유분량(油分量)이 적으며 유동성을 갖는 에멀견(emulsion) 형태의 제품이다. 사실 로션은"물약"이라는 뜻으로 외국의 경우에는 주로 화장수를 일컫는 용어로 사용되나 국내에서는 영양 유액(營養 乳液)의 의미로 사용되고 있는데, 좀 더 정확한 표현으로는"밀크 로션"이란 용어가 더 가깝다고 할 수 있다.(일본에서는 스킨을 로션 또는 화장수라고 하며 우리가 말하는 로션은 밀크 로션 또는 유액이라고 함) 기초화장품은 피부의 항상성 기능 유지, 회복 등의 기능을 갖는데, 유액의 경우도 피부의 수분 밸런스를 유지할 수 있도록 수분, 보습제, 유분 등을 공급하여 피부의 보습, 유연 기능 등을 부여할 목적으로 사용된다.

(2) 유액의 종류 및 특징

유액은 사용 목적 또는 제형에 따라 다음의 표 9.8과 같이 나누어진다.

표 9.8. 유액의 종류 및 특징

구 분	종 류	기능 및 특징
목적·기능별 분류	모이스처로션	밀크로션, 모이스처에멀젼 등으로도 불리며 사용 목적에 맞게 제형 및 유분, 보습제량 등이 다름
	클렌징로션	피부 메이컵 잔류물이나 오염을 제거하는데 사용됨
	마사지로션	혈행 촉진 및 유연 효과를 부여함
	선블록로션	자외선으로부터 피부를 보호
	핸드로션	건조, 주부 습진 등 예방
	보디로션	전신(全身)용 유액
제형(劑形)별 분류	O/W에멀젼	가볍고 산뜻한 사용감
	W/O에멀젼	보습 효과 우수
	W/O/W에멀젼	사용감 보습 효과 우수
	S/W에멀젼	부드럽고 산뜻한 사용감 부여
	W/S에멀젼	가벼운 사용감, 유효성분 안정성, 안전성 우수

(3) 유액의 주요 성분 및 제조 방법

유액의 구성 성분은 크림과 유사하지만 고형 유분(油分)과 왁스(wax)류의 사용량이 크림에 비하여 적다. 다음 표 9.9에 유액의 제조에 일반적으로 사용되는 원료들을 나타내었다.

표 9.9. 유액의 주요 성분

구성 성분	종 류	대표 성분
유성(油性) 성분	탄화수소	스쿠알란, 유동파라핀, 바셀린 등
	유지	올리브유, 아몬드유, 호호바유, 마카데미아 너트유 등
	왁스	밀납, 라놀린, 등
	지방산	스테아린산, 올레인산, 미리스틴산 등
	고급알코올	세탄올, 스테아릴알코올, 베헤닐 알코올, 콜레스테롤 등
	에스터유	옥틸도데실 미리스테이트, 세틸옥타노에이트, 이소세틸 미리스테이트 등
	기타	실리콘 유, 불소계 오일 등
수성(水性) 성분	보습제	글리세린, 프로필렌글리콜, 부틸렌글리콜, 폴리에틸렌글리콜 등
	점증제	카르복시비닐폴리머, 산탄검, 셀룰로오스유도체 등
	알코올	에탄올
	정제수	이온교환 및 역삼투압 수
계면활성제 (유화제)	비이온성	모노스테아린산글리세린, POE 소르비탄지방산에스터

구성 성분	종 류	대표 성분
기타	중화제	트리에탄올아민, 수산화나트륨, 수산화칼륨
	향료	합성 및 천연 향료
	색소	허가 색소, 안료
	Chelate제	EDTA[1]산 염
	방부제	파라벤, 이미다졸리디닐우레아 등
	산화방지제	토코페롤(비타민E), BHT[2]등
	완충제	구연산, 구연산나트륨, 등
	약제(藥劑)	비타민류, 자외선흡수제, 아미노산, 동·식물 추출물 등

[1] EDTA : Ehylene Diamine Tetra Acetic acid
[2] BHT : diButyl Hydroxy Toluene

유액은 소위 유화(乳化, emulsification) 기술을 이용하여 제조하는데, 유화란 물과 기름처럼 서로 섞이지 않는 두 가지 액체(相)를 한쪽 상(相, phase)에 다른 한쪽 상을 미세한 입자 상태로 분산시킨 계(系, 에멀젼)의 일종으로 유액의 경우 실온에서 유동성(흐름성)을 갖는 것이 특징이다. 위 표 9.9에 나타낸 여러 가지 구성 성분들 중 물에 잘 용해되는 것은 수상 (water phase)에 용해시키고 오일에 잘 용해되는 것은 유상(oil phase)에 용해시킨 후 호모 믹서(homo mixer)를 이용하여 혼합 교반 후 냉각시키는 방법으로 제조된다. 이때 열에 약한 약효 성분이나 휘발되기 쉬운 향료 등은 유화 후 냉각시키는 과정에서 대개 50℃이하의 온도에서 투입하여 혼합한다. 그림 9.4는 유화의 원리를 나타냈다.

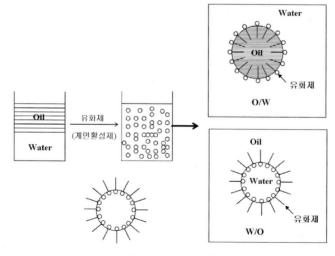

그림 9.4. 유화의 원리

(4) 제조 공정도 및 처방 예

① 로션의 제조 공정도

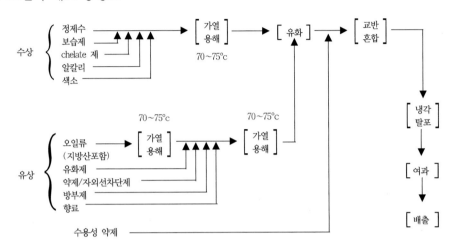

Cf〉 * Carbomer를 사용하는 경우에는 별도의 검믹서(Gum mixer)가 필요하며 투입은 유화 후 투입하는
것이 바람직하며 중화제도Carbomer 투입후 투입하는 것이 바람직함

② 페이스 로션 처방 예(Face lotion, O/W 타입)

	원료명	wt %	제조순서
1	Cetyl alcohol	1.0%	
2	Bees Wax	0.5	① 1~7을 용해조에 투입 75℃ 가온 혼합시킨다.
3	Vaseline	2.0	
4	Squalane	6.0	② 8의 일부로 9~10을 실온 분산시킨 후 메인믹서로 투입 시킨다.(메인믹서 투입 시 200 메쉬로 라인 여과시킨다.)
5	Dimethylpolysiloxane	2.0	
6	Arlacel-83	0.8	③ 8의 나머지와 11~15를 투입 75℃ 가온 혼합시키고 메인 믹서로 투입시킨다.
7	Tween-80	2.0	
8	정제수	to 100	④ 메인믹서를 75℃로 맞춘후 mixing하면서 ①항을 서서히 투입시키고 호모믹서 3500rpm, 패들믹서 20 rpm으로 10분간 유화시킨 후 패들믹서만 이용 냉각, 탈포시킨다.
9	Carbomer	0.3	
10	Quince seed gum	0.5	
11	Glycerin	4.0	⑤ 냉각온도 50℃에서 16, 17을 혼합한 것을 메인믹서에 투입시키고 호모믹서 3500rpm, 패들믹서 20rpm으로 1 분간 가동 후 냉각, 탈포시킨다.
12	Dipropylene glycol	6.0	
13	EDTA-3Na	적량	
14	색소	적량	
15	방부제	적량	⑥ 30℃에서 배출시킨다.
16	Ethanol	2.0	
17	향료	적량	

③ 핸드 로션(Hand lotion, O/W 타입)의 처방 예

	원료명	wt %	제조순서
1	Isopropyl palmitate	4.0%	페이스 로션 제조방법과 동일
2	Liquid paraffin	5.0	
3	Cetyl alcohol	0.5	
4	Dimethicone	0.5	
5	Stearic acid	1.2	
6	Lanolin alcohol	0.3	
7	Glyceryl Stearate (and) PEG-100 Stearate	4.5	
8	정제수	To 100	
9	Carbomer	0.2	
10	Sorbitol(70% solution)	2.5	
11	TEA	0.7	
12	방부제	적량	
13	향료	적량	

9.4.4. 크 림

(1) 크림의 정의, 기능 및 사용 목적

크림은 유액(乳液)처럼 물과 오일이 서로 혼합된 유화물(emulsion)의 일종이다. 유액이 액상의 에멀젼임이지만 크림은 반(半)고형상(크림상) 에멀젼이다. 대개 유액에 비하여 오일이나 왁스 등과 같은 유성(油性) 성분을 많이 함유하고 있다. 크림 또한 피부에 대하여 수분 밸런스를 지켜주고 수분이나 보습제, 유분 등을 공급하여 피부의 보습, 유연 기능을 부여한다. 이외에도 혈행 촉진, 세정, 자외선 방어 등 그 사용 목적에 따라 다양한 기능을 갖는다.

(2) 크림의 종류 및 특징

유액과 마찬가지로 크림의 경우에도 그 사용 목적 및 제형에 따라 다양한 기능의 제품들이 사용되고 있는데, 이를 표 9.10에 간략히 나타내었다.

표 9.10. 크림의 종류 및 특성

구 분	종 류	특 징
목적 · 기능별 분류	모이스처크림	영양크림, 나리싱(Nourishing)크림 등으로도 불리며 사용 목적에 맞게 제형 및 유분, 보습제 량 등이 다름
	클렌징크림	강한 메이컵 잔류물이나 오염을 제거하는데 사용됨
	마사지크림	혈행 촉진 및 유연 효과를 부여함
	선블록크림	자외선으로부터 피부를 보호
	메이컵베이스크림	밑(바탕) 화장으로 사용되는 크림
	헤어 크림	모발 보호 및 정발 효과
제형별 분류	O/W크림	가볍고 산뜻한 사용감의 일반적인 크림
	W/O크림	보습 효과 우수
	W/O/W크림	사용감 보습 효과 우수
	S/W(silicone in water)크림	부드럽고 산뜻한 사용감 부여
	W/S(water in silicone)크림	가벼운 사용감, 유효성분 안정성, 안전성 우수

보통 로션이나 크림은 유화 입자가 약 1 ~ 5㎛ 정도로 매우 작아서 육안으로 잘 보이지 않기 때문에 우리 눈에는 균일한 하나의 상으로 보이게 된다. 그림 9.5는 대표적인 O/W크림의 현미경 관찰 사진으로 미세한 유화 입자(오일)를 볼 수 있다.

그림 9.5. 시판 크림의 현미경 사진

(3) 크림의 주요 성분 및 제조 방법

크림도 유액과 마찬가지로 유성(油性) 성분, 수성(水性) 성분, 계면활성제(유화제), 방부제, 킬레이트제, 향료, 색소, 약효 성분 등으로 구성되며 제조 방법에 있어서도 유액의 경우와 거의 유사하다.

(4) 제조 공정도 및 처방 예

① 크림의 제조 공정도

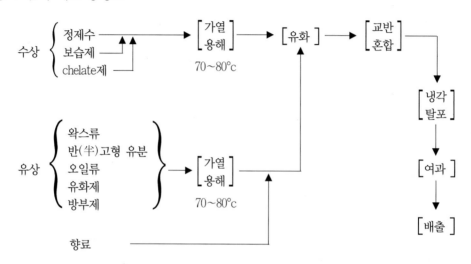

② 에몰리엔트 크림의 처방 예(Emollient cream, O/W 타입, Non-ion 계면활성제)

	원료명	wt %	제조순서
1	Stearyl alcohol	6.0%	① 1~7을 용해조에 투입 75℃ 가온 혼합시킨다.
2	Stearic acid	2.0	
3	Hydrogenated lanoline	4.0	② 8의 일부로 9~10을 실온 분산시킨후 메인믹서로 투입시킨다. (메인믹서 투입시 200 메쉬로 라인여과시킨다.)
4	Squalane	10.0	
5	Octyl dodecanol	10.0	
6	GMS(Glycerine Mono Stearate)	2.0	③ 8의 나머지와 11~14를 투입 75℃ 가온 혼합시키고 메인 믹서로 투입시킨다.
7	POE(25)Cetyl alcohol ether	3.0	
8	정제수	to 100	④ 메인믹서를 75℃로 맞춘후 mixing하면서 ①항을 서서히 투입시키고 호모믹서 3500rpm, 패들믹서 20 rpm으로 10분간 유화시킨후 패들믹서만 이용 냉각, 탈포시킨다.
9	Xanthan gum	0.5	
10	Na-hyaluronate	0.1	
11	Glycerin	4.0	
12	Dipropyleng glycol	8.0	⑤ 냉각온도 50℃에서 15를 메인믹서에 투입시키고 호모믹서 3500rpm, 패들믹서 20rpm으로 1분간 가동후 냉각, 탈포시킨다.
13	산화방지제	적량	
14	방부제	적량	
15	향료	적량	⑥ 30℃에서 배출시킨다.

③ 선크림(Sunscreen cream, W/O 타입, SPF 50+)의 처방 예

	원료명	wt %	제조순서
1	Cyclopentasiloxane	15.0	① 7,8은 분산액을 이용한다.
2	PEG-10 Dimethicone	7.0	② Portable mixer로 1~2를 이용하여 원료 3을 실온 분
3	Quaternium 18 hectorite	1.0	산시키고 유상 용해조에 투입시킨다.
4	Distearyldimonium chloride	0.2	③ 4~8을 투입 70℃ 가온 혼합시키고 메인 믹서로 투입
5	Octylmethoxycinnamate	7.0	시킨다.
6	Octocrylene	2.0	④ 9~14를 투입 70℃ 가온 혼합시킨다.
7	미립자ZnO	10.0	⑤ 메인믹서를 70℃ 호모믹서 3500rpm, 패들믹서 20
8	미립자TiO2	7.0	rpm으로 맞춘후 ④의 20%만 투입 2분간 혼합시킨다.
9	정제수	to 100	나머지 80%도 20% 씩 4번에 걸쳐서 반복해서 혼합
10	1,3 Butylene glycol	5.0	시킨다.
11	Dipropyleneglycol	5.0	⑥ 모두 혼합이 되면 유화를 시킨다.(호모 3500 rpm, 패들
12	Magnesuim sulfate	0.5	20 rpm, 5분간, 70℃, 15 투입 후 3분간 추가 유화)
13	산화방지제	적량	⑦ 유화 후 냉각, 탈포시킨다.
14	방부제	적량	⑧ 30℃에서 배출시킨다.
15	향료	적량	

9.4.5. 에센스(Essence, Serum)

(1) 에센스의 정의, 기능 및 사용 목적

과학의 발달 및 문화생활 수준의 향상과 함께 화장품 분야에서도 새로운 장르의 제품들이 출시되어 큰 시장을 형성하고 있는데, 가장 대표적인 것이 에센스 제품이다. 에센스 (essence)는 "농축(濃縮)"이미지의 제품으로 각종 보습 성분 및 유효 성분을 많이 함유하고 있는 특징이 있다. 요즘은 세럼(serum)이라는 이름으로 표기한 제품들도 많이 있는데, serum의 본래 의미는 "혈청"이라는 뜻인데, 미용 농축액의 의미로 에센스와 혼재되어 사용되고 있다. 에센스는 미용 성분을 많이 함유하고 있으며, 사용 시 화장수나, 유액 등과는 다른 느낌을 주기 때문에 화장수나 유액, 크림만으로 부족하다고 느끼는 보습 및 효능·효과를 보다 향상시켜 주는 제품으로 인식되어 널리 이용되고 있다.

(2) 에센스의 종류 및 특성

에센스는 투명한 형태의 가용화 타입과 유액 및 오일 타입 등 여러 종류가 있으며, 투명 및 유화 타입의 제품이 가장 많이 이용되고 있다. 다음의 표 9.11에 에센스의 종류 및 특성

에 대하여 요약 설명한다.

표 9.11. 에센스, 미용액의 분류

형 태	사용 기술	특 징
투명,반투명 화장수 타입	가용화, 마이크로에멀젼, 리포좀 등	보습제의 배합량이 많음. 고분자 점증제의 사용으로 점성 부여
유화 타입	O/W, W/O, W/O/W	유용성 성분의 다량함유로 보습 및 유연효과 우수
오일 타입		올리브, 호호바, 밍크유, 스쿠알란 등 자연성 오일을 사용하여 사용감이 떨어지고 버들거림이 있어 그다지 선호하지 않음
2제 혼합 타입	Spray Dry, Freeze Dry, Capsule	약제 및 제제의 불안정화를 피하거나 Visual 효과를 부여하기 위해 사용되는 제형
기 타	분말 배합, 알코올 고농도 배합	피지 흡착 등을 목적으로 사용

(3) 에센스의 주요 성분 및 제조 방법

에센스의 경우도 앞에서 설명한 화장수나 유액, 크림 등과 유사한 성분들을 이용하여 만든다. 제조 방법 또한 이들과 유사한데, 주요 성분들을 표 9.12에 나타내었다.

표 9.12. 에센스의 주요 성분

구성 성분		대표적 원료
보습제		폴리에틸렌글리콜, 글리세린, 디프로필렌글리콜, 부틸렌글리콜, 솔비톨, 말티톨, 히아루론산, 콜라겐, 엘라스틴, 피롤리돈카르본산나트륨, 아미노산 등
알코올		에탄올
수용성 고분자 (점증제)		카르복시비닐폴리머, 폴리아크릴산나트륨, 셀룰로오즈유도체, 알긴산나트륨, 퀸스 씨드검, 산탄검 등
비이온 계면활성제		POE올레일알코올에테르, POE소르비탄모노에스터, POE 경화피마자유에스터 등
유연제		식물유(올리브유, 호호바유), 에스터유, 스쿠알란, 라놀린 등
약제	미백	비타민C, 알부틴, 감초산 유도체 등
	세포재생	비타민류, 판토테닐에틸에테르, 호르몬류, DNA, 동·식물추출물 등
	산화방지	폴리페놀류, 토코페롤(비타민E), 비타민C, 아미노산류 등
	자외선방지	옥틸메톡시신나메이트, TiO_2, ZnO등
	살균	트리크로산, 벤조일퍼옥사이드 등
	소염(消炎)	알란토인, 감초산 유도체 등
기타		향료, 색소, 방부제, 변색방지제, 중화제, 완충제 등

에센스는 2000년부터 도입된 기능성 화장품에서 효능 효과 부분을 가장 잘 나타낼 수 있는 제형(劑形)이기 때문에 각광을 받고 있는 제형이다.

(4) 유화형 에센스의 처방 예(Essence, Serum)

	원료명	wt %	제조순서
1	Stearic acid	3.0%	① 1~7을 용해조에 투입 75℃ 가온 혼합시킨다.
2	Hydrogenated lanoline	3.0	
3	Cetanol	1.0	② 8의 일부로 9~10을 실온 분산시킨 후 메인믹
4	Liquid paraffin	5.0	서로 투입시킨다.(메인 믹서 투입 시 200 메쉬
5	2-Ethylhexylstearate	3.0	로 라인 여과시킨다.)
6	POE(25) Cetyl alcohol ether	2.0	③ 8의 나머지와 11~15를 투입 75℃ 가온 혼합시
7	GMS(Glycerine Mono Stearate)	2.0	키고 메인 믹서로 투입시킨다.
8	정제수	To 100	④ 메인믹서를 75℃로 맞춘 후 mixing하면서 ①항
9	Carbomer	0.1	을 서서히 투입시키고 호모믹서 3500rpm, 패들
10	Na-hyaluronate	0.15	믹서 20 rpm으로 10분간 유화시킨 후 패들믹서
11	Glycerine	8.0	만 이용 냉각, 탈포시킨다.
12	1,3 Butylene glycol	12.0	⑤ 냉각온도 50℃에서 16을 메인믹서에 투입시키
13	TEA(Triethanolamine)	0.15	고 호모믹서 3500rpm, 패들믹서 20rpm으로 1
14	산화방지제	적량	분간 가동 후 냉각, 탈포시킨다.
15	방부제	적량	⑥ 30℃에서 배출시킨다.
16	향료	적량	

9.4.6. 팩·마스크(Pack·Mask)

(1) 팩·마스크의 정의, 기능 및 사용 목적

피부에 도포하고 일정 시간 방치한 다음 건조 후 떼어 내거나 티슈나 물로 닦아내는 화장품류를 흔히 팩 또는 마스크라 부른다. 팩은 아주 오래 전부터 사용되어 온 화장품의 하나로 얼굴 뿐만 아니라 목, 어깨, 팔, 다리 등 부분용 및 전신용으로도 사용되는데, 팩의 주요 기능은 다음과 같다.

① 보습 작용: 팩제(pack劑)에 들어있는 수분, 보습제, 유연제 및 팩의 차폐(遮蔽) 효과 (occlusive effect)에 의해 피부 내부로부터 올라오는 수분에 의해 각질층이 수화(水和) 되고 유연해 진다.

② 청정(淸淨) 작용: 팩제의 흡착 기능으로 피부 표면의 오염을 제거해 주어 우수한 청정 효과가 있다. 필오프(peel-off) 타입의 팩은 각질을 제거해 주는 효과가 있기 때문에 너무 자주 사용하면 정상적인 각질까지도 손상시키므로 주 1∼2회 사용이 바람직하다. 민감한 피부인 경우는 워시 오프(wash-off).

③ 혈행 촉진 작용: 피막제(皮膜劑)와 분말의 건조 과정에서 피부에 적당한 긴장감을 부여하며, 건조 후 일시적으로 피부 온도를 높여 주어 혈행을 촉진시킨다.

(2) 팩·마스크의 종류 및 특성

팩에는 건조 후 떼어 내는 형태인 필오프팩(peel-off pack) 타입과 도포 후 일정 시간 지난 다음 물이나 티슈로 제거하는 워쉬오프팩(wash-off pack) 또는 티슈오프(tissue- off) 타입 및 부직포 등으로 만들어진 첩포(patch) 형태의 시트(sheet) 타입 등 다양한 형태의 제품들이 있다. 시트 타입은 수성겔(hydrogel) 타입과 침적(沈積) 타입이 있는데 국내에는 침적 타입이 주류를 이루고 있다. 이들을 표 9.13에 요약 설명한다.

표 9.13. 팩의 종류 및 특징

구 분	성 상	특 징
Peel-off type	젤리상(狀)	투명 또는 반투명 젤리상. 도포 건조 후 투명한 피막형성. 피막 제거 후 보습, 유연 효과, 청정 효과를 부여함
	페이스트상 (Paste 狀)	분말, 유분, 보습제를 비교적 많이 배합할 수 있기 때문에 건조 후 피막 형성, 제거 후는 촉촉함을 부여함
Wash-off 또는 Tissue-off type	크림상	보통 O/W유화타입의 크림상 제제
	점토상	일명 머드팩이라 불리움
	젤리상	수용성 고분자를 이용한 제품
	에어로졸상	기화열에 의해 청량감 부여
고화후 박리 타입	분말상	석고팩이라 불리움. 석고 성분인 황산칼슘의 수화열(水和熱)에 의해 열감을 부여하는 제품
Sheet (도포)type	부직포 도포타입	사용이 간편한 새로운 형태의 마스크 제품
	부직포 침적타입	부직포에 화장수나 에센스를 침적시킨 형태로 사용이 간편하고 청량감을 부여함

(3) 팩·마스크의 주요 성분 및 제조 방법

팩은 형태에 따라 사용되는 원료가 매우 다르기 때문에 여기서는 대표적인 팩 제형인 필오프 타입 팩의 성분을 중심으로 표 9. 14에 소개한다.

표 9.14. Peel-Off 팩의 주요 성분

구성 성분	대표적 원료	배합량
물	정제수	40~80%
알코올	에탄올	~15%
보습제	폴리에틸렌글리콜, 글리세린, 디프로필렌글리콜, 부틸렌글리콜, 솔비톨, 히아루론산, 피롤리돈카르본산나트륨, 당류(糖類) 등	2~15%
피막제/점증제	폴리비닐알코올, 폴리비닐피롤리돈, 셀룰로오스유도체, 산탄검, 젤라틴 등	10~30%
유분(유연제)	올리브유, 마카데미아너트유, 호호바유, 유동파라핀, 스쿠알란, 에스터유 등	~15%
분말	카오린, 탈크, 산화티탄, 산화아연, 구상셀룰로오스 등	~20%
색소	허가색소, 무기안료 등	적량
약제(藥劑)	미백- 비타민C 및 유도체, 알부틴 등 재생- 비타민류, 판토테닐에틸에테르, 동·식물추출물 등 소염- 알란토인, 감초산 유도체 등	적량
방부제	파라벤류(파라옥시안식향산에스터)	적량
계면활성제	POE 올레일알코올에테르, POE소르비탄에스터 등	~2%
완충제	구연산/구연산나트륨, 락틱애시드/소듐락테이트 등	적량

① 팩의 제조공정도

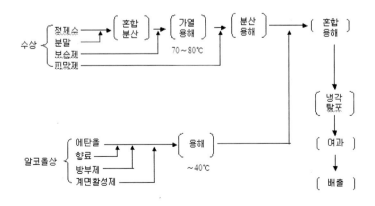

제조 방법에서 피막제인 폴리비닐알코올 분산은 고온인 80℃에서 고속 분산을 시켜야 되며 믹서(mixer) 형태는 고속디스크 (high speed disk) 타입을 이용하는 것이 좋다. 또한 높은 온도에서의 알코올 휘발에 따른 손실(loss)도 감안을 해 주어야 한다.

② Peel-off 타입 팩의 처방 예

	원료명	wt %	제조순서
1	Ehtanol	5.0	① 1~5를 용해조에 투입 실온 혼합시킨다.
2	방부제	적량	
3	향료	적량	② 6을 80℃ 가온시켜 놓고 Disk type의 믹서로 mixing하면서 7~8을 서서히 분산시킨다.
4	POE(40) Hydrogenated castor oil	0.5	
5	Phenyl trimethicone	0.1	③ 9~11을 ②에 투입 혼합 후에 메인 믹서로 투입시킨다.
6	정제수	to 100	
7	Poly Vinyl Acetate Emulsion	15.0	④ 메인믹서를 mixing하면서 ①항을 서서히 투입시키고 혼합시킨 후에 냉각시킨다.
8	Poly Vinyl Alcohol	10.0	
9	Glycerine	2.0	⑤ 30℃에서 배출시킨다.
10	Dipropylene glycol	5.0	
11	Talc	3.0	

③ Wash-off 타입 팩의 처방 예

	원료명	wt %	제조순서
1	Ehtanol	5.0	
2	방부제	적량	
3	향료	적량	① 1~5를 용해조에 투입 실온 혼합시킨다.
4	POE(40) Hydrogenated castor oil	0.3	② 6을 실온에서 Disk type(Gum)의 믹서로 mixing하면서 7을 서서히 분산시킨다
5	Squalane	2.0	
6	정제수	to 100	③ 8~10을 ②에 투입 혼합 및 분산시킨다.
7	Veegum HV	3.0	④ 분산 상태 확인 후 배출시킨다.
8	Dipropylene glycol	5.0	
9	Zinc oxide	10.0	
10	Kaoline	10.0	

참고문헌

1.光井武夫, 新化粧品學, 第2版, 南山堂, 2001.

2.鈴木守, Cosmetology 入門, 幸書房, 1993.

3.J. Knowlton, et al, Handbook of Cosmetic Science and Technology, Elsevier Advanced Technology, 1993.

4.P.Elsner, et al, Cosmetics-Controlled Efficacy Studies and Regulation, Springer, 1999.

5.K. F. De PoloA Short Textbook of Cosmetology, Verlag fur chemische Industrie, H. Ziolkowsky GmbH, Augsburg/Germany, 1998.

6.Anthony L.L. Hunting, A Formulary of Cosmetic Preparations Vol. Two creams, Lotions, and Milks, micelle press, 1993.

7.G.A. Nowak, Cosmetic Preparations Vol. One, Ziolkowsky KG, 1985.

제 10 장

메이크업 화장품

제10장 메이크업 화장품

10.1. 메이크업 화장품의 개요

10.1.1. 메이크업 화장품의 종류와 기능

메이크업 화장품의 역할은 미적(美的) 역할, 보호적 역할, 심리적 역할이 있다. 심리적 역할에는 기분 전환을 통해 활력을 생기게 하고, 화장하는 즐거움과 변신하고 싶은 욕망에 대한 만족감 부여의 기능이 있다. 표 10.1에 메이크업 화장품의 종류 및 기능을 나타냈다.

표 10.1. 메이크업 화장품의 종류 및 기능

종 류		기 능
베이스 메이크업	파우더	1) 피부색 조정 2) 피부에 투명감 부여 3) 땀, 피지 분비 억제 및 화장 지속성 유지
	파운데이션	1) 피부색 변환 2) 피부 결점(기미, 주근깨 등) 커버 3) 자외선으로부터 피부 보호
포인트 메이크업	립스틱	1) 입술에 색을 주어 얼굴이 돋보이게 함 2) 화장 효과가 가장 큼 3) 입술의 건조나 자외선으로부터 보호
	볼연지	1) 볼을 붉고 건강하게 보임이게 함 2) 결점 커버 및 입체감 부여
	아이라이너	1) 눈의 윤곽을 강조 2) 눈 모양을 변화시켜 표정이 풍부해짐
	마스카라	1) 속 눈썹을 길게 하여 눈매를 강조 2) 음영으로 눈매에 표정 부여
	아이섀도우	눈매에 음영 및 입체감 부여
	아이브라우	눈썹 모양 조정
	네일 에나멜 (메니큐어)	1) 손톱에 색상 부여 2) 손톱 보강
	에나멜 리무버	에나멜 제거
	네일 트리트먼트	손톱 보호

10.1.2. 메이크업 화장품의 제형(劑形)과 구성 원료

메이크업 화장품의 안료(顔料)를 여러 가지 기제(基劑) 중에 분산시킨 것이다. 메이크업의 기능, 효과, 사용상의 편리성을 고려해서 여러 형태가 만들어지고 있다. 분말, 고형, 유화 형, 유성 형, 용제 형 등으로 크게 분류할 수 있으나 연필 형, 또는 붓 형 등 새로운 제형도 계속 추가되고 있다.

메이크업 화장품을 구성하는 원료는 착색(着色) 안료, 백색(白色) 안료, 체질(體質) 안료, 펄(pearl) 안료 등의 분체 부분과 이것이 분산되는 기제(基劑)부분으로 나누고, 이들의 배합 비율의 변화에 따라 여러 가지 형태가 만들어진다.

(1) 기제(基劑)

① 유성(油性) 원료: 유동파라핀, 왁스류, 스쿠알란, 실리콘 오일, 합성 에스테르 등
② 수성(水性) 원료: 글리세린, 프로필렌글리콜 등의 보습제, 점증제, 정제수 등

(2) 분 체

메이크업 화장품에서는 화장 효과의 관점에서 특히 피복성(被覆性)과 착색성(着色性)이 중요하며 기능은 분체에 의한 영향이 가장 크다. 표 10.2에 화장품에 이용되는 분체를 나타냈다. 착색 안료, 백색 안료는 제품의 색상 조정과 피복력을 조절하는데 이용된다. 분체의 은폐력(隱蔽力)은 굴절율과 관계가 있으며 표 7.3에 주요한 분체의 굴절율을 나타냈다.

이산화티탄(TiO_2)과 산화아연(ZnO)은 굴절율이 높아 피복력이 크다. 분체의 입자 크기는 0.2 ~ 0.3 ㎛에서 은폐력이 최대가 되며 펄(pearl) 안료는 진주광택을 부여함과 동시에 질감을 변화시키는데 이용된다.

체질 안료는 착색 안료의 희석제로서 색상을 조절함과 더불어 피부에 대한 전연성(展延性, 퍼짐성), 부착성, 땀과 피지의 흡수성과 사용 감촉, 그리고 광택 정도를 조정한다. 전연성은 피부에서의 퍼짐성과 관련이 있는데 매끄러운 감촉을 주며 탈크나 마이카 계통의 원료가 이와 같은 특성을 갖는다. 5-15㎛ 정도의 구상(球狀) 분체가 전연성 향상에 이용되며 구상(球狀) 실리카, 알루미나, 나이론 파우더 등이 사용된다. 전연성의 물리적인 평가법에는 동(動)마찰계수가 있으며 표 10.4에 동마찰계수 값을 나타냈으며 값이 적은 분체가 전연성이 좋다.

표 10.2. 메이크업 화장품에 이용되는 분체

종 류		원 료
체질안료		탈크, 카오린, 마이카, 세리사이트, 탄산칼슘, 탄산마그네슘, 무수규산, 황산바륨
착색안료	유기	(합성) 식품, 의약품 및 화장품용 타르 색소 (무기) b-카로틴, 칼사민, 칼민, 클로로필
	무기	벤가라, 황색산화철, 흑색산화철, 군청(群靑), 감청(紺靑)
백색안료		산화티탄, 산화아연
펄 (Pearl) 안료		어린박(魚鱗箔), 옥시염화비스무스, 운모(雲母)티탄
기타	금속비누	스테아린산 Mg, Ca, Al염, 미리스틴산 Zn염
	합성 고분자	나이론파우더, 폴리에칠렌 분말, 폴리메타아크릴산메칠
	천연물	양모(羊毛)파우더, 셀룰로오스 파우더, 실크 파우더, 전분
	금속분말	알루미늄, 금 분말

부착성(附着性)이란 피부에 잘 부착하는 성질이며 피부에의 부착과 마무리 감 및 화장 지속에 관계가 있다. 이전에는 부착성을 높이기 위하여 금속 비누가 이용되었으나 최근에는 분체를 표면 처리하여 부착성을 높이고 있다. 또한 피부에 밀착된 분체가 땀과 혼합되어 화장이 흐트러지는 것을 막기 위하여 분체의 발수 처리가 이루어지고 있으며 이에 사용되는 표면 코팅 (coating)제로는 금속 비누, 지방산, 실리콘 및 고급 알코올 등을 사용한다.

분체의 흡수성은 땀과 피지를 흡수할 수 있으며 화장의 흐트러짐을 방지할 수 있다. 화장의 흐트러짐은 지성(脂性) 피부의 소유자에게 많으며 특히 피지 분비가 왕성한 T-존 부위인 이마 및 코 주위는 화장이 가장 쉽게 흐트러지는 경향이 있다. 카오린, 탄산칼슘, 탄산마그네슘은 흡 유량(吸油量)이 크며 최근에는 다공성(多孔性)의 분체인 셀룰로오스 등도 사용된다.

표 10.3. 주요 분체의 굴절율

분 체	굴절율
이산화티탄(rutile)	2.71
이산화티탄(anatase)	2.52
산화아연	2.03
탄산칼슘	1.51~1.65
점토 광물(탈크, 마이카)	1.56
알루미나	1.50~1.56
실리카	1.55

표 10.4. 각종 분체의 동(動)마찰 계수

분 체	동(動)마찰계수
탈크	0.27~0.33
마이카	0.42~0.47
카오린	0.54~0.59
이산화티탄	0.49
마이크로이산화티탄	0.80
산화아연	0.60
구상(球狀) 실리카	0.28~0.32
구상(球狀) 알루미나	0.29
구상(球狀) 나이론	0.33
구상(球狀) 폴리스틸렌	0.26~0.30
구상(球狀) PMMA(Poly Methyl Meth Acryl ate)	0.29

(3) 기타: 방부제, 계면활성제, 산화방지제, 향료 등이 있다.

10.2. 메이크업 화장품의 요구 품질

10.2.1. 화장 효과

1) 기대되는 화장 효과가 있어야 한다.
2) 화장의 지속성이 좋아야 한다.
  (시간이 지나면서 화장막이 들뜨거나, 칙칙하지 않아야 한다.)

10.2.2. 색 상

1) 도포 색과 외관 색에 차이가 없어야 한다.
2) 광원의 종류에 의하여 도포색이 뚜렷하게 변하지 않아야 한다.

10.2.3. 사용감(사용성)

1) 도포 시의 사용감이 좋고, 도포 후에 이질감(異質感)이 없어야 한다.

2) 화장을 지우는 것이 쉬워야 한다.

3) 제품 형태에 알맞은 용기, 도포 용구(스폰지, puff, blush, pencil등)를 사용해야 한다.

10.2.4. 안정성

1) 경시적으로 변색, 변취, 분리, 변형 등 품질의 변화가 생기지 않아야 한다.

2) 제품의 품질을 유지하는데 충분한 기능을 갖는 용기가 이용되어야 한다.

10.2.5. 안전성

1) 유해 물질을 함유하지 않아야 한다.

2) 피부나 점막에 자극이 없어야 한다.

3) 미생물에 오염 되지 않아야 한다.

10.3. 색채 이론

10.3.1. 빛과 색

1666년 Newton이 태양 광선을 프리즘을 통하여 빛 분산 실험으로 7가지 색의 스펙트럼 (spectrum)을 발견하였다. 이 때 빛과 색의 관계를 밝혔고 눈으로 느낄 수 있는 보라색 380 nm 부터 적색 780 nm 까지의 파장을 가시광선이라고 한다. 빛을 내는 광원(光源)은 자연광 인 태양광을 비롯해서 인공 광원으로는 백열등, 형광등이 있다. 태양광은 계절, 일시, 장소에 따라서 빛의 성질이 변하고 물체색(物體色)은 광원의 종류에 따라서 달리 보이기도 한다. 빛 이 눈으로 들어가 망막을 자극하고 시(視)신경의 활동이 대뇌에 전달하여 색을 식별한다. 이 를 색 감각이라고 한다.

(1) 무채색(無彩色)

물체에 조사(照射)된 백색(무색)의 빛이 완전히 투과했을 때 그 물체는 무색투명이 된다.

그러나 완전히 반사되는 경우는 백색이며 모두 흡수되었을 때 흑색이 되지만 현실적으로는 어렵고 일부 흡수되거나 일부 반사되어 그 비율에 따라 흑색-회색-백색이 된다. 또 일부가 투과되면 반투명 물체가 된다. 이와 같이 빛을 분광(分光)시키지 않고 흡수 또는 반사시켜 생긴 흑색-회색-백색은 색채에 포함시키지 않고 무채색(無彩色)이라고 한다.

(2) 유채색(有彩色)

물체에 조사(照射)된 빛이 분광(分光)되어 일부는 흡수되고 동시에 파장 범위가 380~780 nm를 부분적으로 투과 또는 반사되었을 때 파장 범위에 맞는 색으로 식별된다. 이 색채를 유채색(有彩色)이라고 한다.

(3) 색채의 합성

현실적으로 무채색과 유채색이 확연히 구별되는 것이 아니고 분광(分光)되지 않는 백색광이 일부 흡수되고 또 일부 반사되어 혼합 색을 만들고 그 비율에 따라 명암(明暗), 농담(濃淡), 색조(色調)가 생겨 여러 색채가 합성되고 있다.

(4) 빛의 간섭

빛이 아주 얇은 막을 비추게 되면 빛이 얇은 막 앞면과 뒷면에서 모두 반사되어 다시 막 표면에 일치하여 만나게 된다. 이 때 표면에서 빛의 간섭을 받게 되어 막 면이 광채(光彩)가 나타난다. 이러한 현상은 수면 위의 기름막이나 비눗방울 막, 조개껍질, 고기비늘, 운모 티탄 등이 있으며 그 두께가 가시광선 파장과 비슷하면 여러 색으로 나타난다.

10.3.2. 색의 3속성

모든 색은 성질과 특성을 달리하고 있어 다른 것과 구별된다. 색을 구별하는 데는 명칭이 있어야 하고, 색의 명암을 정하여야 하고, 색의 강, 약을 표시해야 한다. 이렇게 구별하는데 필요한 색상, 명도, 채도를 색의 3속성이라 한다.

(1) 색상(色相, Hue-H)

유채색(有彩色)은 각기 색상과 그 성질을 달리하고 있다. 특히 원색(原色)이나 순색(純色)은 그 특성을 우리가 뚜렷이 느끼게 된다. 이들 색을 구별하는 데에는 색의 이름을 필요로 한다. 색명(色名)으로 구별되는 모든 색들은 모두 감각으로 느낄 수 있으며 이것을 색상이라 한다.

(2) 명도(明度, Value, lightness-L)

무채색(無彩色)과 유채색의 공통점은 모두 밝음과 어두움을 가지고 있다는 것이다. 이처럼 밝기와 어두움의 정도가 명도(明度)이다. 흰색과 검정 사이에 명도가 다른 회색을 배치하고 그 감각적인 방법으로 고르게 균등하게 변하도록 한 것이 명도 단계이다. 이 명도 단계는 무채색을 모두 11단계로 구분하여 모든 빛깔의 명도 기준으로 한다.

(3) 채도, 포화도(彩度, Chroma, saturation-C)

색의 포화도라고도 하며 색의 선명도, 즉 색채의 강하고 약한 정도를 말한다. 많은 색 중에서 가장 깨끗한 색을 지니고 있는 색, 즉 채도가 가장 높은 색을 청색(淸色, clear color)이라고 하며 탁하거나 색기(色氣)가 약하고 선명치 못한 색, 즉 채도가 낮은 색을 탁색(濁色, dull color)이라 한다. 또한 동일 색상의 청색(淸色)중에서도 가장 채도가 높은 색을 순색(純色, pure color)이라고 한다. 가장 낮은 단계의 채도를 1로 하고 가장 높은 단계의 채도를 14로 하여 14단계로 분류한다. 이 채도의 속성은 색상과 명도에 비해 혼동하기 쉽고 좀처럼 이해하기가 어려울 때도 있다.

10.3.3. 색의 표시

(1) 표시 방법과 그 종류

① 색 지각(color perception)

경험적 사실에 기초를 둔 빛의 물리량과 색채라는 심리적인 양 사이에 1:1의 대응성이 존재한다는 것을 고려해서 색 혹은 색채를 표시하는 체계

② 색 감각(color sensation)

빛의 공간적 분포를 지각하는데 수반하는 모든 요소를 배제한 실험적인 조건에 있는 색 지각, 즉 가능한 순수화된 색 지각을 색 감각이라고 한다.

③ 먼셀 색표(色票)

색의 3 속성인 색상, 명도, 채도를 수치로 나타내는 방법 중에 대표적인 것이 먼셀 색표

(色票, Munsell book of color)가 있다.

④ CIE(표준) 표색계(국제 조명 위원회(C.I.E: Commission Internationale de l'Eclair age)표색계)

CIE 표색계의 기본은 시(視)감각의 3원색(빨강, 초록, 파랑색)에 대응하는 3개의 자극치 (XYZ)로 나타내는 표색계로 XYZ로 나타낸다.

⑤ Lab 계 표색계

R.S. Hunter 가 고안한 등색(等色) 색차계 직교 좌표로서 L을 명도, a,b 를 색상 좌표로 한 다. L을 종축으로 하고 L축을 기점으로 해서 오른쪽을 적색(+a)로 왼쪽을 초록색 (-a)하고 또 한 앞부분 (전방)을 황색 (+b)으로 뒷부분 (후방)을 청색 (-b)로 입체화 했다.

10.4. 베이스 메이크업(Base make-up)

파우더를 주축으로 하는 메이크업 화장품으로써 얼굴 전면에 바르는 파우더 파운데이션, 팩트류와 얼굴 부분에 적용하는 아이섀도우, 볼 주위에 도포하는 파우더 블러쉬 등이 있고, 전신(全身)에 바르는 바디 파우더와 유아용 베이비 파우더로 분류될 수 있다. 파우더 메이크 업은 파우더가 갖는 본래의 성질을 그대로 유지하여 화장 효과를 기대하는 제품으로 파우더 를 일정한 형태로 유지하기 위하여 결합제, 색소, 향 등을 사용하며 제품의 대부분은 파우더 로 이루어져 있다.

10.4.1. 백분류(白紛類)

메이크업 화장품 중 백분류는 동서양을 막론하고 가장 오래 애용되어 온 화장품 중 하나 이다. 분(紛)의 주 원료로서 쌀을 이용한 적도 있었고 백분류는 기원전 2200년경 중국 하(夏) 나라 시대에 사용된 기록으로 약 4,000년쯤으로 볼 수 있다.우리나라는 삼국시대 초기에 사 용되기 시작하였으며 사용 연대는 그 이전으로 본다. 백분류는 부착력을 높이기 위해 광물질 인 납이 사용된 적이 있었으며 그 예는 1916년 박가분(朴家粉)이 1일 1만개씩이 팔린 적도 있었다. 그러나 납 중독 문제로 1931년 폐업하기에 이르렀다. 1950년대 말경 국내 화장품 시 장에서 급속히 신장하면서 경쟁의 성패는 어느 회사가 미세한 입자를 만드는 것이 관건이었 는데 태평양이 1958년 동양에서는 처음으로 에어스푼(air spun) 제조기를 수입하여 ABC 분

백분인 코티분을 생산하여 인기를 얻었다. 근대로 오면서 오일 및 새로운 원료를 사용하고 제조 기술이 발전함에 따라 페이스 파우더와 콤팩트로 분류되어 생산되기에 이르렀다.

10.4.2. 페이스 파우더(Face powder)

미세한 분말 제품으로 분첩과 솔로 도포하는 형태로 투명한 피부 표현과 뽀송 뽀송한 사용감이 특징으로 탈크를 주성분으로 탄산칼슘, 탄산마그네슘 등을 첨가하여 번들거림, 화장 지속성, 자외선 차단효과 및 불루밍(blooming)효과를 부여한다. 파운데이션 등장 이후 땀과 피지에 의한 기름기 있는 윤기를 제거하고 화장 지속성을 좋게 하는 것이 주목적으로 되었다.

(1) 구비 조건

① 피복, 은폐력: 선천적인 피부색 또는 피부 결점을 피복하여 은폐시킬 수 있는 능력을 말하며, 주로 TiO_2, ZnO, $CaCO_3$ 등이 이용된다.

② 전연성(展延性): 부드러운 감촉으로 매끄럽게 잘 펴져 발리는 성질을 말하며, 주로 talc가 이용된다.

③ 부착력: 얼굴에 달라 붙어 부착할 수 있는 능력을 말하며, 주로 zinc 또는 magnesium stearate 등이 이용된다.

④ 흡수성: 얼굴의 피지나 수분, 땀 등을 흡수하여 번들거림을 방지할 수 있는 능력을 의미하며 주로 탄산마그네슘 ($MgCO_3$), 카오린 (kaolin) 등이 이용된다.

⑤ Bloom(자연스런 마무리): 과도한 광택을 순화하여 적절한 광택을 유지하며 자연스런 화장마무리를 할 수 있는 능력을 의미하며 주로 $CaCO_3$ 가 사용된다.

(2) 페이스 파우더 처방 예(Face powder)

	원료명	wt %	제조순서
1	Kaolin	7.0	① 향료만 제외하고 모든 원료를 계량 혼합하고 분쇄기로 분쇄한다.
2	Nylon powder	6.0	
3	Zinc stearate	4.0	
4	TiO_2	1.0	
5	미립자TiO_2	6.0	② 향료는 분무(噴霧) 혼합하여 다시 분쇄기로 분쇄한 후에 체로 거른다.
6	Iron oxide red	0.5	
7	Iron oxide yellow	0.9	

	원료명	wt %	제조순서
8	Iron oxide black	0.1	③ 향료만 제외하고 모든 원료를 계량 혼합하고 분쇄기로 분쇄한다.
9	향료	적량	
10	결합제	적량	④ 향료는 분무(噴霧) 혼합하여 다시 분쇄기로 분쇄한 후에 체로 거른다.
11	방부제	적량	
12	Talc	to 100	

10.4.3. 콤팩트(Compact)

가루분 페이스 파우더(loose face powder)를 압축, 성형하여 휴대하기 간편하게 한 것으로 페이스 파우더에 결합제 5% 정도를 사용하여 케익(cake)의 형태로 성형한 후 분첩과 솔을 사용하여 간편하게 화장할 수 있게 한 것이 특징이다. 제품의 사용 목적, 처방 구성 등이 페이스 파우더와 동일하며, 소량의 결합제(binding agent)를 사용하는 것이 페이스 파우더와 구별된다.

(1) 특 징

① 가루분 파우더(loose powder)에 결합제(binding agent)를 사용한다.
② 성형성에 따른 콤팩트(compact)한 외관을 갖는다.
③ 화장 시 분첩이나 스폰지에 묻어나는 정도가 중요하다.

(2) 결합제(Binding agent, Binder)

콤팩트에 사용되는 결합제(binder)는 대체로 5가지 형태로 나누어진다.
① Dry binder
주로 금속염(metalic soap)이 있고, 고형(固形) 콤팩트를 위해서는 압력 증가가 요구되며 스테아린산아연(zinc stearate), 스테아린산마그네슘(magnesium stearate) 등이 있다.
② 오일 바인더
압력을 가해 케익 형태로 만들기 쉬우며 가장 광범위하게 사용한다. 오일 자체 즉, mineral oil, isopropyl myristate, lanolin 유도체 등이 있다.
③ 수용성 결합제(water-soluble binder)
주로 수용성 고분자 검(gum) 종류에서 박테리아 성장 등이 문제되는 것은 잘 사용하지 않는다.

④ 내수성(耐水性) 결합제(water- repellent binder)

콤팩트에 널리 사용되고 있고 mineral oil, fatty ester type, lanolin유도체가 있으며 오일 바인더 와 유사하다. 최근에는 실리콘 오일이 각광을 받고 있다.

⑤ 에멀젼 결합제(emulsion binder)

내수성 결합제는 촉촉함이 오래가지 않으므로 오일 바인더 또는 내수성 결합제를 물과 함께 유화제를 섞어 사용한다. 균일하게 파우더 표면에 분산되는 장점이 있으나 수상(water phase)이 시간이 지남에 따라 증발하기 때문에 현재는 잘 사용하지 않고 있다.

(3) 콤팩트 처방 예(Compact)

	원료명	wt %	제조순서
1	Mica	10.0	
2	Kaolin	14.5	
3	Nylon powder	5.0	
4	Magnesium stearate	4.0	① 안료와 색소를 혼합 계량 후 분쇄기로 분쇄한다.
5	TiO_2	1.0	② 결합제, 방부제 등을 혼합 분무하고 향료를 넣어 균일하게 분산시킨다.
6	미립자TiO_2	3.0	
7	Iron oxide red	0.5	
8	Iron oxide yellow	0.9	③ 분쇄기로 분쇄 후 체로 거른다.
9	Iron oxide black	0.1	④ 프레스로 금속의 용기에 압축 성형한다.
10	결합제 (Squalane)	1.0	
11	향료	적량	
12	방부제	적량	
13	Talc	to 100	

10.4.4. 파우더파운데이션(Powder foundation)

분말 고형 파운데이션의 대표적인 것으로 화장 기능이 강조된 것이다. 즉, 피복력, 피부색 조절 기능, 피부 보호 기능 등이 강화되어 있는 콤팩트와 비슷하나 콤팩트와는 구별된다. 얼굴의 기미, 주근깨, 거친 피부, 메마른 피부 등을 커버하며 자외선으로부터 피부를 보호해주어 피부를 아름답게 꾸미고자 사용한다.

(1) 파우더파운데이션의 특색 및 콤팩트의 차이점

① 화장 기능 강조

콤팩트보다 높은 피복력과 은폐력을 갖고 있어 커버메이크업(cover make- up)으로써 기능이 강조되었으며, 색소 함량이 높아서 피부색 조절 기능을 갖고 있다.

② 결합제 기능 보다 많은 오일 함량

결합제보다는 오일의 트리트먼트 기능을 부가한다.

③ 기능성의 강조

피부 보호 기능이 추가된 것으로 즉, 보습성, 자외선 차단 기능, 화장의 간편성 등 기능성이 강조된 제품이다.

(2) 주요 원료

① 체질 안료: 탈크(talc), 마이카(mica), 세리사이트(sericite), 각종 polymer 분체
   (PMMA, nylon powder 등), natural polymer 분체(마 powder, 실크 powder 등)
② 색소: Iron oxide(red, yellow, black 등), 백색 안료(TiO₂, ZnO 등 피복력을 조절하는
   데 사용)
③ 결합제(binder): 결합제로는 오일과 내수성 바인더(water-repellent agent) 등과 혼합
   하여 사용한다.

(3) 파우더파운데이션 처방 예(Powder foundation)

	원료명	wt %	제조순서
1	Talc (coated with silicone)	18.5	① 평량
2	Nylon powder	10.0	② 혼합
3	TiO₂ (coated with silicone)	10.0	③ Binder 분산(방부제, 향 등)
4	미립자TiO₂ (coated with silicone)	2.5	④ 분쇄
5	Iron oxide red (coated with silicone)	3.0	⑤ 혼합(착색 안료)
6	Iron oxide yellow (coated with silicone)	2.5	⑥ 비색(比色)
7	Iron oxide black (coated with silicone)	0.5	⑦ 분쇄
8	Methylpolysiloxane	8.0	⑧ 여과
9	Squalane	2.0	⑨ 성형
10	Castor oil	1.0	⑩ 포장

	원료명	wt %	제조순서
11	향료	적량	
12	방부제	적량	
13	Mica (coated with silicone)	to 100	

10.4.5. 투웨이케익(Two way cake)

파운데이션과 콤팩트의 이중 효과로서 퍼프(puff)로 사용할 수 있고 퍼프에 물을 묻혀 사용할 수 있다고 하여 투웨이(two way)란 명칭을 사용하게 되었다.

땀과 물에도 지워지지 않는다는 수식어가 붙어 다녀 가장 현대적이고 기능성이 뛰어난 제품이라고 할 수 있다.

(1) 개발 배경

파우더 메이크업의 가장 중요한 결점의 하나로 화장 얼룩이 남는다는 문제점이 있었다.

① 내수성(耐水性)은 결합제(binder)로 사용되는 오일들이 어느 정도 보완해 주었다.

② 1970년 이후 파우더에 metal soap을 처리하는 방법이 일부 사용되었다.

③ 1976년 일본 미요시(三好) 회사가 내수성이 강한 실리콘 오일의 안료 표면처리를 상업적으로 성공했다.

④ 실리콘(silicone) 처리한 안료를 사용하여 여름철 파운데이션이라는 개념의 제품이 일본에서 출시되었다.

⑤ 최근에는 계절 제품에서 4계절 제품으로 소비자들이 사용하고 있다.

(2) 투웨이케익의 특징

① 내수성(耐水性): water-repellent property(발수성(撥水性), 내수성(耐水性))를 갖는 반응성 실리콘을 안료(pigment) 표면에 코팅하여 소수성(疎水性, hydrophobic)안료로 바꾸고, 결합제도 내수성이 있는 것을 사용하여 내수성을 향상시켰다.

② 파우더 파운데이션과 동일한 화장 효과가 있다.

③ 자외선 차단 기능을 강화하기 위해서 TiO_2와 유기계 자외선 흡수제 사용으로 자외선 차단 기능을 극대화했다.

④ 파운데이션의 화장 기능과 콤팩트의 마무리 기능을 복합하여 빠른 화장 기능을 강조했다. 물에 적신 퍼프(puff)를 이용하여 화장 시 청량감과 파운데이션의 기능을 동시에 부여했다.

(3) 투웨이 케익 처방 예(Two way cake)

	원료명	wt %	제조순서
1	Talc (coated with silicone)	19.2	
2	Nylon powder	2.0	
3	TiO$_2$ (coated with silicone)	15.0	
4	미립자TiO$_2$ (coated with silicone)	5.0	
5	Iron oxide red (coated with silicone)	1.0	
6	Iron oxide yellow (coated with silicone)	3.0	
7	Iron oxide black (coated with silicone)	0.2	
8	Zinc stearate	0.1	
9	Methylpolysiloxane	4.0	콤팩트와 동일
10	Squalane	4.0	
11	Glycerine triisooctanoate	5.0	
12	Paraffin wax	0.5	
13	Octyl methoxycinnamate	1.0	
14	향료	적량	
15	방부제	적량	
16	산화방지제	적량	
17	Mica (coated with silicone)	to 100	

(5) 최근 현황

최근 코팅 기술의 발달로 인한 코팅 파우더(Si, F, 아미노산 등) 및 중공다공성(中空多孔性) 실리카비드(silica bead), PMMA (poly methyl methacrylate) 등으로 피부에 트리트먼트 효과를 부여해 주고 있다.

10.4.6. 유화형파운데이션(Foundation)

피부색을 조절하고 잡티나 주근깨 등 피부의 결점을 커버함으로써 아름답고 매력적인 용모를 갖게 하는데 사용되는 화장품이다.

(1) 특　징

① 구비 조건

a) 제품의 외관 색과 도포 색이 비슷해야 한다.

b) 빛에 의해 도포력, 색상이 크게 달라지지 않아야 한다.

c) 피부 안전성이 좋고 경시적으로 변색, 변형하지 않고 도포색이 변화하지 않아야 한다.

d) 적절한 피복력, 전연성이 있는 것이어야 한다.

e) 피부에 대해 사용감이 좋아야 하며 적당한 광택 효과와 흡수성 및 건조성이 적당해야 한다.

f) 원하는 색채를 대부분 얻을 수 있어야 한다.

g) 피부에 안정감이 있어야 한다.(유화 상태, 방부, 변향, 변색, 발분, 발한(發汗) 등).

h) 피부 생리 작용을 저해하지 않아야 한다.

i) 부착력 지속력이 좋아야 한다.

② 파운데이션의 효과

a) 커버력 효과: 굴절율이 높은 이산화티탄(TiO_2), 카올린(kaolin) 등을 사용하며 결점(기미, 주근깨)을 은폐시킬 수 있다.

b) 아름다운 피부 표현: 피부를 아름답게 보이기 위한 색채 효과가 있다.

c) 외부로부터의 피부 보호: 일소(日燒) 방지(자외선 차단), 화장막 형성 비, 바람 등으로부터 화장이 흐트러지는 것을 방지한다.

d) 피부색 변화: 파운데이션 도포에 의한 피부색을 변화시킨다.

e) 보정 효과: 화장법에 따라 기미, 주근깨 등의 부위를 은폐하여 자연스럽게 보정시켜 준다.

f) 자외선 방어 효과: 안료 등에 의한 자외선 A, B를 차단한다.

g) 심리적 효과: 파운데이션을 하면 마음적인 안심감과 만족감을 준다.

(2) 파운데이션의 원료

① 유화제(비이온계면활성제, 금속 비누): 색소 베이스(base)의 분산과 습윤 현상

(wetting)을 좋게 한다.

② 점증제(xanthan gum, vee gum, bentonite) :

　　a) 점도를 주고 전연성을 좋게 한다.

　　b) 안료의 분산을 안정화시키고 틱소트로피(thixotrophy)를 갖게 한다.

　　c) 단독으로 사용하는 것보다 2개 이상의 조합으로 사용하는 것이 좋다

③ 보습제(글리세린, 프로필렌글리콜, 솔비톨, 히아루론산) :

수분보유능력이 뛰어나도 포시 촉촉한 감촉을 부여한다.

④ 방부제(이미다졸리디닐우레아, 메칠파라벤, 프로필파라벤) :

미생물의 오염을 방지한다.

⑤ 왁스류(카나우바왁스, 밀납, 칸데릴라왁스) :

　　a) 주로 고급 지방산과 고급 알코올의 에스테르

　　b) 립스틱 등의 고형화, 유화의 안정화제

　　c) 광택을 부여하거나 사용감을 향상시킨다.

⑥ 고급지방산(라우린산, 미리스틴산, 팔미틴산, 스테아린산) :

왁스, 탄화수소 등에 혼합해서 쓰기도 하지만 주로 알카리나 TEA(triethanolamine) 등
과 중화시켜 계면활성제 역할인 유화제로 사용한다.

⑦ 고급알코올(세틸알코올, 스테아릴알코올) :

　　a) 탄소수가 12이상의 1가의 알코올 총칭

　　b) 유화 제품의 유화 안정제로 사용한다.

⑧ 탄화수소(hydrocarbons)류 (유동파라핀, 스쿠알란) :

　　a) 통상 C_{15} 이상의 포화탄화수소

　　b) 피부로부터의 수분 증산의 억제와 사용 감촉의 향상 등을 목적으로 사용한다.

　　c) 유동파라핀 : 석유로부터 정제한 C_{15}-C_{30}의 포화 탄화수소. 무색, 무취, 화학적 불활
　　　성이며 유화하기 쉽다.

　　d) 스쿠알란 : 깊은 바다의 상어류 및 올리브유 등에 존재하며 스쿠알렌에 수소 첨가해 얻
　　　은 것이 스쿠알란이다.

　　　안전성이 높고 화학적으로 불활성이다.

⑨ 에스터(ester)류(isopropylmyristate, isononylisononanoate) :

유연제(emollient), 색소 등의 용제, 불투명화제 등으로 사용된다.

⑩ 실리콘오일(cyclomethicone, dimethicone) :

    a) 발수성(撥水性)이 높다

    b) 끈적임이 없고 가벼운 사용감을 부여한다.

    c) 피부와 모발에서 확산성이 좋다.

⑪ 무기안료

광물성 안료는 불순물을 많이 함유하여 합성한 무기 안료들이 사용되고 있고 내광성 및 내열성이 양호하다.

    a) 체질안료

        ㄱ. 마이카(mica, aluminium potassium silicate(hydrated))

            칼륨 운모에 속하는 백운모가 대표적 견운모(sericite), 육각 판상 구조, 사용성이 좋고 피부에서의 부착성이 우수하다.

        ㄴ. 탈크(talc, 滑石, 함수규산마그네슘)

            매끄러운 감촉이 풍부하기 때문에 활석(滑石)이라고도 한다.

            입자 형상은 일반적으로 박편상(薄片狀)이고 퍼짐성과 미끄럼성이 우수하다.

        ㄷ. 카올린(kaolin, 함수규산알루미늄)

            얇은 판상 입자이며 피부 부착력이 좋고 흡수성, 흡유성이 우수하다.

    b) 착색안료(황산화철, 흑산화철, 산화제2철) : 제품에 색상을 부여한다.

    c) 백색안료

        ㄱ. 이산화티탄(TiO_2) :

            굴절율이 높고, 입자경이 작으며, 백색도, 은폐력, 착색력 등 광학적 성질이 우수하다. 결정 상태에 따라 루타일(rutile), 아나타제(anatase)가 있으나 화장품에서는 루타일을 사용한다.

        ㄴ. 초미립자(超微粒子) 이산화티탄 : 일반 이산화티탄(TiO_2)보다 1/10 정도의 크기로 투명성이 높고, 피부에 유해한 자외선을 효과적으로 차단한다.

        ㄷ. 산화아연(ZnO) : 육방정계에 속하며 입자 형태는 침상 또는 구형이다

            자외선 방어 효과가 있고, 입자 크기는 500 nm 전후이며 굴절율은 1.9~2.0이고 이산화티탄보다 은폐력은 적다.

(3) 크림파운데이션(Cream foundation, W/O 유화 타입) 처방 예

	원료명	wt %	제조순서
1	Talc	3.0	
2	TiO_2	10.0	
3	미립자TiO_2	3.0	
4	Iron oxide red	1.1	
5	Iron oxide yellow	2.5	
6	Iron oxide black	0.4	① 안료 및 분체는 처방상 오일
7	Methylpolysiloxane	5.0	을 이용하여 먼저 piment 베
8	Methylcyclopolysiloxane	20.0	이스를 만들어 놓는다. (제조
9	Squalane	8.0	시 3단 롤밀로 처리한다.)
10	Cetanol	3.0	
11	Sorbitan sesquioleate	2.0	② 제조 방법은 유화 제품 제
12	Polyoxyethylene · methyl polysiloxe copolymer	3.0	조 방법과 동일함
13	Dipropylene glycol	5.0	
14	향료	적량	
15	방부제	적량	
16	정제수	to 100	

(4) 액상 파운데이션(Liquid foundation, W/O 타입. SPF 20)처방 예

	원료명	wt %	제조순서
1	Quaternium 18 hectorite	1.0	
2	Distearyldimonium chloride	0.3	
3	PEG-10 Dimethicone	5.0	
4	Cyclopentasiloxane	18.0	
5	Octylmethoxycinnamate	7.0	
6	미립자TiO_2	4.0	① 안료 및 분체는 처방상 오
7	TiO_2	7.0	일을 이용하여 먼저 piment
8	Iron oxide yellow	1.07	베이스를 만들어 놓는다.
9	Iron oxide red	0.13	(제조시 3단 롤밀로 처리한
10	Iron oxide black	0.07	다.)
11	Mica	0.4	
12	Pamitic acid	0.5	② 제조 방법은 W/O 선크림
13	1,3 Butylene glycol	6.0	제조 방법과 동일함
14	Sodium glutamate	2.0	
15	방부제	적량	
16	향료	적량	
17	정제수	to 100	

10.4.7. 메이크업베이스(Make-up base)

여러 가지 색상과 명암이 있는 얼굴을 한 가지 톤으로 정리해 주는 기초와 메이크업의 중간 단계에 사용하는 화장품으로 파운데이션이나 파우더의 효과를 극대화시키기 위한 보조 파운데이션으로 피부색의 단점을 커버하여 본래 자신의 피부보다 훨씬 생기가 있고 깨끗한 피부로 연출한다. 또 기초화장품에 주로 사용하는 폴리머(예: carbomer)등이 색조화장품의 무기 이온과 반응하여 화장이 들뜨는 것을 막아주어 파운데이션이 피부에 더욱 밀착될 수 있게 하고 화장을 오래 지속시켜 준다. 또한 피부에 막을 형성해 수분 증발을 방지해 줌으로써 파운데이션이 피부에 주는 부담이나 손상을 막아주는 역할을 하며 자외선으로부터 피부를 보호해 주는 역할도 한다. 칼라에 따른 분류는 아래와 같다.

(1) 그 린:
일반적으로 많이 사용하는 색상으로 동양인의 피부색인 황색~적색의 보색을 사용함으로써 색상을 컨트롤하는 효과가 가장 높다.

여드름 등 잡티가 있을 때, 모세혈관이 확장되어 피부색이 붉거나 울긋불긋한 피부에 사용하면 깨끗한 화장 연출한다.

(2) 보라: 동양인 얼굴의 노란 피부를 중화시키고 피부 톤을 밝게 표현한다.

(3) 핑크: 모든 피부에 기본적으로 사용할 수 있으며, 특히 혈색이 없어 창백한 피부에 사용하면 혈색을 보강하여 화사하고 생기 있게 표현한다.

(4) 블루: 얼굴에 핑크기가 많거나 피부를 하얗게 표현할 때 효과적이다.

(5) 오렌지: 피부를 어둡게 표현할 때 어두운 파운데이션과 함께 사용한다.

(6) 베이지: 내츄럴한 피부 표현을 원할 때, 트리트먼트 효과가 있으므로 피부가 거칠고 푸석푸석할 때 사용하면 좋다.

10.5. 포인트 메이크업(Point make-up)

10.5.1. 립스틱(Lip stick)

립스틱은 사회생활을 하는 거의 모든 여성이 사용하고 있다. 지난 수 십년 동안 수많은 색상 개발과 다양한 표면 광택 제품이 개발되었으며 필수적으로 사용되는 제품이다. 립스틱은 오일-왁스 베이스(oil-wax base)의 스틱 형태가 필수적이며 색소(염료, lake)를 오일에 분산시키고 적당량의 향이 첨가되어 만들어진다.

입술 화장의 역사는 처음 Sumerians에 의해 B.C. 7000 년경에 시작되었고, 이후 Egyptions, Synians, Babylonians, Persians, Greeks와 Romans을 거쳐 현재에 이르고 있다. 그리스인은 alkanet 염료와 유사한 polderous라고 불리우는 줄기를 사용하여 뺨과 입술에 색상을 나타내었고, 로마인은 루즈의 일종으로 fucus 해조류를 사용하였다.

1차 세계대전 이전의 립스틱 제조는 주로 오일과 왁스 베이스(wax base)를 제한적으로 사용하였고 색소는 cochineal으로부터 추출한 카민 색소를 사용하였다. 현재와 같이 홀더(holder) 속에 꽂아 편리하게 사용할 수 있는 형태는 1945년경부터 사용되고 있다.

(1) 사용 목적

① 입술에 색채적 효과를 부여함으로써 아름답게 보이게 하고 동시에 건조하여 갈라지는 것을 방지하는 입술 보호의 목적으로 행해진다.
② 입술이 트는 것을 방지하고 동시에 갈라진 틈새를 통한 세균 침입을 막아 주며 또한 입술을 매력적으로 보이게 하는 메이크업 중심이 되는 화장이다.

(2) 입술 피부의 특징

① 입술 피부는 각질층이 대단히 얇다.
② 외피층 아래쪽의 세포 분열이 왕성하여 혈액이 많은 세포를 밀어내어 혈액이 많다.
③ 기저층(基底層)이 유난히 발달되어 있다.
④ 땀샘이 없다.
⑤ 피지선이 아주 드물어 춥거나 건조한 기후에서는 입술이 트고 건조해지며 각질이 크게 일어난다.

(3) 구비 조건

① 피부에 무해하고 먹을 수 있어야 한다.
② 쉽게 발라지고 부드러워야 한다.
③ 뜨거운 기후에서도 부러지지 않아야 한다.

④ 색상이 오래 지속되어야 한다.

⑤ 보습 효과와 입술 유연 효과가 있어야 한다.

⑥ 바른 후 변색되지 않아야 한다.

⑦ 입술선에 깨끗한 윤곽선을 주어야 한다.

⑧ 불쾌한 냄새나 맛이 없어야 한다.

⑨ 발한, 발분 등의 경시 변화가 일어나지 않아야 한다.

(4) 주요 원료

① 왁스(wax) 및 오일 : 립스틱의 골격을 형성하며 스틱 형태를 유지시켜 준다.

② 색소

립스틱의 색소로는 보건복지부령으로 정해진 화장품용 타르(tar) 색소를 선택하여 사용해야 한다. 타르 색소는 구조 및 성질에서 안료(pigment)와 염료(dye)로 분류되고 안료에는 안료 색소 그 자체와 수용성 또는 난용성(難溶性)의 염료를 금속염 또는 물에 불용화(不溶化)시킨 레이크(lake)가 있다. 이외에 색상의 선명도를 높이기 위해 TiO_2, MgO, ZnO, Talc등이 사용된다.

미국의 FDA는 색소를 i. Food, Drug & Cosmetic Colors, ii. Drug & Cosmetic Colors, iii. External Drug & Cosmetic Colors의 세 가지 유형으로 분류하고 화장품 색소의 사용을 규제하였다.

립스틱의 외관 색을 결정하는 것은 안료이다. 이밖에 입술에서의 색상 지속성을 좋게 하기 위하여 염착성(染着性)의 염료가 병행되어 사용되고 있으며 염료로는 적색 218호, 적색 223호, 적색 201호 등이 사용된다. 색조(色調) 밝기를 조절하기 위하여 펄(pearl) 안료도 사용된다. 최근에는 무기 안료의 표면 처리에 따른 표면 개질에 따라 분산성과 안정성을 증가시키는 연구도 진행되고 있다.

③ 향

립스틱의 향은 가급적 자극적인 향을 피하고 원료에서 나는 냄새를 커버해 줄 수 있는 식향(食香)을 사용한다.

(4) 립스틱 처방 예(Lipstick)

	원료명	wt %	제조순서
1	Carnauba wax	4.0	
2	Ceresin	10.0	
3	Microcrystalline wax	8.0	① 색소들을 diisosteryl malate 와 일부의 olive oil에 습윤시킨 후 3단 롤러로 분쇄 및 분산 처리하여 만들어 놓는다.
4	Candelilla wax	7.0	
5	Lanoline	10.0	
6	Olive oil	to 100	
7	Jojoba oil	10.0	② 기타 성분들을 약 85℃로 가열 용해 시키고 이미 만들어 놓은 분산된 안료를 첨가하여 균일하게 혼합한다.
8	Diisosteryl malate	8.0	
9	TiO_2	4.0	
10	적색 201호	0.6	③ 립스틱 금형에 넣어 급냉시켜 스틱(stick) 형태를 만든다.
11	적색 202호	1.2	
12	황색 4호(Aluminium lake)	0.2	
13	향료	적량	

10.5.2. 립라이너(Lip liner)

립라이너는 립스틱과 더불어 입술에 사용하는 제품이다. 립스틱을 바르기 전에 입술의 외각선을 그려주어 입술 선을 보다 선명하게 하고 입술을 아름답게 보이도록 한다. 제형은 펜슬 형태가 일반적으로 사용하고 있다.

(1) 사용 목적

① 입술의 선을 보다 선명하게 하여 입술을 아름답게 한다.
② 립스틱의 번짐을 막아주어 깔끔한 입술이 되도록 한다.

(2) 구비 조건

① 사용감이 우수하며 입술에 자극을 주지 않아야 한다.
② 립스틱과 조화를 이루는 색상으로 입술의 형태를 수정해 준다.
③ 경시 변화가 적은 것이 좋다.
④ 쉽게 부러지지 않으며 적당한 경도를 가진 것이 좋다.

(3) 조 성

Oil+wax, colorant(전체함량의 약 50%)

10.5.3. 볼연지(Blusher)

볼연지는 원래 루즈에서 분리된 제품 형태라고 할 수 있다. 연지는 얼굴에 붉은 톤(tone)의 쉐이드(shade)를 주는 제품을 말하는데 3가지 형태로 크게 나눌 수 있다.

그 첫째는 크림 형태 루즈로서 가장 오래된 연지이며, 두 번째는 스틱 형태 루즈이고, 그 나머지는 파우더 형태 루즈로 일명 파우더 브러셔(powder blusher)라고도 한다. 그 중에서 파우더 브러셔는 파우더 또는 압축 성형한 제품으로써 얼굴 특히 뺨과 광대뼈 주위에 발라서 얼굴 피부색의 농담(濃淡)을 조절하거나 엷은 핑크톤(pink tone)을 부여하여 건강한 혈색과 얼굴의 입체감을 주어 파운데이션 화장을 완성하게 해주는 역할을 한다. 최근 크림 형태는 잘 사용되지 않고 또한 분말 상태는 루즈 파우더라는 이름으로 사용되고 있기도 하지만 제품의 주종을 이루는 것은 압축 성형된 파우더인 파우더 브러셔이다.

(1) 사용 목적

① 얼굴을 광대뼈와 뺨 그리고 귓볼에 이르는 얼굴 측면의 쉐이드(shade)를 진하게 조절함으로써 얼굴의 입체감을 부여하기 위해 사용한다.
② 파우더 브러쉬의 색상은 주로 핑크 계열로 구성되어 있어 백색 또는 황갈색의 파운데이션에 엷은 핑크의 홍조를 부여함으로써 화장을 건강하고 생동감 있게 표현해 주고 뺨과 광대뼈 부위에 엷은 톤으로 도포하여 자연스럽고 건강한 아름다움을 부여한다.
③ 얼굴 측면의 피부색을 조절하거나 은폐하고 돌출된 광대뼈를 은폐시켜 얼굴형을 보정하고 입체감을 부여한다.

(2) 구비 조건

① 부드러운 감촉을 부여하여야 한다.
② 은은한 향기를 유지하여야 한다.

(3) 볼연지 처방 예(Blusher)

	원료명	wt %	제조순서
1	Mica	11.5	
2	Magnesium stearate	2.5	
3	Iron oxide red	0.1	
4	Iron oxide yellow	0.5	
5	적색 226호	0.1	
6)	운모티탄	2.3	콤팩트와 동일
7)	Methylpolysiloxane	2.0	
8)	Squalne	5.0	
9)	Hydrogenated Castor oil	1.0	
10)	향료	적량	
11)	방부제	적량	
12)	Talc	to 100	

10.5.4. 아이섀도우(Eye shadow)

아이섀도우는 제형이 여러 형태로서 분류해보면 크림 형태, 스틱 형태, 파우더 형태, 케이크 형태가 있다. 이 제품의 용도는 아이 메이크업이지만 형태로써는 파우더 제품으로 분류를 하고 있기 때문에 여기서는 아이섀도우, 특히 파우더와 케익 형태의 아이섀도우에 대해 알아보기로 한다.

(1) 사용 목적

① 다양한 색상을 잘 조합하여 눈 주위를 미화(美化)한다. 특히 진주광택 안료인 펄(pearl) 안료를 적당량 사용하면 신비스러운 색채와 펄 효과를 부여할 수 있다.
② 섀도우(shadow)란 의미처럼 음영(陰影) 효과를 주어 입체감과 눈의 뚜렷한 감을 부여한다.

(2) 구비 조건

① 색채 효과 및 펄 효과를 주어야 한다.

② 음영(陰影) 효과를 주어야 한다.

③ 자극이 없어야 한다.

④ 사용감이 부드럽고 전연성(展延性), 부착성, 지속성이 있어야 한다.

(3) 아이섀도우 처방 예(Eye shadow)

	원료명	wt %	제조순서
1	Sericite	11.0	
2	Nylon powder	5.0	
3	Magnesium stearate	2.5	
4	Ultramarine	7.5	
5	Iron oxide yellow	3.0	
6)	Iron oxide black	1.0	
7)	운모티탄(coated with Iron oxide red)	20.0	콤팩트와 동일
8)	Methylpolysiloxane	3.0	
9)	Squalane	3.0	
10)	Microcrystalline wax	1.5	
11)	향료	적량	
12)	방부제	적량	
13)	Talc	to 100	

10.5.5. 습식성형아이섀도우(Back injection eye shadow)

(1) 제품 특징

① 기존의 압축 성형 제품에서 탈피하여 금속 접시를 사용하지 않고 용매로 제품을 슬러리로 만들어 용기 뒷면에서 주입한 후 용매를 제거 건조한 새로운 형태의 아이섀도우 제품이다.

② 제품의 시각적 효과는 물론 우수한 사용감을 부여하기 때문에 다각적인 효과 상승이 기대되는 제품이다.

(2) 제조 공정

기존 제품과 같은 방법으로 제조한 후 슬러리(slurry)를 만들어 충진 후 건조시킨다.

10.5.6. 마스카라(Mascara)

마스카라는 가장 오래된 화장품의 하나로 고대 이집트에서 속눈썹에 바름으로써 눈썹을 짙게 보이도록 했다. 마스카라는 아이섀도우보다는 눈에 덜 띄는 화장품으로 유럽에서 더 널리 사용되고 있으며 실상 모발의 염료로 케익, 크림, 액상형태로 제조된다.

마스카라 제조 기술의 발달을 보면 처음에 왁스와 계면활성제 및 안료를 혼합한 후에 성형하여 만든 케익 형태 마스카라가 시초이다. 이런 제품의 단점으로는 소비자가 물을 브러쉬에 적당히 묻혀 케익으로 된 제품의 표면에 문질러 주어 순간적으로 유화를 형성하여 눈썹에 바르는 것으로 소비자가 사용하기에 번거롭다.

이런 단점을 보완하기 위하여 물을 미리 함유한 유화 형태의 크림 마스카라가 개발되었다. 그러나 이런 형태의 마스카라도 현대와 같이 활발한 사회생활을 하는 여성들이 장기간 사용하기에는 부착력 및 내수성이 약하여 눈 주위에서 부스러져 떨어지는 단점이 있다.

그 후 계속된 화학 공업의 발달에 의해 수용성 수지, 혹은 비(非)수용성 수지의 개발로 이를 마스카라에 이용함으로써 제품의 질이 크게 향상되었다. 1960년대 말에는 하절기 피서지에서도 오래 동안 지속될 수 있는 W/O형태의 마스카라도 개발 되어 소비자의 욕구를 충족시켜 줄 수 있었다.

이러한 화장품 제조 기술의 발달과 새로운 원료가 끊임없이 개발되는 상황에서도 각 형태의 고유한 장점과 또는 그 한계를 가지고 있다. 따라서 각 조건에 맞고 자기의 피부에 부작용이 없는 형태의 마스카라를 선택해야 한다.

(1) 사용 목적

① 속눈썹을 길고 진하게 보이도록 해주어 눈이 크고 생기 있어 보이게 한다.
② 눈의 표정을 풍부하게 표현하도록 한다.

(2) 눈주위 피부구조의 특징

① 눈꺼풀의 외피층(外皮層)은 손이나 얼굴보다 훨씬 얇아서 외부의 자극이나 이물질이 외피층 깊이 또는 진피층(眞皮層)까지 침투하기 쉽다.
② 눈물의 pH는 혈액의 pH인 7.2~7.4와 비슷해 대략 7.4이다.

(3) 구비 조건

① 부작용이 없을 것
② 부착력이 좋아 잘 떨어지지 않을 것
③ 덧바를 경우 내용물이 속눈썹에 뭉치는 경향이 없을 것
④ 사용 후 비교적 빠른 시간 내에 건조될 것
⑤ 컬링(curling) 효과가 좋을 것

(4) 마스카라의 분류

① 케익 형태

a) 왁스를 주성분으로 하는 마스카라로 적당량의 계면활성제와 안료를 함유하고 있다. 물에 젖은 솔대를 내용물에 문지름으로써 표면에서 유화된 것을 속눈썹에 바르는 것이 특징이다. 컬링(curling) 효과가 우수한 반면 사용하기가 번거롭다.

② 크림 형태

a) 유화 형태

케익 형태의 제품을 물에 함유시키고 왁스를 감소시키며 수용성 수지를 가하여 부착력 및 내수성을 개선시킨 제품으로 건조 속도를 빠르게 하기 위하여 소량의 에탄올을 함유시킬 수도 있다. 사용하기가 편리하며 가장 많이 사용하지만 하절기와 같이 물을 접하는 계절에는 내수성에 한계가 있다.

또한 비(非)수용성 수지에 포함된 모노머(monomer)에 의한 역겨운 냄새와 부작용을 무시할 수 없다. 그러나 화학 기술의 발달로 부작용이 거의 없는 마스카라를 만들 수 있게 되었다.

b) 비(非)수용성 형태

내수성에 중점을 두고 만든 제품으로 물 대신에 휘발성 용매를 사용하여 만든 제품이다. 이론적으로는 완벽한 제품이지만 실제로는 마스카라 사용의 주 목적의 하나인 컬링(curling) 효과가 거의 없으며 사용 후 제거가 잘 되지 않아서 아이메이크업 리무버를 사용해야 하는 번거로움이 있다.

또한 휘발성 용매에 의한 부작용이 일어나기 쉽고 아이메이크업 리무버로 인한 부작용 역시 무시할 수 없다.

③ 솔과 내용물의 관계

a) A형: 솔 폭이 크고 길다.

건조 속도가 빠르고 컬링 효과가 우수하므로 긴 눈썹에 효과가 있다.

b) B형: 솔폭이 작다.

내용물이 다량 묻어나므로 눈썹이 짧은 사람에게 가장 효과적이다.

c) C형: 솔폭이 작고 큰 이중 구조로 된 마름모 형태

짧은 솔폭과 긴 솔폭의 두 가지를 조절하여 원하는 대로 사용 가능한 형태이다.

(5) 마스카라 처방 예(Mascara, 에멀젼 수지(樹脂)타입)

	원료명	wt %	제조순서
1	Vinyl acetate 수지 emulsion	34.0	① 정제수를 70℃로 가온하고 보습제, 방부제를 투입한 후 점증제를 교반, 분산시킨다.
2	Sodium carboxymethylcellulose	1.0	
3	Xanthan gum	0.5	
4	Iron oxide black	10.0	② 안료를 투입하고 호모믹서로 분산시킨다.
5	Propylene glycol	6.0	③ 피막형성제 에멀젼을 나중에 투입하고 균일하게 혼합하고 냉각 탈포시킨다
6	방부제	적량	
7	정제수	to 100	

10.5.7. 아이라이너(Eye liner)

아이라이너는 비교적 늦게 개발된 제품으로 미국에서 1960년대에 들어서면서 상당량 소비가 시작되었다.

아이라이너는 속눈썹 바로 위에 가는 라인을 그려줌으로써 눈의 윤곽을 뚜렷하고 커 보이게 하여 눈의 표정을 만들어 낸다.

초창기에 아이라이너는 물과 계면활성제에 안료만 분산시킨 서스펜젼(suspension)이었기 때문에 안료가 뭉치거나 분리되어 흔들어 사용하였으나 에멀젼(emulsion) 및 세스펜젼 기술의 도입으로 제품이 크게 개선되었으며 유화 형태의 아이라이너가 등장하였다. 그러나 이러한 유화 형태의 결점은 부착력 및 내수성이 약하여 물을 많이 접하는 하절기에 사용하기에는 부적당하며 피막이 물에 젖으면 재유화(再乳化)하는 결점이 있다. 이러한 결점을 보완하기 위하여 수용성 수지를 첨가한 라이너가 개발되었다. 이러한 형태는 기존 유화 형태에 비하여 부착력 및 내수성이 조금 나아졌으나 근본적으로 유화제품의 경우 유화제에 의한 부작용으로 한계가 있다. 따라서 유화제를 필요로 하는 왁스 및 불활성(不活性) 오일을 제거한 수상에 근거한 아이라이너가 출연하기에 이르렀다. 천연 수지인 쉘락(shellac)을 함유한 형태

의 아이라이너가 이 예에 해당되는데 내수성, 지속성, 부착력 등은 크게 개선되었으나 실제로 TEA(triethanolamine)-shellac용액이 수용성이므로 이 역시 한계에 부딪쳤다. 그래서 수용성 수지에 안료를 분산시킨 peelable type의 아이라이너가 개발되었는데 부착력과 내수성이 우수할 뿐만 아니라 우수한 피막을 만들기 때문에 제거 시 한 겹의 피막으로 쉽게 제거될 수 있다.

그러나 비수용성 수지 속에 포함된 모노머(monomer)에 의한 부작용이 있을 수 있다. 그리고 내수성을 극대화시킨 비수용성 아이라이너가 있으나 건조 속도가 너무 늦고 부작용이 많다.

또한 아이브로우 펜슬을 부드럽게 만들어 아이라이너와 겸용으로 사용하거나 아이 라이너용으로 만든 펜슬 형태도 있다. 케익 형태 마스카라와 비슷한 케익 형태 아이라이너가 있으며 마스카라와 아이라이너 겸용으로 사용한다.

이와 같이 아이라이너는 많은 종류가 개발되어 있으므로 주위 환경과 자기 피부에 알맞은 형태를 선택해서 사용해야 한다.

(1) 사용 목적

① 눈의 윤곽을 뚜렷하게 해주고 눈 모양을 수정해 준다.
② 눈을 아름답고 개성 있게 만들어 준다.

(2) 구비 조건

① 자극이 없어야 한다.
② 건조가 빨라야 한다.
③ 그리기 쉬워야 한다.
④ 피막에 유연성이 있어야 한다.
⑤ 마무리가 예뻐야 한다.
⑥ 화장 지속력이 좋고, 시간이 지남에 따라 벗겨지거나, 번지거나, 갈라지지 않아야 한다.
⑦ 내수성이 좋아야 한다.
⑧ 안료의 침강이나 분리가 없어야 한다.
⑨ 미생물 오염이 없어야 한다.

(3) 아이라이너의 분류

① 액상 형태

a) 에멀젼 타입(Emulsion type)

물과 안료의 suspension에 유상을 유화시킨 제품으로 적당한 유동도(流動度)를 가지고 있으므로 사용하기에 간편하고 섬세한 선을 그릴 수 있는 장점이 있다. 반면 내수성이 좋지 않아서 물에 쉽게 지워지고 번지는 단점이 있고 광택 또한 부족하다. 부작용은 거의 없다.

b) 에멀젼 타입에 라텍스(latex)를 첨가한 제품

유화 형태의 제품에 유액(乳液) 또는 비수용성 수지를 소량 첨가하여 만든 제품으로 광택, 내수성 및 부착력이 개선되었으나 수지(latex)에 함유된 미(未)반응 물질 모노머(monomer)로 인한 역겨운 냄새와 부작용이 일어나기도 한다.

c) 에멀젼 타입 또는 에멀젼 타입에서 오일 성분 및 유화제를 제거한 수상 베이스에 쉘락(shellac)을 첨가한 제품

유화 형태의 유화 성분 중의 일부를 천연 수지인 쉘락(shellac)으로 대치한 제품으로 에멀젼 타입이나 라텍스 타입에 비하여 내수성 및 부착성, 지속성 등이 현저하게 개선되었으며 광택 또한 자연스러운 감을 준다. 반면에 매끄럽지 않고 shellac solution의 분리를 막기 위해서 점도를 높여야하기 때문에 사용할 때 좀 불편하다.

d) 필러블 타입(peelable type)

비(非)수용성 수지에 안료를 분산시킨 제품으로 부착성, 내수성, 지속성 등은 뛰어나나 반면에 모노머(monomer)로 인한 부작용의 우려가 있으며 광택이 있다.

e) 솔벤트 타입(solvent type)

최근에 내수성을 극대화시키기 위하여 개발된 제품으로 물 대신에 휘발성 용매에 색소를 분산시킨 형태이다.

② 케익 형태

케익 형태 마스카라와 같은 특성을 가지고 또한 겸용하기도 한다.

③ 펜슬 형태

왁스에 다량의 안료를 분산시킨 다음 압출, 성형하여 펜슬 형태로 만든 제품으로 부드러운 사용감을 가져야 한다. 구입 후 장시간 사용할 수 있으며 휴대가 간편하다. 사용하기도 편리하고, 잘 발라지며 다른 형태에 비하여 부작용도 제일 낮다. 그러나 에멀젼 타입에 비하여 화장이 매끄럽지 못하다.

※구비 조건

a) 사용감이 우수하며 눈썹에 부담을 주지 않아야 한다.

b) 깨끗하고 선명한 색상으로 눈의 표정을 연출할 수 있어야 한다.

c) 경시 변화가 적은 것이 좋다.

d) 쉽게 부러지지 않으며 적당한 경도를 가진 것이 좋다.

(4) 아이라이너의 처방 예(Eye liner)

	원료명	wt %	제조순서
1	Polyacrylic acid alkyl emulsion	34.0	
2	Bentonite	0.8	
3	Iron oxide black	9.0	
4	Iron oxide yellow	3.0	
5	Iron oxide red	2.0	마스카라와 동일
6	Polysorbate 80	1.0	
7	1,3 Butylene glycol	7.0	
8	방부제	적량	
9	정제수	to 100	

10.5.8. 아이브로우(Eye brow)

(1) 사용 목적

아이브로우 메이크업은 아이브로우에 색채적 효과를 부여하며 눈썹의 모양을 자연스럽게 수정하고 눈매를 돋보이게 하여 표정을 풍부하게 하기 위해 사용한다.

(2) 구비 조건

① 피부에 부드러운 감촉으로 균일하게 그려져야 한다.

② 선명하고 미세한 선이 그려져야 한다.

③ 지속성이 높고 화장 흐트러짐이 없어야 한다.

④ 안정성이 뛰어나고 발한(發汗), 발분 등이 없으며 부러짐이나 지저분해지지 않아야 한다.

(3) 아이브로우의 분류

① 파우더 형태

색소와 바인더로 구성된 반제품을 가압하여 만든 것으로 파우더 형태 아이새도우보다 오일이 더 많이 함유된다.

② 크림 형태

오일, 왁스 및 색소로 구성된 반제품을 접시에 몰딩(molding)한 것이다.

③ 펜슬 형태

가장 널리 사용되는 아이브로우 화장품으로 오일-왁스-색소로 구성된 내용물을 압출, 제심(製芯)한 것이다.

(4) 아이브로우 처방 예(Eye brow, 펜슬 형태)

	원료명	wt %	제조순서
1	Carnauba wax	8.0	
2	Ceresin	10.0	
3	Microcrystalline wax	10.0	① 오일과 왁스류를 가열 (75-85℃)용해시키고 안료를 분산 혼합한다.
4	Hydrogenated caster oil	20.0	
5	Vaseline	7.0	
6	Lanoline	5.0	② ①항을 냉각시키고 롤 (roll) 처리를 몇 차례 반복하여 균일하게 분산 혼합시킨다.
7	Squalane	8.0	
8	Isopropyl palmitate	3.0	③ 압착 (壓搾) 사출기에 의해 2-4 mm 의 노즐 (nozzle)에서 심 (芯)을 뽑을 수 있게 압출 성형시킨다.
9	Iron oxide black	11.0	
10	Iron oxide yellow	5.0	
11	TiO$_2$	5.0	
12	Talc	8.0	

10.5.9. 손톱 화장품

(1) 네일에나멜(Nail enamel, Manicure)

손톱에 광택이나 색채를 주어 손톱을 보호하고 아름답게 꾸미는 화장품이다. 네일 에나멜, 베이스코트(base coat, 네일 에나멜 사용 전에 사용하며 밀착성을 높여줌), 탑코트(top coat, 네일 에나멜 사용 후에 사용하며 광택도를 높여주고 색채를 더 돋보이게 해줌) 등이 있다.

① 네일 에나멜 처방 예(Nail enamel)

	원료명	wt %
1	Nitrocellulose	16.5
2	Alkyd resin	8.0
3	Acetyl triethyl citrate	6.0
4	Ethyl acetate	16.0
5	Butyl acetate	30.0
6	Ethanol	12.0
7	Toluene	8.0
8	적색 202호	1.0
9	운모티탄(coated with iron oxide red)	2.5
10	향료	적량

(2) 에나멜리무버(Enamel remover)

광택을 지운다고 하여 제광액(除光液)이라고도 한다. 피막 형성 수지를 용해시키는 용제가 주성분이다. 폴리올(polyol)계 보습제를 첨가하는 경우도 있다.

① 에나멜 리무버 처방 예(Enamel remover)

	원료명	wt %
1	Acetone	64.0
2	Butyl acetate	18.0
3	Ethanol	8.0
4	Glycerine	2.0
5	향료	적량
6	정제수	to 100

참고문헌

1. 光井 武夫, 新化粧品學, 第2版, 南山堂, 2001.

2. Cosmetic & Toiletry, Personal Care, Allured Publishing Co., 2004.

3. 伊藤 征司郎, 顔料の事典, 朝倉書店, 2000.

제 11 장

모발화장품

제11장 모발화장품

11.1. 모발화장품의 개요

모발화장품은 두피와 모발을 청결하고 아름답게 유지하기 위해 사용되는 화장품이다. 모발(毛髮, hair)은 사람의 외모에 있어서 중요한 부분을 차지한다.

길고 윤기나는 검은 머리카락을 가진 사람, 헤어왁스를 사용하여 멋있게 정돈된 헤어스타일을 가진 사람, 브리치를 해서 탈색된 모발을 가진 사람, 머리카락이 별로 없는 대머리 등을 보면 알 수 있듯이 모발의 상태와 형태는 사람이 본래 가지고 있는 얼굴모습과 함께 사람의 이미지에 큰 영향을 준다. 즉 얼굴부분의 모습과 모발의 형태가 사람의 용모를 결정하는 것이다.

따라서 피부에 사용하는 기초 및 색조화장품에 못지않게 모발을 청결하고 아름답고 건강하게 유지하기 위해 사용하는 모발화장품의 중요성은 크다고 볼 수 있다.

모발은 사람 피부의 일부이지만 그 구조와 기능이 피부와 차이가 크기 때문에 모발과 모발의 근원인 두피를 관리하는 모발화장품은 기초 및 색조화장품과는 여러 가지 측면에서 다른 점이 많다. 이번 11장에서는 다양한 모발화장품의 기능 및 성분 등에 대하여 알아본다.

모발화장품은 사용목적에 따라 다양한 제품이 있다(표 11.1).

통상의 모발관리에 있어서는 세발(洗髮)하기 위해서는 샴푸(shampoo)와 린스(rinse)를 사용하고, 세발 후 흐트러진 모발을 정돈하고 유연하게 하는 정발(整髮, conditioning)효과 및 두피 및 모발에 영양효과를 주기 위해 헤어 크림/로션(hair cream/lotion) 또는 헤어트리트먼트(hair treatment)가 사용 된다.

헤어 스타일링(hair styling)효과를 보다 강력하게 주기 위해서는 헤어 젤(hair gel), 헤어왁스(hair wax), 헤어 무스(hair mousse), 헤어 스프레이(hair spray)를 사용할 수 있다. 또한 흰머리나 새치머리를 은폐하거나 검은 모발을 갈색 등으로 바꾸기 위해서 염모제(hair dye) 및 탈색제(bleach)가 사용되며, 겨드랑이나 팔 다리에 난 미관상 보기 좋지 않은 털들을 제거하기 위해 제모제(除毛劑; depilatory)를 사용한다. 일반적으로 스트레이트 형태인 모발을 영구적으로 웨이브 형태로 만들어 주는 파마넌트 웨이브(permanent wave)제를 파마액이라고 한다. 머리카락이 비정상적으로 빠지는 겨우 탈모를 억제하거나 방지하기 위해서 헤어토닉과 탈모방지 양모제(養毛劑)를, 그리고 빠진 머리를 다시 나오게 하기 위해서 발모제(發毛

劑)가 사용된다.

　이상과 같은 모발화장품은 대부분 인체에 대한 작용이 경미(輕微)하다고 분류되는 화장품에 속하지만 영구염모제, 탈모방지 양모제, 발모제, 제모제 등은 그 효과가 인체에 대하여 경미하지 않다고 판단되어 의약외품 또는 의약품에 속한다.

표 11.1. 모발화장품의 종류와 기능

사용목적	종류	주요 기능	비 고
세발	샴푸	두피 및 모발의 오염 및 비듬제거	화장품
	린스		화장품
모발정발 및 영양	헤어 트리트먼트	샴푸잔류물 제거 및 모발 정발	화장품
	헤어 크림/로션	모발 영양	화장품
스타일링	헤어 젤	모발 정발	화장품
	헤어 왁스	모발의 정돈 및 스타일링	화장품
	헤어 스프레이		화장품
	헤어 무스		화장품
모발 염색	영구염모제	모발의 영구염색	의약외품
	탈색제(브리치)	모발의 탈색	의약외품
	일시 염모제	모발의 일시 염색	화장품
파마넨트웨이브	파마액	웨이브 헤어	화장품
	헤어 스트레이트너	스트레이트 헤어	화장품
탈모방지 및 양모	헤어토닉	두피 영양	화장품
	양모제	탈모방지 및 양모	의약외품
	발모제	발모	의약외품
체모의 제거	제모제	체모의 제거	의약외품

11.2. 샴 푸

　샴푸는 두피 및 모발의 오염을 제거하고 비듬이나 가려움을 억제하며 두피와 모발을 청결하고 아름답게 유지하기 위해 정기적으로 사용되는 화장품이다.

　모발은 땀, 피지, 비듬과 같이 두피에서 발생하는 생리적인 오염과 먼지, 모발 화장품 잔류물의 외부 환경적인 오염에 의해 시간이 경과함에 따라 모발의 외관 및 냄새가 나빠진다. 특히 두피에 많이 존재하는 피지샘으로부터 분비된 피지는 대부분 트리글리세라이드

(triglyceride)의 오일성분으로써 두피에 존재하는 미생물에 의해 분해되거나 및 공기에 의해 산화되어 냄새가 나거나 두피에 자극을 주는 물질(주로 유리 지방산)이 생성된다.

또한 두피의 정상적인 대사활동의 결과, 떨어져 나온 작은 각질세포들과 피지성분 등에 의해 뭉쳐 커다란 각질세포들이 비듬형태로 두피 및 모발에 부착 된다. 샴푸중의 세정성분은 이러한 오염물들을 효과적으로 제거한다. 또한 샴푸중의 정발성분이 모발표면에 흡착 침투하여 부드럽고 윤기있는 모발로 만들어 준다. 그리고 샴푸를 사용하여 세발시 두피부분을 마사지하게 되면 두피오염물이 쉽게 제거 될 뿐만 아니라 마사지에 의해 두피부분의 혈액순환을 원활하게 하여 건강한 모발이 생성되도록 하여 준다.

11.2.1. 샴푸의 기능과 종류

샴푸는 세발시 거품을 내어 두피 및 모발의 오염을 제거하고 물로 헹구어내는 과정을 통해 세정과 정발효과를 나타낸다. 이러한 샴푸가 갖추어야 할 기본적인 품질특성은 다음과 같다.

① 두피 및 모발의 오염에 대한 적당한 세정효과
② 부드럽고 풍부한 거품으로 세발중 마찰에 의한 모발 손상을 방지
③ 세발후 모발에 자연스러운 윤기와 적당한 정발효과
④ 세발중 및 세발 후 상쾌하고 매력적인 향기효과
⑤ 두피, 모발 및 눈에 대한 저 자극성

샴푸의 주성분인 음이온계면활성제는 두피 및 모발의 오염을 제거하는 역할을 한다(그림 11.1).

고체인 먼지의 경우는 고체표면과 모발표면에 계면활성제 분자가 흡착하여 음이온계면활성제 분자간의 반발력에 의해 먼지가 모발표면으로부터 떨어져 나오며 다시 재부착되지 않는다.

액체인 피지의 경우는 액체표면과 고체표면에 흡착된 계면활성제가 액체의

(a) 오염이 고체인 경우(먼지)   (b) 오염이 액체인 경우(피지)

 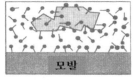

(a)

 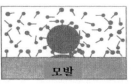

(b)

그림 11.1. 계면활성제의 세정 원리

접촉각을 증가 시켜 액체는 방울 형태로 떨어져 나오는데 이러한 현상을 롤링업(rolling-up)이라고 한다.

그림 11.2에서 샴푸를 사용하여 모발을 세정한 결과를 보면 모발표면의 오염물이 깨끗이 제거된 것을 알 수 있으며, 샴푸대신 비누로 세발을 하게 되면 비누성분과 물속의 금속이온이 만나 형성된 금속비누(물때, scum)입자가 모발표면에 잔류하게 된다. 이러한 모발표면의 입자들 때문에 비누로 세발후에는 모발이 거칠고 뻣뻣해진다.

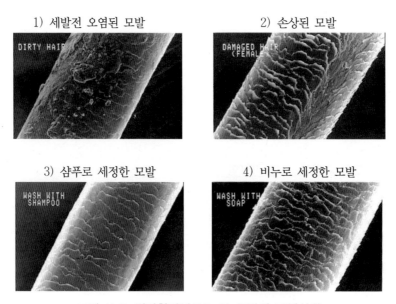

1) 세발전 오염된 모발   2) 손상된 모발

3) 샴푸로 세정한 모발   4) 비누로 세정한 모발

그림 11.2. 전자현미경으로 본 모발의 표면상태

샴푸는 두피 및 모발을 세정하여 청결하게 하는 것이 주목적이었지만 최근 소비자들이 요구하는 기능이 다양화하여 세정을 기본기능으로 하고 모발의 정발효과, 비듬방지효과 등의 부가 기능이 추가된 샴푸가 대부분이다.

표 11.2 에 샴푸를 형태별 및 기능별로 분류하였다.

표 11.2. 샴푸의 형태 및 기능별 분류

구 분	종 류
외관 및 형태	투명 액상(液狀)
	불투명 또는 진주광택 액상
	고체(비누형태)
기 능	범용(All purpose)
	정발(컨디셔닝: Conditioning) 및 영양(Nutrition)
	린스 겸용(2 in 1)
	비듬방지(Anti-dandruff)
	세정(Deep cleansing)
	저자극성(mild)
	탈모방지 및 양모
	모발 굵기 별 : 가는 모발(Thin/Soft), 보통 모발, 굵은 모발(Thick/Hard)
	모발 상태 별 : 손상된 모발(Damaged), 정상모발(Normal), 지성모발(Oily), 건성모발(Dry)
	모발 스타일별 : 스트레이트 모발, 웨이브 모발, 염색모발
	향 타입 별: 후로랄, 오리엔탈, 후레쉬 등

일반적으로 투명액상의 샴푸보다는 진주광택 불투명(펄) 액상의 샴푸가 모발에 대한 정발효과 등이 우수하다. 그 이유는 세발 후 모발에 잔류하여 모발에 정발효과를 부여하는 성분들의 대부분이 샴푸내에 투명하게 용해하지 않고 입자 상태로 유화 분산되어 있어 샴푸가 불투명하게 나타나기 때문이다.

사람마다 평소의 식생활 및 생활환경이 다르고 또한 유전적인 특성 때문에 모발의 세정에 사용하는 샴푸의 기능은 다양하다.

최근에는 범용샴푸보다 기능이 강화된 샴푸가 주로 사용되고 있는데 예를 들면 정발효과가 강화되거나 특히 손상된 모발을 보호해주는 샴푸 등이다.

특히 잦은 세발, 염색, 파마는 모발을 손상시키기 때문에 모발손상의 예방, 손상된 모발의 보호 및 손상악화 방지를 위해 이러한 샴푸는 세발시 반드시 사용하여야 한다. 특히 정발효과를 강화하기 위해 린스기능을 추가한 린스겸용샴푸는 샴푸후 따로 린스할 필요가 없는 정도의 정발효과를 강조하였으나 실체 효과 측면에서는 린스를 추가로 사용한 경우보다는 정발효과가 부족하다. 또한 동물성지방의 섭취 및 오염된 환경의 영향으로 비듬발생 빈도가 높고 비듬에 대한 미용적 관심의 증가로 비듬방지샴푸가 단순히 비듬제거의 목적으로 단기간 사용하는 경우보다는 비듬예방의 목적으로 장기적으로 사용되기도 한다.

피지분비가 많거나 헤어 스타일링제 등 모발화장품의 잔류물을 제거하기 위해 세정효과가 강한 딥클린징 샴푸와 세발을 자주하기 때문에 두피부분이 민감하여 세정효과가 적고 두피에 자극성이 적은 저자극성 마일드샴푸가 있다. 이상과 같이 다양한 기능들이 단독 또는 2가지 이상의 복합된 형태로 샴푸에 부여하고 있어 실제로 샴푸의 종류는 대단히 많다고 할 수 있다.

11.2.2. 샴푸의 성분

앞에서 언급한 샴푸의 기본적인 품질특성과 원하는 형태 및 기능을 충족시키기 위해서 다양한 성분들이 사용된다(표 11.3).

표 11.3. 샴푸의 주요성분

용 도	분 류	성 분
세정제	음이온계면활성제	알킬황산염, 알파올레핀아황산염, 폴리옥시에칠렌알킬황산염, 아실글루타민염, 아실메칠타우린염,
	양쪽성면활성제	베타인, 글리시네이트
기포안정화제	비이온 계면활성제	지방산알카놀아마이드, 알킬아민옥사이드
	폴리머	하이드록시 셀룰로오즈
정발제	양이온성 폴리머	양이온화 셀룰로오즈, 양이온화 구아검,
	유성/보습 성분	실리콘유도체, 에스터오일, 고급지방알코올, 다가알코올, 단백질유도체
외관조정제	펄화제(Pearling agent)	지방산글리콜에스터
	착색제	식용 색소
성상조정제	증점제	수용성고분자(하이드록시셀룰로오즈,카복시비닐폴리머), 지방산알카놀아마이드,
	점도조정제	무기염(NaCl),자일렌아황산염
	pH조정제	유기/무기산,무기/유기알칼리
안정화제	금속이온봉쇄제(Chelating agent)	이디티에이(EDTA)염, 구연산
	방부제	이소치아졸리논, 안식향산,
	변색방지제	자외선흡수제
부향제	향료	향
특수기능성분	비듬방지제	징크피리치온, 피록토올아민
	청량제	멘톨
	두피 및 모발보호제	비타민유도체, 단백질 유도체, 천연식물/한방추출물
용 제	정제수	이온교환수, 역삼투압수

샴푸의 세정제로서는 통상 음이온 계면활성제(anionic surfactant)와 양쪽성 계면활성제 (amphoteric surfactant)가 주로 사용된다. 음이온과 양쪽성 계면활성제를 혼합 사용하는 경우 기포의 특성, 저자극성, 정발효과의 상승 등 측면에서 장점이 있기 때문에 자주 사용된다.

베테인계 양쪽성 계면활성제로서는 코코아미도프로필베테인(cocoamidopropyl betaine)과 글리시네니트계 양쪽성 계면활성제로서는 라우로암포아세테이트나트륨(sodium lauroam phoacetate)가 대표적인 것이다. 샴푸에서의 계면활성제 함량은 과거에는 20 %이상이였으나 최근에는 세발을 자주하기 때문에 15~20 % 정도가 된다.

기포안정제는 세정제로 사용한 계면활성제의 기포의 막을 강화시켜 외부로부터의 물리적 자극이나 시간경과에 따른 기포소멸로부터 저항성이 생겨 세발하는 동안 발생된 기포가 꺼지지 않고 오랫동안 유지시켜 주는 역할을 한다.

정발제 또는 컨디셔닝제는 세발도중 또는 헹굼시 모발표면에 흡착하여 모발의 전체와 표면의 물리적 특성을 변화시킨다. 즉 모발표면에 윤기와 광택을 부여하고 모발을 유연하게 하는 작용을 하는 것을 정발제라고 한다. 정발효과를 부여하기 위해 고려해야 할 사항은 모발표면에의 흡착(substantivity)량을 높이고 모발표면에서의 마찰(friction)을 감소시키는 것이다.

정발성분이 모발에 흡착하는 경우는 화학적 흡착과 물리적 흡착이 있는데, 화학적 흡착은 모발표면과 정발성분이 화학적인 결합을 형성하여 흡착하는 것이고, 물리적 흡착은 모발표면과 정발성분간의 약한 분자간의 인력(반데르발스 힘)에 의한 것이다.

모발표면은 중성의 수용액상태에서 음전하(minus charge)를 띠고 있기 때문에 양전하(plus charge)를 가지고 있는 정발성분은 세발도중에 그리고 헹구는 과정에서도 모발표면과 정전기적인 인력에 의해 쉽게 흡착이 된다. 이러한 정발성분으로는 양이온성 고분자가 대표적인 데 양이온성 셀룰로오즈, 양이온성 구아검 등이 그 예이다. 양이온성 고분자들에는 양이온 전하를 많이 가진 것과 적게 가진 것들이 있어 모발표면에의 흡착량과 흡착강도를 조절할 수 있다. 양이온전하가 높은 것은 흡착량이 높아 정발효과가 우수하지만 샴푸로 세발을 계속함에 따라 양이온성고분자성분이 누적되는 단점이 있다.

모발표면에서의 마찰력을 감소시키기 위해서 즉 손으로 모발을 만질 때 매끄럽고 부드러운 감촉을 주기 위해서 사용되는 대표적인 성분은 실리콘(silicone)유도체이다. 실리콘 특유의 매끄러운 감촉 때문에 최근 샴푸의 대부분이 다양한 실리콘 유도체를 사용하고 있다. 실리콘 유도체중 가장 흔히 사용하는 것이 디메칠폴리실록산(dimethylpolysiloxane)인데 샴푸 내에서 용해되지 않기 때문에 유화 분산시켜야 한다. 디메칠폴리실록산은 중합도가 높은 고점도와 중합도가 낮은 저점도의 것들이 있는 데 중합도에 따라 점도도 다르고 유화분산의 용이성, 모발표면에의 흡착 및 감촉이 차이가 있다. 정발성분들은 구조에 따라 흡착량 및 유연효과 및 매끄러움이 차이가 있고 따라서 통상 두 가지 이상의 정발성분이 함께 사용된다.

외관조정제로써 샴푸에 고급감을 부여하기 위해 펄화제(pearling agent)를 사용하는 데 펄화제는 투명한 샴푸용액에 크기 5~20 μm 두께 0.2~0.5 μm 의 작은 판상 입자형태로 불규칙하게 분산되어 샴푸를 불투명하게 한다. 이 샴푸를 흐르게 하면 작은 판상입자가 흐르는 방향으로 여러 층으로 일정하게 배열하게 되고 빛이 여러 층의 판상입자표면을 위상차를 두고 반사하게 되어 펄효과가 나타나게 된다.

펄화제의 대표적인 것은 운모(mica)인데 운모는 주로 색조화장품에 사용되고 샴푸에는 지방산 글리콜에스터(glycol fatty acid ester)이 사용되는 데 글리콜스테아레이트(glycol stearate)가 가장 흔히 사용된다. 운모는 샴푸에 전혀 녹지 않지만 글리콜스테아레이트는 샴푸제조과정 중 50~60 ℃에 일단 용해되었다가 샴푸가 냉각 되면서 작은 판상입자로 결정화가 된다.

비듬발생은 정상적인 생리활동의 결과이지만 비정상적으로 비듬발생 양이 많고 비듬크기가 큰 경우는 여러 가지 원인이 있지만 두피에 존재하는 미생물인 비듬균(*Pityrosporum Ovale, Malassezia*)에 의해 비듬이 증가한다고 알려졌다. 이 비듬균을 살균하는 대표적인 비듬치료제는 징크피리치온(zinc pyrithione)인데 징크피리치온은 비듬방지효과는 우수하나 샴푸 내에 용해하지 않고 비중이 높아 침전될 가능성이 있어 샴푸 내에 균일한 분산 상태를 오래 동안 유지시켜주는 분산 안정화 기술이 필요하다.

이외에도 다양한 용도로써 여러 가지 성분이 사용될 수 있는데 이러한 성분들은 샴푸의 기본적인 품질특성과 원하는 형태 및 기능을 충족시키는 방향으로 선택된다.

11.2.3. 샴푸의 처방 예와 제조방법

(1) 투명 샴푸

	원료명	wt %	제조순서
1	정제수	(63.3)	① 1에 2를 분산하고, 3을 투입한 후 75℃까지 가온한다.
2	폴리쿼터늄-10(Polyquaternium-10 :JR 400))	0.2	
3	코카미도프로필베테인(Cocamidopropyl Betaine)	4.0	
4	폴리옥시에칠렌라우릴황산나트륨(25%) (SLES)	30.0	② 4, 5, 6을 투입하고 용해한 다음 7을 투입하고 투명해질 때까지 교반한다.
5	피이지150 펜타에리치리틸 테트라스테아레이트 (PEG-150 Pentaerythrityl tetrastearate)	2.0	
6	코카미도 엠아이피에이(Cocamide MIPA)	2.0	

	원료명	wt %	제조순서
7	피이지/피피지-15/15 디메치콘(PEG/PPG-15/15 Dimethicone)	2.0	③ 30℃까지 냉각
8	향	0.5	하면서 8, 9를 투
9	방부제	적량	입하고 10으로
10	소금(NaCl)	적량	점도를 조정하고
11	구연산(Citric Acid)	적량	11로 pH를 6정 도로 조정한다.

(2) 불투명 샴푸

	원료명	wt %	제조순서
1	정제수	(48.65)	
2	하이드록시에칠셀룰로오스(Hydroxyl Ethyl Cellulose)	0.15	① 1에 75℃까지 가온한후 2를 분산시킨다.
3	글리콜디스테아레이트(Glycol Distearate)	2.0	
4	폴리옥시에칠렌라우릴황산나트륨(25%) (SLES)	26.0	② 3을 투입한 후 4, 5, 6,
5	코카미도 프로필 베테인(Cocamidopropyl Betaine)	10.0	7을 투입하고 균일해
6	라우로암포아세테이트나트륨(Sodium Lauroamphoacetate)	5.0	질 때까지 교반한다.
7	코카미드 디이에이(Cocamide DEA)	2.0	
8	아모디메치콘(Amodimethicone)	2.5	③ 50℃까지 냉각하고 8,
9	폴리쿼터늄-7(Polyquaternium-7)	3.0	9, 10을 투입하고 균일
10	가수분해 밀 단백질(Hydrolyzed Wheat Protein)	0.1	하게 교반한다.
11	향	0.6	④ 40℃이하에서 11, 12을
12	방부제	적량	투입하고 13으로 pH를
13	구연산	적량	6.5정도로 조정한다.

11.3. 린 스

샴푸로 세발 후 모발을 보다 아름답고 유지하기 위해 사용하는 것이 린스(rinse)이며 이를 컨디셔너(conditioner)라고도 한다.

통상 샴푸로 거품을 내고 마사지한 후에 물로 헹구고 다음에 린스를 사용하고 다시 물로 가볍게 헹구게 된다. 이와 같이 샴푸 후 헹구어 낼 때 사용하기 때문에 헹굼이라는 의미로 린스라고 한다.

세발시 사용하는 샴푸는 음이온계면활성제를 주성분으로 하여 거품을 내어 두피와 모발로부터 오염을 제거하는 작용을 하는데 떨어져 나온 오염과 기포는 물로 헹구어 내는 과정에 의해 대부분 씻겨 나가지만 음이온 계면활성제의 일부가 두피와 모발에 잔류하는 데 린스중의 양이온 계면활성제가 이를 중화시킨다. 또한 린스 중에 함유된 정발성분은 샴푸 후 깨끗해진 모발 표면에 균일하게 흡착하여 정전기를 방지하고 모발의 윤기와 감촉을 큰 폭으로 향상시킨다.

11.3.1. 린스의 기능과 종류

샴푸로 세발 후 사용하는 린스가 갖추어야 할 기본적인 품질특성은 다음과 같다.

① 모발을 매끄럽게 하여 빗질이 쉬움
② 모발을 부드럽고 촉촉하고 윤기 있게 만듦
③ 정전기가 발생하지 않아 모발 손질이 용이함
④ 모발보호에 의한 손상 방지
⑤ 향기효과와 저자극성

린스의 작용원리는 다음과 같다(그림 11.3). 모발표면은 중성의 수용액상태에서 음전하를 띠고 있기 때문에 양전하를 가지고 있는 린스중의 양이온계면활성제는 모발표면과 정전기적인 인력에 의해 쉽게 흡착이 된다. 이때 양이온계면활성제의 양이온성부분은 모발표면과 접촉하고 친유성부분은 바깥쪽으로 균일하게 배열된다. 그리고 유성성분의 정발제는 화학적 물리적 흡착에 위해 역시 균일하게 배열된다.

이와 같이 균일하게 배열된 양이온 계면활성제와 정발성분은 유성막을 형성하여 모발이 보유하고 있는 수분의 증발을 방지하고 모발을 윤기있게 하고 매끄럽게 한다.

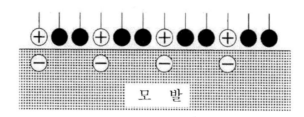

$\oplus$— : 양이온 계면활성제
● — : 유성성분(Oil)

그림 11.3. 린스의 작용원리

린스는 샴푸와 같이 세발시 사용하는 제품으로 샴푸의 형태별 기능별 종류(표 11.2)와 거의 동일하다. 통상 샴푸와 린스가 동일한 기능으로 짝을 지어 판매되고 있다. 단, 린스는 형태면에 있어서 투명 또는 불투명의 로션상 또는 크림상이고 대부분 불투명 로션 또는 크림상이다.

11.3.2. 린스의 성분

린스의 기본적인 품질특성과 원하는 형태 및 기능을 충족시키기 위해서 다양한 성분들이 사용된다(표 11.4).

표 11.4. 린스의 주요성분

용 도	분 류	성 분
정발제	양이온 계면활성제	염화알킬암모늄(염화세칠트리메칠암모늄, 염화디스테아릴디메칠암모늄), 알킬아미도아민(스테아라미도프로필 디메칠아민)
	유성/보습 성분	실리콘유도체, 에스터오일, 고급지방알코올, 다가 알코올, 유동파라핀, 라놀린유도체, 동물유, 식물유, 단백질유도체
유화제	유화제	폴리옥시에칠렌 알킬에테르, 글리콜 지방산 에스터,
외관조정제	착색제	식용 색소
성상조정제	증점제	수용성고분자(하이드록시셀룰로오즈).
	pH조정제	유기/무기산
안정화제	방부제	이소치아졸리논, 안식향산,
	변색방지제	자외선흡수제
부향제	향료	향
특수기능성분	비듬방지제	징크피리치온, 피록토올아민
	청량제	멘톨
	두피 및 모발보호제	비타민유도체, 단백질 유도체, 천연식물/한방추출물
용제	정제수	이온교환수, 역삼투압수

린스의 주성분은 정발성분으로 양이온계면활성제와 유성 및 보습성분이다. 양이온계면활성제는 린스의 기본기능을 발현하는 가장 중요한 역할을 하는 성분이다. 양이온 양면활성제는 모발에 흡착성이 우수하고 모발을 유연하게 하고, 정전기 발생을 방지한다.

그림11.3에서 볼 수 있듯이 양이온계면활성제의 막이 모발내부의 수분증발을 방지하여 모발이 일정 수분을 보유하게 하고 흡착막은 윤활작용을 하기 때문에 정전기발생을 방지하게 된다. 양이온계면활성제로서는 통상 4급 암모늄염(quaternary ammonium compound), 즉 염화알

킬암모늄(alkyl ammonium chloride)이 주로 사용되는 데 장쇄(長鎖) 알킬기가 한 개 또는 두 개인 것 그리고 알킬기의 종류가 세칠, 스테아릴, 베헤닐(behenyl)기 등 여러 가지 구조를 가지고 있다. 통상 장쇄 알킬기가 한 개이고 길이가 비교적 짧은 염화세칠트리메칠암모늄(cetyl trimethyl ammonium chloride)의 경우는 물에 투명하게 용해되고 정발효과가 보통의 수준이며, 장쇄 알킬기가 두 개이고 길이가 긴 염화디스테아릴디메칠암모늄(distearyl dimethyl ammonium chloride)는 물에 불투명하게 분산되고 정발효과가 우수하다. 장쇄 알킬기가 길고 개수가 많을수록 정발효과가 높아진다고 할 수 있으나, 이는 정발효과가 가볍고 자연스러운(light & natural) 효과에서 무겁고 오일리한(heavy & oily) 효과로 전이된다고도 할 수 있다.

최근에는 스테아라미도디메칠아민(stearamido dimethyl amine) 같은 알킬아미도아민을 유기산 또는 아미노산으로 중화시킨 3급 아민염이 사용되기도 한다. 양이온계면활성제는 단독 또는 혼합사용하고 함량은 통상 5 %이하이다.

모발에 컨디셔닝효과를 주기 위해서 사용되는 정발 및 보습성분들에는 통상 실리콘 유도체, 에스터 오일, 고급 지방알코올, 다가 알코올, 유동 파라핀, 라놀린 유도체, 동물유, 식물유 등이 사용된다. 이러한 성분들은 모발과 화학적 또는 물리적 흡착을 통해 모발표면에 막을 형성하거나 모발 내부로 침투한다.

린스에 함유되는 정발 및 보습성분은 대부분 물에 녹지 않는 유성성분이기 때문에 이들 성분을 안정하게 유화시키기 위해서는 유화제를 사용한다. 유화제에 관해서는 제 6장 화장품의 제형화기술의 6.2절에서 자세하게 설명하였다. 일반적인 기초화장품에서는 유화제만 유화작용을 하지만 린스에서는 양이온계면활성제가 유화제역할도 하기 때문에 양이온계면활성제와 비이온계면활성제의 복합유화시스템이 유화작용을 한다고 볼 수 있다.

11.3.3. 린스의 처방 예와 제조방법

	원료명	wt %	제조순서
1	정제수	(48.65)	① 1에 70℃까지 가온한 후 2, 3, 4, 5를 투입하고 균일하게 용해한다. ② 6, 7, 8을 투입하고 균일해질 때까지 교반한다(30분).
2	염화디세칠디메칠암모늄(68%)(Dicethlydimonum Chloride)	3.3	
3	스테아라미도 디메칠아민(Stearamido Dimethyl Amine)	2.0	
4	프로필렌글리콜(Propylene Glycol)	0.5	
5	구연산(Citric Acid)	0.1	
6	세틸알코올(Cetyl Alcohol)	2.0	
7	스테아릴알코올/세테아레쓰-20(Stearyl Alcohol and Ceteareth-20)	1.0	

	원료명	wt %	제조순서
8	사이클로메치콘(Cyclomethicone)	3.25	③ 45℃까지 냉각하고, 9를 투입하고 균일하게 교반한다.
9	염화 칼륨(Potassium Chloride)	0.3	
10	판테놀(Panthenol)	0.1	④ 40℃이하에서 10, 11, 12를 투입한다.
11	향	0.4	
12	방부제	적량	

11.4. 헤어 컨디셔닝제(Conditioner) 및 트리트먼트 (Treatment)

모발에 정발효과를 부여하고 모발을 정돈하는 데 사용하는 것이 헤어 컨디셔닝제(hair conditioner) 또는 모발정발제(整髮劑)라고 하며 손상된 모발을 보호하고 영양을 공급하기 위해 사용하는 것을 헤어트리트먼트(hair treatment)라고 한다.

11.4.1. 헤어컨디셔닝제 및 트리트먼트의 기능과 종류

모발표면을 코팅(coating)하여 모발에 윤기를 부여하고 모발을 보호하고 있던 피지(皮脂; sebum)성분은 세발 후 계면활성제에 의해 깨끗이 세정되기 때문에 세발후의 모발은 윤기가 부족하고 거칠고 손상되기 쉽다. 물론 시간이 경과하면 피지가 다시 분비되어 모발을 코팅하겠지만 헤어컨디셔너는 피지보다 효과적으로 그리고 신속하게 모발에 정발효과를 부여할 뿐만 아니라 모발을 원하는 형태로 정돈할 수 있게 한다.

케라틴(keratin)이라고 하는 단단한 단백질(protein)로 구성되어 있는 모발은 모낭으로부터 성장하여 모발의 성장기 동안(5~6년) 지속적으로 외부환경에 노출하면서 모발이 손상 된다. 빈번한 세발, 잘못된 빗질, 뜨거운 드라이어의 사용, 파마, 염색, 그리고 일상 생활환경에서 자외선이나 대기오염 등에 의해 모발은 손상된다(3.10 참조).

이러한 자극으로부터 손상된 모발은 건조되어 윤기가 없고 부석거려 빗질이 잘 되지 않아 헤어스타일이 원하는 대로 되지 않는다. 또한 건조하기 때문에 정전기가 많이 발생하고 모발이 뒤엉키기 쉽기 때문에 모발표면이 박리되기도 하고 심한 경우에는 모발 끝이 갈라지는 지모(枝毛) 또는 모발 중간이 부서지는 열모(裂毛)가 되기도 한다.

헤어트리트먼트는 이와 같이 손상된 모발(damaged hair)의 표면에 작용하여 모발을 보호하고 손상이 더 이상 악화되지 않게 하거나 또는 모발의 손상을 사전에 예방하는 기능이 있다.

헤어컨디셔닝제와 헤어트리트먼트가 갖추어야 할 기본적인 품질특성항목은 린스와 동일하지만(11.3.1 참조) 각 항목별로 품질수준이 린스와는 차이가 있다.

이러한 품질특성을 가진 헤어컨디셔닝제와 헤어트리트먼트는 사용방법 및 사용목적 즉 효과에 따라 여러 가지 종류로 구분된다(표 11.5).

표 11.5. 헤어 컨디셔닝제와 트리트먼트의 종류

구 분	헤어 컨디셔닝제		헤어트리트먼트	
제 품	헤어크림	헤어로션	헤어트리트먼트 크림/로션	
사용방법	모발에 도포한 후 정돈	모발에 도포한 후 정돈	모발에 도포하고 잠시 후 물로 헹굼	모발에 도포한 후 정돈
윤기 및 광택	◎	○	△	○
모발 보호	○	○	○	○
모발 영양	△	△	◎	◎
스타일링	◎	○	△	○

◎ : 탁월 ○ : 우수 △ : 보통

헤어컨디셔닝제에서 헤어크림은 유성성분을 다량 함유하여 윤기를 포함한 정발효과 및 스타일링효과가 우수하고 헤어 로션은 비교적 자연스러운 정발효과를 부여할 수 있다.

헤어트리트먼트는 모발에 균일하게 도포한 후 일정 시간(5~10분 정도)이 경과한 후에 물로 가볍게 헹구어 내는 린스어프 타입(rinse-off/wash-out type)과 모발에 균일하게 도포하고 모발을 정도하는 리브온 타입(leave-on type)이 있다.

린스어프 타입의 트리트먼트를 도포 후에는 스팀 및 열을 가해 트리트먼트성분에 모발표면 및 내부까지 침투하도록 한 다음에 헹구어 낸다.

표 11.5에서 보여준 제품간의 기능 및 효과의 차이는 일반적인 사항이고 제품에 포함되는 성분의 종류와 양에 의해 제품구분과 사용효과가 달라지기도 한다.

11.4.2. 헤어컨디셔닝제 및 트리트먼트의 성분

헤어컨디셔닝제와 헤어트리트먼트에는 기본적으로 주요 구조 및 성분들은 린스의 경우와 유사하다(표 11.4 참조). 일반적으로 헤어컨디셔닝제와 헤어트리트먼트중의 양이온계면활성제의 함량은 린스보다 낮으며 그리고 린스오프타입제품이 리브온타입제품보다 높다. 그 이유는 린스오프타입의 경우는 도포하고 몇 분 후 물로 헹구어 내는 과정에서 흡착된 양이온 계면활성제의 상당한 부분이 물과 함께 떨어져 나가기 때문이다. 그리고 헤어컨디셔닝제품 가운데 스타일링효과가 우수한 헤어크림의 경우는 다른 제품보다 유성성분(예, 유동파라핀)의 함량이 높으며, 헤어트리트먼트는 모발에 영양을 주는 성분들의 함량이 헤어컨디셔너보다 높다.

11.4.3. 헤어컨디셔닝제 및 트리트먼트의 처방 예 및 제조방법

(1) 헤어컨디셔닝 로션

	원료명	wt %	제조순서
1	정제수	(50.4)	① 1에 75℃까지 가온한후 2를 투입하고 용해한다(수상).
2	1.3 브틸렌 글리콜(1,3-Butylene Glycol)	5.0	
3	밀납(Bees Wax)	3.0	
4	유동파라핀(Liquid Paraffin)	20.0	② 별도의 용기에 3, 4, 5, 6, 7, 8, 9, 10을 투입하고 75℃까지 가온하여 용해한다(유상).
5	마이크로크리스탈린왁스(Microcrystalline Wax)	5.0	
6	베헤닐알코올(Behenyl Alcohol)	1.3	
7	세틸이소옥타네이트(Cetyl Isooctanate)	10.0	③ 용해된 유상을 수상에 투입하면서 호모믹서로 균일하게 유화시킨다(5분).
8	PEG-20 베헤닐 에테르(PEG-20 Behenyl Ether)	2.0	
9	트윈 40(Tween 40)	1.0	
10	글리세릴모노스테이레이트(Glyceryl Monostearate)	2.0	④ 냉각을 시작하고 40℃이하에서11, 12를 투입한다.
11	향	0.3	
12	방부제	적량	

(2) 헤어트리트먼트 크림

	원료명	wt %	제조순서
1	정제수	(67.90)	① 1에 75℃까지 가온한후 2, 3을 투입하고 용해한다(수상).
2	글리세린(Glycerin)	5.0	
3	양이온성단백질(Cationic Protein)	3.0	
4	PEG-21 스테아릴에테르(PEG-21 Stearyl Ether)	5.6	② 별도의 용기에 4, 5, 6, 7, 8, 9을 투입하고 75℃까지 가하여 용해한다(유상).
5	PEG-2 스테아릴에테르(PEG-2 Stearyl Ether)	1.2	
6	세틸알코올(Cetyl Alcohol)	4.0	

	원료명	wt %	제조순서
7	유동파라핀(Liquid Paraffin)	5.0	③ 용해된 유상을 수상에 투입 하면서 호모믹서로 균일하 게 유화시킨다(5분).
8	이소프로필팔미테이트(Isopropyl Palmitate)	5.0	
9	디카프릴릴에테르(Dicaprylyl Ether)	3.0	
10	향	0.3	④ 냉각을 시작하고 40℃이하 에서 ⑩,⑪을 투입한다.
11	방부제	적량	

11.5. 헤어스타일링제

헤어스타일링제는 모발을 아름답게 하고, 매력을 더해주고, 용모를 변화시키기 위해서 사용하는 제품으로 빗, 드라이어, 손 등을 사용하여 모발을 원하는 형태로 만들어 주고 고정시켜주는 즉 스타일링(styling)과 셋팅(setting)하는 데 사용한다.

모발은 그 굵기의 범위가 일반적으로 30~80 ㎛ 로서 가느다란 모발은 너무 유연해서, 그리고 굵은 모발은 너무 뻣뻣해서 모발을 원하는 방향으로 정돈하는 것이 어려울 뿐만 아니라 일단 정돈된 헤어스타일도 쉽게 다시 흩트려 진다. 헤어스타일링제는 모발표면에 도포되어 모발을 형태로 정돈하기 쉽게 하거나 정돈된 헤어스타일을 오랫동안 유지시켜 주게 된다.

11.4 에서 설명한 헤어컨디셔너제품에도 일부 스타일링기능이 있으나 헤어스타일을 고정시켜 주는 셋팅효과가 없는 것이 헤어 스타일링제품과의 큰 차이이다. 일반적으로 헤어스타일링제는 셋팅효과가 강한 폴리머성분를 주성분으로 함유하고 있다.

11.5.1. 헤어스타일링제의 기능과 종류

헤어스타일링제의 기능은 크게 스타일링과 셋팅이다. 이러한 기능을 만족시키기 위해 헤어스타일링제가 갖추어야 할 기본적인 품질특성은 다음과 같다.

① 모발표면에 균일하게 투명하게 도포
② 사용방법에 따라 적당한 건조시간
③ 셋팅된 모발형태가 오랫동안 유지
④ 흰 가루(flake)발생이 없어야 함
⑤ 샴푸 등에 의한 세발시 쉽게 제거

헤어스타일링제의 작용원리는 헤어스타일제의 주성분으로 함유된 셋팅제(주로 폴리머)는 일종의 접착제로써 모발표면을 코팅하거나 여러 가닥의 모발을 접착 연결시켜 전체적인 모발의 강도를 높임으로써 모발의 형태를 고정(셋팅)시켜 주는 역할을 한다(그림 11.4).

그림 11.4. 모발과 헤어스타일링

모발과 모발을 접착시켜 주는 폴리머 필름은 약한 외부 자극에는 변화가 없어 헤어스타일이 오래 유지되나, 강한 바람 또는 빗질 등 외부의 강한 자극이나 비 또는 물에 젖으면 필름이 파괴 또는 용해되어 결과적으로 헤어스타일을 고정시켜 주는 셋팅효과가 없어진다. 그리고 모발표면에 접착되어 있던 폴리머 필름에 부서지면서 흰 가루형태로 보이는 현상을 후레이킹(flaking)이라고 한다.

헤어스타일링제는 주요 기능과 제형, 사용방법에 따라 다양한 종류가 있다(표 11.6).

표 11.6. 헤어스타일링제의 종류

구 분	액상/페이스트상		에어로졸	
제 품	헤어젤	헤어왁스	헤어 무스	헤어 스프레이
사용방법	모발에 도포하면서 스타일을 만듦	모발에 도포하면서 스타일을 만듦	모발에 도포하면서 스타일을 만듦	스타일을 만든 후 분사
스타일링	◎	○	○	X
셋팅	◎	○	○	◎
정발효과	△	○	○	X
리스타일링	X	○	X	X

◎ : 탁월 ○ : 우수 △ : 보통

액상 또는 페이스트상의 헤어젤은 스타일링과 셋팅효과가 우수하기 때문에 헤어스타일링 및 셋팅의 목적으로 자주 사용된다. 그러나 일단 흐트러진 헤어스타일은 원상회복이 되지 않는다.

최근에는 보다 자연스러운 셋팅효과와 리스타일링(re-styling)이 가능한 헤어왁스가 많이 사용 되는 데, 헤어왁스를 사용하여 가꾼 헤어스타일은 나중에 흐트러진 경우 빗질을 하여 원하는 형태로 다시 정돈할 수 있는 것이 장점이다.

에어로졸(aerosol)형태의 헤어스프레이는 일단 빗이나 드라이어로 헤어스타일을 만든 후에 분사시켜 스타일을 고정시킨다. 헤어스프레이는 분사하기만 되므로 헤어젤이나 왁스처럼 손으로 직접 사용한 후 손을 씻어야 하는 불편함이 없고 셋팅효과가 매우 우수하다.

헤어스프레이는 액상의 폴리머용액을 액상의 압축가스(액화가스)와 함께 내압용기에 넣은 것으로 버튼을 누르면 액화가스와 폴리머용액이 함께 밸브를 통해 나오는 데 액상의 압축가스는 공기 중에서 기화되면서 폴리머용액을 아주 작은 입자로 만들어 준다(그림 11.5). 이 폴리머 용액의 작은 입자가 모발 표면 위에 부착하고 건조되면서 필름을 만들어 셋팅작용을 하는 것이다.

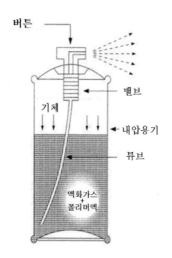

그림 11.5. 헤어스프레이의 구조

헤어무스의 경우는 헤어스프레이보다 적은 양의 압축가스를 함유하고 있고 계면활성제를 추가로 첨가하여 버튼을 누르면 압축가스에 의해 거품을 형성한다. 즉, 계면활성제와 폴리머가 적은 양의 압축가스에 의해 기포를 형성한 것이다.

헤어스프레이 가운데에는 압축가스를 사용하지 않고 간단한 압축펌프를 사용하여 분사시키는 펌프타입의 헤어스프레이도 있다.

11.5.2. 헤어스타일링제의 성분

헤어스타일링제의 기본적인 품질특성과 원하는 형태 및 기능을 충족시키기 위해서 다양한
성분들이 사용된다(표 11.7).

표 11.7. 헤어스타일링제의 주요성분

용 도	분 류	성 분
셋팅제(필름형성제)	폴리머	폴리비닐피롤리돈(PVP), 비닐피롤리돈/비닐아세테이트 코폴리머, 비닐피롤리돈/메타아크릴레이트 코폴리머
정발제	유성/보습 성분	실리콘유도체, 에스터오일, 고급지방알코올, 다가 알코올, 유동파라핀, 라놀린유도체, 동물유, 식물유,
유화/가용화제	유화/가용화제	폴리옥시에칠렌 알킬에테르, 글리콜 지방산 에스테르,
성상조정제	착색제	식용 색소
	pH조정제	유기/무기산
안정화제	방부제	이소치아졸리논, 안식향산,
	변색방지제	자외선흡수제
부향제	향료	향
용 제	용제	이온교환수, 역삼투압수, 에탄올
분사제	압축가스	액화석유가스(LPG), 디메칠에테르(DME)

셋팅제는 모발표면에 투명한 필름을 형성하는 폴리머로써 초기 셋팅력, 감촉, 습도가 높은
상태에서의 셋팅유지력이 중요한 특성이다. 이러한 특성을 충족시키는 폴리머는 폴리비닐피
롤리돈(PVP: poly vinyl pyrrolidone)과 비닐피롤리돈과 비닐 아세테이트, 아크릴레이트, 메
타아크릴레이트들의 공중합체(copolymer) 등이다.

가장 대표적인 폴리비닐피롤리돈은 투명하고 딱딱한 필름을 형성하여 셋팅력이 우수하지
만 필름막이 부서지기 쉽고 수분에 의해 쉽게 셋팅력이 약해지는 문제가 있다.

폴리비닐피롤리돈의 단점을 보완하기 위해 유연하고 수분에 대한 영향이 적은 비닐아세
테이트를 비닐피롤리돈과 함께 중합한 비닐피롤리돈/비닐아세테이트 코폴리머
(vinylprrolidone/ vinylacetate copolymer)가 사용되기도 한다. 이와 같이 다양한 단량체
(monomer)들의 조합에 의해 셋팅제로서 적합형태의 공중합체들이 개발되고 있다.

셋팅제의 필름은 단단하기 때문에 유연성이 부족하여 외부 자극을 받으면 쉽게 부서져서
셋팅효과가 없어지고 흰 가루가 생긴다. 이러한 문제를 해결하기 위해 가소제(plasticizer)를
셋팅제와 함께 사용하여 필름이 보다 유연하게 만들어 주는 데, 가소제로서는 보습성분인

글리세린, 프로필렌글리콜 같은 다가 알코올이 사용된다.

헤어젤에 있어서는 유성성분을 투명하게 가용화시키기 위해 비이온 계면활성제를 가용화제로 사용하며, 헤어왁스와 같이 유성성분이 많은 경우에는 이를 유화시키기 위해 유화제로써 비이온 계면활성제를 사용한다.

에어로졸형태의 헤어스프레이 또는 헤어무스에는 분사 및 거품형성을 위해 압축가스가 사용되는데 통상 액화석유가스(LPG)를 주로 사용하고 디메칠에테르(DME)를 사용하는 경우도 있다.

11.5.3. 헤어스타일링제의 처방 및 제조방법

(1) 헤어젤

	원료명	wt %	제조순서
1	정제수	(73.5)	① 1에 2를 분산시키고 3을 투입하고 용해한다.
2	스타일레즈 2000 (Styleze 2000; VP/Acrylates/Lauryl Methacrylate Copolymer)	0.5	
3	아미노메칠 프로판올(Aminomethyl Propanol)	0.05	② 2% 수용액으로 4를 투입하고 균일하게 혼합한다.
4	카보폴 940 (Carbopol 940) (2% 용액)	25.0	
5	아미노메칠프로판올	0.55	③ 5를 투입하고 서서히 교반하면 점도가 상승한다.
6	EDTA 2Na	0.1	
7	향	0.3	④ 6, 7, 8을 투입하고 균일하게 교반한다.
8	방부제	적량	

(2) 헤어왁스

	원료명	wt %	제조순서
1	정제수	(27.0)	① 1에 110℃까지 가온한후 2를 투입하고 용해한다(수상).
2	PEG 150	10.0	
3	C26-38 알킬 디메치콘(C26-38 Alkyl Dimethicone)	26.5	② 별도의 용기에 3, 4, 5, 6, 7, 8, 9를 투입하고 80℃까지 가온하여 용해한다(유상).
4	C30-45 알킬 디메치콘	6.0	
5	카르나우바 왁스(Carnauba Wax)	8.0	
6	벤톤 겔(Bentone Gel)	5.0	③ 용해된 유상을 수상에 투입하면서 호모믹서로 균일하게 유화시킨다(5분).
7	올리브오일(Olive Oil)	5.0	
8	조조바 오일(Jojoba Oil)	10.0	
9	탈크(Talc)	2.0	④ 냉각을 시작하고 40℃ 이하에서 10, 11을 투입한다.
10	향	0.5	
11	방부제	적량	

(3) 헤어스프레이

	원료명	wt %	제조순서
1	에탄올	(56.6)	① 1에 2를 투입하고 용해한 다음, 3, 4, 5를 용해시킨다(원액).
2	암포세트(50%) (Amphoset : Methacryloyl Ethyl Betaine /Metacrylate Copolymer 50%)	7.5	
3	프로필렌 글리콜(Propylene Glycol)	0.5	
4	페닐 트리메치콘 (Phenyl Trimethicone)	0.1	② 에어로졸용기에 원액을 옮기고 분사제6을 충전한다.
5	향료	0.3	
6	액화석유가스(LPG)	35.0	

(4) 헤어무스

	원료명	wt %	제조순서
1	정제수	(73.6)	① 1에 70℃까지 가온한 다음 2, 3을 투입하고 용해한 후 40℃까지 냉각한다(수상).
2	암포세트(50%)	2.5	
3	PEG-12 디메치콘(PEG-12 Dimethicone)	0.2	
4	에탄올	9.0	② 별도의 용기에 4, 5, 6, 7,을 투입하고 용해한 후 수상에 투입한다.
5	PEG-20 올레일 에테르(PEG-20 Oleyl Ether)	0.5	
6	PEG-16 옥틸도데실 에테르(PEG-16 Octyldodecyl Ether)	0.5	
7	향료	0.5	
8	폴리쿼터늄-11(Polyquaternium-11)	4.0	③ 수상에 8, 9를 투입 교반한다.
9	실리콘 에멀젼	0.2	④ 에어로졸용기에 원액을 옮기고 분사제10을 충전한다
10	액화석유가스(LPG)	9.0	

11.6. 육모제

육모제(育毛劑)는 비정상적인 탈모(脫毛)의 진행을 예방, 방지하기 위하여 또는 빠진 머리카락을 다시 나게 하는 발모(發毛)를 위하여 두피에 사용하는 제품이다.

모발은 계속 성장하여 길이가 길어지지만 수명이 있어 3~6년이 경과하면 자연적으로 모낭으로부터 떨어져 나온다.

모발이 성장기, 퇴행기, 휴지기의 순서대로 헤어 싸이클(hair cycle)을 거치는 동안 퇴행기나 휴지기가 되면 모발의 성장이 정지되고 머리카락이 빠지기 쉬운 상태가 된다. 정상적인 사람의 경우 하루에 50~100 개의 머리카락이 빠진다(3.8.3 참조). 하지만 자연적인 노화, 유전적인 원인, 스트레스의 과다, 식생활의 변화 등의 이유로 정상인 보다 많은 개수의 머리카락이 빠지는 탈모(脫毛), 머리카락이 가늘어지는 박모(薄毛)의 증상이 발생한다. 이러한 증상으로 고민하는 남성 및 여성들이 매년 증가 하고 있어 양모제에 대한 기대효과는 커질 것이며, 한층 더 양모효과가 높은 제품을 원할 것이다.

11.6.1. 탈모의 원인

모발을 케라틴(keratin)이라는 단백질로 구성되어 있는데, 모발의 성장은 모세혈관이 연결되어 있는 모낭(毛囊)속의 모유두(毛乳頭, papilla)부분에서 시작된다. 즉, 체내로부터 영양성분을 혈관을 통해 공급을 받아 모유두의 안쪽에 있는 모모(毛母)세포에서 세포분열 및 증식이 일어나서 케라틴단백질을 지속적으로 만들어 내는 것이다.

탈모의 주 원인은 모유두 및 모포부(毛包部)에의 혈액순환 저하, 모발을 만들어 내는 모모세포의 기능저하, 남성호르몬 과잉분비, 피지의 과잉분비, 비듬의 과잉발생, 두피부분의 세균감염, 영양섭취 부족, 자율신경계의 이상 등이다. 이러한 원인들은 유전 및 노화현상에 의한 것뿐만 아니라 음식, 정신적 스트레스, 위생상태 등에 의해 복합적으로 발생한 것이다.

모모세포에서의 세포분열이 왕성하게 일어나지 못하는 모모세포의 기능저하로 인해 모발이 가늘어 지고 헤어 싸이클에서의 성장기가 단축이 되어 모발이 일찍 빠져 버린다. 모발은 아미노산으로 만들어진 단백질로 구성되어 있어 음식물에 대한 지나친 다이어트는 단백질섭취가 부족하거나 두피부분 모세혈관의 혈액순환저하에 의해 모발합성에 필요한 재료인 아미노산 등 영양성분의 공급이 부족하게 되어 모발성장에 문제가 될 수 있다.

또한 동물성 지방의 과잉 섭취 또는 유전적 원인으로 인한 두피부분의 피지 과잉분비는 모낭을 피지성분으로 밀폐시켜 모발성장을 저해하기도 한다. 탈모증상을 가진 사람들의 대부분은 두피부분의 피지양이 많다. 스트레스 및 비정상적인 생활습관, 출산 등은 자율신경계의 이상 및 호르몬의 불균형을 유발하여 탈모증상을 발생시킨다.

탈모와 남성호르몬과의 관계는 밀접하다고 알려졌다. 남성호르몬인 테스토스테론(testosterone)은 환원효소(5-αreductase)에 의해 디히드로테스토스테론(DHT, dihydrotestosterone)로 바뀌게 되는 데 이 DHT가 모모세포의 정상적인 활동을 방해하여 머리카락이 가

늘어 지게 되고 결국은 앞머리부분 또는 머리 중간부분에서 집중적으로 탈모가 진행되는 남성형 탈모의 원인 된다. (그림 11.6)

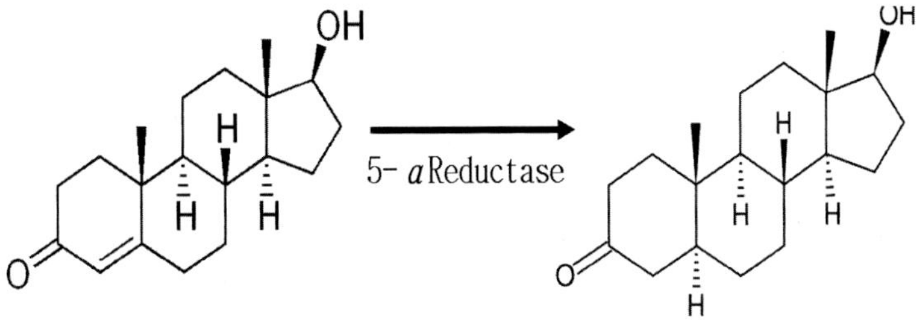

그림 11.6. 남성호르몬의 변환

11.6.2. 양모제의 기능과 종류

육모제는 그 효능, 효과의 차이에 따라 화장품, 의약외품, 의약품으로 분류하며 화장품으로는 헤어토닉(hair tonic)와 스칼프 트리트먼트(scalp treatment), 의약외품으로는 탈모방지 및 양모제, 의약품으로는 발모제가 있다(표 11.8).

헤어토닉의 경우는 비듬 및 가려움방지와 두피 상쾌감을 주 기능으로 하고 있으며, 탈모방지 및 양모제는 탈모의 진행을 억제하고 모발성장을 촉진한다.

발모제(發毛劑)는 탈모가 상당하게 진행되어 전체적으로 또는 부분적으로 머리카락이 없는 경우에 활동이 중지된 모낭으로부터 새로운 머리카락이 나오게 하는 기능을 목표로 하고 있다.

육모제는 종류에 따라 그 기능이 다르기 때문에 탈모현상이 발생하기 전 평소 두피 및 모발의 관리를 위해서는 화장품인 헤어토닉 또는 스칼프트리트먼트를, 그리고 여러 가지 원인에 의해 평소보다 머리카락이 많이 빠지는 등 탈모가 우려되는 경우에는 탈모방지제 및 양모제를 사용한다.

의약품으로서의 발모제는 혈행을 촉진하는 미녹시딜(minoxidil)을 주성분으로 하여 탈모부위에 바르는 제품(예: 로게인)과 환원효소를 억제하는 피나스테라이드(finasteride)을 주성분으로 하여 복용하는 제품(예: 프로페시아)이 있다. 이들 의약품의 발모효능은 아직 기대만큼 탁월하지는 않기 때문에 탈모가 상당히 진행되기 전에 예방차원에서의 두피관리가 무엇보다도 중요하다.

표 11.8. 육모제의 종류

기 능	화장품	의약외품	의약품
	헤어토닉, 스칼프 트리트먼트	탈모방지제, 양모제	발모제
두피 영양	◎	◎	△
비듬 가려움 방지	◎	◎	△
두피 청량	◎	◎	△
탈모방지	△	◎	◎
양모	△	◎	◎
발모	X	△	○

◎ : 우수 ○ : 보통 △ : 미흡

육모제의 제형에는 액상 타입과 에어로졸 타입이 있다. 액상 타입은 본격적인 탈모방지 및 양모효과를 기능으로 하고 있고, 에어로졸 타입은 편리한 사용감과 사용시의 상쾌감을 중시한 제품이다. 에어로졸 타입은 두피에 쉽게 분사 시킬 수 있고 분사제(압축가스)의 냉각 효과에 의해 사용시 두피에 상쾌감을 증진시킬 수 있다. 압축가스를 이용하는 타입은 육모제 원액이 젯트상에 분사되기 때문에 두피에 직접 도달시키기 쉽다.

11.6.3. 육모제의 성분

육모제는 앞에서 설명한 다양한 탈모의 원인들을 따라 다양한 유효성분이 사용되며 유효 성분들을 가용화 및 안정화 등의 제형화하기 위한 기본적인 성분들로 구성 되어 진다(표 11.9, 11.10)

표 11.9. 육모제의 주요 성분

사용목적	성 분
유효성분	표 11.10
용제	에탄올, 정제수
보습제	글리세린, 프로필렌글리콜, 솔비톨, 1,3 부틸렌글리콜, 피롤리돈카르본산나트륨, 히알루론산나트륨, 식물엑기스
계면활성제	솔비탄지방산에스테르, 지방산슈가에스터, 폴리옥시에칠렌경화피마자유
안정화제	금속이온봉쇄제, 산화방지제, 자외선흡수제, pH조절제, 방부제
기 타	향료
	분사제(압축가스, 에어졸 타입 육모제)

표 11.10. 육모제의 유효성분

기 능	성 분
혈행촉진	당약추출물, 마늘추출물, 비타민E유도체, 니코틴산 아마이드, 염화카프로늄, 세파란친, 미녹시딜
모모세포활성	D-판토테닐알코올, 판토테닐에칠에테르, 비오틴, 감광소 301호, 펜타데칸산글리세라이드, 히노키티올
호르몬	에스테론, 에스트라디올, 에치닐에스트라디올
국소자극	멘톨, 캄파, 니코틴산 벤질, 고추추출물, 생강추출물
항염(抗炎)	알란토인, 글리칠레틴산 유도체, 염산디펜히드라민
살 균	염화벤잘코늄, 이소프로필메칠페놀, 피록토올라민, 히노키티올
각질용해	살리실산, 레졸신
피지분비억제	염산 피리독신, 황
영 양	아미노산류, 비타민류(A, B_2, B_6, B_{12}, D)

탈모방지 및 모발의 성장을 위해서는 크게 3 가지 방법이 있는데 이는 ① 모유두에 연결된 모세혈관의 확장 ② 모모세포의 기능 촉진 ③ 두피상태 정상화 등이다.

모세혈관의 확장은 모모세포에 모발성장에 필요한 영양성분을 충분하게 공급하여 모모세포에서의 모발성장을 촉진한다. 모세혈관의 확장을 통한 혈행촉진을 위해서는 당약추출물, 마늘추출물, 비타민E유도체, 니코틴산아마이드, 염화카프로늄, 세파라친, 미녹시딜 등이 사용된다. 또한 국소자극성분은 두피에 청량감과 자극을 주어 혈행을 촉진하기도 한다.

모모세포의 정상적인 기능 즉, 모모세포에서의 세포분열이 왕성하게 일어나면 모발이 정상적으로 성장한다. 모모세포의 기능을 촉진하기 위해서는 D-판토테닐알코올, 판토테닐에칠에테르, 비오틴, 감광소 301호, 펜타데칸산글리세라이드, 히노키티올 등이 사용된다. 그리고 남성호르몬으로 인한 탈모현상을 억제하기 위하여 에스트라디올 같은 여성호르몬을 사용하기는 하나 부작용문제로 사용상의 주의가 필요하다.

두피상태를 항상 청결하고 정상적인 상태로 유지하기 위해서는 두피의 염증발생을 억제하는 항염성분, 그리고 염증 및 비듬을 유발하는 미생물들을 제거하는 살균성분, 비듬의 생성을 억제하는 각질용해성분, 과도한 피지분비를 억제하는 성분들이 사용된다. 두피가 건조하면 유연성이 저하되고, 두피아래의 혈류량도 감소해 모발의 성장환경이 악화되어 탈모로 이어진다. 따라서 두피를 적당하게 촉촉하고 유연하게 하기 위해서, 보습제는 유효성분과 함께 중요한 육모제의 배합성분 중 하나이다.

의약품의 유효성분으로서는 미녹시딜, 피나스테라이드, 염화카프로늄이 있다. 미녹시딜은 미국 FDA가 1988년 탈모방지제로 승인한 의약품 원료다. 당초 미국의 업죤제약회사에서 고혈압 치료제로 개발되었으나 그 부작용으로 머리가 난다는 점에 착안, 탈모 방지제로 용도 전환한 것이다. 피나스테라이드는 미국의 머크 제약회사에서 원래 양성 전립선비대증을 치료하기 위해 개발되었으나, 연구 과정에서 모발의 성장을 촉진시킬 수 있다는 점이 밝혀지면서 탈모 치료제로 쓰이게 되었다. 단 높은 농도의 미녹시딜제제(5%) 및 피나스테라이드 제제는 남성들만 사용가능하다.

생약을 시작으로 하는 다양한 식물성분이 육모제의 유효성분으로 개발되고 있다. 이들 식물성분의 대부분은 항남성 호르몬작용, 혈행촉진, 모모세포 활성화 등을 소구하고 있다. 예를 들면 도둑놈 지팡이풀 고삼(苦蔘)은 환원효소(5-α reductase)의 억제작용이 있고, 족도리풀 세신(細辛)은 모모세포를 활성화하는 효과가 있어 탈모 방지 및 양모성분으로 사용되고 있다.

탈모의 원인은 다양하기 때문에 원인 별로 유용한 성분들을 복합사용하고 있다. 육모제의 유효성분들은 통상 두피내 모근부에 침투하여 작용하여 약리적인 효능을 나타내기 때문에 성분의 종류 및 함량에 대해서는 법규의 준수 및 안전성 확보측면에서 세밀한 검토를 하여야 한다.

11.6.4. 육모제의 처방 예 및 제조방법

(1) 탈모방지양모제

	원료명	wt %	제조순서
1	판토테닐에칠에테르(Pantothenyl Ethyl Ether)	0.5	① 에탄올11에 용해되는 성분들 (1~10)을 투입하여 용해하고 정제수12를 투입하여 100%로 한다.
2	염산디펜히드라민(Diphenhydramine Hydrochloride)	0.1	
3	히노키티올(Hinokitiol)	0.05	
4	초산토코페롤(Tocopherol Acetate)	0.1	
5	당약추출물	2.0	
6	글리칠레틴산(Glycyrrhetinic Acid)	0.1	
7	살리실산(Salicylic Acid)	0.2	
8	멘톨(Menthol)	0.2	
9	1,3 부칠렌글리콜(1,3 Butylene Glycol)	3.0	
10	피롤리돈카르본산나트(Sodium Pyrrolidone Carboxylate)	0.5	
11	에탄올	50.0	
12	정제수	(43.25)	

(2) 의약품 발모제

	원료명	wt %		제조순서
1	미녹시딜(Minoxidil)	2	5	
2	프로필렌글리콜	20	50	② 3과 2에 1을 투입하여 용해하
3	에탄올	60	30	고 4를 투입하여 100%로 한다.
4	정제수	(18)	(15)	

11.7. 염모제

모발에는 멜라닌(melanin)색소들을 함유하여 멜라닌색소의 양과 조합비율에 의해 검은색, 갈색, 금발 등의 색상을 나타낸다(3.8.3 참조).

염모제(染毛劑, hair color, hair dye)는 노화현상으로 나타나는 백발 또는 새치머리를 모발 본래의 색상으로 회복시키거나(백발염색), 모발 본래의 색상을 다른 색으로 변화시키기 위해(멋내기염색) 사용하는 제품이다. 모발의 색상을 변화시켜 노화의 현상을 감추거나 매력을 더 해주는 모발의 염색은 모발에 대한 메이크업이라고 할 수 있다. 이러한 염모제는 염색의 목적, 색상, 염색효과의 지속시간에 따라 다양한 제품이 있고 다른 일반 모발화장품보다는 사용방법에 쉽지 않다.

11.7.1. 염모제의 기능과 종류

염모제의 종류가 다양하지만 염모제가 갖추어야 할 공통적인 기본품질특성은 다음과 같다.

① 모발에의 염색성이 우수
② 모발을 손상시키지 않아야 함
③ 사용시 피부나 모발에 자극성이 적어야 함
④ 사용 후 알레르기를 유발하지 않아야 함
④ 염색 후 공기, 햇빛, 샴푸 등에 의해 변색 퇴색이 적어야 함

염모제는 염색의 원리와 염색의 지속시간에 따라 일반적으로 표11.11과 같이 분류할 수

있고 종류별 염색원리는 그림 11.7에 나타나 있다. 일반적으로 염모제의 염색성분이 모발내부 깊숙이 침투하여 염색효과가 강하고 오래 지속되는 영구염모제 또는 탈색제는 의약외품으로 분류되고 염색성분이 모발표면에만 흡착 또는 표면의 얇은 속까지만 침투하여 염색효과가 강하지 않고 단기간 지속되는 일시 염모제 또는 반영구염모제는 화장품으로 분류된다.

표 11.11. 염모제의 종류

구 분	사용염료	특 징	분 류
영구염모제	산화염료	일반적으로 산화염료를 배합한 1제와 산화제를 배합한 2제로 나뉘어져 있음. 1개월 이상 색이 유지됨.	의약외품
반영구염모제	산성염료	헤어 매니큐어 또는 산성컬러. 약2~4주간 색 유지. 피부에 닿으면 잘 지워지지 않음.	화장품
일시염모제	안료	아크릴산메타크릴산계등의 수지에 안료를 분산시켜 표면을 코팅하여 착색시키는 것이 많음. 샴푸로 간단히 씻어낼 수 있음. 칼라스프레이나 마스카라 타입이 있음.	화장품
탈색/탈염제 (브리치,Bleach)		멜라닌색소를 탈색. 탈색된 부분은 영구적으로 색 유지.	의약외품

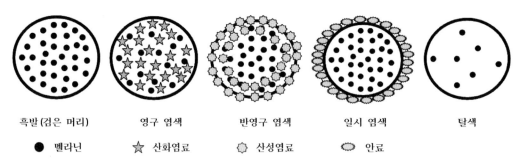

흑발(검은 머리)　　　　영구 염색　　　　반영구 염색　　　　일시 염색　　　　탈색

● 멜라닌　　　★ 산화염료　　　◌ 산성염료　　　◯ 안료

그림 11.7. 염모제의 원리

영구염모제(permanent hair dye)는 산화염료(oxidation dye)를 함유한 제 1제와 산화제(oxydizing agent)를 함유한 제2제로 구성되는 데, 염색하기 바로 전에 제1제와 제2제를 혼합하여 모발에 도포한다.

이때 혼합액은 강 알카리성이기 때문에 모소피(毛小皮, cuticle)가 열리면서 혼합액성분이 모발내부(모피질, 毛皮質, cortex)까지 깊숙이 침투를 하게 된다. 침투한 산화제성분은 모발

내부에 본래부터 존재하는 멜라닌색소들을 파괴하여 멜라닌색상을 제거함으로써 산화염료의 발색효과를 증가시키게 된다. 그리고 산화염료는 산화제에 의해 거대분자로 중합반응이 일어나면서 색상을 나타내는 발색물질이 되는 데, 발색물질의 색상은 산화염료의 종류 및 수정제(커플러)에 의해 결정된다.

혼합액을 바르고 일정시간이 경과한 후 세발을 하게 되면 열려 있던 모소피가 다시 원래 위치로 회복이 되고, 모발내부에 거대분자의 발색색소는 시간이 지난 후에도 모소피부분을 통해 외부로 빠져 나올 수 없게 되기 때문에 염색효과는 오랫동안 지속된다. 영구염모제는 탈색과 염색이 동시에 일어나기 때문에 발색효과도 우수하고 염색효과도 1개월 이상 지속된다.

산성칼라 또는 헤어매니큐어 같은 반영구염모제(semi-permanent hair dye)는 산성염료와 침투촉진제를 사용하여 산성염료가 모소피와 모피질의 외측부분까지 흡착 침투시켜 염색효과를 낸다. 따라서 반영구염모제는 염색효과가 2~4주간 동안만 지속된다.

일시염모제(temporary hair dye)는 유기 또는 무기안료를 고분자 물질 또는 유지류로써 모발표면에 부착시킨 것이기 때문에 염색효과가 약하며 세발을 하게 되면 쉽게 씻겨 나가버려 모발 원래의 색상으로 쉽게 회복된다. 일시염모제는 스프레이, 무스, 마스카라 타입, 크레용 타입 등 여러 가지 제형이 있다.

탈색제(bleach)는 산화제만을 함유하여 모발내부의 멜라닌색소들을 파괴하여 모발의 색상을 밝게 만들며 일단 탈색 처리한 모발의 색상은 시간이 경과하여도 변하지 않는다. 탈색 처리한 모발을 다시 염색을 하게 되면 보다 선명한 발색효과를 얻을 수 있다.

11.7.2. 염모제의 성분

앞에서 설명한 바와 같이 염모제는 종류에 따라 염색효과의 차이가 크다. 이는 염모제 종류별로 함유된 성분의 종류와 양, 그리고 처방구조가 매우 다르기 때문이다.

(1) 영구염모제

영구염모제는 산화염료와 알칼리제를 주성분으로 함유한 제 1제와 산화제를 함유한 제 2제로 구성 되어 있다(표 11.12).

표 11.12. 영구염모제의 주요성분

구 분	사용목적	성 분
제1제	산화염료	페닐렌디아민유도체, 아미노페놀유도체
	직접염료	니트로염료, 안트라퀴논염료, 퀴논디이민
	커플러(수정제)	페닐렌디아민유도체, 아미노페놀유도체, 페놀유도체
	알카리제	암모니아수, 모노에탄올아민, 수산화나트륨
	산화방지제	아황산염(Sodium Sulfite), 시스테인유도체 등 환원제
	정발/보습제	실리콘유도체, 에스터오일, 고급지방알코올, 다가알코올,
	계면활성제	비이온계면활성제
	기타	향, 점도조정제, 금속이온봉쇄제
	용제	정제수, 다가알코올(글리세린, 프로필렌글리콜)
제2제	산화제	과산화수소, 과붕산나트륨
	정발/보습제	실리콘유도체, 다가 알코올,
	유화분산제	비이온계면활성제
	기타	pH조정제(산), 금속이온봉쇄제
	용제	정제수

영구염모제 제1제에서 염색효과에 관련된 주성분은 산화염료, 직접염료, 커플러(수정제)이다. 산화염료는 산화되어 발색물질을 생성하기 때문에 1차 염료중간체(primary intermediate) 또는 산화 베이스(oxidation base)라고 하기도 한다.

커플러(coupler) 또는 수정제(修正劑, modifier)는 산화염료의 일종으로써 단독으로는 발색물질이 생성되지 않지만 산화염료(염료중간체)와 같이 산화되면 발색물질이 생성된다. 따라서 산화염료와 커플러라는 구분보다는 염료중간체와 커플러의 구분이 더 정확하다고 할 수 있다.

커플러는 발색물질의 색상을 짙게 하거나, 색상의 방향을 폭넓게 조정하는 작용을 할 뿐만 아니라 염색효과의 지속성도 향상시킨다.

산화염료는 방향족아민류로 분류되는 페닐렌디아민유도체(ortho, para type), 아미노페놀유도체(ortho, para type)가 대부분 사용되며, 수정제로서는 페닐렌디아민유도체(meta type), 아미노페놀유도체(meta type), 페놀유도체(레조르신 등)가 사용 된다. 페닐렌디아민유도체와 아미노페놀유도체는 그 분자구조에 따라 산화염료로 또는 커플러로 사용되고, 페놀유도체는 커플러로써만 활용된다.

목적으로 하는 색상을 얻기 위해 통상 여러 종류의 산화염료와 커플러를 동시에 혼합 사용하는데 산화염료 및 커플러의 종류 및 함량비율에 따라 매우 다양하게 염모제의 발색색상을 표현할 수 있다(표 11.13).

표 11.13. 염료비율에 따른 색상

염 료	흑 색	어두운 갈색	밝은갈색	황갈색
p-페닐렌디아민	2.7	0.8	0.56	0.08
p-아미노페놀	-	0.2	0.20	-
p-아미노페놀	0.2	1.0	0.28	0.04
니트로-p-페닐렌디아민	-	-	0.04	0.40
4-아미노-2-니트로페놀	-	-	-	0.40
황산-p-메톡시-m-페닐렌디아민	0.4	-	-	-
레조르신	0.5	1.6	0.80	0.10

알칼리제는 제1제와 제2제가 혼합 시 과산화수소를 분해하여 산화염료의 산화반응과 멜라닌색소의 파괴가 진행되게 하는 역할 뿐만 아니라 모발표면의 모소피(큐티클)을 열리게 하여 염모제의 혼합액이 모발내부로 침투를 용이하게 한다.

염모제 제1제에 알칼리제를 사용하여 pH가 11~10인 강알칼리상태로 만드는 데 피부자극성문제로 암모니아 같은 휘발성 알칼리나 에탄올아민 같은 약알칼리를 사용한다. 염모제의 pH는 염모제의 발색색상에 영향을 주어 pH에 따라 발색색상의 약간 변경된다.

계면활성제는 유성성분의 정발제를 분산 유화시키고 그리고 염모제가 모발 표면에 균일하게 도포시키는 작용을 한다. 산화염료는 공기, 금속이온 등과 접촉 시 산화가 되기 때문에 산화방지제와 금속이온봉쇄제를 반듯이 사용하여야 한다.

영구염모제 제2제의 주성분은 산화제이다. 산화제로서는 주로 과산화수소(hydrogen peroxide)가 사용되며 과산화수소는 금속이온이 존재하거나 알칼리조건에서 쉽게 분해반응이 일어나므로 금속이온봉쇄제를 사용하여야 하고 pH는 3~5로 유지하여야 한다. 제 2제의 과산화수소는 제 2제의 알칼리와 만나면, 분해되어 퍼하이드록시음이온(perhydroxy anion; HOO-)과 산소를 발생하는 데, 퍼하이드록시음이온은 멜라닌색소를 분해하고 산소는 산화염료와 커플러를 산화 중합시킨다.

(2) 반영구염모제

반영구염모제는 영구 염모제와는 달리 제1제 제2제로 구분되어 있지 않다. 염모제의 주요성분은 산성염료(酸性染料; acid dye), 산(酸, acid), 침투촉진제 등으로 구성되어 있다(표 11.14).

표 11.14. 반영구염모제의 주요성분

사용목적	성 분
산성염료	적색(2호, 3호, 102호 등), 등색(205호, 402호 등), 황색(4호, 5호 등), 녹색(3호), 청색1호, 흑색 401호
산	무기산(인산), 유기산(구연산, 젖산)
침투촉진제	벤질알코올, 일가 알코올, 다가 알코올, N-메칠피로리돈
기타	정발보습제, 폴리머(수용성고분자, 셋팅제)향, 금속이온봉쇄제, 방부제, 계면활성제
용제	정제수

산성염료는 유기합성색소(타르색소)로써 주로 나트륨염 형태로 물에 잘 용해되고 분자 구조에 따라 다양한 색상을 나타낸다. 산성염료는 목적하고자 하는 색상을 얻기 위해서 통상 3~5가지 종류 정도를 혼합사용하고 그 양은 0.1~1.0 % 정도이다. 산성염료의 종류에 따라 염착성(染着性) 및 탈착성(脫着性)이 다르기 때문에 초기 염색효과와 시간경과에 따른 염색 색상의 변화 정도가 다르다.

산성염료는 산성환경에서 염색효과가 우수하기 때문에 유기산 또는 무기산을 이용하여 pH가 2~4로 조정한다. 모발은 아미노산의 집합체로서 통상 pH 6 정도가 등전점(等電點;isoelectric point)인데 등전점이하에서는 모발은 양전하(plus charge)를 띠게 된다. 음전하(minus charge)를 띤 산성염료는 모발과 정전기적 인력에 의해 이온결합하여 모발에 잘 흡착하게 된다.

산성염료의 염색효과를 오랫동안 지속시키기 위해서 단순히 산성염료가 모발 표면에만 염착하는 것이 아니라 모발내부에도 침투할 수 있도록 침투촉진제를 사용한다. 침투촉진제로써는 벤질알코올(benzyl alcohol)이 가장 자주 사용되고 1가 알코올과 다가 알코올도 사용된다.

또한 산성염료의 모발표면에의 염착상태를 지속시켜주기 위해 폴리머를 사용하는 데 모발 표면에 코팅된 투명한 폴리머필름은 광택효과 및 염색색상의 선명도를 향상시키는 역할도 한다.

(3) 일시염모제

일시염모제로써 요구되는 물성은 ① 기대한 색상대로 염색효과가 나타나야 하고, ② 모발에 강하게 부착하여 물리적 마찰, 땀, 비 등에 의해 떨어지지 않아야 하고, ③ 모발에 부착된 염료가 다른 부분으로 옮겨가지 않아야 하며(옷, 피부), ④ 세발시 쉽게 떨어져나가야 한다.

이와 같은 물성을 충족하기 위해서 일시염모제는 안료(顏料, pigment), 고착제(固着劑, fixative) 등으로 구성되어 있다(표 11.15).

표 11.15. 일시염모제의 주요성분

사용목적	구 분	성 분
안료	무기안료	적색산화철, 황색산화철, 흑색산화철, 감청, 군청, 이산화티탄, 산화아연 등
	펄 안료	운모티탄
	유기안료	적색(202호, 204호 등), 등색(203호, 401호 등), 황색(205호, 401호 등), 청색404호
고착제	유지/왁스	밀납, 목납, 유동파라핀, 피마자유, 실리콘
	폴리머	카르복시비닐폴리머, 셀룰로오즈폴리머 폴리비닐피롤리돈(PVP) 비닐피롤리돈/비닐아세테이트 코폴리머 비닐피롤리돈/메타아크릴레이트 코폴리머 양이온화 폴리머
기타	계면활성제	비이온 계면활성제
	안정제	방부제, 금속이온봉쇄제, 산화방지제
용제	용제	정제수, 알코올

일시염색제에 사용하는 색재에는 물에 잘 녹지 않는 무기 및 유기안료, 펄안료 등의 직접 염료가 사용되는 데 발색효과가 우수하고 은폐력이 높아야 한다. 무기안료의 경우는 색상의 선명도는 유기안료보다 떨어지나 내광성, 내열성이 우수하다. 얇은 판상의 입자인 운모티탄 같은 펄안료는 반사광을 내어 간섭에 의해 펄효과를 낸다. 펄효과에 의해 색상의 미묘한 변화와 함께 색상이 짙어지고 밝아지기 때문에 자주 사용된다. 유기안료로서는 물, 유성성분, 용제에 녹지 않는 유기합성색소들이 주로 사용되며 또한 염료를 칼슘염으로 만들거나, 염료를 알루미나에 흡착시켜서 물불용성으로 만든 레이크(lake)를 사용하기도 한다. 안료에 대해서는 4장(4.4)과 6장(6.4.2)에 보다 자세히 설명하고 있다.

안료를 모발표면에 고착시키기 위해서 유지, 왁스, 폴리머 등이 사용되는 데 고착제의 물성에 따라 안료의 착색성, 색상의 견뢰성(堅牢性), 모발의 감촉이 변하게 된다. 즉, 고착제가 모발에 점착하는 성질 그리고 형성된 필름의 강도 등의 물리적 성질이 일시 염모제에서 요구되는 물성과 밀접한 관련이 있다. 유지, 왁스, 수용성폴리머는 점착성으로, 그리고 에탄올 용해성 폴리머는 필름형성으로 고착제의 역할을 한다.

(4) 탈색제

탈색제(bleach)의 주성분은 모발내부의 멜라닌색소들을 파괴하는 산화제이다. 탈색제는 탈색효과에 따라 몇 가지로 구분할 수 있는 데, 탈색제의 종류에 따른 주요성분은 다음과 같다(표 11.16).

표 11.16. 탈색제의 주요성분

구 분	제 형		사용목적	성 분
헤어라이트너(Hair Lightener)	1 제식		산화제	과산화수소
헤어 브리치(Hair Bleach)	2 제식	제 1제	알칼리제	무기/유기알칼리
		제 2제	산화제	과산화수소
하이 브리치(High Bleach)	3 제식	제 1제	알칼리제	무기/유기알칼리
		제 2제	산화제	과산화수소
		제 3제	과황산염	과황산나트륨, 과황산암모늄, 과황산칼륨

탈색효과는 헤어라이트너, 헤어브리치, 하이브리치 순서대로 강해진다. 과산화수소만으로는 보통의 탈색효과를, 알칼리제(제1제)와 과산화수소(제2제)을 혼합 사용하면 강한 효과를 얻을 수 있다. 알칼리제(제1제), 과산화수소(제2제), 과산염(제3제)를 혼합 사용하면 아주 강한 탈색효과로 모발내 멜라닌색소를 거의 대부분 파괴되어 밝은 황색의 모발이 된다. 아주 강한 탈색을 위해 분말형태로 사용전에 혼합하는 과황산염(persulfate)에는 과황산나트륨, 과황산칼륨, 과황산암모늄 등이 사용된다. 과황산염은 반응성이 강하기 때문에 보관시 그리고 제1제와 제2제에 혼합시 주의하여야 한다.

11.7.3. 염모제의 처방 예 및 제조방법

(1) 영구염모제 제 1제; 산화염모제

	원료명	wt %	제조순서
1	정제수	(27.0)	① 1에 80℃까지 가온한 후 2, 3, 4를 투입하고 용해한다.
2	EDTA4Na	0.2	
3	아황산염(Sodium Sulfite)	0.5	② 5, 6을 분산투입하고 용해한다(수상). 별도의 용기에 7, 8을 투입하고 80℃까지 가온하여 용해한다(유상).
4	프로필렌글리콜	5.0	
5	산화염료	(1.0)	
6	수정제	(0.5)	③ 용해된 유상을 수상에 투입하면서 호모믹서로 균일하게 유화시킨다(5분). 냉각을 시작하고 40℃이하에서 9, 10, 11을 투입한다.
7	올레인산(Oleic Acid)	10.0	
8	PEG-10 올레일 에테르(PEG-10 Oleyl Ether)	7.0	
9	이소프로필알코올(Iso Propyl Alcohol)	10.0	
10	암모니아수(28%)	10.0	④ 모든 제조과정에서 공기와의 접촉을 피하고 질소가스를 접촉시킨다.
11	향료	0.3	

(2) 영구염모제 제 2제; 산화염모제

	원료명	wt %	제조순서
1	정제수	(73.3)	① 1에 80℃까지 가온한 후 2, 3을 투입하고 용해한다(수상). 별도의 용기에 4, 5, 6을 투입하고 80℃까지 가온하여 용해한다(유상).
2	EDTA 4Na	0.2	
3	페나세친(Phenacetin)	0.5	
4	세토스테아릴알코올(Cetostearyl Alcohol)	3.0	② 용해된 유상을 수상에 투입하면서 호모믹서로 균일하게 유화시킨다 (5분). 냉각을 시작하고 40℃이하에서7을 투입한다.
5	PEG-20 세틸 에테르(PEG-20 Oetyl Ether)	1.0	
6	프로필렌글리콜	3.0	
7	과산화수소(30%)	20.0	③ 8을 적당량 투입하여 pH를 3.0으로 조정한다.
8	인산(85%)	적량	

(3) 반영구 염모제 ; 헤어 매니큐어

	원료명	wt %	제조순서
1	정제수	(71.7)	
2	잔탄검(Xanthan Gum)	1.0	
3	벤질알코올(Benzyl Alcohol)	6.0	① 1에 2를 분산 용해시킨다. 3, 4, 5를 투입하고 균일하게 혼합 용해시킨다.
4	이소프로필알코올(Iso Propyl Alcohol)	20.0	
5	산성염료	(1.0)	② 6을 투입하고 7을 적당량 투입하여 pH를 3.0으로 조정한다.
6	향	0.3	
7	구연산	적량	

(4) 일시염모제; 칼라스프레이

	원료명	wt %	제조순서
1	에탄올	(46.6)	① 1에 2를 투입하고 용해한 다음, 3을 용해시킨다.
2	폴리비닐피롤리돈 (PVP ; Polyvinyl Pyrrolidone)	5.0	
3	2-옥틸도테카놀 (2-Octyl Dodecanol)	0.2	2. 안료⑤를 분산 투입하여 균일하게 교반한다(원액).
4	페닐 트리메치콘(Phenyl Trimethicone)	0.2	
5	안료	(8.0)	3. 에어로졸용기에 원액을 옮기고 분사제 ⑥을 충전한다.
6	액화석유가스(LPG)	40.0	

(5) 탈색제 제 1제; 헤어브리치

	원료명	wt %	제조순서
1	정제수	(27.0)	① 1에 80℃까지 가온한 후 2를 투입하고 용해한다(수상).
2	EDTA4Na	0.1	
3	팔미틴산(Palmitic Acid)	10.0	② 별도의 용기에 3, 4, 5를 투입하고 80℃까지 가온하여 용해한다(유상).
4	PEG-10 올레일 에테르(PEG-10 Oleyl Ether)	20.0	
5	PEG-15 디스테아레이트(PEG-15 Distearate)	10.0	③ 용해된 유상을 수상에 투입하면서 호모믹서로 균일하게 유화시킨다(5분).
6	에탄올	10.0	
7	암모니아수(28%)	10.0	④ 냉각을 시작하고 40℃이하에서 6, 7, 8을 투입한다.
8	향료	0.3	

(6) 탈색제 제 2제; 헤어브리치

	원료명	wt %	제조순서
1	정제수	(17.3)	① 1에 80℃까지 가온한 후 2, 3을 투입하고 용해한다(수상).
2	EDTA 4Na	0.2	
3	페나세친(Phenacetin)	0.5	② 별도의 용기에 4, 5, 6을 투입하고 80℃까지 가온하여 용해한다(유상).
4	세탄올(Cetyl Alcohol)	52.0	
5	PEG-11 올레일 에테르(PEG-11 Oleyl Ether)	5.0	③ 용해된 유상을 수상에 투입하면서 호모믹서로 균일하게 유화시킨다(10분).
6	라우릴황산나트륨(Sodium Lauryl Sulfate)	5.0	
7	과산화수소(30%)	20.0	④ 냉각을 시작하고 40℃이하에서 7을 투입한다. 8을 적당량 투입하여 pH를 3.0으로 조정한다.
8	인산(85%)	적량	

11.8. 파마액

파마액(permanent wave)은 일반적으로 스트레이트 형태인 모발을 영구적으로 웨이브 형태로 만들어 주는 제품이다. 반대로 웨이브형태인 모발을 스트레이트(straight)형태로 바꾸어 주는 제품을 헤어스트레이트너(hair straightner) 또는 스트레이트 파마액이라고 한다. 모발은 물에 적시거나 열을 가하면서 빗이나 롤(roll)을 이용해서 원하는 형태로 웨이브나 스타일을 만들 수 있다. 하지만 시간이 경과하거나 세발을 하면 원래의 모발형태

로 회복된다. 파마액은 모발내부 깊숙이까지 침투하여 모발의 내부구조를 바꾸어 줌으로
써 웨이브 및 스타일이 오래 지속 될 수 있다.

파마액은 염모제와 함께 헤어스타일에 장기적이고 큰 변화를 주는 제품으로 미용전문가에
의해 사용되는 것이 바람직하다.

11.8.1. 파마액의 기능과 원리

파마액과 헤어스트레이트너가 갖추어야 할 일반적인 품질특성은 다음과 같다.

① 원하는 형태의 스타일(웨이브 또는 스트레이트)이 되어야 함
② 모발을 손상시키지 않아야 함
③ 사용시 두피나 피부에 자극성이 적어야 함
④ 파마시술 후 웨이브 또는 스트레이트 상태가 오래 유지되어야 함

파마액을 이용하여 파마를 시술하는 순서는 먼저 환원제(reducing agent)가 함유된 제 1제를
모발에 바르면서 원하는 형태의 틀(roll, rod)에 모발을 고정시킨다. 모발을 틀에 고정된 상태에
서 상온 또는 적외선 램프 밑에서 일정시간을 대기한다. 다음으로 산화제(oxydizing agent)가
함유된 제 2제를 모발에 바르고 10~15 분 후에 틀을 제거하고 물로 헹구어낸다.

이와 같은 파마시술순서에 따른 파마액의 작용원리는 그림11.8에 나타나 있다.

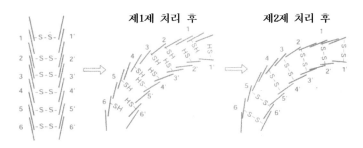

그림 11.8. 파마액의 작용원리

모발의 단단한 구조의 근본이 되는 시스틴(-S-S-; cystine)측쇄결합들은 제1제의 환원제
에 의해 끊어지면서 시스테인(-SH; cysteine)이 된다. 측쇄결합이 끊어진 모발은 유연하여
일정 형태의 틀(rod)에 맞추어 쉽게 구부려 진다.

구부려진 상태에서 제2제의 산화제를 처리하면 끊어졌던 시스틴측쇄결합을 재결합시키게 되는 데, 이때 시스틴은 원래 결합하였던 순서대로 결합하지 않고 서로 가까운 시스틴들과 결합하게 된다. 시스틴 결합들은 모발의 형태를 결정하는 가장 강한 결합이기 때문에 모발은 변형된 형태로 고정이 되고 시간이 경과한 후에도 변하지 않는다. 웨이브헤어를 만드는 파마액과 스트레이트헤어를 만드는 헤어스트레이트너는 그 작용원리는 동일하다.

11.8.2. 파마액의 성분

(1) 파마액

파마액은 환원제와 알칼리제를 주성분으로 함유한 제 1제와 산화제를 함유한 제 2제로 구성 되어 있다(표 11.17).

표 11.17. 파마액의 주요성분

구 분	사용목적	성 분
제1제	환원제	치오글리콜산, 시스테인
	알칼리제	암모니아수, 알카놀 아민, 중탄산염, 무기알칼리
	정발/보습제	실리콘유도체, 에스터오일, 고급지방알코올, 다가알코올,
	침투제/유화제	비이온 계면활성제
	기타	금속이온봉쇄제, 향
	용제	정제수, 다가알코올(글리세린, 프로필렌글리콜)
제2제	산화제	과산화수소, 과붕산나트륨
	기타	pH조정제(산), 안정제(페나세틴), 금속이온봉쇄제
	용제	정제수

제 1제의 환원제로서는 치오글리콜산(thioglycolic acid) 및 암모늄염 또는 시스테인(cysteine) 및 염산염이 주로 사용된다. 치오글리콜산은 시스테인과 비교해 환원전위가 높고 모발침투력도 뛰어나기 때문에 웨이브효과가 우수하다. 하지만 강한 효과를 발휘하는 치오글리콜산은 모발에 대한 손상문제를 발생시킬 수 있다.

시스테인은 모발 중에 포함되어있는 시스틴의 환원물로 치오글리콜산과 비교해 환원력이 약하기 때문에 웨이브효과는 약하나, 모발에 대한 손상정도가 적은 것이 장점이다. 시스테인의 최대결점은 치오글리콜산보다도 안정성이 나쁘고 산화에 의해 침전현상을 일으킨다. 이 문제해결을 위해 치오글리콜산을 안정제로써 소량 추가 사용하는 경우도 있다. 또한 파마액에 사용가능한 시스테인은 L형와 DL형이 있는데, DL형보다도 L형이 물에 대한 용해도가 높기 때문에 침전현상억제에는 효과적이다.

치오글리콜산 및 시스테인은 알칼리 존재하에서 효과가 증대하기 때문에 일반적인 파마액에서는 알칼리제가 배합된다. 알칼리제로서 암모니아수가 가장 자주 사용되는데 이는 냄새가 자극적이지만 파마효과가 우수하고 휘발성이기 때문에 두피나 모발에 잔류하지 않는 장점이 있다. 알카놀아민계의 모노에타놀아민과 중탄산염는 냄새가 적은 것이 장점이지만 잔류성 및 파마효과면에서는 암모니아수보다는 미흡하다. 따라서 알칼리제로서 2가지 이상을 혼합 사용하기도 한다. 알칼리제를 배합한 제1제의 pH는 통상 11.2~11.6 정도이다.

환원제와 산화제를 사용하는 파마액은 강한 화학처리로 인해 모발의 손상을 유발하는 것은 필연적이다. 따라서 파마액으로 인한 모발 손상을 방지하고 파마 후 거칠어진 모발에 정발효과를 부여하기 위해 다양한 정발보습제가 사용된다. 또한 다가 알코올 같은 보습제는 모발보습효과뿐만 아니라 파마액의 모발침투를 촉진하는 역할도 한다. 이러한 정발보습제들은 환원제, 산화제, 알칼리제의 가혹한 환경에 배합되어도 안정한 성분들도 선택되어야 한다. 단 제1제에 정발보습제가 다량 함유된 경우는 파마액의 효과가 억제될 수 있기 때문에 적당한 한량을 배합하여야 한다. 파마액에 배합되는 정발보습제와는 별도로 파마시술 전 또는 파마시술 후 모발을 보호하기 위해 정발보습제가 함유된 프리 트리트먼트(pre-treatment) 또는 애프터 트리트먼트(after treatment)을 모발에 사용하기도 한다.

계면활성제는 유성의 정발보습성분을 유화 또는 가용화시키고 파마액성분이 모발에 균일하게 도포되고 모발내부로의 침투를 촉진시키는 역할을 하며 알칼리조건하에서도 안정한 비이온계면활성제를 주로 사용한다. 치오글리콜산과 시스테인은 철 같은 금속이온의 존재하면 산화반응이 촉진되기 때문에 금속이온봉쇄제의 배합은 불가결하다.

파마액 제2제의 주성분은 산화제이다. 제1제에의 끊어진 시스틴결합을 재결합시키는 작용을 하는 산화제로서는 과산화수소와 과붕산나트륨이 있는데 과산화수소가 가장 자주 사용된다. 과산화수소는 과붕산나트륨보다도 산화력이 강하여 끊어진 시스틴결합을 빠르게 재결합시키기 때문이다. 과붕산나트륨은 산화력이 약하여 모발의 탈색 및 손상정도가 약한 것이 장점이다. 제2제 중의 산화제를 안정화시키기 위해서 pH는 산성으로 유지하고 금속이온봉쇄제, 안정제(페나세친 등)를 사용하여야 한다.

(2) 스트레이트 파마액 (헤어스트레이트너)

스트레이트 파마액은 기본적으로 앞에서 설명한 파마액과 구성 및 주요성분은 동일하다. 즉 스트레이트 파마액은 환원제와 알칼리제를 주성분으로 함유한 제 1제와 산화제를 함유한 제 2제로 구성 되어 있다.

스트레이트 파마액의 제1제는 파마액의 제1제와 달리 점도가 높은 크림형태이다. 그 이유는 제 1제를 바르면서 빗질을 하여 모발을 스트레이트하게 정돈하는 데, 점도가 높은 크림은 모발을 스트레이트상태로 유지할 수 있기 때문이다. 점도를 높이기 위해서 점증제를 배합하는 데 주로 카르복시비닐포리머, 글리세릴지방산에스터, 지방산, 고급지방알코올 등이 사용된다.

11.8.3. 파마액의 처방 예 및 제조방법

(1) 파마액 제1제

	원료명	wt %	제조순서
1	정제수	적량	
2	EDTA4Na	0.2	
3	치오글리콜산	6.0	① 1에 2를 용해하고 3, 4, 5, 6 을 순서대로 투입한다.
4	암모니아수(28%)	3.5	
5	프로필렌글리콜	3.0	
6	가수분해단백질	1.0	② 별도용기에 7, 8을 함께 용 해하여 투입한다.
7	트윈 20(Tween 20)	1.0	
8	향	0.3	

(2) 파마액 제2제

	원료명	wt %	제조순서
1	정제수	적량	
2	EDTA 4Na	0.2	① 1에 2, 3을 용해하고 4, 5를 순 서대로 투입한다.
3	페나세친(Phenacetin)	0.5	
4	과산화수소(30%)	7.0	
5	트윈 40(Tween 40)	2.5	② 6을 적당량 투입하여 pH를 4.0 으로 조정한다.
6	인산(85%)	적량	

11.9. 제모제

미용상의 목적으로 다리나 팔에 난 털이나 겨드랑이 털을 제거하기 위해 사용되는 제품을 제모제(除毛劑) 또는 탈모제(脫毛劑)라고 한다(depilatories, hair remover). 일반적인 제모방법은 면도를 하는 것이나 면도의 숙련도에 따라 제모효과가 달라지고, 또한 모발은 지속적으로 성장하기 때문에 제모효과가 오래 지속되지 못한다. 이와 같은 면도에 의한 제모의 단점을 극복하기 위해 제모제를 사용하게 된다. 하지만 제모제는 물리적 또는 화학적인 방법으로 제모하기 때문에 통증 또는 자극성 등의 안전성 문제를 고려하여야 한다.

11.9.1. 제모제의 기능과 종류

제모제로서는 용해한 왁스를 도포, 고화시킨 후에 물리적인 힘으로 박리하여 제모하는 제품과 치오글리콘산염을 함유하여 화학적으로 제모하는 제품이 있다. 의약외품인 화학적 제모제를 이용하는 것이 왁스에 의한 제모에 비해 사용감이 좋고 사용도 간편하므로 널리 이용되고 있다.

물리적 제모제는 왁스 또는 점착성 물질을 털이 난 부위에 바른 후 털에 고착된 왁스 또는 점착성물질을 부직포, 테이프 등을 이용하여 빠른 속도로 제거함으로써 털이 모근으로부터 뽑혀져 나와 제거된다. 따라서 제모효과는 오래 지속되나 제모시에 통증이 있다. 이러한 물리적 제모제의 제형은 왁스, 젤, 접착시트 형태가 있다.

화학적 제모제는 환원제와 알칼리제를 함유하고 있는 데, 환원제인 치오글리콘산이 털의 시스틴측쇄결합을 끊어 주고 강알칼리에 의해 털의 측쇄결합을 끊어 주고 털을 팽윤시켜 준다. 측쇄결합이 끊어지고 팽윤된 털은 매우 약해져서 쉽게 제거 된다. 화학적 제모제의 제형은 크림, 로션, 연고(페이스트), 액상 및 에어로졸거품 등이 있다. 제모효과, 사용성 및 안전성면에서는 치오글리콜산칼슘 배합의 크림상이 가장 많이 이용된다.

제모제의 사용방법은 사용 전에 제모할 부위를 씻고 건조시킨 후 이 제품을 제모할 부위의 털이 완전히 덮이도록 충분히 바른다. 문지르지 말고 5~10 분간 그대로 두었다가 일부분을 손가락으로 문질러 보아 털이 쉽게 제거되면 젖은 수건 또는 부직포 등으로 닦아 내거나 물로 씻어낸다. 면도한 부위의 짧고 거친 털을 완전히 제거하기 위해서는 한번 이상(수일 간격) 사용하는 것이 좋다.

11.9.2. 제모제의 성분

물리적 제모제는 털과 강하게 점착하는 폴리머, 왁스가 주성분으로 사용된다. 이러한 점착성분외에도 제모부분에 균일하게 도포될 수 있도록 바셀린, 파라핀을 사용한다.

화학적 제모제는 환원제로 치오글리콜산 및 치오글리콜산염을 3.0~4.48 % (치오글리콜산으로서)이 사용된다. 치오글리콜산염중에서도 치오글리콜산칼슘(calcium thioglycollate)이 일반적으로 자주 이용되는 데 그 이유는 냄새, 제모효과 및 피부자극성에서 가장 우수하기 때문이다. 알칼리제로서는 무기알칼리인 수산화칼슘(calcium hydroxide)등이 사용된다. 제모제효과는 pH가 10~12일 경우가 가장 효과적이다. pH가 12이상에서는 피부자극성이 발생할 수 있다. 화학적 제모제는 환원제와 강알칼리제를 함유하므로 이러한 성분들이 모낭 및 피부 속으로 침투하지 않도록 하여야 한다. 이러한 목적으로 폴리머, 지방알코올, 무기필러 등을 사용하여 크림, 페이스트 및 젤 형태로 만들어 준다. 또한 제모제가 털 표면에 균일하게 접촉할 수 있도록 계면활성제를 습윤제로서 사용하고 피부를 보호하기 위해 보습제, 유연제 등이 사용된다. 또한 환원제는 일가 금속이 존재하면 탈모효과가 저하되므로 금속이온봉쇄제를 배합하는 편이 바람직하다.

11.11.3. 제모제의 처방 예 및 제조방법

	원료명	wt %	제조순서
1	정제수	적량	
2	EDTA 4Na	0.2	
3	메칠셀룰로오즈(Methyl Cellulose)	2.0	① 1에 2, 3을 분산하여 용해하고 4, 5, 6, 7을 순서대로 투입한다.
4	치오글리콜산칼슘	6.0	
5	수산화칼슘	5.0	
6	솔비톨(70%)	8.0	
7	라우릴황산나트륨	0.3	
8	멘톨	0.7	② 용해후 8, 9, 10을 투입하여 균일하게 한다.
9	산화아연(Zinc Oxide)	5.0	
10	향	0.3	

참고문헌

1. Hair and Hair Care, Dale H. Johnson (Editor), Marcel Dekker, **1997**

2. The Science of Hair Care, 2nd edition, Clauude Bouillon and John Wilkinson (Editor), Taylor and Francis, **2005**

3. Chemical and Physical Behavior of Human Hair, 4th edition, Clarence R. Robbins, Springer, **2002**

4. The Chemistry and Manufacture of Cosmetics, 3rd edtion, Mitchell L. Schlossman (Editor), **1988**

5. Handbook of Cosmetic Science and Technology, 1st edition, John Knowlton and Steven Pearce, Elsevier, **1993**

6. Conditioning Agents for Hair and Skin, Randy Schueller and Perry Romanowski, Marcel Dekker, **1999**

7. 最新 化粧品科學, 化粧品科學硏究會, 藥事日報社, **1980**

8. 最新 ヘアカラ-技術, 新井泰裕, フレグラスジャ-ナル 社, **2004**

9. 新化粧品學, 光井武夫, 南山堂, **2001**

10. 香粧品科學 理論と實際, 第3版, 田村健夫, 廣田 博, フレグラスジャ-ナル 社, **1990**

11. 香粧品製造學 技術と實際, フレグラスジャ-ナル社 編輯部, フレグラスジャ-ナル社, **2001**

12. 化粧品ハントブック, 日光ケミカルズ株式會社, **1996**

13. Company Websites of Hair Care Ingredients.

제 12 장

바디화장품

제12장 바디화장품

12.1. 바디화장품의 개요

바디화장품은 얼굴과 모발을 제외한 팔, 다리, 몸 등의 신체를 대상으로 하는 제품군이다. 화장품 시장은 얼굴 및 모발화장품을 중심으로 발전되어 왔지만 최근 아름다움과 건강에 대한 관심이 높아짐에 따라, 바디케어 제품으로 기능 확대 및 다양화가 일어나 바디화장품이 성장 영역으로 새롭게 각광 받고 있다. 이번 12장에서는 바디화장품의 기능 및 성분에 대하여 알아보기로 한다.

12.1.1. 바디 피부의 특징

바디 피부는 얼굴 피부와 다른 몇 가지 특징을 가지고 있다. 따라서 바디화장품을 개발할 때는 이를 고려하여 품질특성을 부여해야한다. 일례를 들면 바디는 얼굴에 비해 넓은 부위이고 피지의 분비가 적어 건조가 쉽게 일어나므로, 같은 로션이라 하더라도 바디로션의 경우는 얼굴로션에 비해 발림성과 보습특성이 더 필요하다. 바디 피부의 특징을 살펴보면 다음과 같다.

바디 피부의 특징

- 면적이 넓다
- 피지분비량이 적어 피부건조가 쉽게 일어난다.
  - → 피부건조에 의한 가려움이 발생하기 쉽다
- 항상 의복에 의해 외부 환경으로부터 보호되어 있다 (손, 발 제외)
  - → 자외선, 온도, 습도 등 외부환경에 대한 노출빈도가 적다
  - → 외부 자극에 대한 저항력이 약하다
  - → 옷에 의한 마찰의 영향을 받는다
- 피부 표면의 구조가 비교적 양호한 상태로 있다
  - → 피부의 주름 및 굴곡이 얼굴피부에 비하여 적다
- 피부색을 결정짓는 물질중 하나인 멜라닌 세포수가 적다 (얼굴의 1/2)
- 손, 발의 경우에는 외부 노출 및 자극에 대한 접촉이 심해 손상받기 쉽다.

12.1.2. 바디화장품의 종류

바디화장품은 사용부위에 따라서 전신용과 손, 발 등 특정부위용으로 나눌 수 있고, 사용용도에 따라서는 세정용과 케어용으로 크게 나눌 수 있다.

표 12.1. 바디화장품의 형태 및 기능별 분류

사용부위	용 도	종 류
전신	세정	비누, 바디워시, 스크럽제, 버블배쓰
	트리트먼트	바디로션, 바디크림, 바디버터, 바디밤
	향	바디미스트, 샤워코롱, 향수
	혈행촉진, 피로회복	입욕제
손	세정	핸드워시, 핸드새니타이저
	트리트먼트	핸드로션, 핸드크림
발.다리	트리트먼트	각질연화크림
겨드랑이	제한, 소취	데오드란트(스프레이, 파우더, 스틱)

12.2. 비누

12.2.1. 비누의 역사

(1) 비누의 정의 및 어원

일반적으로 전통적인 비누는 고급지방산의 알칼리염을 말하며, 주로 $C_{10} \sim C_{18}$ 지방산의 나트륨염, 칼륨염, 아민염이다.

비누(soap)의 어원은 로마에 있는 산(sapo)의 이름에서 유래된 것으로 알려지고 있다. 사포라는 산에서는 신에게 제사를 드리기 위해 동물을 잡아 나무에 올려놓고 태웠다. 이때 동물의 오일이 땅에 떨어져 나무의 재와 혼합되어 스며들었다가 비에 씻기어 강으로 떠내려갔고, 강에 서 세탁을 하던 사람들이 세탁물의 오염이 쉽게 없어지는 것을 보고, 사포가 솝(soap)의 어원이 되었다는 것이다.

(2) 비누의 역사

비누가 언제부터 사용되었는지는 정확하지 않다. 고대 메소포타미아의 슈멜 문명 유적지에서 발굴된 BC 2500년경의 것으로 추정 되는 점토판에 이미 오일과 탄산칼륨으로 비누를 만드는 처방이 나와 있다고 하니까 비누가 사용되기 시작한 것은 훨씬 더 이전인 것은 확실하다.

한편비누가 형태를 제대로 갖추기 시작한 것은 7세기 무렵부터로 지금의 중동지방에서부터 지중해 연안을 따라 서쪽으로 가면서 발달했으며, 17세기경 프랑스의 마르세이유 지방에서 절정에 이르게 된다. 당시 이 지방에서 생산되는 비누는 올리브유에 해조회(海藻灰)를 섞어 만든 비누로 품질이 좋아 높은 평가를 받았다. 마르세이유비누가 인기를 끌자 값싼 쇠기름 등 동물기름을 원료로 한 품질이 낮은 비누가 대량으로 생산되기 시작했고, 이에 당시의 프랑스 루이 14세기 비누의 독점 제조권을 이 지방에 주고, 비누제조에 관해 엄격한 통제를 실시하였다. 이 기준에 따르면 비누의 원료는 올리브유 72 %를 비롯해 100 %의 식물성 기름만을 사용할 것과 오래 끓여서 만들라는 것이었다고 한다. 그러나 19세기 이전까지 비누는 사치품으로 간주되어 높은 세금이 부과되었고, 비싼 가격 탓에 사용층이 한정되었다. 그리고 잿물을 이용하는 것이어서 제조가 번거로운데다 비누가 깨끗하지 못한 단점이 있었다.

(3) 비누의 발전

중세에서 18세기에 이르는 동안에는 비누 제조기술에 큰 진보가 없었으며, 1791년 프랑스의 르블랑(Le Blanc)이 소금으로부터 탄산나트륨을 값싸게 대량으로 만드는 공정을 발명하면서 대규모의 상업적 비누생산이 시작되었다. 이후 1811년 슈브뢸(Chevreul)에 의한 유지의 화학적 조성의 연구에 의하여 오늘날의 비누 제조의 실제적 기초가 구축되었다.

20세기에 들어와서 유지 경화법의 공업화와 각 제조공정의 기계화가 진척되었고, 또 유지의 연속 고압분해, 연속 비누화 및 염석, 지방산의 연속 중화, 비누 소지의 연속건조 등의 자동화 기술도 확립되어, 오늘날의 비누 제조는 합리화된 공업으로 발전하고 있다. 또한 계면활성제 공업의 발전에 따라 전통적인 지방산비누를 대체하여 계면활성제를 주성분으로 하는 계면활성제(syndet bar)나 계면활성제와 비누를 혼합한 혼합 비누(combi bar)등이 개발되어 비누제품의 다양화가 이루어지고 있다.

(4) 우리나라의 도입과 현재

우리나라에 비누가 도입된 것은 19세기 프랑스신부 리델이 가져온 「샤봉」(비누의 다른 말인 사분의 어원으로 추정됨)이라는 비누가 처음이며, 일제를 통해 가성소다(수산화나트륨)가 들어오면서 수공업형태로 비누가 만들어지기 시작했다. 그러나 물자 부족 탓에 등겨기름에다 가성소다를 섞어 만들어 거칠고 검은 형태에 지나지 않았으며, 이를 석검(石鹼)이라고 불렀다. 이후 1950년대에 동산 유지, 애경유지 등이 세워져 비누를 생산하였고, 1959년 락희화학(현 LG생활건강)에서 세안용 화장비누를 본격적으로 생산하면서 비누소비가 크게 증가하였으나, 1990년대 중반이후 훼이셜폼, 바디클렌저 등의 대체상품이 성장하면서 사용량이 점차 줄고 있다.

우리나라의 비누는 1980년대 후반까지는 전통적인 지방산비누가 전체를 차지했으나, 1990년대와 2000년대 초반에 유니레버와 LG생활건강에서 계면활성제비누(syndet bar)를 개발 출시하여 약 20 %의 시장점유율을 나타내고 있다.

12.2.2. 비누의 주요성분

비누의 주요 원료는 표 12.2와 같다

표 12.2. 비누의 주요 원료 및 용도

배합목적및용도	대표 원료	개 요
유지	동물유지	우지(Beef tallow), 돈지(Lard), 어유(Fish Oil)
	식물유지	야자유(Coconut Oil), 팜유(Palm Oil) 팜핵유(Palm Kernel Oil)
지방산 일반적으로 탄소수 8~20개인 포화 및 불포화 지방산을 사용	포화지방산	Caprylic acid(C8), Capric acid(C10), Lauric acid(C12), Myristic acid(C14), Palmitic acid(C16) Stearic acid(C18)등
	불포화지방산	Palmitoleic acid(C16:1), Oleic acid(C18:1), Linoleic acid(C18:2), Linolenic acid (C18:3) 등
알칼리제	수산화나트륨	일반 화장비누 제조에 사용
	수산화칼륨	연질(軟質)비누, 액체비누
	트리에탄올아민	투명비누
물성개질제	비이온계면활성제, 무기염류등	기포안정,점도조정,유연,보습,수렴효과
과지방제	라놀린유도체, 미네랄오일, 고급알코올, 고급지방산 등	보습, 유연효과
금속이온봉쇄제, 산화방지제	EDTA, BHT 등	유지 및 지방산 산패방지
살균제	트리클로카반, 트리클로산 등	살균효과
기타	향료, 색소 등	

(1) 유지와 지방산

비누 원료로서 이용되는 유지에는 우지, 팜유, 야자유, 올리브유, 팜핵유 등 여러 가지가 있으며, 각 유지의 지방산 조성에 따라 기포력, 세정력 등의 품질 특성이 좌우되므로 만들려고 하는 비누의 품질특성에 따라 유지 배합비율을 조절해야 한다. 비누 원료로는 우지 80~85 %와 야자유 15~20 %가 일반적이었으나, 최근에는 광우병의 여파로 동물성을 기피하게 되고, 동남아시아의 팜유산업 확대에 따라 팜유와 팜핵유 또는 팜유와 야자유 지방산이 원료로 많이 이용되고 있다. 현재 국내에서 시판되고 있는 비누는 팜유 60~80 %, 팜핵유 20~40 %가 대부분을 차지하고 있으며, 고급비누일수록 팜핵유의 조성이 높은 것이 특징이다.

표 12.3. 각종 유지의 지방산조성

		우 지	양(羊)지	팜유	올리브유	피마자유	야자유	팜핵유
검화가		190~200	190~200	195~210	180~200	180~195	250~265	240~255
요오드가		45~55	35~55	45~60	85~100	80~90	5~15	10~20
융점(℃)		37~45	38~45	27~45			15~20	20~30
C8	카프릴산	-	-	-	-	-	2~8	1~5
C10	카프린산	-	-	-	-	-	4~10	3~10
C12	라우린산	-	-	-	-	-	45~53	45~53
C14	미리스틴산	2~4	2~6	1~3	~2	-	18~25	16~22
C16	팔미틴산	20~27	20~27	40~46	6~12	~2	5~10	6~10
C18	스테아린산	20~25	25~35	2~6	2~4	~2	2~7	2~10
C18:1	올레인산	35~45	35~45	38~48	70~80	2~6	4~10	10~17
C18:2	리놀산	1~5	1~5	5~11	7~15	3~7	~2	~2
C18:1OH	리시놀레산	-	-	-	-	85~95	-	-

(2) 알칼리류

고형비누에는 일반적으로 수산화나트륨이 이용되고 페이스트(paste)상의 비누에는 수산화칼륨이 병용되거나 단독으로 이용된다. 최근 제품 중에는 저온에서의 기포발생력을 개선하기 위해 나트륨염 일부를 칼륨염으로 대체한 제품도 있다. 통상 나트륨 비누는 경화(硬化)비누, 칼륨비누는 연질(軟質)비누라고 한다. 야자유계 지방산의 칼륨염은 액상 비누에 이용되며, 트리에탄올아민염은 투명비누와 크림상비누에 이용된다.

표 12.4. 각종 지방산의 나트륨비누 성질

	지방산명	용해성	세정력	기포성	피부자극	소지의경도	안정성
포화 지방 산	C10이하	잘 녹음	아주 낮음	불량	높음	단단함	우수
	C12(라우린산)	냉수에 쉽게 용해	약간 높음	大 (기포지속성 낮음)	아주 높음	단단함	우수
	C14(미리스틴산)	냉수에 용해	높음	大 (기포 약간 거칠고 큼)	적음	단단함	우수
	C16(팔미틴산)	냉수에 잘 안 녹음	높음	약간 큼 (기포지속성 높음)	적음	단단함	우수
	C18(스테아린산)	냉수에 녹지 않음	아주 높음	보통 (기포지속성 높음)	적음	단단함	우수
불포 화지 방산	올레인산	냉수에 쉽게 용해	높음	大 (기포 치밀)	아주 적음	부드러우면서 끈기가 있음	보통
	리놀산	냉수에 쉽게 용해	보통	보통	아주 적음	부드러움	산패되기 쉬움

12.2.3. 비누의 제조방법

비누의 제조공정은 니트솝(neat soap) 또는 비누소지를 제조하기까지의 공정과 비누소지에 첨가제를 넣고 성형하는 마무리공정으로 크게 나눌 수 있다.

(1) 비누소지의 제조방법

원료유지를 비누화 그리고 중화시키면 수분이 약30%정도인 순수한 용융비누가 생성되며, 이를 니트솝(neat soap)이라한다. 이 니트솝을 열풍식 또는 감압식의 건조기로 건조하여 11~15 %의 수분을 갖는 작은 알갱이(pellet)상의 순수한 비누를 만들어 비누소지로 사용한다. 현재는 동남아시아 등지에서 비누소지까지 만들어 각국의 비누 제조회사들에게 공급하기도 한다.

니트솝(neat soap)의 조성

비누분	65~80%,	수분	20~35%,	소금	0~0.7%,
유리알칼리	0~0.1%,	글리세린	0~2.5%,	불검화물	0~0.5%

니트솝의 제조방법에는 정제한 유지를 직접 비누화하는 방법, 지방산을 중화 하는 방법 그리고 에스터교환에 의해서 얻어진 메칠에스터를 비누화하는 방법이 있으며 개략적인 방법은 그림 12.1과 같다.

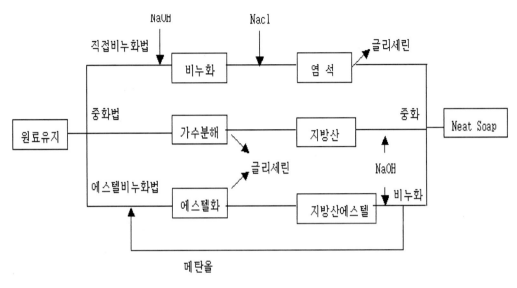

그림 12.1. 니트솝의 제조공정도

① 직접비누화법 (direct saponification)

유지를 수산화나트륨으로 비누화해서 비누와 글리세린으로 분해한다. 유지의 직접 비누화법으로는 배치(batch)식이 오랜 기간 사용되어 왔으나, 제2차 세계대전이후부터는 연속식 비누화법이 일반적으로 사용되고 있다.

a) 배치(batch)식 직접비누화법

비등법이라고도 하며, 비누화반응에서 비누소지를 얻는데 약 1주일이 걸린다. 비누화에는 통상 교반기를 구비한, 잘 보온되는 개방형의 철제(또는 스텐레스제) 가마가 이용된다. 이 방법은 비누화 → 염석 → 세척 → 마무리가열 → 마무리염석 등의 단계별 조작에 의해 니트솝이 제조된다.

〈비누화〉 먼저 가마에 혼합원료 유지를 넣고 가열하여 교반하면서 수산화나트륨 수용액을 첨가하면, 유지는 지방산과 글리세린으로 분리되어, 지방산은 수산화나트륨과 결합하여 지방산나트륨 즉 비누로 되고, 유리된 글리세린은 수상과 혼화한다.

〈염석(塩析)〉 비누화반응이 완결된 후, 교반을 계속하며 소금 또는 포화식염수를 서서히 가하면, 비누는 소금물에 녹기 어려워 수상으로부터 분리된다. 이것을 염석이라 한다.

이 조작후에 가열과 교반을 멈추고 보온하면서 수 시간 또는 수십 시간 방치하면 비누분이 분리되어 상층에 뜬다. 다음에 하층의 액(염분, 과잉의 수산화나트륨, 글리세린, 수용성불순물 등의 혼합물)을 가마의 하단부에서 제거한다. 이 폐액으로부터 글리세린, 소금을 회수할 수 있다. 폐액을 제거한 상층의 비누분은 수분이외의 글리세린 및 약간의 불검화물을 함유하고 있으므로, 식염수, 수산화나트륨 및 물을 가하고 증기 가열 및 교반을 적당히 반복하여 염석, (세정), 마무리 가열, 마무리 염석을 통하여 순수한 비누를 만들 수 있다.

이들 조작으로 가마의 상층에 니트솝, 중간층에 불순물을 많이 함유한 품질이 나쁜 비누, 하층에 다시 폐액을 생성하여 내부가 3층으로 분리된다. 여기에서 상층의 니트솝을 취해 가열건조를 거쳐 비누소지를 얻는다.

b) 연속식 직접비누화법

배치식은 비누화반응의 종료까지 시간이 길므로 유지와 가성소다의 접촉을 균일하면서도 고속으로 하는 연속제조방법이 많이 알려져 있다. 예를 들면 콜로이드 밀을 이용하여 유화상태로 검화하는 몬사본(Monsavon)법, 수증기분사에 의해 고온 에서 유지와 가성소다를 제트교반하면서 검화를 하는 유니레버(Unilever)법 등이 있다.

② 중화법

유지를 미리 고압가수분해하여 지방산과 글리세린으로 분해, 얻어지는 지방산을 알칼리로 중화해서 비누를 제조하는 방법이다. 염석을 행하지 않아 제조시간이 단축되는 장점이 있다. 또 원료지방산은 증류로 저급 지방산 C_8, C_{10}을 제거하는 것이 가능하고, 지방산의 비율도 쉽게 변경할 수도 있다. 한편 지방산 중화의 단점은 원료 및 중간 제품(니트솝)이 산패하기 쉽다는 것이다. 특히 동물유지 유래의 지방산은 주의할 필요가 있다.

③ 지방산에스터 비누화법

소량의 수산화나트륨을 촉매로 하여 유지와 메탄올을 60 ℃에서 반응시켜 지방산메틸에스터를 만들고, 글리세린을 분리한다. 얻어진 지방산메틸에스터를 알칼리로 비누화해서 비누로 만들고, 동시에 유리한 메탄올을 회수하여 재이용한다.

이 에스터비누화법은 a)유지를 분해해서 지방산을 얻을때와 같은 고압을 필요로 하지 않는다. b)메틸에스터를 증류하는 것으로 용이하게 원료의 품질을 높일 수가 있다 c)메틸에스터는 수소첨가가 용이하고, 저장중에도 지방산과 비교해서 안정하다 d)유지의 착색 물질이 분해한 글리세린상으로 분리되는 등의 장점이 있다.

한편 이 방법의 단점은 a)메탄올을 사용하는 것 b) 장치가 지방산중화장치보다도 복잡하다는 것이다.

(2) 비누의 마무리 공정

니트솝 또는 비누소지에서 비누 제품을 만드는 방법으로는 틀 성형법과 기계 성형법의 2가지 방법이 있다. 니트솝 또는 비누소지는 상온에서 고체상태이므로 이것에 첨가제를 혼합하여 비누 제품을 만드는 것은 많은 어려움이 있다. 특히 기계 성형법의 경우 고체와 고체 또는 액상원료를 혼합할때 혼합 압출방법에 따라 비누 감촉 및 갈라짐(cracking) 등의 품질 차이가 있으므로 주의를 요한다. KS기준에는 틀 성형과 기계 성형법에 따른 규격이 정해져 있으며, 이는 표12.5와 같다.

① 틀 성형 비누

80℃정도에서 니트솝에 향료 등의 첨가물을 가해 균일하게 혼합한 후 틀에 유입시켜 냉각 고화한다. 냉각한 비누덩어리는 형타하여, 포장에 적당한 크기로 절단하고 건조한다. 틀 성형비누의 특징은 용해가 잘 안되어 거품이 약간 떨어지지만 녹아서 붕괴되지는 않는다. 이는 장시간에 걸쳐서 냉각 고화시키므로 비누분자의 결정화가 형성되기 때문이다. 틀 비누의 단점은 뜨거울 때에 향료나 첨가물을 첨가 하므로, 첨가물이 열안정성이 우수한 것에 한정되는 것과 비누중의 수분이 많으므로(25~30 %) 시간이 지남에 따라 변형하는 것이다. 투명비누는 주로 이 방법에 의해 제조된다.

② 기계 성형 비누

기계 성형 비누는 니트솝을 열풍식 또는 감압식의 건조기에서 건조해서 수분이 약 15 %의 비누소지(pellet)로 만든다. 이 비누소지에 향료 등의 첨가제를 첨가하여 약 40 ℃에서 혼합하고, 롤-밀(roll-mill) 등으로 균질화(均質化)시킨다. 다음에 봉(원통)형태로 압출하여 적당한 크기로 절단하고, 원하는 형태로 성형한다. 기계성형 비누의 특징은 제조시간이 짧아 대량생산에 적합하고, 자유로운 부향 및 착색이 가능하며 기포발생력은 좋지만, 용해되기 쉽고 물을 흡수해서 팽윤하기 쉽다. 보통 시장에서 보는 고형비누는 대부분 기계 성형법에 의해 제조된 비누이다.

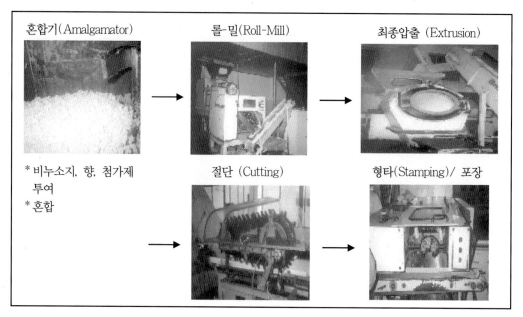

| 혼합기(Amalgamator) | 롤-밀(Roll-Mill) | 최종압출 (Extrusion) |
| 절단 (Cutting) | | 형타(Stamping)/ 포장 |

* 비누소지, 향, 첨가제 투여
* 혼합

그림 12.2. 기계성형비누의 제조공정모습

표 12.5. 화장비누의 KS 규격

	틀 성형품	기계 성형품
수분 및 휘발성물질 %	28이하	16이하
순비누분 %	93이상	93이상
유리알칼리 %	0.1 이하	0.1 이하
석유에테르 가용분 %	3이하	3이하

12.2.4. 비누의 성질 및 결정구조

(1) 비누의 성질

비누는 약산의 강알칼리염이기 때문에 그 수용액은 알칼리성을 나타내며, pH는 10부근이다. 또 비누는 계면활성제의 일종이기 때문에 그 수용액은 다른 계면활성제와 같이 표면장력 및 계면장력의 저하, 기포성, 분산성, 유화성, 세정성 등을 나타낸다. 비누의 세정작용은 비누의 수용액이 오염과 피부 사이에 침투하여 부착을 약화시켜 오염을 떨어지기 쉽게 한다. 세정과 함께 물리적인 힘으로 제거되는 오염은 비누분자에 의해 용액 중에 유화 분산된다. 오염의 종류에 따라서는 비누의 마이셀 중에 가용화되어 제거되는 것도 있다.

(2) 고형 비누의 결정형

비누의 결정형은 지방산, 수분 및 전해질의 조성에 따르지만 제조 공정도 영향을 미친다. Ferguson등은 X선 회절에 의해 비누가 α, β, δ, ω 4종의 결정형을 가짐을 증명했다. 비누의 결정형과 비누의 품질특성을 연관시켜 해석하는 것은 아주 어려운데, 이는 동일 조건하에서도 동일한 비누를 만들기 어렵기 때문이다. 하지만 비누의 성질이 결정형에 따라 영향을 받는 것은 확실하다. 결정형 중에서 α 결정형은 분자량이 작고, 수분이 아주 소량밖에 포함되지 않은 비누에 한해서만 존재하고, 일반적인 비누제조 조건에서는 생성되지 않기 때문에 시판의 비누에서는 β, δ, ω의 3종류가 중요하다. 니트솝을 급속냉각하면 결정형은 β결정형으로 되기 쉽다. 한편 서서히 냉각하면 ω결정의 양이 증가된다. ω결정형에서 β결정형으로의 전이는 β결정형이 안정한 저온에서 혼합압출하면 β결정형으로 전이하여, 용해성이 증가하고 기포발생도 좋아진다. 표 12.6에 각 결정형에 따른 각각의 특성을 나타냈다. β결정형은 기계 성형비누에 많이 함유되는 결정형으로 물에 쉽게 팽윤해서 용해하고 기포발생력도 좋다. 이에 비해 ω결정형은 틀 성형비누에 많이 보이는 결정형으로 용해하기 어렵고, 기포발생이 떨어진다. δ형은 수분이 많은 비누에 보이는 결정형이다.

표 12.6. 결정형에 따른 특성 비교

	β형	ω형	δ형
격자간격 (短)	2.75	2.95	2.85, 3.55
비누의 경도	8.0	7.2	3.0
용해성	2.4	0.5	1.7
팽윤 붕괴	한다	하지 않는다	약간 한다

12.2.5. 비누의 종류 및 처방 예

비누의 종류와 개요는 다음과 같다.

표 12.7. 화장비누의 종류

구 분		개 요
일반화장비누	지방산비누	일반적인 피부세정용 고급지방산비누
	과지방비누	피부보호제(고급알콜, 고급지방산) 첨가
투명비누	투명비누	투명화제(피마자유,글리세린, 설탕, 에탄올), TEA사용
	반투명비누	일반비누에 투명화제 사용하거나 투명비누에 현탁제사용
복합비누	Syndet Bar	계면활성제를 단독 또는 주세정제로 사용
	Combi Bar	일반비누에 계면활성제를 혼합 (통상 10~20%)
특수비누	약용비누	살균 성분 사용 (항균, 소독효과)
	여드름비누	여드름방지성분 사용 (국내는 의약외품)
기타	향수비누	일반비누에 비해 향료를 다량 사용
	경량비누	니트솝에 많은 공기를 주입 (비중 0.8 내외)

(1) 화장비누

전통적인 지방산비누로 비누소지에 향료, 착색제가 사용되는 외에 비누의 안정성을 유지하기 위해 산화방지제와 금속이온봉쇄제가 첨가된다. 또 불투명감을 부여하기 위해 산화티탄과 같은 백색안료가 첨가되기도 한다. 탄화수소, 고급알코올, 지방산 및 지방산에스터가 피부보호제로서 보통 1~2 % 정도 사용되나, 수~10 % 정도 첨가된 과지방비누라고 불리는 것도 있다. 또 거꾸로 각종 첨가제(향료, 색소, 산화방지제 및 금속이온봉쇄제 등)를 전혀 사용하지 않은 비누소지만의 무첨가비누도 있다.

(2) 경량 비누

비누는 첨가제가 없는 경우 비중이 1.03 정도이고 욕조 중에서 가라앉지만, 경량비누는 비누 중에 미세한 기포를 함유시킨 것으로 욕조 중에서 물에 뜨는 비누이다(비중 0.8). 이 비누는 수분 약20% 전후의 니트솝을 질소가스와 같이 보내, 고속 교반하면서 냉각해서 미세한 기포를 비누 중에 분산시켜 만든다.

(3) 약용 비누

피부를 청정하게 하는 것만이 아니고, 피부에 부착하고 있는 유해한 세균을 제거하기위한 목적으로 살균제를 첨가한 것이 약용비누이다. 살균제로서는 트리클로카반(트리클로로카바닐라이드)과 트리클로산(트리클로로히드록시디페닐에테르)이 단독 또는 병용되고, 또 소염제로서 알란토인과 글리실리친산이 피부거칠어짐 방지목적으로 배합되고 있다.

(4) 투명 비누

투명비누는 일반 화장비누와 같이 고급지방산의 알칼리염을 주성분으로 하지만 외관이 투명한 것이 특징이다. 투명비누는 원료유지로서 우지, 팜유, 야자유, 팜핵유 외에 올리브유, 피마자유와 같은 불포화지방산이 많은 유지가 사용되고, 염석공정을 행하지 않고 제조된다. 그렇기 때문에 생성한 글리세린이 비누 중에 남아 투명화를 돕는다. 기타 투명화제로서는 다가 알콜류(설탕, 솔비톨), 에탄올이 사용된다. 그리고 폴리에칠렌글리콜, 양쪽성 계면활성제와 음이온 계면활성제 등이 첨가되는 경우가 있다. 이와 같이 많은 투명화제 및 기타 첨가제가 배합되고 있기 때문에 비누의 함유량은 일반 화장비누보다도 작다. 투명비누는 외관적으로 미적 요소가 높을 뿐만 아니라, 보습제로서 글리세린 및 설탕이 배합되고 있기 때문에 피부의 보호작용이 우수하고, 사용감이 마일드한 것이 많다. 제조시 유의할 사항은 정제한 원료와 중금속을 함유하지 않은 알칼리류 및 이온교환수를 사용하는 것이다. 투명비누의 제조방식에는 숙성타입(제조시간 40~80일)과 비숙성타입(제조시간 2~3일)이 있으며, 제조방식에 따라 투명도 및 무름성 등의 품질특성이 차이가 있다. 생산성이 높은 기계성형방식의 반투명비누는 비누소지 또는 니트솝에 각종 투명화제(글리세린, 설탕, 솔비톨, 프로필렌글리콜 등의 다가 알콜)를 첨가해서 기계적으로 반투명화시켜 제조한다.

① 투명비누의 제조방법
〈처방예〉 숙성타입의 투명비누

– 제조직후 비누조성

우지	22.0%	야자유	10.0%
피마자유	4.0%	올리브유	4.0%
수산화나트륨	6.0%	에탄올	20.0%
정제수	20.0%	설탕	9.0%
글리세린	4.0%	향료	1.0%
색소	적량	금속이온봉쇄제	적량

투명비누는 반응종료후 고화(固化)하고, 이것을 건조 숙성하여 수분, 에탄올을 서서히 휘발시킨다. 그렇기 때문에 완성된 투명비누의 조성은 크게 달라져 앞의 처방은 대개 다음과 같은 조성으로 된다.

- 건조 숙성후 비누 조성

지방산비누	55.3%	설탕		12.0%
글리세린	11.5%	수분		19.9%
향 료	1.3%	색소, 제	금속이온봉쇄	적량

숙성타입 투명비누의 일반적인 제조공정은 그림과 같다.

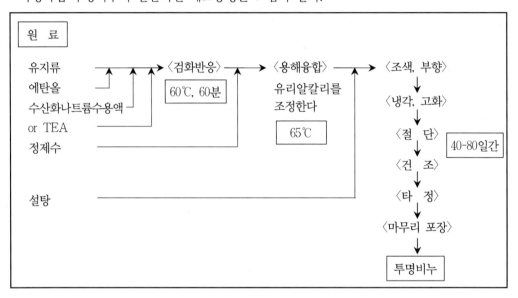

그림 12.3. 투명비누의 제조공정

② 투명비누의 결정 구조

투명비누의 결정구조에 대해서는 McBain 등이 X선회절을 통해 미세결정인 것을 발견했다. 이는 투명화제가 비누의 결정화를 억제하여 비누의 특성인 긴 섬유상 형태의 섬유구조가 없어지기 때문인 것으로 알려지고 있다. 또 Kamoda(鴨田) 등도 기계성형방식의 투명비누를 조사하여, 불투명비누의 섬유상 결정이 섬유축에 대해 수직으로 절단되어, 가시광선 파장이하로 미세화되어 투명화되는 것을 밝혀냈다.

(5) 계면활성제 비누 (Syndet Bar)

일반지방산비누는 경수(硬水)에서 물속의 금속이온과 결합하여 물에 녹지 않는 수불용성 금속비누(물때)를 형성하여 성능이 달라지는 단점이 있다. 이 단점을 개선하기위한 신체용의 고형세정제로서 계면활성제비누(syndet bar) 또는 혼합비누(combi bar)라고 불리는 제품이 시장에 도입되고 있다.

Syndet bar는 계면활성제를 단독 또는 주세정제로 사용하는 것을 가리키며, combi bar는 지방산비누에 계면 활성제를 혼합한 것으로 보통 계면활성제를 10~20 % 사용한 것이 제품화되어 있다. 이들 제품의 첨가성분을 역할에 따라 분류해보면 주세정제(소듐코코일이세치오네이트, 소듐코코글리세릴에테르설포네이트), 기포강화제(라우릴황산나트륨), 가소제(비누), 바인더(지방산, 지방알콜, 왁스 모양의 고체), 충진제(덱스트린, 염, 탈크 및 전분), 기타 성분 등이다.

이들 제품은 내경수성이 우수하고, 물에 잘 녹으며, 그 수용액은 중성 또는 중성에 가까우나, 물에 녹아 붕괴되기 쉽다. 시장에서는 보습비누로서 받아들여지고 있으며, 알칼리에 민감한 사람들을 위한 중성비누로서도 주목되고 있다.

일반적인 계면활성제로는 고형화가 어렵고, 가격이 비싸 제품화가 어려우며, 소듐코코일이세치오네이트(sodium cocoyl isethionate, SCI)가 가장 널리 사용되어 왔으나, 최근에는 소듐글리세릴설포네이트(MGS)와 아미노산계 계면활성제 등이 개발되어 이용되고 있다.

〈처방예1〉 Syndet Bar

	원료명	wt %	제조순서
1	소듐코코일이세치오네이트	48.0	① 1~8을 혼합기(Amalgamator)에서 혼합한 다음 롤-밀로 균질화시킨다.
2	소듐이세치오네이트	4.0	
3	비누	15.0	
4	혼합지방산	25.0	
5	미네랄오일	1.0	② 압출기에서 봉(원통)타입으로 압출후 절단, 성형한다.
6	이산화티탄	0.5	
7	향료,염료,산화방지제, 금속이온봉쇄제	적량	
8	정제수	적량	

〈처방예2〉 Combi Bar

	원료명	wt %	제조순서
1	비누	60.0	① 1~9를 혼합기(Amalgamator)에서 혼합한 다음 롤-밀로 균질화시킨다.
2	소듐코코일이세치오네이트	15.0	
3	소듐이세치오네이트	2.0	
4	혼합지방산	8.0	
5	파라핀	3.0	
6	프로필렌글리콜	1.0	② 압출기에서 봉(원통)타입으로 압출후 절단, 성형한다.
7	이산화티탄	1.0	
8	향료, 염료, 산화방지제, 금속이온봉쇄제	적량	
9	정제수	적량	

12.3. 바디 세정제(Body Cleanser, Body Wash)

바디세정제는 전신 피부 표면의 오염을 제거하여 피부를 청결하게 유지하고, 기능성을 부여한 액상 또는 크림상의 전신세정용 제품이다. 유럽이나 미국에서는 보통 샤워젤, 바디워시 등으로, 일본에서는 바디솝, 바디샴푸 등으로, 국내에서는 바디클렌저 등으로 불리고 있다.

바디세정제는 바디라는 넓은 부위를 세정하는 제품이므로 치밀하고 매끄러운 품질의 풍부한 거품발생력과 거품의 높은 지속성이 요구된다. 또한 얼굴이외의 피부를 세정하기 위한 제품이므로 산뜻하고 촉촉한 사용감과 인체 안전성 등을 고려해야 한다.

12.3.1. 바디세정제의 종류

바디세정제로서 가장 오래 사용되어 온 것은 고형비누이다. 하지만 생활양식의 변화, 욕구 다양화로 바디세정제에 단순한 세정기능 이상의 부가가치가 요구되고 있다. 비누는 고형이라는 제형상의 문제로 소비자의 다양한 욕구를 만족시키는데 한계가 있으므로, 이러한 제약이 비교적 없는 다양한 형태 즉 액체, 젤 등의 바디세정제가 개발되고 있다. 특히 액체세정제는 사용의 편리성, 빠른 거품 형성과 풍부한 거품, 사용 후 촉촉함 등으로 사용률이 증가하고 있다.

다음 표에 바디세정제의 종류를 정리해 보았다. 처방적인 base타입에서 살펴보면 일본의 경우는 습기가 많은 기후의 특성상 산뜻한 사용감이 선호되기 때문에 비누~혼합base가 주류를 이루고, 유럽의 경우는 물이 경수로 비누base의 경우는 불용성금속비누가 형성되어 사용감이 떨어지기 때문에 계면활성제base가 주류를 이루고 있는 특징이 있다. 국내의 경우 90년대 중반까지는 비누~혼합base가 주류를 이루었으나, 현재는 보습효과가 우수한 계면활성제base가 주류를 이루고 있다.

표 12.8. 바디세정제의 종류 및 개요

분류		개요
외관	투명타입	다양한 색상 부여
	불투명타입	펄타입, 백탁타입
처방	비누Base	알칼리성 액체비누가 주세정성분인 타입
	계면활성제Base(Syndet) Type	계면활성제를 주세정 성분으로 하는 약산성, 중성타입
	혼합Base(Combination) Type	액체비누와 계면활성제를 조합한 중성타입
성상		액상, 젤상, 크림상, 페이스트상, 거품(무스)상
기호 및 용도		산뜻한타입, 촉촉한타입, 쿨타입, 스크럽타입, 베이비용, 향타입, 아토피피부용

12.3.2. 바디세정제의 주요 성분

표 12.9. 바디세정제의 주요원료 및 사용량

배합목적	분류	대표적 원료	사용량
기포. 세정제	비누	지방산 (15%) +알칼리제 (KOH 3~5%)	
	음이온계면활성제	알킬황산염, 폴리옥시에칠렌알킬에테르황산염, 아실글루타민산염, 알킬메칠타우린염 등	(10~30%)
기포안정화제	양쪽성계면활성제	알킬디메칠베타인, 아실아미도프로필베타인, 이미다졸리늄베타인 등	(~10%)
	비이온계면활성제	지방산디에탄올아미드, 지방산모노에탄올아미드, 알킬아민옥사이드	~5%
컨디셔닝제 ~ 피부감촉향상	양이온성 고분자	양이온성셀룰로오스, 양이온성 구아검, 염화디메칠디아릴암모늄.아크릴 아미드공중합체 등	~2%
	유분	실리콘유도체, 에스터유, 라놀린유도체, 고급알코올 등	~5%
피부보호제		단백질유도체, 식물추출물 등	~3%
보습제(투명화제)		글리세린, 프로필렌글리콜, 1.3 부틸렌글리콜 등	~10%
금속이온봉쇄제		EDTA, 구연산	~1%
증점, 점도조정제		수용성고분자, 염 등	~1%
외관부여제	펄제, 유탁제	고급지방산글리콜에스터,폴리스틸렌폴리머 등	~3%

* 기타 : pH조정제, 자외선흡수제, 산화방지제, 방부제, 향료, 염료 등

(1) 기포. 세정제

고급지방산염(비누)은 우수한 세정력과 기포발생력을 가진다. 또 헹굼시에 수돗물 중의 칼슘이온 등과 불용성 금속염을 형성하여 아주 뽀득거리는 감촉이 얻어진다. 보통 세정력과 거품 특성을 조절하기위해 2~3종의 지방산을 혼합 사용한다. 알칼리제로는 주로 수산화칼륨을 사용하는데 각종 지방산의 칼륨염의 성질을 다음 표에 정리했다 (표 12.10). 비누base를 처방할 경우 비누와 마찬가지로 중화도에 따라 거품의 양과 사용성이 달라지므로 적절한 중화도를 선정하는 것이 필요하다.

표 12.10. 각종 지방산 칼륨염의 특성

지방산명	세정력	기포 특징	기포 지속성
C12(라우린산)	약간 높음	기포 약간 크고, 기포발생량 많음	中
C14(미리스틴산)	높음	기포 약간 치밀하고, 기포발생량 보통	大
C16(팔미틴산)	높음	기포 약간 치밀하고 기포발생량 적음	大

비누이외의 계면활성제로는 바디세정제에도 샴푸와 마찬가지로 알킬에테르황산염이 가장 많이 사용되나 이 계면활성제는 칼슘이온과 불용성 금속염을 형성하지 않고, 불용성금속염을 분산하는 특징이 있어 헹굼시에 미끈거리는 특징이 있다. 일부 소비자는 이러한 미끈거리는 느낌을 보습효과가 있는 것으로 생각하는 경향이 있으므로 보습타입 바디세정제의 주성분이나 비누base의 보조세정제로서 사용하기도 한다. 또한 모노알킬에테르인산에스터염(MAP)이 비누정도는 아니지만 수돗물 중의 칼슘이온과 불용성금속이온을 형성하여 산뜻한 느낌을 주어 일부 사용되기도 하는데, pH에 따른 기포발생력이 차이가 많아 주의를 요한다. 최근에는 저자극성을 목적으로 하는 제품에 아미노산계 계면활성제가 사용되기도 하지만 일반적으로 기포발생력이 약하고 점도를 조절하기 어렵다는 단점이 있다.

(2) 기포안정화제

기포안정화제는 크게 나눠 초기 기포발생력을 향상시키는 것(주로 양쪽성 계면활성제)과 기포의 안정성을 향상시키는 것(비이온계면활성제, 폴리머)이 있는데, 제품 점도, 헹굼시의 피부감촉, 타올 드라이후의 피부감촉 등에 큰 영향을 주므로 그 선택이 중요하다. 또 과잉으로 사용되면 기포 성능을 저하시키는 경우도 있으므로 처방에 따라서 사용량을 최적화해야 한다.

① 양쪽성 계면활성제

양쪽성 계면활성제는 아미도베타인형, 설포베타인형, 이미다졸린형으로 분류 되는데 음이온 계면활성제보다도 피부자극성이 낮고, 비교적 큰 기포를 만들어 초기 기포발생력의 개선에 유효하게 사용된다.

② 비이온 계면활성제

비이온 계면활성제는 이온성, 양쪽성 계면활성제와 달리 이온으로 해리하지 않으며, 분자 중의 친수기의 숫자에 따라 물에 대한 용해도가 달라진다. 음이온 계면활성제 기포막의 강도를 증강시키는 것에 의해 기포의 안정성을 향상시킨다. 지방산알킬아미드, 아민옥사이드,

알킬글루코사이드(APG) 등이 자주 사용된다.

③ 수용성 폴리머

일반적으로 수용성폴리머는 기포막 표면에 흡착막을 만들어 기포를 안정화시키는 기능이 높다. 그러나 수용성폴리머에 의해 제품의 점도가 올라가는 경우는 물과 계면활성제의 결합을 저해하여 초기 기포발생을 저해하는 경우가 있다. 또 헹굼시에 미끈거림이 많으므로 사용에 주의를 요한다. 자주 사용되는 폴리머로는 양이온성 셀룰로오스, 카르복시비닐폴리머, 하이드록시프로필메칠셀룰로오스, 하이드록시에칠셀룰로오스 등이 있다.

(3) 컨디셔닝제

바디세정제는 피부의 오염을 씻어내는 제품이지만 세정과정에서 오염과 함께 피부보호 물질을 씻어내어 피부가 거칠어지는 문제가 발생하므로, 컨디셔닝제를 사용하여 이를 개선할 필요가 있다. 그러나 세정 과정에서 컨디셔닝제를 피부에 남기는 것은 아주 어려운 일이고, 단순히 처방에 첨가하는 것만으로는 그 효과가 아주 낮다. 컨디셔닝제의 피부흡착을 향상시키기 위해 사용되는 방법으로는 피부와 원료간의 전기적 친화성을 이용하는 방법, 친유성물질끼리 결합하려는 성질(hydrophobic interaction)을 이용하는 방법, 수소결합(폴리올류 등) 또는 반데르발스의 힘(고분자물질 등)을 이용하는 방법 등이 있다.

12.3.3. 바디세정제의 처방 예

(1) 비누 base 바디세정제

	원료명	wt %	제조순서
1	라우린산	2.5	
2	미리스틴산	7.5	
3	팔미틴산	2.5	① 50℃로 가온하고 1~9를 투입
4	올레인산	2.5	후 75~80℃에서 균일 혼합한다.
5	라우로일디에탄올아미드	5.0	
6	글리세린	20.0	
7	수산화칼륨	3.6	② 균질화된 다음 45℃로 냉각후
8	정제수	56.4	10을 투입 균일 혼합한다.
9	금속이온봉쇄제	적량	
10	향료, 염료, 방부제	적량	

① 혼합 base 바디세정제

	원료명	wt %	제조순서
1	N-라우릴-L-글루타민산트리에탄올아민 (30%수용액)	20.0	
2	N-라우릴메칠타우린나트륨(30% 수용액)	10.0	
3	라우린산트리에틴올아민	10.0	
4	라우릴이미다졸리니움베타인	5.0	원료1~8을 60~65℃로 가온용해하고, 45℃로 냉각후 9를 투입 균일 혼합한다.
5	라우로일디에탄올아미드	5.0	
6	프로필렌글리콜	7.0	
7	정제수	33.0	
8	금속이온 봉쇄제	적량	
9	향료, 염료, 방부제	적량	

② 계면활성제 base 바디세정제

	원료명	wt %	제조순서
1	정제수	27.0	
2	라우릴황산에스터트리에탄올아민염 (40%수용액)	40.0	
3	라우릴폴리옥시에칠렌	20.0	
4	라우릴디에탄올아미드	5.0	정제수1에 원료2~8을 균일하게 혼합 용해한다.
5	글리세린모노팔미틴산에스터	1.0	
6	라놀린유도체	2.0	
7	프로필렌글리콜	5.0	
8	향료, 염료, 방부제, 금속이온 봉쇄제	적량	

12.3.4. 바디세정제의 제조조건 및 유의점

(1) 기포혼입 억제 및 탈포

대량 제조시 가장 문제가 되는 것은 제조시 발생하는 기포의 혼입이다. 기포가 제품에 혼입되면 제품 분리의 요인이 되며, 제품 비중이 일정하지 않아 용기에 일정 중량을 충진하는 것이 어렵게 된다. 기포가 잘 발생되는 바디세정제를 제조할 때 기포없이 제조하는 데는 기술이 필요하다. 기포는 외부의 공기가 혼합되어 발생하므로 액체 원료는 액 표면 밑에서 투입하는 것이 요구된다. 그렇지만 투입량에 따라 투입 파이프 길이를 조절할 수가 없으므로, 투입 파이프 끝의 각도를 변화하여 액체 원료가 교반조의 벽면을 타고 흘러들어가도록 하여 기포발생을 억제한다.

또한 액체 원료 투입시에 교반을 정지해서 표면에 발생한 기포를 가급적 내용물 액내에 혼입되지 않도록 하는 것도 필요하다. 고체 원료 투입시에는 액면이 출렁 거려 기포가 혼입되므로 가급적 용해 (또는 용융)하여 액체상태로 투입하는 것이 바람직하다.

교반할 때의 기포 혼입에 영향을 주는 인자로서는 교반기 날개길이, 날개형상, 날개의 위치, 액 높이, 액의 물성 등이 있다. 비이커 실험에서는 날개길이, 날개 형태, 날개의 위치 등을 쉽게 바꿀 수가 있지만 실제 양산설비에서는 곤란하다.

따라서 원료투입 순서의 변경, 원료의 분할 투입 등으로 액의 높이, 액의 물성등을 변경해서 액면 부근에서의 교반을 피하도록 한다.

일반적으로 혼입한 기포를 제거하는 것은 어렵지만, 물리적 방법이나 화학적 방법에 의해 기포량을 줄일 수 있다. 물리적 방법으로는 방치해서 자연적으로 탈포시키는 방법과 진공탈포방법이 있다. 저점도 액체에서는 이 방법이 가능하지만 점도가 높으면 물리적인 방법으로 탈포시키기 어렵다. 화학적 방법으로는 소포작용이 있는 원료(예: 에탄올이나 실리콘 등)를 첨가함으로서 기포 혼입량을 줄일 수 있다. 화학적 방법은 점도가 높은 제품에도 효과적이지만, 과다하게 첨가할 경우 제품의 기포 성능을 떨어뜨리므로 주의해야 한다.

(2) 기포혼입 이외의 주의사항

① 발열반응이 수반되는 제조에서의 온도상승 유의

비누Base처방 제조시에는 중화공정에서 발열반응이 일어난다. 비이커 실험과 비교하면 양산시에 급격한 온도 상승이 일어나는 경우가 있는데, 이것은 양산설비의 교반 효율이 나쁘고, 냉매와 접하는 표면적이 작기 때문이다. 이런 경우에는 중화제를 투입할 때 냉각을 개시하고, 중화제를 서서히 투입하는 등의 방법을 강구해서 제품의 급격한 온도상승을 방지해야한다.

② 전단력(剪斷力, shear stress)이 제품 물성에 미치는 영향 확인

제조된 제품은 저장조, 충진기를 거쳐서 용기에 넣어진다. 이 제조공정 중에서 이송펌프, 충진펌프, 충진노즐 등에서 전단력이 제품에 가해진다. 그 전단력이 제품물성, 제품안정성에 미치는 영향을 조사해 둘 필요가 있다. 제품에 있어서는 전단력이 점도를 저하시키고 회복되지 않아 성능 및 제품안정성을 악화시키는 경우가 있다.

③ 연속 생산이 제품 물성에 미치는 영향 확인

비이커에서 실험할 때는 매번 비이커를 세정하지만 실제 양산과정에서는 동일 제품을 배치(batch)타입으로 제조할 때 배치와 배치 사이의 세정을 하지 않는 경우가 있다. 이 경우에는 제조공정, 제조시간, 제품 품질에 미치는 영향을 꼭 확인 해야 한다.

12.4. 입욕제품(入浴製品; In-bath)

입욕제품은 유럽이나 일본에서는 예전부터 많이 발달해왔지만 우리나라에는 아직 초기도 입단계이다. 이는 목욕습관이 입욕문화에서 샤워문화 쪽으로 급속히 전이됨에 따른 것으로 보인다. 하지만 우리나라 소비자들도 최근 다양한 입욕제품들을 접하고, 생활의 여유를 즐기면서 그 사용 빈도가 늘어나고 있다.

입욕제품으로는 거품 목욕제품인 버블배쓰와 집에서 온천을 하는 것과 같은 기분을 느낄 수 있는 무기염류 입욕제와 약용식물입욕제, 피부를 부드럽게 하고 기분좋은 향취를 부여해 주는 배쓰오일 같은 유지계 입욕제 등이 있다. 초기에는 온천성분을 분말로 한 것이나 꽃, 에센셜오일 등이 이용되었으나 최근에는 여러 가지 종류의 제형으로 발전되고 있다.

12.4.1. 입욕제품의 종류와 기능

(1) 버블배쓰 (Bubble Bath)

버블배쓰는 욕조를 거품으로 채우고 거품과 향취를 즐기는 제품이다. 분말상, 액상 등의 제형이 있으며, 욕조에 버블배쓰를 투입하고 수도꼭지에서 뜨거운 물을 세게 넣어 거품을 발생시켜 사용한다. 버블배쓰에 사용되는 계면활성제는 물에 대한 용해성 및 분산성, 초기 기포발생력과 기포지속성이 있어야한다. 액상 버블배쓰에는 알킬에테르설페이트가 기포특성과 경제성, 피부에 마일드하여 주로 사용된다. 또한 좋은 기포 특성과 피부에 매우 마일드한 특성을 가지고 있는 설포석시네이트나, 이미다졸린계와 알킬베타인계와 같은 양쪽성계면활성제가 제품의 마일드 정도를 향상시키기 위해 사용되며, 지방산복합체인 메칠타우레이트도 우수한 금속비누 분산특성을 가져 사용되기도 한다. 하지만 이들의 기포특성이 알킬설페이트나 알킬에테르설페이트만큼 좋지는 않기 때문에 보조계면활성제로 사용되는 경우가 많다.

일반적인 제품의 계면활성제 농도는 15~35 % 수준이며, 컨디셔닝효과를 부여하기 위해 PEG-7 글리세릴코코에이트와 같은 수용성 피부 유연제(emollient)가 사용된다. 버블배쓰에서 향은 아주 중요하여 2~5%의 많은 양이 사용되는데, 투명 제품에서는 향의 가용화를 위해

POE-20 소르비탄모노라우레이트 또는 PEG-40 경화 피마자유와 같은 비이온성 가용화제가 사용되기도 한다.

(2) 무기염류 입욕제

무기염류 입욕제에는 온천성분 등의 무기염류를 주성분으로 한 분말타입 입욕제와 탄산염과 유기산에 의해 탄산가스를 발생하는 정제타입의 발포성 입욕제가 있다. 분말타입의 입욕제는 무기염류의 온열작용, 혈류증가 작용에 청정작용을 부가하고 색과 향에 따라 입욕을 즐겁게 하여 매일 사용할 수 있는 일반적인 타입의 입욕제이다. 발포성 입욕제는 탄산수소나트륨, 세스퀴탄산나트륨, 탄산나트륨 등에 호박산, 주석산, 사과산 등의 유기산을 조합시킨 것이다. 보통 보존시의 안정성을 향상시킬 목적으로 황산나트륨 및 전분 등의 흡습제가 첨가된다. 최근 블루 계열의 색상과 상쾌한 향을 부향하고 청량감을 상승시킨 여름용의 입욕제와 피부의 유분을 보충하는 제품도 개발되고 있다. 그 외에 결정성의 소금을 직접 사용하기도 한다.

(3) 유지계 입욕제

유지계 입욕제는 액상의 동식물성 유지, 탄산수소, 고급알코올 또는 에스터유 등의 유분이 주성분으로 입욕후 피부에 유분을 남겨 수분의 증발을 막고 피부건조를 방지함으로서, 피부에 유연함과 매끄러움을 주는 스킨케어 컨셉을 가진 입욕제이다. 예전에는 물에 뜨는 (floating) 타입의 배쓰오일이 주류를 이루었지만, 요즈음에는 유지류와 계면활성제에 의해 욕조중에 분산가용화하는 분산타입 액상입욕제와 유지계성분을 배합하여 백탁하는 밀크배쓰타입 입욕제가 시장에서 주목받고 있으며, 밀크배쓰 타입을 연질캡슐에 충진한 배쓰캡슐도 인기를 끌고 있다. 분산타입이나 밀크배쓰타입은 사용되는 계면활성제의 타입이나 HLB값에 따라 좌우된다.

분산타입 액상입욕제의 경우 일반적으로 3~5%의 향을 사용하며, 향을 가용화 하기위해 HLB 12~18의 비이온성, 유용성, 수분산성의 계면활성제를 15%이상 사용 해야 하며, 계면활성제와 향의 비율이 2:1에서 5:1정도가 효과적이다. 밀크배쓰타입 입욕제는 낮은 HLB값을 가진 계면활성제가 적합하며, 전형적인 예로서는 HLB값이 약 5이고 유용성의 계면활성제인 폴리옥시에칠렌-2 올레일에테르를 들 수 있다.

(4) 약용식물 입욕제

약용식물 입욕제는 약용식물을 주소재로 하는 입욕제로 혈행촉진을 주효과로 한다. 건조
한 약용식물을 절단 또는 분쇄한 분말 타입과 용매로 추출한 추출물을 배합한 액상타입 입
욕제가 있다. 최근 생약을 분체에 배합하여 약효를 증진한 효능별 입욕제도 출시되고 있다.

12.4.2. 입욕제품의 주요성분과 효과

표 12.11. 입욕제의 원료 종류와 효과

종 류	원 료	효 과
무기염류	염화칼륨, 염화나트륨, 염화마그네슘, 세스퀴탄산나트륨, 탄산나트륨, 탄산수소나트륨, 탄산칼슘, 탄산나트륨, 황산마그네슘, 티오황산나트륨 등	· 입욕에 의한 온열효과 · 알칼리염류의 각질연화작용에 의한 피부청정효과
약용식물류	카모마일, 회향, 황금, 작약, 창포, 귤, 오렌지, 고추, 당귀, 인삼, 율무, 알로에, 박하 등	· 입욕에 의한 온열효과 · 보습, 소염, 살균, 진정, 세정 등 각 식물의 효능효과
산, 알칼리류	호박산, 푸말산, 사과산, 주석산, 구연산, 말레인산, 젖산 등	· 유기산은 알칼리무기염류와 함께 배합해서 용해시 탄산가스발생 · 수렴, pH조정
유지류	올리브유, 호호바유, 대두유, 유동파라핀 스쿠알란, 바셀린 등	· 유분공급, 수분증발방지, 에몰리언트 효과

* 기타: 계면활성제, 색소, 향료 등

12.4.3. 입욕제품의 처방 예 및 제조방법

(1) 버블배쓰

〈분말타입〉

	원료명	wt %	제조순서
1	라우릴황산나트륨	40.0	
2	황산나트륨	44.0	
3	무수규산	10.0	분말원료(1~6)를 균일하게 혼합하고, 액상원료(7)를 가해 균일 혼합한다.
4	산화티탄	5.0	
5	금속이온봉쇄제 (EDTA.3Na)	1.0	
6	색소	적량	
7	향료	적량	

<액상 펄타입>

	원료명	wt %	제조순서
1	정제수	57.0	① 정제수1에 2~7을 투입하고, 65~70℃로 가온후 8을 투입하여 완전 용해한다. ② 45℃로 냉각한 다음 9를 투입 균일 혼합한다.
2	라우릴황산나트륨	6.0	
3	폴리옥시에칠렌라우릴에테르황산나트륨	15.0	
4	폴리옥시에칠렌라우릴에테르황산트리 에탄올아민	10.0	
5	라우린산디에탄올아미드	3.0	
6	글리세린	5.0	
7	금속이온봉쇄제	1.0	
8	에칠렌글리콜디스테아레이트	3.0	
9	색소, 향료	적량	

<투명 액상타입>

	원료명	wt %	제조순서
1	폴리옥시에칠렌라우릴에테르황산나트륨	50.0	정제수9에 원료1~8을 균일하게 혼합 용해한다.
2	야자유지방산디에탄올아미드	4.0	
3	PEG-7 글리세릴코코에이트	3.0	
4	디메치콘코폴리올	1.0	
5	소금	1.5	
6	구연산	0.5	
7	향료	3.5	
8	방부제,색소	적량	
9	정제수	To 100	

(2) 분말입욕제

<무기염류타입>

	원료명	wt %	제조순서
1	황산나트륨	50.0	분말원료(1~3)를 균일하게 혼합하고, 액상원료(4)를 가해 균일 혼합한다.
2	탄산수소나트륨	50.0	
3	색소	적량	
4	향료	적량	

〈유지계 백탁제배합타입〉

	원료명	wt %	제조순서
1	황산나트륨	20.0	
2	탄산수소나트륨	74.0	분말원료(1~4)를 균일하게 혼합하고, 액상원료(5, 6)를 가해 균일 혼합한다.
3	산화티탄	5.0	
4	색소	적량	
5	호호바유	2.0	
6	향료	적량	

〈약용식물타입〉

	원료명	wt %	제조순서
1	황산나트륨	78.0	
2	탄산수소나트륨	20.0	분말원료(1~3)를 균일하게 혼합하고, 액상원료(4, 5)를 가해 균일 혼합한다.
3	색소	적량	
4	천궁추출물	2.0	
5	향료	적량	

(3) 정제(錠劑) 입욕제

	원료명	A;wt %	B;wt %	제조순서
1	탄산수소나트륨	29.0	43.0	
2	탄산나트륨	20.0	14.0	
3	호박산	49.0	-	'분말원료(1~6)를 균일 혼합하고, 이것에 액체원료(7, 8)를 첨가해 균일혼합한후 타정에 의한 압축성형으로 정제화한다.
4	푸말산	-	38.0	
5	폴리에칠렌글리콜	1.0	3.0	
6	색소	적량	적량	
7	천궁추출물	1.0	2.0	
8	향료	적량	적량	

(4) 액상 입욕제

〈유지계 타입〉

	원료명	wt %	제조순서
1	유동파라핀	70.8	
2	1.3 부틸렌글리콜	1.0	
3	폴리옥시에칠렌 라우릴에테르	10.0	
4	야자유지방산폴리옥시에칠렌글리세릴	15.0	1에 2~7을 균일하게 혼합 용해한다.
5	부틸파라벤	0.1	
6	BHT	0.1	
7	향료	3.0	

〈약용식물타입〉

	원료명	wt %	제조순서
1	에탄올	30.0	
2	농글리세린	7.0	
3	1.3 부틸렌글리콜	13.0	
4	폴리옥시에칠렌경화피마자유	1.0	에탄올상 (1~5)을 40℃로 가온 용해한다. 별도의 용기에 수상(6 ~9)을 용해한다. 에탄올상에 수 상을 서서히 투입하며 균일 혼합 한다.
5	향료	1.0	
6	정제수	42.9	
7	천궁추출물	5.0	
8	메칠파라벤	·0.1	
9	색소	적량	

(5) 제조조건 및 유의점 (분말제형의 경우)

원료의 투입방법, 혼합시간, 교반조건 등을 설정하는 한편, 제제의 균일성, 제제의 품질, 색상, 물성 등을 확인하고, 충진시에는 충진량의 편차가 없는지를 확인하고, 각각의 조건을 설정한다. 제제균일성을 확인하기위해 지표성분을 설정 하고, 올바른 샘플링을 하여 지표성 분량이 규격에 적합한지를 조사하여 균일성을 판단한다. 제제의 품질을 확인하기 위해서 제 조승인서의 규격 및 시험방법으로 지표성분을 정량하거나, 지표성분의 존재를 확인하여 품 질이 확보되고 있는지를 판단한다. 그리고 색상 등의 외관상 성상을 확인한다. 또 제제물성 이 설정한 규격내에 컨트롤되고 있는지를 확인한다. 상기 시험을 수 lot에 대해 실시하여 제 조조건을 설정한다. 각 공정에 있어서 성분입자의 점도, 밀도, 형상 등의 차이에 따라서 분체 층내에서 생기는 분리현상이 없는지를 주의할 필요가 있다.

12.5. 바디트리트먼트(Body Treatment)

바디트리트먼트 제품으로는 바디로션, 크림 등의 에몰리언트제품, 바디파우더 등이 있다.

에몰리언트제품은 전형적인 훼이셜 에몰리언트제품과 유사하지만, 넓은 바디부위에 사용하느니만큼 발림성이 좋아야하고, 끈적임없이 산뜻한 느낌을 주는 제품이 선호된다. oil-in-water 타입의 에멀젼과 하이드로-알코올 에멀젼제품이 일반적이다.

최근 바디크림의 경우에는 food 형태를 본딴 제품이 인기를 끌고 있는데 바디밤, 바디버터, 허니젤 등 다양한 제형이 있다. 바디파우더는 수분을 흡수 하고, 피부에 청량감을 주며, 매끄러운 느낌을 주는 용도로 사용되며, 탈크, 수화마그네슘실리케이트가 주요 성분이며, 부착력을 향상시키기 위한 금속비누, 흡수성을 향상시키는 마그네슘카보네이트, 전분, 카올린 등이 사용된다.

〈바디로션 처방예〉

	원료명	wt %	제조순서
1	미네랄오일	3.0	① 유상부(1~6)와 수상부(7~10)를 각각 75℃로 가열 용해시킨다.
2	사이클로메치콘	4.0	
3	이소프로필미리스테이트	3.0	
4	스테아린산	1.8	
5	세틸알콜	1.0	② 수상에 유상을 가해 호모믹서로 유화한다.
6	글리세릴스테아레이트	1.5	
7	정제수	To 100	③ 11를 가하여 강하게 교반, 중화한다.
8	글리세린	3.0	
9	금속이온봉쇄제	적량	④ 50℃에서 11를 가해 균일하게 혼합하고, 실온까지 냉각한다.
10	카르복시비닐폴리머(1%수용액)	10.0	
11	트리에탄올아민 (10%수용액)	9.0	
12	향료, 색소	적량	

〈바디크림 처방예〉

	원료명	wt %	제조순서
1	미네랄오일	25.0	
2	1,3 부틸렌글리콜	1.5	
3	글리세린	1.5	① 유상부(1~4)와 수상부(5~8)를 각각 75℃로 가열 용해시킨다.
4	디메치콘 피이지-7 이소스테아레이트	0.5	
5	정제수	To 100	② 수상에 유상을 가해 호모믹서로 유화한다.
6	아크릴레이트/아크릴아마이드코폴리머/미네랄오일/폴리솔베이트85	2.0	③ 9를 가하여 강하게 교반, 중화한다.
7	카르복시비닐폴리머(1%수용액)	25.0	④ 50℃에서 10을 가해 균일하게 혼합하고, 실온까지 냉각한다.
8	금속이온봉쇄제	적량	
9	트리에탄올아민(10%수용액)	2.5	
10	향료, 색소	적량	

〈바디버터 처방예〉

	원료명	wt %	제조순서
1	망고씨드버터	3.0	① 유상부(1~3)와 수상부(5~7)를 각각 75℃로 가열 용해시킨다.
2	비스-피이지-18 메칠에테르디메칠실란	12.0	
3	바셀린/세테스-10/스테아레스-21/폴로사머335	30.0	
4	정제수	53.0	② 수상에 유상을 가해 호모믹서로 유화한다.
5	금속이온봉쇄제	적량	
6	판테놀	1.5	③ 8을 가하여 강하게 교반, 중화한다.
7	카르복시비닐폴리머(2%수용액)	25.0	
8	트리에탄올아민 (10%수용액)	5.0	④ 50℃에서 9를 가해 균일하게 혼합하고, 실온까지 냉각한다.
9	향료, 색소	적량	

12.6. 핸드케어(Hand Care)

손을 대상으로 하는 제품에는 세정을 목적으로 하는 비누와 액상타입의 핸드 워시(hand wash), 그리고 물을 사용하지 않고 세정감을 주는 핸드 새니타이저(hand sanitizer)라는 제품도 개발되고 있다. 또한 트리트먼트를 목적으로 하는 제품으로는 핸드크림과 핸드로션, 네일케어제품 등이 있다. 이러한 핸드케어제품의 가장 큰 목적은 손거칠어짐 방지이고, 최근에는 자외선방지와 주름방지를 부가목적으로 하는 제품도 인기를 끌고 있다. 손은 바디와 달리 외부에 노출되고, 피지선이 발달하지 않아 피지공급이 안되기 때문에 강한 보습이 요구되므로 water-in-oil 크림도 선호되고 있으며, 바셀린이나 요소 등도 보습성분으로 활용되고 있다. 제형화에서 사용되는 기술은 훼이셜제품의 유화 및 세정기술과 큰 차이가 없으므로 앞장을 참고하기 바란다.

〈젤타입 핸드새니타이저〉

	원료명	wt %	제조순서
1	에탄올	50.0	
2	글리세린	3.0	① 에탄올상 (1~4)을 40℃로 가온 용해한다.
3	폴리옥시에칠렌경화피마자유(40 E.O)	0.2	
4	향료	적량	② 별도의 용기에 수상(5~7)을 용해한다.
5	정제수	To 100	
6	금속이온봉쇄제	적량	③ 에탄올상에 수상을 서서히 투입하며 균일 혼합한다.
7	카르복시비닐폴리머(1%수용액)	20.0	
8	트리에탄올아민 (10%수용액)	2.0	

〈핸드크림〉

	원료명	함량(%)	제조순서
1	유동파라핀	10.0	
2	세탄올	4.0	
3	바셀린	2.0	① 유상부(1~5)와 수상부(6~9)를 각각 75℃로 가열 용해시킨다.
4	POE(60)이소스테아린산글리 세라이드	2.5	
5	스테아린산모노글리세라이드	1.5	② 수상에 유상을 가해 호모믹서로 유화한다.
6	정제수	To 100	
7	글리세린	20.0	③ 50℃에서 10을 가해 균일하게 혼합하고, 실온까지 냉각한다.
8	금속이온봉쇄제	적량	
9	요 소	1.0	
10	향료	적량	

12.7. 제한·소취제
(制汗·消臭劑, Antiperspirants and Deodorants)

엄밀하게 보면 제한제는 땀발생을 억제하는 제품이고, 소취제는 신체의 불쾌취를 억제하는 제품이라고 할 수 있다. 하지만 불쾌한 체취는 땀샘의 분비물이 미생물에 의해서 분해된 분해산물이 악취를 띠는 것에 기인하므로, 제한제는 제한기능으로 불쾌한 체취의 원인이 땀을 억제함으로서 불쾌취 억제기능도 가진다고 할 수 있다.

현재까지 국내에서 의약외품으로 허가되고 있는 데오드란트제품은 명칭상으로는 소취제이지만, 제한기능을 가지고 있는 제한.소취제이다. 일반적으로 우리나라 사람들은 체취에 크게 신경을 쓰지 않아 시장이 성장하지 않았으나, 최근 생활습관 및 음식물의 변화에 의해 체취가 강해지는 경향이 있고, 다른 사람을 배려하는 의식이 향상됨에 따라 특히 여름철 사용이 증가되고 있다.

12.7.1. 땀과 체취의 영향

땀이 나는 것은 생리적 기능에서 중요한 현상이지만, 피부에 대해서는 좋지 않은 영향을 주는 경우가 있다. 땀띠의 발생, 액취증 등은 그 대표적인 것으로 피부의 위생 면에서나 미용상의 면에서도 방지할 필요가 있다.

(1) 땀 띠

땀띠가 발생하기 쉬운 부위는 땀이 증발되기 어려운 장소, 즉 허리부위, 흉부, 겨드랑이 등에 많이 보이고, 땀이 많이 발생되는 여름철에 유아나 뚱뚱한 사람에게 많이 발생한다. 땀띠는 땀의 증발이 늦어져 오래 피부 표면에 머무르면, 땀구멍이 좁아져 폐색되어 땀이 피부 표면에 분비되지않게 되고, 땀이 배출관 안에 고여 표피내에 묻힌 것이 땀띠이다. 이 현상이 진행되면 세균감염을 일으켜 곪게 된다.

(2) 액 취

액취는 겨드랑이, 음부 등 특수한 부위에 분포하고 있는 아포크린샘으로부터 분비하는 땀이 미생물에 의해 분해되어 불쾌취를 발생하는 것이다. 냄새성분으로서는 젖산, 길초산, 카프론산, 카프린산 등의 저급지방산과 트리메칠아민이 알려지고 있다.

12.7.2. 제한, 소취 방법

제한이나 소취를 하는데는 일반적으로 수렴작용, 살균작용 및 향료에 의한 마스킹법 등이 있다.

(1) 수렴작용에 의한 땀발생 억제

강력한 수렴작용을 가지는 약제(수렴제)를 이용하는 것에 의해 에크린샘과 아포크린샘으로부터의 땀발생을 억제한다. 수렴제는 일반적으로 단백질을 응고시키는 작용이 있어, 피부에 접촉하면 땀구멍의 단백질을 응고시켜 땀구멍을 막아, 땀발생을 억제하여 간접적으로 체취 발생을 방지한다. 일반적으로 사용되는 수렴제 로서는 알루미늄화합물과 p-페놀설폰산아연 등이 이용된다. 알루미늄화합물로서는 클로르히드록시알루미늄, 알란토인클로르히드록시알루미늄, 알란토인디히드록시알루미늄 등이 이용된다.

(2) 살균제에 의한 체취 방지

땀이 분해되어 냄새를 발생하는 것은 미생물에 의한 분해작용에 따른 것으로 살균제에 의해 세균의 발육, 활동을 억제하여 직접적으로 체취를 방지할 수 있다. 이 목적에 이용되는 것으로서는 염화벤잘코늄, 트리클로산(2,4,4-트리클로로-2-히드록시디페닐에테르), 치람(thiram) 등의 살균제가 이용된다.

(3) 향료에 의한 마스킹

통상의 체취, 예를 들면 땀냄새정도는 향수나 오데코롱의 사용에 의해서 냄새를 마스킹할 수가 있다. 그러나 액취 등의 강한 냄새에서는 만족스러운 결과가 얻어지지 않는다.

12.7.3. 제한, 소취제의 종류와 처방 예

제한, 소취제의 제형으로서는 액상, 분말상, 스틱상, 에어졸제형, 롤-온(roll-on)제형, 크림상 등이 있다. 우리나라는 제한, 소취제가 도입된 것은 얼마 되지 않아 초기에는 에어졸제형 밖에 없었으나, 최근에는 스틱상 및 롤-온(roll-on)타입 등 제형이 다양화되어가고 있다.

(처방예-1) 에어졸제 (분말)

	원료명	wt %	제조순서
1	클로르히드록시알루미늄	3.0	
2	실리카	2.0	
3	미리스틴산이소프로필	3.0	
4	메칠사이클로폴리실록산	1.2	원료 1~7을 균일하게 혼합 분산한 후에 캔에 충진한다음 분사제를 압력충진한다.
5	소르비탄트리올레이트	0.6	
6	트리클로산	0.02	
7	향료	0.2	
8	분사제	89.98	

(처방예-2) 롤-온(Roll-on) 타입

	원료명	wt %	제조순서
1	경질유동이소파라핀	5.0	
2	세토스테아릴알콜	0.8	
3	모노스테아린산폴리에칠렌글리콜(40)	5.0	
4	1,3-부틸렌글리콜	2.0	먼저 1~7을 70~75℃에서 혼합, 유화한후 50~55℃에서 8, 9를 첨가하여 실온까지교반, 냉각한다.
5	방부.살균제	적량	
6	규산알루미늄마그네슘	0.8	
7	정제수	To 100	
8	클로르히드록시알루미늄	20.0	
9	향료	적량	

(처방예-3) 스틱(Stick)타입

	원료명	wt %	제조순서
1	스테아린산	8.0	
2	에탄올	25.0	
3	솔비톨 (70%)	6.0	먼저 1~6을 75~80℃ 에서 혼합, 비누화한 후 냉각하고 60℃에서 7을 첨가하여 균일하게한 다음 성형, 냉각한다.
4	무수규산	0.8	
5	수산화나트륨	1.2	
6	정제수	19.0	
7	클로르히드록시알루미늄 50%에탄올용액(1:1)	40.0	

(처방예-4) 분말 고형상

	원료명	wt %	제조순서
1	탈크	91.0	
2	산화아연	5.0	전 성분을 혼합 분쇄하여 균일
3	스테아린산알루미늄	0.5	하게 한 다음 압축성형한다.
4	팔미틴산이소프로필	3.5	
5	살균제, 향료	적 량	

12.8. 방향 화장품(芳香化粧品; Fragrance Cosmetics)

방향화장품은 인체에서 발생하는 냄새를 마스킹하거나 대인관계에 있어서 매력적인 이미지를 주기 위해 인체의 피부 위 또는 의복 위에 사용하는 제품이다.

방향화장품은 고대에 종교 의식시 사용되었고 중세에는 목욕여건이 좋지않아 몸에서 나는 냄새를 마스킹하면서 높은 신분의 상징으로 본격적으로 사용하기 시작하였다. 오늘날에는 후각적인 아름다움과 매력을 추구하기 위한 화장품의 일종으로 널리 사용되고 있다. 향수로 대표할 수 있는 방향화장품은 개인별 기호도와 함께 유행적인 요소가 있는 제품으로 개성과 패션을 동시에 추구하는 현대인에게는 필수품이 되고 있다.

최근에는 방향화장품이 향취를 통해 아름다움이나 매력을 증진시키고 감정이나 분위기를 변화시키는 효과뿐만 아니라 긴장완화, 정신집중 등의 아로마테라피(aromatherapy) 효과를 주는 제품으로 활용되고 있다.

12.8.1. 방향화장품의 기능과 종류

방향화장품은 사용하는 사람과 향취를 느끼는 상대방을 동시에 고려하여야 하는 제품이다. 따라서 방향화장품은 ① 아름답고, 세련되고, 격조높은 향기, ② 독특하고 특징있는 향기, ③ 조화가 된 향기, ④ 확산성과 지속성있는 향기, ⑤ 제품이미지와 일치하는 향기를 가져야 한다. 이러한 조건을 갖추기 위해서는 과학적인 노력과 함께 예술적인 감각이 필요하다고 볼 수 있다.

방향화장품에는 향수가 대표적이며, 이외에도 비누, 샴푸, 목욕제품 등에 향료를 강조하여 사용 후 향기효과를 얻을 수 있는 제품들도 있다.

액상형태로 액상을 그대로 발라 주거나 분무하여 사용하는 향수(香水, fragrance)는 일반적으로 정유(精油, essential oil)의 농도(부향율%)에 따라 종류를 나누고 있다 (표 12.12). 향수에는 천연 및 합성정유의 다양한 종류가 사용되는 데 정유의 종류에 따라 향취의 방향뿐만 아니라 느껴지는 향취의 강도와 지속시간이 달라진다.

표 12.12. 방향화장품의 분류

구 분	부향율 %	향기지속시간	용 도
퍼퓸(perfume)	15~30	6~7	저녁외출시
오데 퍼퓸(Eau de perfume)	10~15	5	낮 외출시
오데 뚜왈렛(Eau de Toilette)	5~10	3~4	사무실
오데 코롱(Eau de Cologne)	3~5	1~2	운동, 샤워후
샤워 코롱(Shower Cologne)	1~3	1	목욕, 샤워후

부향율과 향의 강도가 가장 높고 향취가 6~7시간 지속되는 퍼퓸은 향수 중 가장 고급 제품으로 귀뒤, 목덜미, 팔꿈치 안쪽, 손목부분 위주로 발라 준다. 오데 퍼퓸은 퍼퓸보다는 향의 강도나 지속시간이 적고 실용적이다. 오(Eau)와 뚜왈렛(Toilette)는 프랑스어로 각각 "물"과 "화장실"이란 의미로, 오데 뚜왈렛은 가벼운 느낌과 향수의 지속성을 가지고 있어 간편하게 전신에 뿌리는 제품이다. 정유의 함량이 적고 가볍고 상쾌한 느낌을 주는 오데코롱이나 샤워코롱은 목욕, 샤워후 전신에 사용하여 향기 지속시간은 1시간 정도이다.

향수의 향취방향은 사용되는 정유의 종류에 따라 크게 4가지로 분류할 수 있다 (표 12.13). 향수는 일반적으로 한 가지 이상의 향취를 조화시켜 만들어지며, 정유성분의 휘발성에 따라 향수를 사용하는 즉시 초기에 느낄 수 있는 향취(top note), 시간이 약간 경과 후 나는 향취(middle note), 그리고 마지막으로 남아 있는 향취(bottom note)가 각각 다르고 조화 있게 만들어 진다.

표 12.13. 향수의 향취

구 분	향취의 방향	향취의 느낌
시트러스 (citrus)	레몬, 오렌지	신선, 상쾌
그린 (green)	푸른 풀과 잎	수풀, 상쾌
후로랄(floral)	꽃	부드러움, 우아함
오리엔탈(oriental)	나무, 동물	농염, 섹시

12.8.2. 방향화장품의 성분과 제조방법

향수는 기본적으로 향기성분인 정유와 용제인 에탄올과 물, 그리고 정유를 가용화시키기 위한 가용화제로 구성된다. 정유에 대해서는 제 5장 화장품과 향료에서 설명하였다.

정유는 대부분 유용성(oil-soluble)이고 일부 수용성이기 때문에 에탄올과 물 그리고 가용화제에 의해 투명하게 용해시킬 수 있다. 에탄올을 많이 사용하면 자극적인 냄새가 있기 때문에 정유성분의 함량과 용해성에 따라 에탄올 함량을 결정하고 적당량의 물을 혼합하기도 한다.

향수는 제조 후 일단 숙성을 시켜야 한다. 숙성은 향수에 용해된 다양한 정유 성분들 사이에 그리고 용제와의 화학반응이 일어나서 자극적인 에탄올 냄새가 제거 되고 부드럽고 은은한 향취가 된다. 통상 정유함량이 높을수록 숙성기간이 길어진다.

참고문헌

1. 香粧品科學-理論と實際-, 田村健夫 & 廣田博, フレグラスジャ-ナル 社, 1990
2. 洗劑.洗淨の事典, 奧山春彦 & 皆川基, 朝倉書店, 1990
3. 香粧品製造學 -技術と實際- ,フレグラスジャ-ナル 社編集部, フレグラスジャ-ナル 社, 2001
4. 新化粧品學, 光正武夫, 南山堂, 2001
5. Handbook of Cosmetic Scinece and Technology, John Knowlton & Steven Pearce, Elsevier Science Publishers Ltd., 1993
6. Soap Technology for the 1990's, Luis Spitz, American Oil Chemists' Society, 1990

제 13 장

기능성화장품

제13장 기능성화장품

기능성화장품이란 법령에 근거한 다음의 분류에 국한 한다. 피부의 미백에 도움을 주는 제품(미백 화장품), 피부의 주름개선에 도움을 주는 제품(주름개선 화장품) 및 피부를 곱게 태워주거나 자외선으로부터 피부를 보호하는데 도움을 주는 제품(자외선차단 화장품)으로 구분할 수 있으며 이번 장에서는 기능성화장품의 전반적인 사항에 대해서 서술하고자 한다.

13.1. 기능성화장품과 일반화장품

세정과 미용목적 외의 특수기능이 부여된 기능성화장품(functional- cosmetics)은 전세계적으로 통용되는 것은 아니며, 미국의 클리그만(Kligman) 박사가 화장품(cosmetics)과 의약품(pharmaceuticals)에 해당되는 용어를 합성하여 코스메슈티컬(cosmeceuticals) 이라는 신조어를 제안하여 현재 사용되고 있다. 2000년 7월부터 화장품법이 시행되고 2001년 9월 26일자로 기능성화장품 등의 심사에 관한 규정이 제정됨에 따라 기능성화장품은 법적인 근거를 갖는 실체로서 일반 소비자들에게 인식되기 시작하였다.

기능성화장품이 도입됨으로 해서 일반 화장품에서 표현이 금지된 여러 가지 효능 효과 등을 표시 광고를 할 수 있게 되었으나 그러기 위해서는 이에 대한 안전성, 유효성을 증명하기 위한 효력시험 자료나 임상시험 자료 및 유효성분의 안정성시험 자료 등을 구비하여 식품의약품안전청으로부터 승인을 받아야 한다.

13.2. 기능성화장품의 도입배경 및 목적

국내에서는 2000년 7월 이전까지 화장품법이 별도로 제정되어 있지 않았으며 약사법에 화장품 관련 내용의 일부가 편입되어 있었다. 그러던 중 국내 화장품 산업의 발전과 외국 화장품에 대한 경쟁력 배양을 위해 약사법 중 화장품과 관련된 법규를 분리, 별도의 화장품법이 제정되었다. 화장품법의 가장 큰 변화라고 하면 기능성화장품의 도입이라고 할 수 있으며, 일반 화장품과는 달리 당국 (식품의약품안전청)으로부터 심사를 받아 승인을 득한 후 제조 판매가 가능하다. 또한 생활수준의 향상 및 소비자 의식수준 향상에 따른 시장 환경의 변화 등이 기능성화장품의 도입을 촉진하였다고 볼 수 있다. 이에 따라 화장품의 제조, 수입 판매 등에 관한 사항을 규정함으로써 국민 보건향상과 화장품 산업발전에 기여하고자 하는 것이다.

13.2.1. 기능성화장품의 시장 현황

국내 화장품 시장규모를 정확히 알기 어렵지만 몇 가지 자료로부터 대략적인 시장규모를 추정해 볼 수 있다. 2004년을 기준으로 볼 때 국내 화장품 총 생산액은 3조 4730억 원에 달하고 그 중에서 기능성화장품 생산액은 총 4735억 원으로 전체 시장의 약 13%를 차지하는 규모이다. 국내 화장품 시장에서 수입품이 차지하는 비율을 약 40%라고 가정한다면 국내 화장품 시장 규모는 약 5조 8천억 원으로 추정할 수 있다. 그런데, 이는 생산 및 수입가를 기준으로 한 것이기 때문에 이를 소비자가로 환산하면 약 8조원 대의 시장을 형성하고 있다고 볼 수 있다. 이는 대한민국은 화장품에 있어서 매력적인 시장으로 평가되며 많은 세계적인 유명 화장품회사들의 표적이 되고 있다.

기능성화장품이 도입된 이래 2004년까지 식약청으로부터 승인된 기능성화장품 품목 수는 약 3567품목이었으며 이를 유형별로 분석해 보면 자외선차단 제품이 42.6%로 가장 많았으며, 그 다음은 미백 화장품으로 38.6%를, 그 다음으로는 주름개선 화장품이 15.2%, 복합기능성화장품이 3.9%를 차지하였다.

13.2.2. 기능성화장품의 도입에 따른 환경 변화

기능성화장품이 도입됨에 따라 국내 화장품 시장에서의 여러 가지 환경변화가 일고 있다. 우선 기능성 신소재의 개발이 활발해지고 있다. 대기업을 중심으로 독자적인 소재 개발은 물론 외부 전문 업체와의 공동연구를 통한 연구가 활발하며 이에 따른 관련 기술의 발달이 가속화 되고 있다. 또한 소비자의 효능효과에 대한 욕구 증대와 상품선택에 있어서의 신뢰 증진 및 분별력 향상 등 소비자 인식이 변화되고 있다. 그리고 기존 회사의 이미지나 브랜드력 보다는 기능(기술)이 우수한 제품이 경쟁력 확보에 유리한 경쟁구조에 있어서의 변화도 일고 있으며, 기능성 화장품의 고가화 고급화 및 카운셀링의 중요성 확대에 따른 유통구조의 변화 및 고부가가치 산업으로의 육성을 위한 정부 정책의 변화로 인한 화장품산업 전반에 대한 지원이 확대되고 있다.

13.3. 기능성화장품의 심사 및 허가 절차

기능성화장품으로 인증 받기 위한 심사서류로서는 주성분에 따라서 다른데, 만일 심사를 받고자 하는 제품의 주성분이 고시된 성분일 경우에는 기준 및 시험방법에 관한 자료만 제출하면 된다. 그러나 주성분이 고시된 성분이 아닌 경우에는 안전성, 유효성 또는 기능을 입증하는 자료가 필요하다. 안전성 입증 자료로는 단회투여 독성시험자료, 1차 피부자극 시험자료, 안점막자극 또는 기타 점막자극 시험자료, 피부 감작성 시험자료, 광독성 및 광감작성 시험자료(다만 흡광도 측정시 자외선(280~420nm)에서 흡수가 없을 시는 면제됨), 인체사용 시험자료 등이 필요하다. 유효성 또는 기능을 입증하는 자료로는 국내외 전문기관에서 실행된 임상자료를 제출해야 한다. 또한 사용된 주성분이 국내에 처음 사용된 신규 성분일 경우에는 신규원료 규격 및 안전성 입증자료가 추가로 요구된다.

기능성화장품의 심사절차를 살펴보면, 먼저 규정된 심사서류 및 견본을 준비하여 식품의약품안전청에 우송 또는 개별 방문을 통하여 소정의 수수료와 함께 의약품 안전정책팀에 접수를 하면 된다. 최근에는 전자 민원 서비스가 시작되어 식품의약품안전청 홈페이지를 통하여 인터넷으로도 접수가 가능하다. 의약품안전정책 팀에서는 이를 화장품 및 의약외품과에 효능효과 및 규격을 검토 의뢰하게 된다. 화장품의약외품과에서 검토하여 이상이 없으면 이 사실을 의약품안전정책팀으로 통보하여 승인을 하도록 하고 만일 어떠한 결격사유가 있으면 거절 또는 보완을 하도록 한다. 이러한 심사의뢰로부터 승인여부가 나기까지의 처리기간은 고시품목일 경우 실제 근무일수를 기준으로 15일, 그렇지 않은 제품일 경우 60일이다.

13.3.1. 기능성화장품의 심사자료(신원료)

신원료가 포함된 기능성화장품의 경우 우선 신원료의 규격 및 안전성에 관한 자료를 제출하여야 하는데, 이는 다음 표 13.1과 같다.

표 13.1. 신원료의 규격 및 안전성에 관한 자료

1. 신원료의 규격 검토에 관한 자료	
2. 안전성에 관한 자료	『기능성화장품 심사 등에 관한 규정』별표 1의 독성시험법 및 「비임상시험 관리기준」에 따라 시행 1) 단회 투여 독성시험 자료 2) 1차 피부자극 시험자료 3) 안점막 자극 또는 기타 점막자극 시험자료 4) 피부 감작성 시험자료 5) 광독성 및 광감작성 시험자료 (흡광도 측정 시 자외선(280~420㎚)에서 흡수가 없을 시 면제) 6) 인체 첩포 시험 자료 7) 반복투여독성, 생식독성 또는 유전독성(살균보존제, 자외선차단제, 타르색소) 8) 흡입독성시험(분무제의 분사원료의 경우에 한하며, 의약품, 의약외품에 기 사용되었던 원료는 면제)

13.3.2. 기능성 화장품 심사 자료의 요건

기능성화장품 심사를 위한 제출 자료의 요건은 다음 표 13.2.와 같다.

표 13.2. 기능성화장품 심사를 위한 제출 자료의 요건

1.안전성, 유효성 또는 기능을 입증하는 자료	가. 안전성에 관한 자료	1) 일반사항 가) 의약품안전성 시험관리 기준(GLP)에 의하여 시험한 자료 나) 대학 또는 연구기관 등 국내외 전문 기관에서 시험한 것 다) 당해 기능성 화장품이 개발국 정부에 제출되어 평가된 독성 시험 자료로서 개발국 정부(허가 또는 등록기관)가 제출 받았거나 승인하였음을 확인한 것 또는 이를 증명한 자료
		2) 시험방법 가) 별표1의 독성시험법에 따르는 것을 원칙 나) 과학적, 합리적으로 타당성이 인정될 경우 별도의 시험방법 가능
	나. 유효성 또는 기능을 입증하는 자료	1) 효력시험에 관한 자료 2) 사람에 적용시 효능, 효과 등 기능을 입증할 수 있는 자료
	다. 기원 및 개발 경위에 관한 자료	
2.기준 및 시험방법에 관한 자료(사용기한 포함)	가. 기준 및 시험방법에 관한 자료	별표2의 기준 및 시험방법에 따름

13.3.3. 기능성 화장품 심사 자료의 면제

"화장품 원료 지정과 기준 및 시험방법 등에 관한 규정"에서 정하는 대한약전, 화장품원료기준, 한국 화장품 원료집, 국제 화장품 원료집(ICID), 일본 화장품 원료기준, 일본 화장품 종별 배합 성분 규격, EU 화장품 원료집, 식품공전, 식품 첨가물 공전(천연 첨가물에 한한다) 또는 식품 의약품 안전청장이 인정하는 공정서에 수재된 원료로 제조되거나 제조되어 수입된 기능성 화장품의 경우 제4조 2항 제1호(안전성에 관한 자료)의 자료 제출을 면제한다. 다만, 안전성 문제가 우려되는 등 식품 의약품 안전청장이 필요하다고 인정하는 경우에는 자료 제출을 요구할 수 있다.

화장품법 시행규칙 제6조 1항 단서의 규정에 의하여 식품의약품 안전청장이 별표4에 기능성화장품의 성분, 함량을 고시한 품목의 경우에는 제4조 제2항 제1호 가 목(기원 및 개발경위에 관한 자료)의 자료 및 다 목(유효성 또는 기능을 입증하는 자료)을, 기준 및 시험방법을 고시한 품목의 경우에는 제4조 제2항 제2호(기준 및 시험방법에 관한 자료)의 자료 제출을 각각 생략할 수 있다.

동일업소의 이미 심사완료 된 품목과 그 효능효과를 나타내는 원료의 종류, 규격 및 분량(액상인 경우 농도), 용법·용량이 동일하고 효능·효과를 나타나게 하는 성분을 제외한 대조군과의 비교실험으로서 효능을 입증한 경우, 또는 착색제, 착향제, 현탁화제, 유화제, 용해보조제, 안정제, pH 조절제, 용제만 다른 품목의 경우에는 제4조 2항 제1호(안전성, 유효성 또는 기능을 입증하는 자료)의 제출을 면제한다.

자외선차단 주기능이 아닌 SPF10 이하의 제품인 경우(예: 립스틱, 파운데이션, 아이새도우 등)에는 제4조 2항 제1호 라 목(자외선차단지수설정 근거자료)의 자료 제출이 면제 된다.

13.3.4. 기능성화장품의 기준 및 시험방법 작성 요령

일반적으로 다음 각 호의 사항에 유의하여 작성한다.

① 기준 및 시험방법의 기재형식, 용어, 단위, 기호 등은 원칙적으로 장원기에 따른다.
② 기준 및 시험방법에 기재할 항목은 원칙적으로 다음의 표 13.3과 같으며, 원료 및 제형에 따라 불필요한 항목은 생략할 수 있다.

표 13.3. 기능성화장품의 기준 및 시험방법 작성 요령

번호	기재항목	원 료	제 제
1	명 칭	○	×
2	구조식 또는 시성식	△	×
3	분자식 및 분자량	○	×
4	기 원	△	△
5	함량기준	○	○
6	성 상	○	○
7	확인시험	○	○
8	시성치	△	△
9	순도시험	○	△
10	건조감량, 강열 감량 또는 수분	○	△
11	강열 잔분, 회분 또는 산 불용성회분	△	×
12	기능성시험	△	△
13	기타 시험	△	△
14	정량법(제제는 함량시험)	○	○
15	표준품 및 시약·시액	△	△

※주 ○ 원칙적으로 기재, △ 필요에 따라 기재, × 원칙적으로는 기재할 필요가 없음

13.4. 기능성화장품의 표시 및 기재사항

기능성화장품의 표시 및 기재사항은 다음과 같다.

13.4.1. 용기 등의 기재사항

(1) 제품의 명칭
(2) 타르색소 등 보건복지부령이 정하는 성분을 함유하는 경우 그 성분의 명칭
(3) 내용물의 용량 또는 중량
(4) 제조번호 및 제조년월일
(5) 가격(판매자가 표시)
(6) 기능성 화장품의 경우 "기능성화장품"이라는 문자

(7) 사용상의 주의사항

(8) 기타 보건복지부령이 정하는 사항

13.4.2. 명칭 상호 및 가격

'견본용' 또는 '비매품'이라고 표시된 제품의 경우에는 가격을 표시한 것으로 본다. 기재 사항을 생략할 수 있는 용기나 포장은 다음 각 호와 같다.

(1) 내용량이 15밀리리터 이하 또는 15그램 이하인 제품의 용기나 포장

(2) 판매의 목적이 아닌 제품 선택 등을 위하여 사전에 소비자가 시험 사용하도록 제조 (수입)된 제품의 용기나 포장

13.4.3. 화장품의 용기 또는 포장 및 첨부 문서에 표시해야 할 원료의 명칭 및 용량

(1) 타르색소

(2) 금박 및 그 함량

(3) 샴푸와 린스에 함유된 인산염(종류) 및 P_2O_5로서의 함량

(4) α하이드록시애씨드('과일산 (AHA)'으로 기재할 수 있다) 및 10% 초과 함유 시 그 함량

(5) 기능성화장품의 경우 그 효능·효과를 나타나게 하는 기능성 원료 및 함량

(6) 식품의약품안전청장이 배합한도를 고시한 화장품의 원료

13.4.4. 화장품의 용기 또는 포장에 기재하여 할 사항

(1) 성분명을 제품 명칭의 일부로 사용한 경우에는 그 성분명과 함유량(방향용 제품 제외)

(2) 기능성 화장품의 경우 심사 받은 효능·효과, 용법 용량 및 사용상의 주의사항

(3) 기능성 화장품이 아닌 경우 별표2 화장품의 유형별 사용상의 주의사항

(4) 복건복지부 장관이 정하는 바코드

(5) 전 제조공정 위탁 제조 시 수탁자의 상호 및 주소

13.4.5. 기능성화장품의 표시광고의 범위

기능성화장품의 광고 및 표시함에 있어서 준수해야 할 사항은 다음과 같다.

(1) 광고매체 또는 수단

(2) 신문 · 방송 또는 잡지

(3) 전단 · 팜플렛, 견본 또는 입장권

(4) 인터넷 또는 PC통신

(6) 포스터, 간판, 네온사인, 애드벌룬 또는 전광판

(7) 비디오물, 음반, 서적, 간행물, 영화 또는 연극

(8) 방문광고 또는 실연에 의한 광고

(9) 당해 품목 이외의 다른 상품의 용기나 포장

(10) 기타 제1호 내지 제7호와 유사한 매체 또는 수단

(11) 표시광고 시 준수사항

① 의약품으로 오인하게 할 우려가 있는 표시 · 광고를 하지 말 것.

② 기능성 화장품이 아닌 것으로서 제품의 명칭, 제조방법, 효능 · 효과 등에 관하여 기능성 화장품으로 오인시킬 우려가 있거나 별표3의 화장품 유형별 효능 · 효과 범위를 벗어나는 표시 · 광고를 하지 말 것.

③ 의사, 치과의사, 한의사, 약사 또는 기타의 자가 이를 지정, 공인, 추천, 지도 또는 사용하고 있다는 내용 등의 표시 · 광고를 하지 말 것.

④ 외국 제품을 국내 제품으로 또는 국내 제품을 외국 제품으로 오인하게 할 우려가 있는 표시 · 광고를 하지 말 것

⑤ 불법적으로 외국 상표 · 상호를 사용하는 광고나 외국과의 기술제휴를 하지 아니하고 외국과의 기술 제휴 등을 표현하는 표시 · 광고를 하지 말 것.

⑥ 경쟁상품에 관한 비교 표시는 화장품 성분에 한하여 사실대로 하여야 하며, 배타성을 띤 "최고" 또는 "최상"등의 절대적 표현의 표시 · 광고를 하지 말 것.

⑦ 품질, 효능 등에 대하여 객관적으로 확인될 수 없거나 확인되지 아니하였음에도 불구하고 이를 표시 · 광고 하지 말 것

⑧ 저속하거나 혐오감을 주는 표현을 한 표시 · 광고를 하지 말 것.

⑨ 멸종위기에 처한 야생동물 · 식물의 가공품임을 표현 또는 암시하는 표시 · 광고

를 하지 말 것

　　⑩ 사실유무에 관계없이 다른 제품을 비방하거나 비방한다고 의심이 되는 광고를 하지 말 것.

(12) 부당광고 행위를 위하여 관련단체에서 자율적으로 규약을 정할 수 있음.

13.5. 기능성화장품의 원료 및 기능

13.5.1. 미백화장품의 주요 성분

미백 기능성화장품을 제조 판매하기 위해서 주성분의 선정이 우선되어야 한다. 현재 식약청 고시 제2004-80호에 고시된 미백 기능성 화장품에 대한 주성분은 다음의 표 13.4.에 나타낸 바와 같이 닥나무추출물, 알부틴, 에칠아스코빌에테르, 유용성감초추출물, 아스코빌글루코사이드, 마그네슘아스코빌포스페이트 6종이 있다. 이들은 고시된 농도를 사용한 경우 안전성 유효성 심사 자료의 제출이 면제된다.

표 13.4. 미백 기능성 고시성분

	원료명	농도
1	닥나무추출물(broussonetia extract)	2.00%
2	알부틴(arbutin)	2.00%
3	에칠아스코빌에테르(ethyl ascorbyl ether)	2.00%
4	유용성 감초 추출물(oil soluble licorice(glycyrrhiza) extract	0.05%
5	아스코빌글루코사이드(ascorbyl glucoside)	2.00%
6	마그네슘아스코빌포스페이트(magnesium ascorbyl phosphate)	3.00%

이외에도 속수자 종자추출물(피토클리어이엘원), 백출유(피토세리나), 루시놀, 반하추출물, 천궁추출물 등이 기능성화장품 등의 심사에 관한 규정에 나와 있는 자료를 제출하여 개별적으로 기능성을 인증 받은 바 있다.

13.5.2. 미백화장품의 작용 원리

피부색은 멜라닌색소, 베타카로틴, 혈액 등에 의해 결정되는데 그 중에서 가장 영향이 큰 요인이 멜라닌 색소이다. 그러므로 피부를 보다 희고 깨끗하게 보이기 위해서는 멜라닌 색조를 조절하는 방법이 있을 수 있다.

멜라닌 색소는 피부의 표피의 맨 아래의 기저층에 존재하는 멜라노사이트(melanocyte)라는 색소 세포에 의해서 만들어지는데, 이는 자외선이나 염증 등 자극에 의해 촉진된다. 그러므로, 멜라닌 색소가 만들어 지는 것을 줄이기 위해서는 자외선 같은 외부 자극을 줄이거나 이러한 자극이 멜라노사이트로 전달되는 신호를 차단하거나 멜라닌색소 생성 효소인 티로시나제(tyrosinase)의 합성을 억제 또는 티로시나제의 활성을 저해하는 방법이 있을 수 있다.

또한 생성된 멜라닌을 환원시키거나 각질박리 작용에 의해 외부로 배출시키는 방법이 있다(그림 13.1). 각각의 단계에서 작용하는 대표적인 미백성분들을 표 13.5.에 나타내었다.

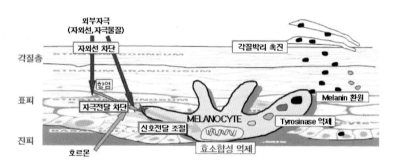

그림 13.1. 미백 작용의 메카니즘

표 13.5. 미백 작용 원리 및 대표적인 성분

작용 원리	대표 성분 예
자외선 차단	옥틸메톡시신나메이트, 옥시벤존, 티타늄옥사이드, 징크옥사이드 등
자극, 신호전달 조절	이메린(immelin), 카모마일추출물 등
티로시나제 합성 억제	속수자종자추출물, 백출유 등
티로시나제 활성 저해	알부틴, 감초추출물, 닥나무추출물, 상백피추출물 등
멜라닌 환원	비타민 C, 글루타치온, 코엔자임 Q10
각질 탈락 촉진	AHA(a-hydroxy acid), 살리실산, 각질분해효소 등

13.5.3. 주름개선 화장품의 주요 성분

주름개선 기능성화장품을 만들기 위한 주성분으로 고시된 성분으로는 다음의 표 13.6에 나타낸 것처럼 레티놀, 아데노신, 폴리에톡실레이티드레틴아마이드, 레티닐팔미테이트의 4종이 있다. 이들 역시 고시된 농도를 사용한 경우 안전성 유효성 심사 자료의 제출이 면제된다. 이외에도 개별 인증을 통해 기능성화장품으로 승인된 제품 중에는 주성분으로 하이드록시프롤린, 7-디하이드로콜레스테롤, 카이네틴, 작약추출물, 빈랑자추출물 등이 있다.

표 13.6. 주름 개선 기능성 고시성분

	원료명	농도
1	레티놀(retinol)	2500IU/g
2	아데노신(adenosine)	0.04%
3	폴리에톡실레이티드레틴아마이드(polyethoxylated retinamide)	0.20%
4	레티닐팔미테이트(retinyl palmitate)	10000IU/g

13.5.4. 주름개선 화장품의 작용 원리

미백과는 다르게 주름개선에 관한 정확한 메커니즘은 상대적으로 덜 밝혀져 있다. 주름의 주원인으로는 피부노화를 들 수 있는데, 노화에는 크게 자연노화와 광노화의 두 가지 경우로 나누어 볼 수 있으며 이에 대한 증상 및 결과를 표 13.7.에 나타내었다.

즉, 피부 주름은 세포재생 능력의 저하로 인해 콜라겐이나 엘라스틴 같은 탄력섬유가 감소하거나 활성산소에 의해 과산화지질의 생성 또는 생체 구성물질의 산화에 따른 변성, 과도한 근육운동에 의한 피로 등이 원인으로 알려져 있다. 그러므로 노화 방지 또는 주름을 개선하기 위해서는 콜라겐 합성촉진, 항산화 작용, 근육피로 방지 등의 기능이 요구되며, 이들에 대한 내용은 표 13.8에 나타내었다.

표 13.7. 노화의 종류 및 그에 따른 증상

종 류	자연노화(Intrinsic aging)	광노화(photo-aging)
원 인	·퇴행성 변화	·자외선에 의한 손상
증 상	·피부 얇아짐	·비정상적 세포 배열
	·표피-진피 연결부의 평활화/처짐	·비정상적 세포 극성

표 13.8. 주름 개선 작용원리 및 대표적인 성분

작용 원리	대표 성분 예
콜라겐합성 증가(세포재생 촉진)	비타민C, 비타민A(레티노이드), 펩타이드 등
과산화지질 생성 억제(항산화 작용)	비타민E(토코페롤), 플라보노이드, 폴리페놀, SOD, 코엔자임 Q10, 알파리포익산 등
근육운동 저하	아세틸헥사펩타이드(유사보톡스) 등

13.5.5. 자외선차단 화장품의 주요 성분

자외선차단 기능성화장품을 개발을 위한 고시성분은 미백과 주름개선 화장품보다 훨씬 많은 24종에 이르며 이들을 표 13.9에 나타내었다. 이들은 각 성분별로 최대로 사용할 수 있는 배합한도가 지정되어 있으며, 0.5%이하 사용 시에는 자외선차단제로 보지 않고 변색방지라든지 다른 목적으로 배합한 경우에 해당된다.

표 13.9. 자외선 차단 기능성 고시 성분

	원료명	제한농도
1	글리세릴 파바(glyceryl PABA)	3.00%
2	드로메트리졸(drometrizole)	7.00%
3	디갈로일트리올리에이트(digalioyl trioleate)	5.00%
4	3,(4-메칠벤질리덴)캄파(3-(4-methylbenzylidene)camphor	5.00%
5	멘틸안트라닐레이트(menthyl anthranilate)	5.00%
6	벤조페논-3(benzophenone-3)	5.00%
7	벤조페논-4(benzophenone-4)	5.00%
8	벤조페논-8(benzophenone-8)	3.00%
9	부틸메톡시디벤조일메탄(butyl methoxydibenzoylmethane)	5.00%
10	시녹세이트(cinoxate)	5.00%
11	옥토크릴렌(octocrylene)	10.00%
12	옥틸디메칠파바(octyl dimethyl PABA)	8.00%
13	옥틸메톡시신나메이트(octyl methoxycinnamate)	7.50%
14	옥틸살리실레이트(octyl salicylate)	5.00%
15	옥틸트리아존(octyl triazone)	5.00%
16	파라아미노안식향산(p-aminobenzoic acid)	5.00%
17	2-페닐벤즈이미다졸-5-설폰산(2-phenylbenzimidazole-5-sulfonic Acid)	4.00%
18	호모살레이트(homosalate)	10.00%

	원료명	제한농도
19	징크옥사이드(zinc oxide, ZnO, 산화아연)	25.00%
20	티타늄디옥사이드(titanium dioxide, TiO2, 이산화티탄),	25.00%
21	이소아밀-p-메톡시신나메이트(isoamyl-p-methoxycinnamate)	10.00%
22	비스에칠헥실옥시페놀메톡시페닐트리아진 (bis-ethylhexyloxyphenol methoxyphenyltriazine)	10.00%
23	디소듐페닐디벤지미다졸테트라설포네이트 (disodium phenyl dibenzimidazole tetrasulfonate)	산으로 10.0%
24	드로메트리졸트리실록산(drometrizol trisiloxane)	15.00%

13.5.6. 자외선의 종류 및 특성

태양광선은 단파장의 방사선으로부터 장파장의 라디오파에 이르기까지 넓은 스펙트럼을 갖고 있는데, 그 중 저파장 영역(100~400nm)에 존재하는 자외선이 광기인성 피부반응의 주된 원인이다(3.6 자외선과 피부 참조). 자외선은 파장에 따라 3개로 나누어지는데, 100~280nm의 가장 짧은 파장을 갖는 자외선을 UVC라 부른다. 290nm(정확히는 288nm) 이하의 단파장 자외선은 오존층의 필터효과에 의해 지표에 도달하지 못한다.

UVC는 생물에 대해 강한 해를 끼치나 위에서 언급한 대로 위험성을 걱정할 필요는 없다. 그러나 용접공과 같이 UVC에 노출될 가능성이 있는 직업을 갖는 사람은 주의가 필요하다. 이에 반해 중간영역의 자외선(290~320 nm)인 UVB는 오존층을 통과하고 태양광으로부터 발생되는 피부 광생물학적 반응의 주된 원인이 된다.

UVB는 대개 유리창은 통과하지 못하며 피부에서는 표피층까지만 도달하며 과량 노출 시 화상에 해당하는 홍반을 일으킨다. 장파장 자외선(320~400nm)의 UVA는 파장이 상대적으로 길어 유리창을 잘 통과하며 피부에서는 진피층까지 도달하여 중요한 광생물학적 작용을 갖는다. 이는 피부 흑화나 광노화의 주원인으로 작용한다고 알려져 있다(표 13.10).

표 13.10. 자외선의 종류 및 피부에 미치는 영향

	UVA	UVB
지표 도달량	많음	적음
자외선의 세기	약함	강함
피부투과력	표피 및 진피층까지 도달	표피에서 산란, 반사됨
피부에 미치는 영향	· 피부 흑화 · 콜라겐, 엘라스틴 등 피부 탄력성분 파괴 　→ 피부노화(주름)의 원인	· 홍반(sunburn), 염증 유발 · 피부 이상각화 발생

13.6. 기능성화장품의 개발 방향

13.6.1. 기능성화장품의 개발방안

기능성화장품의 개발방안으로는 크게 네 가지로 구분할 수 있다.

첫째, 고시된 품목을 선정하여 기준에 맞게 제조하는 방법이 있다. 이는 안전성, 유효성 자료 기준 및 시험방법에 관한 자료의 제출 등이 일체 면제되고 심사 처리기간도 짧아 가장 쉽고 빠르게 승인을 받을 수 있는 장점이 있다. 그러나 이는 브랜드 간 차별성이 부족한 단점이 있다. 현재 기능성화장품으로 고시된 품목은 다음과 같다.

(1) 미백 기능성화장품: 알부틴 로션, 알부틴 크림, 알부틴 액
(2) 주름개선 기능성화장품: 레티놀 로션, 레티놀 크림, 레티닐팔미테이트 로션, 레티닐팔미테이트 크림, 아데노신 크림

둘째로, 고시된 원료를 기준농도로 사용하여 개발하는 방안이 있다. 이는 안전성, 유효성 자료의 제출은 면제되나 기준 및 시험방법에 대한 자료는 제출하여야 한다. 이는 기능성 소재의 개발에 따른 어려움을 해소할 수 있어 가장 선호되는 방법주중의 하나이다. 그러나 이 역시 브랜드간 경쟁제품 간 차별화가 어려운 단점이 있다.

셋째로는 기능이 잘 알려진 소재를 적용하여 개별인증을 받는 방법이 있다. 신소재 개발 능력이 부족하거나 빠른 시일 내에 기능성화장품을 개발하기 위해 선호되는 방법이다. 이는 소재를 독자적으로 자체 개발하는 것에 비해 시간 및 비용은 적게 드나 독자 사용의 특허권 확보가 어려운 단점이 있다. 이러한 예로서 하이드록시프롤린(hydroxyprorine), 카이네틴(kinetin), 코엔자임큐텐(coenzyme Q-10) 같은 것들이 있다.

마지막으로 자체적으로 개발한 독자소재를 이용하는 방법이 있다. 이는 개발기간이 길고 많은 노력과 투자가 필요한 단점이 있으나 성공하면 그에 따른 이익은 매우 크다고 할 수 있다. 이러한 예로서 폴리에톡실레이티드레틴아마이드(polyoxyethoxylated retinamide), 속수자종자추출물(피토클리어이엘원), 빈랑자추출물 등이 있다.

13.6.2. 신소재 개발을 위해 필요한 기술

차별화되고 진보된 기능성화장품을 위한 신소재를 개발하기 위해서는 여러 가지 관련기술의 확보가 중요하다.

우선 새로운 후보물질들에 대한 소재로서의 가능성을 찾기 위한 스크린 방법의 확보가 중요하다. 수많은 물질 중에서 효능물질을 찾기란 쉽지 않은데, 이를 빠른 시간 내에 스크린 할 수 있어야 비용과 시간이 적게 들고 성공 가능성도 높기 때문이다. 그 다음으로는 개발하려는 신소재를 고순도로 대량 생산하는 생산기술이다. 아무리 효능이 좋은 물질이라도 상품화에 필요한 양을 확보할 수 있어야 하며 가격 면에서 경제성이 있어야 하기 때문이다. 여기에는 유효성분의 순수 분리를 위한 추출 및 정제기술, 고수율, 고효율의 합성기술, 고농도 배양 및 정제기술 등이 해당된다. 그러기 위해서는 생명공학기술, 세포배양기술, 면역학기술, 분자생물학적 기반기술 등이 뒷받침 되어야 한다. 또한 개발된 신소재의 효능을 극대화시킬 수 있는 제형 기술의 개발이 절대적으로 필요하다. 대개 새롭게 개발된 소재의 경우 소재 자체로는 효능이 우수하지만 안정성, 용해성 등이 나빠서 제제화하기 어렵다든지 제제화가 가능하더라도 피부에 흡수가 잘 되지 않아 기대한 효능을 나타내지 못하는 경우가 흔히 있다.

이러한 문제를 극복하기 위해서는 효능성분의 안정성, 경피 흡수성을 높일 수 있는 제형 기술의 확보가 필요하다. 이러한 제형 기술의 예로서는 마이크로캡슐 기술 또는 나노기술 등이 있다.

13.7. 기능성화장품의 관련 기술 동향

13.7.1. 기능성화장품의 소재개발 동향

새로운 과학기술의 진보에 따른 다양한 메커니즘의 규명으로 선택적으로 작용하는 효능·효과의 소재 발굴이 활발하게 진행되고 있다.

예를 들면 미백 기능의 소재의 경우 과거에는 멜라닌 합성 효소인 티로시나제의 활성을 억제하는 기능을 갖는 성분들이 주로 개발되어 왔는데, 요즘에는 자외선이나 염증 등 외부 자극원으로부터 멜라닌색소 세포로의 신호전달을 차단한다든지, 티로시나제를 합성하는 유전자의 발현을 억제하여 티로시나제가 만들어지지 못하도록 하는 등의 기능을 갖는 소재들

도 개발되고 있다. 주름개선 기능성 소재의 경우 항산화효과에 의한 과산화지질 생성억제,
콜라겐이나 엘라스틴 같은 탄력섬유의 합성을 촉진시키는 것 외에도 요즘에는 보톡스의 작
용원리를 이용한 근육운동 억제를 통하여 주름을 개선시키는 성분들의 개발이 활발하게 이
루어지고 있다. 자외선차단제의 경우 기존에는 UVB 차단제가 대부분이었는데, 최근에는
UVA에 대한 관심이 높아지면서 UVA 차단제들의 개발도 활발하게 이루어지고 있다.

효능 효과를 나타내는 성분들은 대개 부작용을 동반하는 경우가 흔하다. 그러므로 부작용
가능성이 적은 소재를 개발하는 노력이 필요하다. 이러한 목적으로 최근 천연 식물에서의
유효성분 추출하는 연구가 활발하다. 천연식물이라고 해서 모두 안전한 것은 아니지만 새롭
게 합성된 물질보다는 안전성 측면에서 문제가 될 가능성은 훨씬 적다고 할 수 있다.

비타민이나 효소 같은 물질들은 효능은 우수하지만 제제화 할 경우 제품 내에서의 안정성
이 나빠서 상품화시키기가 어려운 경우가 흔하다. 이런 이유로 효능이 크게 저하되지 않는
한도 내에서 화학적 처리를 통하여 안정한 유도체를 개발하려는 노력도 많이 이루어지고 있
다. 또한 새롭게 개발된 성분 중에는 물이나 오일 등에 잘 용해되지 않아 제제화가 어려운
물질들도 있다. 이 역시 간단한 화학적 처리를 통하여 물성을 개선시켜 다양한 제형에 적용
이 가능하도록 하는 노력이 이루어지고 있다.

13.7.2. 기능성화장품의 제제기술 개발 동향

기능성 화장품의 제제 기술 개발 동향으로서 우선 유효성분의 안정화 및 서방화를 위한 제
형 기술의 개발이 활발하게 진행되고 있다. 이러한 제제기술의 예로서는 리포좀(liposome)등
폐쇄 구조체를 이용하는 방법, 사이클로덱스트린(cyclodextrin)등 당류의 구조체에 포접시키는
방법, 다중에멀젼(multiple emulsion), 액정(liquid crystal) 구조에 의한 안정화 방법, 알긴산 등
고분자 화합물과의 가교 결합에 의한 안정화, 무수(anhydro) 제형을 이용하는 방법, 고융점 왁
스를 이용한 유효성분의 비드(bead)화 방법, 고분자 물질의 라디칼(radical) 반응에 의한 가교
결합 형성을 이용한 마이크로 캡슐화 방법 다양한 방법들이 시도되고 있다.

또한 기능성화장품의 효능을 높이기 위해서는 유효성분의 경피흡수를 향상시키는 기술이
요구되는데, 그 이유는 아무리 효과가 좋은 물질이라도 피부 내부로 침투되지 못하고 바깥
에만 머물게 되면 효능을 발휘할 수 없기 때문이다. 그러므로 각 성분의 특성에 맞는 제형
의 적용 및 피부 흡수 촉진성분을 병용할 필요가 있다.

13.7.3. 기능성화장품과 분석기술

기능성 화장품에서 유효성분에 대한 물리화학적 안정성과 유효성분의 유효농도를 검증하기 위해서는 화장품 분석기술에 대한 다양한 방법적 연구가 필수적이다. 화장품은 제제의 안전성, 안정성, 사용성 확보를 위해 처방되기 때문에, 다양한 제형 내에서의 유효성분을 정확하게 분리 정제하여 분석하는 기술이 중요하다. 특히, 기능성 화장품은 물리화학적으로 불안정한 경우, 사용기한을 설정하도록 규정하고 있기 때문에 미량의 기능성 성분에 대한 분석기술은 화장품 연구의 승패를 결정짓는 중요한 요인으로 작용할 수 있다. 현재까지는 GC, HPLC 등 크로마토그래피법이 주로 이용되나, 향후에는 다양한 소재 및 제형의 개발에 따라 X-ray, 전자현미경 등 여러 가지 분석기술에 대한 개발이 진행될 것으로 사료된다.

13.7.4. 기능성화장품과 평가기술

기능성 화장품은 유효성 또는 기능을 입증하는 자료를 제출하도록 규정되어 있다. 현재 인체 효력 시험자료(임상시험자료)로 기능성 화장품의 기능을 입증하고 있는데, 자외선차단효과 측정방법은 고시되어 있으며, 주름개선 기능성화장품의 유효성 평가 가이드라인이 제정되어 있다. 미백효과 평가에 대한 가이드라인은 아직 제정되어 있지 않으나, 향후 가이드라인도 제정될 것으로 전망된다. 한편, 현재까지 인체 효력 시험을 대신할 만한 유용한 방법이 설정되지 않았으나 향후, 시험비용, 시험기간, 방법 설정 등의 어려움으로 인해 재현성이 우수한 비임상 시험의 모델이 개발될 것으로 전망된다. 그러나 동물을 이용한 실험은 이에 대한 전 세계적인 규제 움직임으로 인하여 적용의 한계가 예상된다. 그러므로 향후 인체시험을 대신할 새로운 in-vitro 평가방법 개발에 많은 연구와 노력을 투자해야 할 것이다.

13.7.5. 화장품과 용기개발 기술

용기에 대한 연구는 화장품 처방 연구만큼 중요하다. 그러나 전문 화장품 용기에 대한 연구가 적극적으로 수행되지 못하고 있는 실정이다. 화장품은 이미지를 중요시하기 때문에 용기의 아름다움과 신비성뿐만 아니라, 내용물 보호에 있어서도 충분한 연구가 진행되어야 한다. 빛, 온도, 공기, 화학물질에 대한 내성 등에 대한 충분한 연구가 진행된다면 물리, 화학적으로 불안정한 소재를 이용한 기능성 화장품의 개발이 한층 진보될 것이다. 따라서 향후 용기에 대한 연구도 화장품 제형의 연구와 함께 활발한 연구가 수행될 것으로 전망된다. 화장품용 용기는 다음과 같이 분류할 수 있다.

(1) 밀폐용기(well-closed container) : 지장(紙袋) 상자 등, 액체, 기체 등 이물침투 가능
(2) 기밀용기(tight container) : 유리병, 플라스틱 용기 등 이물로부터 내용물 보호
(3) 밀봉용기(hermitic container) : 앰플 (ampule), 바이알 (vial) 등
(4) 차광용기(light resistant container) : 290~450nm의 빛이 10%이하 투과

13.8. 기능성화장품의 문제점 및 향후 전망

13.8.1. 기능성화장품의 문제점

기능성화장품 유효성분의 고시화에 따른 차별화 어려움이 있다. 현재 미백 성분 6종, 주름 개선 성분 4종, 자외선차단제 24종이 기능성 성분으로 고시되어 있으며, 이를 적용하면 기능성 화장품을 쉽게 제조할 수 있기 때문에, 제품 간 차별화가 어려운 단점이 있다. 다음으로 신소재 개발비용 및 개발기간의 과다 소요된다는 것이다. 기술축적 및 R&D능력이 우수한 상위 대형 제조업체들 외에 기술 및 자금력이 부족한 중소업체들의 경우 차별화 신소재 개발은 상당히 어려운 것이 현실이다. 또한 기능성 화장품 범위의 확대가 필요하다. 미백, 주름개선, 자외선차단 제품 외에도 소비자들은 모공이라든지 여드름, 아토피 피부 개선 제품도 기능성으로 인지하고 있는 경우가 많다. 그러므로 기능성화장품의 범위를 여드름이나 업계에서는 아토피까지 확대해야 한다는 의견이 있는 것이 현실이다. 기능성화장품과 관련하여 또 하나의 문제점이라면 무역장벽에 따른 기능성화장품 제도의 폐지 논란이 일고 있다는 것이다. 기능성화장품 심사 절차의 복잡성으로 MNC(multi-national company)를 중심으로 기능성화장품에 대한 폐지 주장이 지속적으로 제기되고 있으며 국회에서도 이를 반영하려는 시도가 이루어지고 있다. 그렇지만 제도의 존폐와 상관없이 현재 기능성화장품 카테고리에 해당하는 제품들은 향후에도 소비자들의 지속적인 관심의 대상이 될 것임에는 틀림없을 것이다.

13.8.2. 기능성화장품의 향후 전망

기능성 화장품의 점진적 시장 확대에 따른 향후 전망으로는 먼저 기반기술에 대한 투자 확대될 것으로 전망된다. 그러므로써 신소재의 개발, 유효성·안전성 확보를 위한 공동연구의 확대가 예상된다. 즉, 차별화된 기능성 화장품 개발을 위한 화장품 관련기관 및 종사자들 간의 긴밀한 상호 공동 연구, 아웃소싱(out-sourcing) 연구개발의 활성화 될 것으로 기대된다. 또한 국제적 품질 경쟁력을 제고하기 위하여 연구개발 투자 확대로 화장품 산업의 세계화 촉진하고자 하는 노력이 가속화 될 것으로 전망된다. 그리고 기능성화장품 관련 기술이 타 산업 분야로 확산될 것이다. 즉, 정밀화학 및 바이오산업 등의 육성 발전으로 고부가가치 창출하게 될 것으로 기대된다.

참고문헌

1. A.M. Kligman. In : P. Elsner and H. I. Maibach, ed. Cosmeceuticlas. New York, Marcel Dekker, 2000 : 1-5.
2. 화장품법 및 시행령(법률 제 6,025호)
3. 화장품법 시행 규칙(보건복지부령 제 163호)
4. 기능성화장품 등의 심사에 관한 규정(식품의약품 안전청고시 제2004-80호, 2004년 10월 18일)
5. 기능성 화장품 기준 및 시험방법(식품의약품 안전청고시 제 2002-7호, 2002년 2월 8일)
6. 자외선차단효과 측정방법 및 기준(식품의약품 안전청고시 제2001-64호, 2001년 10월 10일)
7. 화장품원료지정과 기준 및 시험방법 등에 관한 규정(식품의약품 안전청 고시 제 2003-23호, 2003년 5월 19일)
8. 사용기한 표시대상 화장품 지정(식품의약품 안전청고시 제 2002-74호, 2002년 12월 30일)
9. 식품의약품안전청 홈페이지(http://www.kfda.go.kr)
10. 대한화장품공업협회 홈페이지(http://kcia.or.kr)
11. 화장품신문 홈페이지(http://www.hjp.co.kr)
12. 장업신보 홈페이지(http://www.jangup.com)
13. 주간신문 CMN 홈페이지(http://www.cmn.co.kr)
14. 데일리코스메틱(http://www.dailycosmetic.com)

제 14 장

화장품의 품질관리

제14장 화장품의 품질관리

14.1. 화장품의 품질 특성

품질(quality)이란, 일반적으로 그 제품을 사용하는 사람(소비자)의 만족도에 의해서 결정된다. 기업의 경우 품질을 고려하여 기획 설계의 품질, 제조상의 품질, 판매상의 품질로 나눌 수 있고, 어떤 조건에도 품질특성을 만족하고 있는 것이 필요조건이며, 그 외에 경제성이나 시장에 있어서의 타이밍도 중요한 요소가 된다.

화장품에서 품질특성이란 화장품을 만들어 판매하는 경우 기본적으로 소홀히 해서는 안될 중요한 특성을 말하며 안정성, 안전성, 유용성, 사용성(사용감, 사용편리성) 등을 들 수 있고, 사용성 중에는 사용자의 기호에 따라 선택되는 향기, 색, 디자인 등의 기호성(감각성)도 포함된다. 이 품질특성에 대하여 정리하면 표 14.1과 같다.

표 14.1. 화장품의 품질 특성

안정성	• 변질, 변색, 변취, 미생물 오염 등이 없을 것
안전성	• 피부자극성, 감작성, 경구 독성, 이물 혼입, 파손 등이 없을 것
사용성	• 사용감(피부친화성, 촉촉함, 부드러움 등) • 사용편리성(형상, 크기, 중량, 기구, 기능성, 휴대성 등) • 기호성(향, 색, 디자인 등)
유용성	• 보습효과, 자외선 방어 효과, 세정효과, 색채효과 등

14.1.1. 안정성(Stability)

화장품은 대개 서로 잘 섞이지 않는 물질들을 일시적으로 혼합시킨 불균일 계인 경우가 많아서 보관 및 유통 과정에서 여러 가지 불안정화 현상들이 나타날 수 있는데, 그 주요 요인으로는 온도, 일광, 미생물 등이 있다. 다음의 표 14.2에 이들에 의해 발생되는 불안정화 현상들에 대하여 나타내었다.

표 14.2. 화장품의 불안정화 요인 및 현상

불안정화 요인		현 상
온 도	고 온	분리, 변색, 변취, 침전, 유효 성분 파괴 등
	저 온	결정 석출, 침전, 분리, 용기 파손 등
일광(자외선)		변색, 변취, 유효 성분 파괴 등
미생물		변취, 변색, 분리, 부작용 등

일반 화장품의 사용 기간은 특별히 정해져 있지 않지만 비타민을 첨가한 기능성화장품의 경우는 사용 기간을 정하고 있다. 추후에는 일반 화장품도 사용 기간을 설정하려는 작업을 하고 있다. 제형에 따라서 다르나, 대개 3~5년 정도로 인식하고 있다. 유효 기간은 보관 조건에 따라 크게 달라질 수 있는데, 예를 들면 높은 온도나 직사광선 등에 방치될 경우 제품의 수명은 매우 짧아질 수밖에 없다. 그러므로 식품이나 의약품과 마찬가지로 화장품도 반드시 직사광선을 피하고 서늘한 곳에 보관하는 등 유통 과정 및 보관상에 많은 주의를 기울일 필요가 있다. 최근에는 포장 박스에 보관 온도를 표기하여 겨울철과 여름철의 보관에 주의를 기울이도록 하는 경우도 있다.

(1) 화장품의 안정성 확보의 중요성

화장품의 품질 안정성은 소비자가 사용하는 단계에서 그 기대나 욕구(needs)에 부합되어야 한다는 것이 전제가 된다. 따라서 생산자로부터 소비자에 이르기까지 각종 유통 경로와 실제 사용기간을 고려하여 화학적, 물리적 변화가 일어나지 않으며, 화장품의 사용성, 유용성, 안전성이 보장되어야 한다.

① 물리적 변화: 분리, 침전, 응집, 발분, 발한, 겔화, 증발, 고화, 연화
② 화학적 변화: 변색, 퇴색, 변취, 오염, 결정 석출

이와 같은 변화들은 사용성 뿐만아니라 유용성, 안전성에 큰 영향을 주게 되므로 화장품의 안정성 보증은 소비자가 끝까지 사용할 때까지 보증해야 하며, 연구 개발 단계에서 충분히 평가하고, 상품의 설계 목표를 설정하는 것이 중요하다.

(2) 화장품의 안정성 시험법

① 고려되어야 할 인자: 제품의 안정성을 시험하기 위해서는 많은 인자들이 있으나 제품의 제형에 따라 특별히 중요한 인자들이 있으며, 아래에는 일반적인 인자들을 나열하였다.

  a) 물리 화학적 인자: 외관 형태, 색상, 냄새 및 향, pH, 점도, 비중, 상의 분리, 내광성 등
  b) 제품의 상태: 중량 감소, 수분 함량 감소, 향 감소, 포장의 파손, 깨짐, 용기의 부식 등

② 온도 보존 시험: 제품이 생산되어 소비자에게 판매되고, 완전히 소진되기까지는 상당한 시간의 유통, 보관 과정을 거치게 되므로, 시간에 따른 제품의 안정성을 평가해야만 한다.

  따라서 완전히 새로운 제품이 개발된 경우 최소 30 개월 이상의 안정성이 평가되어야 하지만 실제로 제품의 개발에 있어서 그 정도 기간의 시험은 불가능하므로, 제품의 안정성을 예측할 수 있도록 극한 상황에서 짧은 기간 동안의 보존 시험으로 대신한다. 예를 들면 고온에서 보존 시험할 경우 실제 보관 온도에서 보관하는 것보다 몇 배 더 제품의 불안정한 성질들을 나타내게 되며, 10℃의 온도가 증가할 때마다 약 2배 정도 제품의 변화가 빨라지게 된다. 또한, 유효기간 동안 제품이 겪게 될 온도변화들도 보존 시험에 포함시켜 시행해야만 한다.

  a) 일정온도 시험: -10℃, -5℃, 0℃, 25℃, 30℃, 45℃, 50℃, 60℃, 실온 등
  b) 싸이클(cycle) 온도 시험: 일정 온도에 방치하지 않고, 연간, 일간의 온도 변화를 모사 (simulation)하여 시료의 변화를 관찰

③ 광 안정성 시험(내광성): 화장품이 진열, 보관되는 동안 각종 광의 존재 하에 두는 경우가 많다. 극단적인 경우 투명한 용기에 담긴 제품이 직접 일광 하에 보관될 수도 있으며, 용기에서 꺼낸 상태로 상점의 진열대 위에 장기간 진열되어 있을 수도 있으므로, 아래와 같은 방법으로 광 안정성을 실험해야 한다.

  a) 일광 시험: 한 여름 태양 하에서 조건을 고려하여 수 일, 수 주, 수 개월간 단위를 설정하여 시제품의 외관, 냄새 변화를 관찰한다.
  b) 인공광 시험: 옥외 자연광에서는 일정 조건 하에서 목적대로 관찰할 수 없으므로, 제논아크등, 카본아크등 등의 인공 광원을 사용하여 태양광의 분광조건과 유사한 조건 내지는 좀 더 가혹한 조건에서 광 안정성을 시험한다. 제논아크등은 현재 인공 광원 중 일광의 분광특성과 가장 비슷하며, 인공광 시험에 사용하는 자외선 시험기(Sun

tester) 중에는 광원 외에도 온도 조절 장치가 있어 기기 내 온도를 일정하게 유지할 수 있는 기기도 있으므로 여러 가지 조건에서 실험이 가능하다. 통상 관찰은 일정 시간 인공광을 조사한 수 대조품과의 색상 변화도($\angle E$)에 의해 광안정성을 평가한다.

c) 형광등 노출 시험: 화장품의 진열이 진열장 내에 많은 것을 고려하여 1일 광 조사 시간을 산정, 필요 일수 간 형광등 하에 방치하고, 색조 변화를 관찰한다.

④ 응력 시험: 실제 사용할 때의 총 응력이나 기간을 생각하여 시료에 일정 이상의 응력을 가하여 제품의 물리적 변화로부터의 안정성을 예측하는 방법이다.

a) 낙하 안정성: 분말 고형 파운데이션이나 아이섀도, 블러쉬 등의 제품은 미리 일정 용기에 충진한 내용물을 일정 높이로부터 낙하를 반복시켜 내 충격성을 조사한다. 파괴될 때까지의 횟수를 측정하여 일정 수준 이상의 것을 합격으로 한다. 소비자가 사용할 때 잘못하여 떨어뜨렸을 경우나 핸드백에 넣었을 때의 상태를 예측하여 보증한다.

b) 분리 정도를 예측할 수 있는 원심 분리법, 진동에 의한 영향을 확인하는 진탕법, 립스틱 등의 절단강도를 평가하는 하중법, 네일 에나멜류의 내구성을 평가하는 마찰법 등이 있다.

(3) 양산화(scale up)에 따른 화장품의 안정성

연구 개발 단계의 실험실 규모에서는 제조나 안정성 평가에서 아무런 문제도 없었으나 공장에서 양산하면 상(phase)이 분리된다든지 정해진 점도나 색조가 나오지 않는 경우가 종종 있다. 따라서 처방 중 가장 영향을 주는 성분이나 제조공정의 영향을 미리 충분히 확인해두어야 하며, 다음과 같은 것에 유의해야 한다.

① 원재료의 로트(lot)별 차이
② 제조 조건(온도, 전단력, 제조시간, 첨가방법, 순서)의 차이
③ 충진 조건(과냉각, 재용해, 기계에 의한 전단력, 연속성)의 차이
④ 제조량: 양산화를 함에 있어서 꼭 염두에 두어야 할 것은 소위 '점'에 의한 안정성 보증이 아니고, '폭'에 의한 안정성 보증이 이뤄져야 하며, 생산 현장에서는 즉시적 대응이 필요한 경우가 많으므로 갑자기 대규모 양산을 이행하지 말고, 중간 파일럿(pilot)에 의한 확인을 거쳐 대규모로 이행해가야 한다.

(4) 실제 사용할 때를 고려한 안정성 보증

화장품의 안정성은 소비되는 단계에서의 기대나 욕구(needs)에 부합해야 하므로, 소비자가 실제로 사용하면서 일어날 수 있는 변화들을 고려하여 안정성, 안전성을 확보해야 한다. 예를 들면 비누, 세안료 등은 물의 혼입에 의한 팽윤이나 점도 저하, 사용성 변화, 냄새 변화 등이며 선 제품은 운동 시 의복, 수영복 등의 염착성, 세척성, 광퇴색 촉진 등과 메이컵 제품은 퍼핑(puffing)시 제품 표면에 생기는 그리이징(greazing), 케이킹(caking) 현상 등이다.

(5) 안정성 시험 과정

위절의 내용을 염두에 두고서 다음과 같은 단계로 제품의 안정성을 평가한다.

① 평가해야 할 제품의 물성 목록 작성: 제품에는 매우 많은 물성들이 있지만, 특별히 제품의 안정성을 위해 시험되어야할 물성들이 있다. 이를 고려하여 시험할 물성의 목록을 작성하는 것이 필요하다.

② 보관 상태 선정: 위절에서 이미 설명한대로 제품의 개발에 있어서 안정성을 평가하기 위해서 장기간에 걸친 시험은 실제로 불가능하므로 극한 상황에서의 단기간에 걸친 시험으로 대신하게 된다. 여기에는 유효기간 동안 제품이 겪게 될 온도변화들을 고려해야 하며, 제품이 어떤 상태로 유통되는지도 함께 고려해야 한다. 즉 기온이 높은 지역에서 판매되는지, 제품이 투명한 용기에 담겨 판매되는지, 그리고 유통기한 동안 어떤 상태로 보관되는지 등을 고려하여 안정성을 시험해야 한다. 예를 들면 얼리기/녹이기(freeze-thaw)의 반복, -10℃에서 보관, 상온 암소에서 보관, 상온 자외선 하에서 보관, 상온 특정 습도에서 보관, 40℃ 암소에서 보관, 40℃ 특정 습도에서 보관, 50℃에서 보관 관찰 등이다.

③ 시험 일정의 결정: 제품 경시 시험의 빈도 및 기한을 아래와 같은 예처럼 결정해야만 한다.즉 생산된 직후, 1개월, 2개월, 3개월, 6개월, 12개월, 18개월, 24개월, 30개월, 36개월 동안 등, 제품의 안정성을 시험하는 기한은 제품의 처방이 완전히 새로운 것인가, 아니면 기존 처방을 약간 변형, 응용한 것인가에 따라 다를 수 있으며, 완전히 새로운 처방이라면 최소 3~6개월 정도의 기한을 두고 경시 변화를 관찰해야만 한다.

④ 관찰 방법: 변화를 관찰할 목록, 보관 상태, 시험 기한을 결정하였으면 시험 방법을 결정해야만 한다. 그 간단한 예는 다음과 같다.

a) 외관: 육안으로 관찰
b) 색: 육안 또는 분광학적 방법
c) 냄새: 후각
d) pH: pH meter
e) 점도: 브룩필드(Brookfield) 점도계
f) 비중: 비중계
g) 내광성: 자외선 램프 캐비닛

⑤ 관찰의 판정: 다음과 같은 사항들을 관찰하여야 한다.

a) 제품의 기능이 변화되지는 않는가?
b) 제품의 물성이 일정한 경향으로 변화하지는 않는가?
c) 만약 어떤 물성이 제품 초기의 물성보다 20% 이상 변화하였다면 제품의 처방은 다시 고려되어야 할 것이다.

(6) 안정성 평가의 예

예를 들어 투웨이케익 같은 제품에 대해서는 생산 후 변색, 변형, 변취, 석출, 미생물의 항목에 대해 아래와 같이 안정성을 평가하고 있으며, 내광성, 내온성 실험 후 그리징(greasing) 및 케이킹(caking)이 생기는지 여부를 평가하고 있다.

① 내온성: -15℃, 0℃, 45℃에 14주 (1, 2, 4, 6, 8, 10, 12, 14주에 평가)
　　　　　싸이클 챔버(cycle chamber)에서 2 cycle 이상
② 경시변화: 실온 2년 (1, 3, 6, 14, 12, 15, 18, 21개월에 평가)
③ 내광성: 자연광 6개월 (15일, 1, 3, 6개월에 평가), 진열장 6개월 (15일, 1, 3, 6개월에 평가), 자외선 시험 4시간
④ 그리징(greasing) 및 케이킹(caking)
⑤ 충격 시험: 70cm 위에서 시료를 고무판 위에 낙하시켰을 때 3회 이상 안정해야만 한다.

14.2. 화장품과 방부(미생물 시험)

14.2.1. 오염의 종류

화장품에는 미생물의 영양이 되는 성분을 다수 함유되어 있어서 제품에 곰팡이가 생기거나 부패하는 일이 일어날 수 있다. 공장에서 제조 시 미생물에 의한 오염은 불결한 상태에서의 제조를 의미하며, 시간에 따른 품질 열화(劣化)나 그것에 수반하는 피부 자극의 발생 등, 사용자나 제조자 모두에 대해 문제가 된다. 이와 같은 제조과정에서 유래하는 미생물 오염을 1차 오염(primary contamination)이라 하며, 소비자에 의해 사용 중에 오염되는 것은 2차 오염(secondary contamination)이라 하여 구별된다. 1차 오염은 물 유래성 세균(그램 음성간균)에 의한 경우가 많고, 2차 오염은 손가락이나 환경 유래성 세균(그램 양성구균과 그램 양성간균)에 의한 경우가 많다.

1차 오염을 방지하기 위해서는 청결하게 정비된 제조환경에서, 멸균한 원료를 사용하여 청결한 작업 공정에 따라 제조하고 세정, 멸균된 용기에 담아야만 한다. 또한 소비자가 구입한 후 사용 과정에서 미생물이 혼입되는 2차 오염을 방지하기 위해서는 방부제를 사용할 필요가 있다. 자세한 내용은 아래 절에서 설명하기로 한다.

14.2.2. 1차 오염의 방지

세계보건기구(WHO)는 품질 높은 의약품의 안정공급을 목표로 '의약품의 제조와 품질관리에 관한 규범(Good Practices in Manufacture and Quality Control of Drugs)'를 1969년에 결의, 가맹국들에 이러한 실시를 권고하였다. 이 규범을 GMP라 칭하며, 원재료의 수입부터 보관, 제조 환경, 제조의 각 단계를 경유하여 최종제품의 출하에 이르기까지 전반적으로 걸쳐 충분히 품질이 보증된 제품을 시장에 공급하는 것을 목적으로 하고 있다. 미생물 오염 방지는 GMP의 중요한 항목으로 위치하고 있다.

제조시 유래하는 1차 오염에 대해서는 환기중의 먼지의 필터여과나 제습 등 작업환경의 정비, 물의 가열, 살균이나 자외선 살균, 원재료의 에틸렌옥사이드 가스(ethyleneoxide gas) 멸균이나 가열살균, 제조기기류의 세정과 가열살균이나 약제살균, 게다가 작업원에 대한 청결한 작업에 관한 교육 등을 행하여 종합적인 청결한 상태에서의 위생적인 제조가 필요하다.

구체적인 방법으로서 제조환경 정비는

① 필터를 이용하여 환기의 먼지 제거
② 공조에 의해 제습
③ 제균 필터에 의해 청결도가 높은 환경의 정비
④ 외부공기가 직접 유입되지 않도록 설비 등이 필요하며,

원료재료의 멸균은

① 물의 필터(0.22 micron)에 의한 제균, 가열에 의한 살균, 자외선 조사에 의한 살균
② 각종 원료의 가열에 의한 살균, 에틸렌옥사이드 가스에 의한 살균
③ 플라스틱 재료(용기)의 에틸렌옥사이드 가스에 의한 살균 등을 시행한다.

청결한 작업환경을 위해서는

① 손가락에 있는 균 수 등의 소독
② 작업복, 작업모, 작업신발 등의 착용을 시행한다.

14.2.3. 방부제와 살균제

방부제는 화장품에 배합되어 외부로부터 오염되는 미생물의 증식을 억제하며, 경시적으로 사멸시켜 제품의 열화를 방지하는 목적으로 사용된다. 이와 같이 미생물의 증식을 억제하는 작용을 정균작용(microbiostasis)라 하며, 방부제는 화장품 중에서 정균작용을 함으로써 제품이 변질되는 것을 방지하고 있다. 단독으로 사용되는 방부제의 효과는 별로 강하지 않지만 화장품의 성분과 융합되기 쉬워, 오염된 각종의 미생물을 시간에 따라 사멸시키므로 추가로 방부제를 첨가하는 것이 일반적이다. 대표적인 것은 파라옥시안식향산에스텔으로 일반적으로 파라벤(paraben)이라고 부른다.

한편 피부에 번식하는 미생물이 피부에 손상을 가져오는 일도 있다. 예를 들면 화농균에 의한 면도 상처, apocrine선의 분비물을 분해하는 균에 의한 액취증, 여드름 간균에 의한 여드름 등이 있는데, 이러한 피부 이상을 방지하는 목적의 화장품이나 의약부외품에 살균제가 이용된다. 대표적인 것은 벤잘코늄클로라이드(benzalkonium chloride), 클로로헥시딘글루코네이트 (chlorohexidine gluconate), 트리클로로카바닐라이드(trichlorocasbanilide, TCC) 등이 있으

나, 실제 배합의 경우 화장품 중의 성분과 반응하거나 용해되기 어려운 것이라든지 피부상의 단백질 등과 반응하여 효과가 극히 저하되는 등 실용상의 문제가 있는 것이 많다.

한편, 1차 오염방지 목적으로 제조공정에서 살균소독의 목적으로 이용되고 있는 것도 있다. 공정오염균의 거의가 그램음성균인 약제에 대해 저항성이 강한 균이 많기 때문에, 수용성의 벤잘코늄클로라이드나 클로로헥시딘글루코네이트를 알콜기에 용해한 액, 혹은 산이나 알칼리 용액이 사용되고 있다. 약제를 이용한 경우, 제품에의 약제 혼입을 방지하기 위하여 살균 소독 후 약제를 완전히 씻어내는 것이 GMP 상 중요하다.

방부, 살균제는 미생물에 대해 독성을 갖는 물질이고, 살균효과를 갖는 물질은 방부효과도 있다. 이들을 기본적으로는 세포 독성을 갖고 있으므로 이것을 대량으로 인체에 투여하면 당연히 위해를 미치게 되나 제품이 부패, 변패한 경우의 사고를 방지하기 위해서 최소, 유효량으로 배합할 필요가 있다. 이와 같은 관점에서 당국에서는 방부, 살균제의 종류 및 사용량을 제한하여 안전을 유지하도록 하고 있다.

14.2.4. 항균제의 필요조건

(1) 많은 종류의 미생물에 대하여 효과를 나타낸다.
(2) 물 또는 오일에 쉽게 용해된다.
(3) 안전성이 높고 피부 자극이 없다.
(4) 중성이며, 제품의 pH에 영향을 주지 않는다.
(5) 제품의 성분에 따라 효과의 감소함이 없다.
(6) 제품의 외관을 손상시키지 않는다(변색 등).
(7) 넓은 온도영역, pH영역에서 안정하게 효과를 보인다.
(8) 다루기가 쉬우며 안정하다.
(9) 값이 싸다.

14.2.5. 항균제를 불활성화 시키는 요인

(1) 제품 용기 및 브러쉬
(2) 비이온 계면활성제
(3) 안료 및 백색 분말(카올린, 탈크)

(4) 점토 광물의 비검(Veegum®) 및 점액질의 검류, 카복시메틸셀룰로오스 등

(5) 천연, 합성 고무 라텍스

(6) 초산 비닐 폴리 아크릴산 에스터 등의 고분자 에멀젼: 그 자신이 미생물에 약함

(7) 물에 용해하기 어려운 타입의 항균제: 공존하는 극성 물질, 예를 들면 에스터 오일 및 고급 알코올에 항균제가 용해되어 수상부에 녹아있는 양이 매우 감소하므로 항균 효과를 약하게 함.

14.3. 화장품의 안전성

화장품은 피부를 청결하게 보호하고 건강을 유지하기 위해 사용되는 것으로 피부에 반복적으로 장기간 사용하는 제품이기 때문에 인체 안전성의 확보가 무엇보다 중요하다. 특히 질병을 치료하기 위해 한정적으로 사용되는 의약품과는 달리 불특정 다수의 사람들이 사용하므로 여러 가지 상황을 고려한 처방을 통하여 부작용이 발생할 가능성을 최소화하지 않으면 안된다. 화장품에는 여러 가지 성분들이 사용되는데, 그 중에서도 인체나 피부학적인 측면에서 안정성 유지 및 감각적 효과를 위해서 필수적으로 사용되는 원료들이 있는데, 화장품에서의 부작용은 대개 이들에 의한 경우가 대부분이다.

14.3.1. 화장품에 있어서의 부작용 요인

화장품 자체의 안전성은 대개 충분한 시험을 거치기 때문에 크게 문제가 되는 경우는 많지 않으나 화장품에 의한 영향 외에도 사용시의 온도, 습도 등의 환경조건, 잘못된 사용방법, 사용자의 체질 및 생체 리듬의 변화에 기인하는 경우도 상당히 많다. 화장품 원료 중 부작용 유발 가능성이 높은 것으로 알려진 대표적인 성분들은 다음과 표 14.3과 같다.

표 14.3. 화장품의 대표적 부작용 유발 성분

기 능	주요 성분
방부제	*파라벤, 페녹시에탄올(phenoxyethanol), 이미다졸리디닐우레아(imidazolidinyl urea) 등
계면활성제	POE 올레일알코올에테르(polyoxyethylene oleyl alcohol ether), POE소르비탄지방산에스터(polyoxyethylene sorbitan fatty acid ester)등
향 료	벤질아세테이트(benzyl acetate), 유게놀(eugenol), 페닐에틸알코올(phenylethylalcohol) 등

기 능	주요 성분
자외선차단제	옥틸메톡시신나메이트(octyl methoxycinnamate), 옥시벤존(oxybenzone), 벤조페논(benzophenone) 등
색 소	타르(tar)색소 류

*파라벤(paraben) : MP(methylparaben), EP(ethylparaben), PP(propylparaben), BP(butylparaben) 등의 총칭임

이외에도 미백이나 주름 개선을 목적으로 사용되는 여러 가지 유효 성분들도 그 효과만이 아니고 피부 부작용을 일으키는 경우가 많은데, 이는 체내에 존재하지 않는 성분이 신체에 접촉할 경우, 이를 항원(抗原)으로 인식하여 항체(抗體)가 생성되면서 면역 반응으로 이어지기 때문이다. 많은 경우 처음에는 과민 반응을 보이다가도 피부에 점차적으로 적응하여 이상 반응을 나타내지 않게 되는 예도 있다. 이러한 현상은 화장품을 처음 사용하거나, 새로운 제품으로 바꾸어 사용할 경우 흔히 발생되는데, 이럴 경우 견본을 이용하여 사전에 간단한 적응 테스트를 거쳐 그 제품에 대해 자신에게 이상 유무를 확인한 후 사용하는 것도 하나의 방법이라 하겠다.

14.3.2. 자극과 알러지

화장품의 부작용은 크게 두 가지 형태로 나타나는데, 하나는 자극(irritation)이고 다른 하나는 알러지(allergy)이다. 자극은 모든 사람들한테 나타나는 현상으로서 강산이나 강알카리의 경우와 같이 세포에 대해서 직접적인 독성을 나타내는 것을 말하며, 알러지는 일부 특정한 사람한테서만 나타나는 현상으로서 니켈, 옻나무 등 금속이나 특수 성분이 체내의 면역계(系)에 작용하여 간접적으로 나타나는 특징이 있다. 이들 모두 피부가 붉게 되는 홍반(紅斑) 및 염증을 동반하므로 피부과 전문의가 아니고는 구별하기가 쉽지 않다. 이외에도 광자극(光刺戟, photo-irritation)과 광알러지(photo-allergy)가 있는데, 이들은 보통의 조건 하에서는 특별한 반응이 없다가도 빛을 받게 되면 독성이나 알러지 반응을 나타내는 것으로 자외선 차단제 성분들의 경우가 대표적인 예이다.

14.3.3. 안전성 시험 항목과 평가방법

화장품은 피부에 장기간에 걸쳐 반복적으로 사용되기 때문에 사용 후 즉시 생기는 자극

및 독성 반응과, 반복 적용했을 때의 자극이나 독성 반응 및 알러지 반응이 일어나지 않는 것을 확인할 필요가 있다. 안전성은 사람으로 확인하는 것이 궁극적으로는 필요하지만 많은 경우에는 여러 가지 동물 모델로 검토되고 있다.

화장품의 안전성 중 가장 유의해야 할 것은 화장품이 피부에 접촉했을 때 피부염이 일어나지 않는 것이다. 피부염은 화장품 자체의 안전성뿐만 아니라 화장품 사용시의 온도, 습도 등의 환경조건, 잘못된 사용방법, 사용자의 체질과 생체 리듬도 원인이 될 수 있다.

본 장에서는 피부염을 예방하기 위해 안전성을 확보하기 위한 방법에 대해 이야기하고자 한다.

(1) 피부 자극성(Skin irritation)

피부 자극성은 시험물질이 피부의 세포나 혈관계에 대하여 직접적인 독성반응을 일으키는 것으로, 면역반응을 유발하는 감작성 반응(allergy)와는 그 발현 메카니즘이 다르다.

실험동물로서는 사람과의 반응의 유사성이 있고, 반응성이 높은 토끼, 또는 기니피그 (guinea pig)가 실험동물로서 오랫동안 사용되고 있다. 일반적으로 토끼를 이용한 드래이즈 (Draiz)의 피부 1차 자극 시험법의 개요는 다음과 같다.

① 6~8마리의 토끼를 이용한다.
② 등 부위의 털을 깎고 고정기에 고정한다.
③ 등 부위의 2개소에 시험 물질을 적용, 1개소는 주사침으로 #자형의 상처를 만들고, 다른 1개소는 그대로 한다.
④ 0.5그람의 시험물질을 2.5 x 2.5cm^{2}의 천을 이용하여 시험 부위에 부착하고, 반창고를 이용하여 고정한다.
⑤ 시험물질을 24시간 적용한다.
⑥ 24시간 후 물질을 제거하여 홍반, 부종 등의 피부 반응에 대하여 판정한다.
⑦ 72시간 후에 재 판정하고 평균적인 반응 평점을 산출하고, 피부 자극성의 정도를 평가한다.

취급하기 용이한 실험동물로서 기니피그를 이용하여 피부 자극성을 검토할 때에는 등 부위가 아닌 복부의 털을 잘라 물질을 1회, 또는 반복하여 개방하여 적용한다.

(2) 감작성(Sensitized allergenicity)

반복하여 생체에 접촉에 의해서 일어날 가능성이 있는 피부 장해로서 알레르기 반응이 있다. 자극성 반응과는 달리 면역기구에 기인하는 반응으로, 천식이나 아나필라시스 쇼크와 같은 혈중 항체가 관여하는 체액성 면역반응과 흉선 유래의 임파구가 직접적으로 관여하는 세포성 면역반응으로 구분된다.

반응의 출현시간은 비교적 늦은 지연형 반응으로, 화장품이 장기간에 걸쳐 반복적으로 사용되므로 안전성에 대해 반드시 검토되어야 한다. 화장품이나 원료 평가용으로는 주로 기니피그가 이용되고 있으며, 검출 감도가 높은 maximization test가 일반적으로 이용된다.

방법은 감작유도(induction)와 감작 성립 후 감작발현(challange)의 2단계로 나뉜다. 감작유도에는 털을 깎은 동물의 등 부위에 ①유화한 유동성 면역 보강제(FCA; 결핵사균, 유동파라핀, 계면활성제의 혼합물), ②시험물질, ③시험물질과 같은 양의 FCA와 유화물을 1:1로 피내 주사한다. 감작성을 높이기 위해 1주 후에 쇼듐라우릴설페이트로 처리한 후 시험물질을 경피적으로 폐쇄 적용한다. 감작 유발로서는 특히 2주 후 털을 깎은 동물의 등 부위-배 부위에 시험 물질을 적용한 후 24~48시간 후에 피부 반응에 기인한 감작성 유, 무를 판단한다. 맥시마이제이션 시험 (maximization test)는 검출의 감도는 높지만 시험 물질을 FCA와 유화하지 않으면 안되고, 제품에 사용이 어려운 점과 물질을 피내 주사하는 것은 실질적인 위험성을 예측하는 데는 부적당하다는 등의 단점이 있다.

감도를 유지하면서 시험 물질을 경피적으로 적용하는 방법으로는 화장품 등의 제품의 평가에 유용한 adjuvant and patch test법, FCA를 이용하지 않는 뷰헤러법 (Buehler method)과 개방에 의한 연속 적용법 등이 있다.

감작성 물질로서는 색소 중의 불순물, 방부제, 향료 성분 등이 보고되어 있으며, 특수 효과를 기대하여 개발되는 생리활성을 지닐 가능성이 있는 성분에 대해서는 특별히 감작성에 대해 충분한 검토가 필요하다.

(3) 광독성(Phototoxicity)

화학물질에는 광선의 존재에 의해 피부 자극 반응을 일으키는 물질이 있다. 이와 같은 물질은 광독성 물질이라 한다. 전형적인 예로 향료 성분인 버가모트오일(bergamot oil) 중의 메톡시솔라렌(methoxy soralene)에 의한 피부염이 알려지고 있다. 이와 같은 성분을 함유하는 향수를 바른 부위가 햇빛에 노출되면 그 부위에 일치하여 홍반이 일어나며 심한 경우 다갈색의 색소 침착이 된다. 이와 같은 물질의 검색에 이용되는 광원으로서는 태양광선이 바람직하지만 현실적으로는 그 에너지와 파장의 분포는 계절과 일일의 시간대에 따라 현저히 다르다. 따라서 실험적으로는 제논 램프나 시판되고 있는 블랙 램프 등을 이용한다.

염증 반응을 일으키는 광선의 파장 영역은 물질에 따라 다르기 때문에, 광선의 선택이 중요하다. 일반적으로 자외선의 영역에 흡수대를 갖는 물질에 대해서 검토된다. 따라서 장파장의 자외선(UVA), 또는 홍반을 일으키지 않는 정도의 중파장의 자외선(UVB)를 이용하는 것이 일반적이다.

실험 동물로서는 기니피그(guinea pig)나 토끼가 이용된다. 털을 자른 동물의 등 부위의 피부에 시험 물질을 도포하고 광선 조사 부위와 비조사 부위의 반응의 차이로부터 광독성의 유, 무를 평가한다.

(4) 광감작성, 광알레르기성(photosensitization, photoallergenicity)

광의 존재 하에서 생기는 알러지 반응이다. 자외선흡수제, 살균제, 향료 등에 광감작성이 있는 것이 보고되어 있다. 일상 화장품을 사용하여 집 밖에서 활동하는 것은 일반적이기 때문에 화장품이나 그 원료의 광감작성을 확인하는 것은 중요하다. 특히 강한 자외선 하에서 사용되는 선제품이나 자외선 흡수제의 첨가는 대단히 중요하다. 반응 기작에 대해서는 충분한 설명이 되어있지 않지만 ①광에 의한 물질의 활성화, ②면역 담당 세포의 기능의 변화, ③물질과 면역 담당 세포의 상호 작용의 변화 등이 생각된다.

실험동물로서는 마우스(mouse), 기니피그가 이용되고 있다. 어느 경우도 접촉 감작성 시험의 경우와 같이 ①물질과 적용 후의 광조사에 의한 광감작 유도와 ②일정 기간 후의 물질 적용과 광조사(광감작유발)로 진행된다. 광감작 유발에 의한 광조사 부위와 비조사 부위와의 피부반응을 관찰하여 그 정도의 차이에서 광감작성의 유무를 평가한다. 광독성 시험결과와 비교하여 반응이 자극성에 기인하는 지의 여부를 확인한다.

(5) 안점막 자극성(Eye irritation)

눈 주위 제품의 대표로서 화장품은 안면, 특히 눈의 주위에 사용되는 제품이나 두발 세정료 등과 같이 사용시에 들어갈 가능성이 있는 제품도 있다. 따라서 눈에 대하여 안전성의 검토는 대단히 중요하다. 이 때문에 시험법으로서 토끼를 이용하는 드레이즈법이 옛날부터 이용되고 있다. 토끼의 한쪽 눈에 시험 물질을 투여하고 각막, 홍채 및 결막의 반응을 경시적으로 관찰한다. 시험 방법은 물질을 적용하여 2초 후 및 4초 후에 물로 세척했을 때의 반응성에 대해서도 검토하는 것으로 되어있다. 세정력이 풍부한 샴푸와 같이 계면 활성제를 많이 함유하는 제품, 정발제와 같이 유기용제를 다량으로 배합하는 제품, 산화염모제와 같이 반응성이 높은 제품에서는 고려가 필요하다. 그러나 통상의 크림, 파운데이션 등 많은 화장품에서는 안점막 자극성이 작다.

(6) 독성(Toxicity)

① 급성독성: 예를 들면 젖먹이 아기가 화장품을 잘못하여 마셔버렸거나 먹었을 때 신체에 영향은 없을까? 그러한 때에는 어떠한 처치가 필요할까? 이러한 상황을 선정하여 경구독성 시험이 행해진다. 일반적으로 마우스나 래트(rat)와 같은 설치류의 동물에 피험 물질을 위관을 이용하여 투여하고 치사 농도와 병리 검사나 일반 증상을 관찰하여 그 독성의 정도를 판단한다. 종래, 동물의 50% 치사량(LD50: lethal dose)을 구하여 왔지만 동물 애호 등의 문제에서 시험이 필요한 때에는 소수의 동물을 이용하여 대략의 치사량을 구하게 되었다. 피험 물질을 1회 투여했을 때의 전신적인 독성을 평가하는 방법으로서 경구의 경피 피하, 복강 등의 경로에 의한 평가가 행해진다. 에어졸 제품이나 분말의 평가에는 흡입에 의해 호흡 기계를 중심으로 하는 전신적인 독성을 평가하는 것도 있다.

② 만성독성/아(亞)독성: 장기간에 걸쳐, 연속적으로 피부에 적용된 때에 일어난다. 장기를 포함한 전신적인 영향을 검토하기 위해 행해진다. 설치류 중 토끼 등의 중동물들이 이용된다. 아급성으로서 4주~3개월, 만성으로서 6개월~2년의 실험이 행해진다. 일반적으로 시험 중에 섭취량, 체중의 변화, 상태의 관찰, 혈액, 생화학적 검사 등이 행해지고 투여 종료 후에는 해부하여 각 장기에 대해서 관찰, 중량 측정, 조직학적인 검사 등을 행하여, 특정한 장기에서의 영향을 포함한 생체에의 영향을 판단한다(급성독성은 단회 투여 독성으로, 아급성 및 만성독성은 반복 투여 독성으로 불린다).

(7) 변이원성 (Mutagenicity)

시험 동물이 세포의 핵이나 유전자에 영향을 미쳐 변이를 일으키는 가능성을 평가한다. 사용하는 시험 결과가 발암성 시험 결과와 대응하는 것에서 발암성의 예측에도 이용되는 것이 있다.

① 세균을 이용한 복귀 돌연변이 시험: 살모넬라균이나 대장균 등이 이용된다. 본래 생육하지 않는 배지에 물질의 변이원성에 의해서 생기는 복귀변이를 예측하여 평가한다.

② 포유류의 배양세포를 이용하여 염색체 이상 시험: 포유류의 초대 배양세포 또는 폐유래 섬유아세포와 같은 수립 세포를 이용한다. 염색체의 형태 이상이나 배수체가 출현하는 세포수에 의해 평가한다.

③ 적혈구는 정상으로 있으면 성숙하여 동반 탈핵한다. 설치류를 이용한 소핵시험에서는 시험물질을 투여한 마우스의 골수 중의 다염성 적혈수 중의 탈핵하지 않은 적혈구 수로서 평가한다.

① 및 ②의 시험에서는 생체에 있어서 상황을 고려하여 시험물질이 대사되어 변이원성을 갖는 가능성을 검토한다.

(8) 생식독성(Reproductive toxicity)

사용하는 화학 물질이 생식에 관계하는 독성을 유발하고 예를 들면 태아에 영향은 없을까, 이러한 생식 발생의 과정에 대해서 시험물질의 위험성을 검토한다. 동물 실험에서는 임신 전부터 이유기까지에 걸쳐 기간을 3구분하여 각각의 투여 기간에 따라서 ① 임신 전 및 임신 초기 투여 시험, ② 태아의 기관 형성기 투여 시험 ③ 주산기 및 수여기 투여 시험이 행해진다. 실험동물로는 설치류의 동물이나 토끼가 주로 이용되지만 화장품의 원료로서 시험이 행해지는 것은 그다지 없다.

(9) 흡수, 분포, 대사, 배설

화장품 혹은 그 원료는 본래 생체에 대하여 작용이 완화한 것으로 규정되어 있다. 그렇지만 원료들이 경피 흡수되어 생체에 대하여 작용을 미칠 가능성을 인지하는 것은 자극이나 독성의 기전을 이해하여 안정성을 평가, 예측하는 귀중한 정보를 확보할 수 있다.

레이블 (label) 화합물 (RI)을 실험 동물에 투여한 후의 각 장기로의 분포를 검토하기도 하고, 뇨나 혈중의 농도나 대사물을 분석한다. 경피 흡수를 비교적 간편하게 검토하기 위하여 동물에서 피부의 작은 조각을 채취하여 셀(cell)을 이용하는 방법이 범용되고 있다.

(10) 첩포시험(Patch test), 사용시험(Use test)

화장품에 의한 피부염(가려움)으로서 홍반, 부종, 종창, 구진 등의 육안적으로 명확한 반응 외에 가려움, 화끈거림, 따가움 등의 감각적인 자극 반응이 보고된다.

육안으로 명확하게 식별할 수 있는 반응의 대부분은 지금까지 기술한 시험의 결과로부터 어느 정도 예측하는 것이 가능하다고 생각되지만 시장에 출시 전에 사람에 대해서 각종의 평가법에 의해 안전성을 확인 할 필요가 있다. 특히 화끈거림이나 가려움의 감각적인 자극은 동물 시험으로 평가하지만 예측하는 것이 어렵다. 화장품이 이용되는 조건하에서 사용시험을 행하기도 하고 감수성이 높은 사람으로 평가가 필요하게 된다. 따라서 이들의 시험은 어느 것도 논리적으로 행하지 않으면 안 된다.

① 첩포시험: 개발된 원료나 제품을 이용할 때에 피부염이 일어나지 않는 것을 확인하기 위해서 간편한 예비 실험으로서 사람의 팔뚝과 등 부위에 첩포시험(patch test)를 행한다. 피부과 의사가 피부염의 원인을 확인하기 위해서 행하는 진단용의 patch test와 목적을 달리한다. 일반적으로 특제의 반창고를 사용하여 폐쇄하여 행한다. 휘발성이 높은 것 같은 물질은 개방하여 적용한다. 물질의 적용 기간은 24시간으로 하며, 피부의 반응을 육안적으로 판정한다.

② 사용성시험: 여러 가지 동물시험이나 그 대체 시험에서는 실제로 사람이 사용하는 조건을 망라하는 것은 불가능하다. 이 때문에 화장품의 개발에 있어서 인정되는 조건하에서 사용했을 때의 영향을 평가한다. 선제품에는 온도, 습도나 자외선 등의 환경 조건의 변화에 의한 영향이나 발한의 영향, 기초화장품에서는 건조나 지질양 등의 피부 상태와 반응성이 검토된다.

③ 기타 지원자(volunteer)의 팔이나 등 부위에 대해서 접촉 감작성이나 면포형성의 가능성이 검토되는 것이 있다. 동물 시험 대체법(animal test alternative) 즉, 사람의 안전성을 예측하기 위해서 여러 가지 동물을 이용하여, 여러 가지 시험법에 의한 평가가 일반적으로 행해져오고 있지만, 최근에 동물 시험의 실시에 비판적인 견해들이 나오고 있다. 유용한 물질의 개발에는 동물 시험은 필수적이지만 '가능한 한 사용 동물 수는 적고(reduction), 고통을 주지 않고 많은 정보를 얻으며(refinement), 가능하다면 대체법(replacement)으로 평가한다'라고 하는 3R을 염두에 둔 노력이 필요하다.

따라서 이상적으로는 반응 기구에 기인한 과학적으로 수용될 수 있는 대체법이 개발되어야만 한다. 이러한 생각 및 방법에 기초한 대체법의 개발은 외국에서 비교적 빨리 행해져오고 있다.

예를 들면 영국에서는 1973년에 '의학 실험용 동물 대체 기금'이 동물 실험의 대체법의 기술 개발을 위해 설립되고, 미국에서는 1981년에 화장품업계의 자금 원조 하에 Johns Hopkins 대학에 대체법 검토를 위한 강좌 CAAT(Center for Alternatives to Animal Testing)가 설립되었다. 일본에서도 1989년에 일본 동물 시험 대체법 학회가 발족되었다. 화장품의 안전성의 평가로서 일반화되어 오고 있는 드레이즈의 안점막 자극성 시험을 비롯하여 각종의 안전성 시험의 대체법 개발을 위한 연구가 진행되고 있다.

14.4. 화장품의 사용성

화장품의 유효성의 범위는 매우 넓으며 이를 여러 가지 기기 등을 이용하여 객관적 방법으로 평가해야 하는 것은 당연하나 이들의 화학적 또는 물리적 해석만으로는 유효성을 정확하게 평가하기 어렵다. 그러므로 화장품의 유효성 평가에 있어서는 심리적 효용성도 포함하여 사용시험을 평가한다. 따라서 사용시험을 실시할 때에는 자극감등의 자각 증상을 체크하고 시험 종료 후에 샘플을 회수하여 상태 관찰 및 내용물의 화학분석을 실시한다면 안전성 및 안정성의 자료로 활용할 수 있다.

사용시험은 시험대상자에 시험품을 사용하게 하고 품질을 측정하는 방법이다. 이 방법은 기호, 심리, 직업, 성별, 연령, 등 시험 대상자 개인의 특성 및 조건에 의해서 뿐만 아니라 자연환경에 의해서도 영향을 받는다. 그런데 관능에 의한 평가법이기 때문에 시험결가가 일정하지 않은 단점이 있다.

이들 단점을 해결하는 것은 시험대상자를 무작위로 샘플링하거나 대조품을 선정하여 조건을 균일하게 하고 그 영향을 상쇄시키는 것이 좋다. 시험품과 대조품의 비교에는 군간 비교, 개체내 좌우비교 등으로 크로스오버 대비 등에 의해 시험하는 경우가 많다. 이들 시험법을 설명한다.

14.4.1. 군간 비교시험

이 시험법은 시험품과 대조품을 사용하고 시험품군과 대조품군으로 시험대상자를 분리하여 실시하는 방법이다.

14.4.2. 개체 내 좌우 비교시험

좌우비교시험에는 1인 시험대상자가 시험품과 대조품을 좌우에 별도로 동시에 도포하여 효과의 차이를 평가하는 방법이다.

14.4.3. 크로스오버법(Crossover test)

이 방법은 panel이 시험품과 대조품을 연속하여 별도의 기간에 사용하고 평가하는 방법이다.

14.4.4. 이중맹검법(Double blind test)

이중맹검법은 위약 (placebo) 효과 및 편파판단을 피하기 위하여 객관적인 입장에서 제3자가 시험시료를 시험대상자에게 임의로 나누어주고 행한다. 이와 같은 방식으로 시험실시자도 시험대상자도 시험품이나 대조품등이 어떤 것인지 모르게 행하는 방법을 이중맹검법이라 부른다.

14.5. 화장품의 유용성 및 효능·효과

화장품은 질병을 치료할 목적으로 사용되는 의약품과는 달리 건강한 사람을 대상으로 하며 인체에 경미하게 작용하는 물품이기 때문에 그 효능·효과를 과대 표시하지 못하도록 법적으로 규제하고 있는데, 화장품법 시행 규칙에 정해져 있는 기초화장품 관련 효능·효과는 다음 표 14.4과 같다.

표 14.4. 법규상 화장품의 효능·효과

화장품의 유형		효능·효과
어린이용 제품류 (의약품에 해당하는 것은 제외한다)	어린이용 샴푸 어린이용 로션 및 크림 어린이용 오일 기타 어린이용 제품류	· 어린이 두피 및 머리카락을 청결하게 하고 유연하게 한다. · 어린이 피부의 건조를 방지하고 유연하게 한다. · 어린이 피부의 거칠음을 방지한다. · 어린이 피부를 건강하게 유지한다.
눈 화장용 제품류	아이브로우 아이라이너 아이섀도 마스카라 아이메이크업리무버 기타 눈 화장용 제품류	· 색채효과로 눈 주위를 아름답게 한다. · 눈의 윤곽을 선명하게 하고 아름답게 한다. · 눈썹을 아름답게 한다. · 눈썹, 속눈썹을 보호한다. · 눈두덩이의 피부를 보호한다. · 눈 화장을 지워준다 (아이메이크업 리무버에 한한다).
기초화장용 제품류 (의약품에 해당하는 것은 제외한다)	유연화장수 마사지크림 영양화장수(밀크로션) 수렴화장수 영양오일(리퀴드) 파우더 세안용 화장품 바디화장품(로션,오일,크림, 파우다) 아이크림 기타 기초화장용 제품류	· 피부 거칠음을 방지하고 살결을 가다듬는다. · 피부를 청정하게 한다. · 피부에 수분을 공급하고 조절하여 촉촉함을 주며, 유연하게 한다. · 피부를 보호하고 건강하게 한다. · 피부에 수렴 효과를 주며, 피부 탄력을 증가시킨다. · 피부 화장을 지워준다 (세안용 화장품에 한한다).

화장품은 본래 약사법에서 규제를 받아오던 중 2000년 7월 1일부로 화장품법이 새로 제정되어 시행되고 있는데, 이 화장품법에 의하면, 화장품에서도 효능·효과를 어느 정도 표시할 수 있도록 미백에 도움을 주는 화장품 , 주름 개선에 도움을 주는 화장품 및 자외선 차단 화장품 등을 기능성 화장품으로 정하여 허가를 득(得)한 다음 제조 판매할 수 있도록 하고 있다. 본 절에서는 기초화장품이 갖는 대표적인 효능·효과와 그 측정 원리 및 방법에 대하여 간단히 살펴보고자 한다.

화장품의 효능효과를 평가하는 유효성시험 기준은 화장품의 사용에 의해 피부 및 피부부속기관에 어떤 변화를 일으키는 것을 관찰하고 그 변화 정도가 어느 정도인지를 측정하는 것이다. 이와 같은 관찰 및 측정에는 피부형태, 생리기능, 생화학적 현상을 시험 검사하는 기술이 필요하다. 이들 내용을 시험 검사에는 다음과 같은 문제를 정리하고 평가하는 목적을 정확하게 파악할 필요가 있다.

(1) 피부표면 특성을 평가할 것인가 피부내부 특성을 평가할 것인가
(2) 피부를 생체에 부착된 상태를 측정할 것인가 피부를 분리하여 측정할 것인가
(3) 측정 관찰하는 수단으로서 촉각 및 시각 등 감각적인 평가를 행할 것인가 또는 기기
    류의 사용에 의해 측정할 것인가.

여기서는 표피로부터 측정하는 광학적 역학적 기기에 의한 측정법, 피지, 각질층 수분, 피
부온도 등에 따른 pH 측정법에 대해서 설명한다.

14.5.1. 광학적 기기에 의한 측정법

과학적 기기에 의해 측정할 수 있는 것은 표피의 형태, 색채, 광택에 따른 투명성에 관한
것들이다.

(1) 표피형태의 측정법

피부 표면상태의 특성으로서는 피부의 요철, 윤활성, 모공의 상태, 거칠음, 피부오염 등이
있다. 이와 같이 표피형태의 관찰, 측정하는 방법으로서 다음과 같은 것들이 있다.

① 실체 광학 현미경: 피부 및 모발의 표면을 입체적으로 확대 관찰하는 것은 쌍안실체광
   학현미경이 편리하다.
② 현미비디오카메라: 현미비디오카메라는 해상력이 좋은 비디오카메라에 접사렌즈를 부
   착한 것으로 모니터상에 피부나 모발의 확대 영상을 관찰 할 수 있다.
③ 표피 레플리카(replica): 표피형태를 보다 상세하게 정량적으로 해석하는 경우에는 주형
   (replica)을 떠서 관찰하는 것이 편리하다.
④ 피부결의 측정법: 피부결을 정량적으로 해석하기 위해서는 금속표면 거칠기 측정계를
   피부용으로 개량한 것을 이용하여 측정한다.
⑤ 각질층 박리법: 세로테이프 등으로 피부표면을 압착시켜 각질 최외각층의 세포를 박리
   하여 그것을 현미경으로 관찰하는 방법이다.

(2) 피부색 측정법

피부색을 측정하는 방법으로는 다음의 방법들이 사용된다.
① 분광반사를 이용한 측정법
② 색상, 명도 및 채도를 측정하는 방법

(3) 표피의 윤기 측정법

표피의 윤기는 직물의 광택과 유사한 특성을 나타내므로 직물의 광택을 측정하는 현미광택계를 사용하여 측정한다.

(4) 피부표면 투명도 측정법

투명도 측정에는 피부에 광을 조사하고 광의 산란을 측정하는 방법이 전통적으로 사용된다.

14.5.2. 피부표면의 역학적 측정법

(1) 수평가중에 의한 측정

예를 들면 측정기의 센서를 표피에 대하여 수평으로 문지르면 마찰저항을 측정할 수 있는데, 뻣뻣함이나 부드러움 등 피부의 점탄성을 알 수 있다.

(2) 수직가중에 의한 측정

피부를 수직으로 당긴다든지 하여 피부진피 및 피하조직의 포함하는 점탄성을 측정함으로써 탄력정도를 측정한다.

14.5.3. 피지측정법

피지측정에는 피지량과 피지조성을 측정하는 방법이 필요하다.

(1) 피지총량측정법

피지총량의 측정에는 초미량 밸런스에 의한 중량측정법, 불포화지방질의 흑연화를 이용한 오스미움산법, 지질의 색조를 변화시키는 크롬산법 등이 이용된다.

(2) 피지조성의 분리 동정

피지성분을 분석하는 방법으로는 박층크로마토그래피(TLC), 가스크로마토그래피(GC), 가스크로마토그래피-매스스펙트로메트리(GC-MS)가 있다.

14.5.4. 피지 분비 억제 효과

피부의 피지량을 측정하는 장치로써 Sebumeter가 있다. 이를 이용하여 제품 사용 전·후의 피지량을 대조군(對照群)과 비교하여 측정해 보면 제품 사용에 의한 피지 분비 억제 효과를 측정할 수 있다.

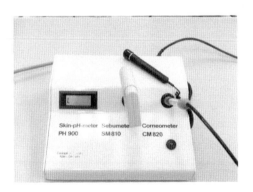

그림 14.1. Sebumeter

14.5.5. 각질층 수분측정법

최근에는 고주파 임피던스 측정법이 범용되고 있으나 그 외에도 적외선스펙트럼법, 마이크로웨이브법, 교류임피던스법, 탄력성측정법 등이 이용되고 있다.

기초화장품에 있어서 가장 중요한 기능이 보습력이라고 해도 과언이 아닐 정도로 보습 효과는 매우 중요하다. 왜냐하면 피부는 적당한 수분을 가지고 있어야 본래의 기능을 수행하고 건강을 유지할 수 있기 때문이다. 제품 사용 전후(前後)의 피부 수분 함량 또는 수분 증발 억제 능력 등을 측정함으로써 제품의 보습 효과를 객관적으로 평가할 수 있는데 대표적인 측정기기 및 간단한 원리를 설명한다.

(1) 피부 수분 보유능(保有能)의 측정

피부의 수분 보유능을 측정하는 장치로 Skicon 200이라는 측정 장치가 널리 사용되고 있다. 이것은 피부의 수분 함량 정도에 따라 전기 전도도(電導度)가 달라지는 원리를 이용하여 피부 표면에 센서를 접촉시켜 전기 전도도를 측정함으로써 피부의 수분 함유량을 측정하는 장치이다.

다른 평가법도 마찬가지 이지만 피부의 수분량은 외부 환경 조건(온도, 습도 등)에 따라 달라지므로 반드시 항온·항습실에서 측정해야 하며 사전에 피시험자(被試驗者)를 일정 시간 동안 안정시킬 필요가 있다. 최근에는 Skicon 200이 개량된 피부 수분과 유분을 동시에 측정할 수 있는 MPA 5 라는 기기가 각광을 받고 있다.

그림 14.2. 유수분(油水分) 측정기 및 Skicon 200

(2) TEWL(Trans epidermal water loss)의 측정

어떤 요인에 의해 피부 각질층의 구조가 불완전하게 되면 피부 내부로부터의 수분 손실이 많아져 결국 피부가 건조하게 된다. 이렇게 피부 표면으로부터 증발되는 수분의 양을 측정하는 장치로 Evaporimeter라는 기기가 있는데 이 기기 역시 센서에 달린 전극으로 수분의 정도를 측정한다. 화장품에 함유된 유성(油性) 성분들에 의한 피막 형성으로 나타나는 보습 효과를 측정하는데 유용한 방법이다.

그림 14.3. Evaporimeter

14.5.6. 피부 탄력 증진 효과(Skin elasticity)

건강한 피부는 탄력성이 높은 반면 노화되거나 건조한 피부는 탄력이 떨어진다. 피부의 탄력성은 진피층(眞皮層) 내에 존재하는 콜라겐(collagen)과 엘라스틴(elastin)이라는 섬유상(纖維狀) 단백질 성분들에 의해서 좌우되는데, 나이가 들면서 세포의 재생력이 약해진다든지 콜라겐이나 엘라스틴 분해 효소들의 활성이 높아져서 피부가 탄력을 잃게 된다. 피부의 탄력 측정 장치로 Cutometer라는 기기가 있다. 이 기기의 원리는 센서의 끝 부분에 일정한 압력을 걸어 피부를 센서로 흡입(suction)한 다음 압력을 제거한 상태에서 피부가 원래 상태로 돌아오는 정도를 측정함으로써 피부의 탄력성을 측정하는 장치이다.

그림 14.4. Cutometer

14.5.7. 혈류량 증가 효과

피부에 혈액 순환이 원활하지 못하면 충분한 영양을 공급하지 못하게 되므로 세포 재생 능력이 떨어져 노화가 빨리 진행된다. 또한 노폐물이 쌓이거나 지방 분해력이 떨어지며 체액(體液)이 축적되는 등 여러 가지 문제가 발생되는데, 예를 들면 얼굴이 칙칙해지거나 셀룰라이트(cellulite) 등의 발생 원인이 되기도 한다. 피부의 혈류량 정도를 측정하는 장치로 Periflux라는 기기가 있는데, 이것은 빛의 도플러(doppler) 효과를 응용하여 혈행 속도를 측정하는 장치이다.

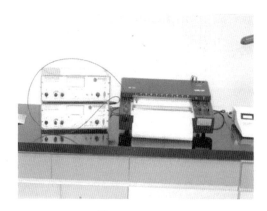

그림 14.5. Periflux

14.5.8. 피부온도 측정법

체온계로는 피부온도를 정확하게 측정하기 어려우므로 피부온도계를 사용한다. 피부온도계에는 접촉형 세미스터온도계가 있고, 복사형은 피부표면으로부터 복사되는 적외선을 검출하는 표면온도계가 있다.

14.5.9. 피부 pH 측정법

pH측정법으로서는 비색법도 있으나 전문 유리전극측정법이 사용되고 있다.

14.5.10. 미백에 도움을 주는 효과 평가

(1) *in vitro*

① 티로시나제(Tyrosinase) 활성 저해제(Inhibitor)

티로시나제 효소 재료로서 버섯(mushroom) 유래의 tyrosinase(Sigma사), mouse B16 melanoma 및 사람 피부 유래의 멜라노사이트가 이용되고 있다. 효소 티로시나제의 특정 부분에 결합하여 반응 속도를 저해시키는 물질로서 저해 방법에 따라 길항(拮抗) 저해형과 비(非)길항 저해형이 있다. 전자는 기질인 타이로신 또는 도파(dopa)와 저해제가 효소의 활성 중심을 빼앗는 형태이고 후자는 효소의 활성 중심과는 별도의 부분에 저해제가 결합하여 효소-기질-저해제라는 복합체를 만드는 형태이다. 티로시나제 활성저해를 작용을 갖는 기능성 화장품의 대표적인 원료로는 알부틴(arbutin)이 있다.

② 멜라닌(melanin) 합성 저해 시험

배양세포는 사람 피부 유래의 melanocyte, melanoma 및 B16 melanoma 등이 이용되고 있다.

(2) in vivo

① 실험 동물에 대한 in vivo 실험

유색모르모트(guinea pig)의 털을 깎고 자외선을 수일간 반복 조사하여 자외선 색소 침착을 균일하게 일으킨다. 약제의 효과는 색차 기기를 이용하여 Lab의 L*측정값으로 판단한다.

② 사람에서의 평가 기술

피부에 인공적으로 자외선을 조사시켜 색소 침착을 일으키고 약제를 도포하여 평가하는 것이 일반적이다. 최근에는 멜라닌 양을 지표로 하는 Mexameter 등의 기기가 이용되고 있다.

14.5.11. 주름 예방에 도움을 주는 효과 평가

(1) In vivo

엄밀하게는 개발되어 있지 않지만 광노화 모델로 개발된 hairless mouse 를 이용하고 있다. 구체적으로는 hairless mouse의 등 부위에 약 3개월간 UVB 또는 UVA를 장기간 조사시켜 주름을 생성시킨다. 이 모델을 활용하여 약제 도포 후의 주름이 줄었는지를 관찰하는 방법이다.

(2) 사람에서의 평가 기술

① 관찰법:

레플리카를 이용하여 주름을 관찰하고 평가하여 점수화하는 방법이다.

② 표면 거칠기 측정법

주름진 피부에서 replica를 뜨고 그 표면을 3차원 해석하는 방법이다.

③ 3차원 화상(畵像) 해석법:

피부에서 replica를 뜨고 그 replica를 3차원 형상을 측정하는 방법으로서 광절단법, 격자 pattern투영법, 조명차 stereo법이 있으며 제일 많이 사용하는 광절단법은 레이저 슬릿광을 기준선에 대해서 각도 β만의 기울기 방향으로 replica에 조사하여 물체의 요철(凹凸)상태에 따라 변화하는 것을 각도 γ의 방향에서 CCD카메라로 관찰한다. 높낮이 값인 Z는 삼각 측량 원리에 의해서 β, γ에서 계산된다.

14.5.12. 자외선 차단 효과 측정

SPF(sun protect factor) 수치는 1934년 F. Ellinger이 선제품의 홍반(紅斑)의 방어 효과를 나타나기 위해서 도입되었던 계산식을 발전시킨 것이다. 그 후 발전하면서 1978년 미국 FDA는 선제품들을 OTC(over the counter)약으로 정의하고 그 유효성 평가 방법으로 SPF 측정법을 제안했다. 그 후 1993년 FDA가 그 내용을 일부 개정하여 자외선 조사는 solar silmulator 기기로 한정하고 SPF 값 상한선과 내수성(耐水性)을 제안했다.

한편 국내에서는 대한화장품협회에서 자외선차단지수 측정방법을 1999년 7월1일 제정하여 자율 규약으로 운영하고 있다. SPF는 자외선은 파장이 짧은 UVB(ultraviolet B)의 값이고 PA는 파장이 긴 UVA(ultraviolet A)값으로 보면 된다.

(1) In-vivo SPF 시험법

① 피부 질환이 없는 18세 이상의 신체 건강한 남녀로서, 피츠패트릭(Fitzpatric)의 피부 타입 분류에 근거하여 피부 타입 Ⅲ, Ⅳ형에 해당하는 사람으로 피검자를 시료 당 10명 이상 선정한다(단, 광과민성 약물을 복용하는 사람은 제외하여야 한다).

② 피검자의 최소 홍반량 판정

피검자의 최소 홍반량을 결정하기 위하여 피검자의 등 부위에 자외선을 조사한다. 이때 사용하는 자외선 조사 장치는 아래와 같은 규정을 만족해야 한다. 또한 조사하는 광량을 아래의 내용과 같이 25% 이하에서 등비적으로 증가시킨다. 자외선을 조사하는 단위면적은 최소 $0.5cm^2$이상이 되어야 한다.

a) 자외선 조사 장치: 일광 또는 인공광원을 사용하며, 인공광원을 광원으로 사용할 때 태양광과 유사한 방사 스펙트럼을 갖는 제논 아크 램프(xenon arc lamp)를 장착한 자외선 조사기 (solar simulator)를 사용한다. 이때 290nm 이하의 파장은 적절한 필터를 사용하여 완전하게 제거한다.

b) 광량 증가법: 광량 증가는 등비적으로 25% 이하에서 증가시킨다. 즉, 최초 조사되는 광량이 0.66 MED/min이었다면 순차적으로 0.82, 1.03, 1.28, 1.60, 2.00 MED/min이 되도록 광량을 증가시키면 된다.
최소 홍반량은 2명 이상의 판정자가 16~20 시간 후 최소 홍반량을 다음과 같은 기준으로 판정한다.

c) 홍반량 판정법: 최소홍반량(MED, minimal erythema dose)이란 일반적으로 자외선 비조사 부위에 비하여 육안으로 구분되어 질 수 있는 홍반을 유발시키는 데 필요한 자외선 최소량을 말한다. 최소홍반량은 자외선 조사 16~20시간 후 복수의 숙련자가 판정하며, 항시 자외선 조사 부위와 비조사 부위를 동시에 판정한다.

③ 시료 도포 부위의 최소 홍반량 판정

a) 수술용 장갑을 이용하여 피검자의 등 부위에 시료를 $2mg/cm^2$ 또는 $2\mu g/cm^2$의 두께로 도포한다. 이때 시료 도포 면적은 최소 $24cm^2$ 이상이 되어야 한다.

b) 도포된 시료가 충분히 피부에 흡수되고 시료내 휘발성분이 휘발이 충분하게 진행되는 시간으로 15분 이상 상온, 공기 중에서 건조시킨 후 자외선을 조사한다.

c) 시료 도포부위에 위의 자외선 조사 방법과 같은 방법으로 자외선을 조사한다.

d) 2명 이상의 판정자가 16~20 시간 후 최소 홍반량을 판정한다.

④ 자외선 차단 지수 계산

a) 아래와 같은 공식에 따라 시료의 자외선 차단 지수를 결정한다.

b) 시료당 자외선 차단지수 판정을 위한 표본 피검자 수는 최소 10명으로 한다.

c) 측정된 자외선차단지수의 95% 신뢰구간이 측정값의 산술 평균 값으로부터 ±20% 이내

428 | 현대 화장품학

에 있어야 하며, 이 규정이 만족되지 않으면 측정값의 145% 신뢰구간이 산술평균값의 20% 이내에 도달할 때까지 피검자수를 증가하도록 한다

⑤ 표준 시료의 자외선 차단지수 측정
a) 이상의 방법과 동일하게 표준시료의 자외선 차단지수를 결정한다.
b) 표준시료의 자외선 차단지수는 4.47±1.28이다.
c) 표준시료 제조 방법 : 본 시험 방법에서 사용하는 표준 시료는 FDA에서 자외선 차단 지수 시험법의 표준시료로서 제시하는 8% 호모사레이트(homosalate)와 동일하다.
   * Preparation A와 B를 분리하여 77~82℃까지 가열시키면서 각각의 성분이 완전히 용해될 때까지 교반한다.
d) Preparation A를 천천히 Preparation B에 넣으면서 유화가 형성될 때까지 교반을 계속 한다. 교반을 지속하면서 상온(30℃)까지 냉각시킨다.

(2) *in vitro* 시험방법(SPF-290 Analyzer를 이용한 시험방법)

① 샘플 홀더에 투명 테이프(55.5 ㎠)를 부착한다.
② 측정시료를 주사기를 이용하여 $2\mu l/㎠$ 또는 $2mg/㎠$를 취한다.
   (투명 테이프의 면적이 55.5㎠인 경우 측정시료 111㎕ 또는 111㎎ 취한다.)
③ ②의 시료를 투명 테이프의 비접착면 위에 골고루 펴바른다.
④ 시료 도포 후 15분간 방치한다.
⑤ SPF Analyzer는 사용전 30분 정도 사전 가동(warming-up) 시킨다.
⑥ SPF Analyzer의 검정과 광량 및 감도를 조정한다.
⑦ 블랭크(blank tape)를 기준으로 측정 후 샘플을 넣고 자외선 차단지수를 측정한다.
⑧ 측정 오차를 줄이기 위해 1개의 테이프에 12회까지 측정 위치를 바꾸어 측정 가능하 며, 자외선 차단지수는 평균값으로 취한다.

(3) SPF (Sun Protection Factor) 측정

제품 당 10명의 시험 대상에서 시료 도포 전 최소홍반량(MED, minimum erythermal dose)을 측정하고 도포후의 최소홍반량을 측정한다.
광원(光源)으로는 태양광과 유사한 xenon arc lamp가 설치된 Solar simulator를 이용한다.

표준 시료는 8% homosalate를 이용하고 자외선차단지수는 4.47±1.28이고 시료 도포량은 2.0mg/cm^{2}이다. 자외선차단 지수 계산은 "제품을 도포한 피부의 최소홍반량/제품을 도포하지 않은 피부의 최소홍반량"으로 계산한다.

자외선차단용 화장품의 자외선 차단효과는 SPF(sun protection factor)로 표시하는데, 이는 다음과 같이 계산한다.

$$SPF = \frac{\text{자외선 차단제품을 바른 피부의 MED}}{\text{자외선 차단제품을 바르지 않는 피부의 MED}}$$

여기서 MED(minimal erythma dose)는 홍반을 일으키는데 소요되는 최소 자외선 량(시간)을 의미한다. 예를 들어 자외선에 15분간 노출되었을 때 홍반이 발생하는 사람(MED=15분)이 SPF 20인 제품을 사용하면 5시간 만에 홍반이 발생됨을 의미한다 {20X15분=300분(5시간)}. 다만, 자외선에 노출되어 홍반이 발생되는 시간은 날씨, 인종 및 사람마다 다른데, 우리나라 사람의 경우 여름철에 MED는 약 10~30분 정도인 것으로 알려져 있다.

SPF는 자외선에 의해 홍반이 일어나는 것을 막아주는 정도를 나타내는 것으로, 주로 UVB 차단 효과를 의미한다. 이것은 SPF가 높은 제품을 바르고 햇빛에 노출되면 상대적으로 피부 흑화 및 노화에 영향이 강한 UVA에는 무방비 상태로 노출될 가능성이 있다는 것이다. 그러므로 높은 SPF뿐만 아니라 UVA도 효과적으로 차단할 수 있는 제품을 선택하는 것이 무엇보다 중요하다.

PA (Protection Grade of UVA) 측정

측정 내용은 SPF 측정과 비슷하나 최소홍반량 대신 흑화가 일어나는 최소자외선량을 최소지속형즉시흑화량(MPPD, minimum persistent pigment dose)으로 측정하여 그 값을 PFA로 정의하고 다시 PA값으로 환산한다.

"PFA = 제품을 도포한 피부의 MPPD/ 제품을 도포하지 않은 피부의 MPPD"

그 내용은 표 14.5과 같다.

표 14.5. UVA 차단 정도 분류

PFA	UVA 차단 정도 분류	UVA 차단효과
2 이상 4 미만	PA+	있음
4이상 8 미만	PA++	상당히 높음
8이상	PA+++	매우 높음

14.5.13. 모발의 형태관찰에 의한 기능측정법

모발의 형태관찰 및 기능측정법은 본질적으로는 피부에 관한 것과 동일하지만 기법의 자세한 내용면에서는 약간 다른 점이 있다.

(1) 형태적 변화 관찰법

모발의 형태적 변화는 절모 및 지모, 열화된 모에 대해서는 육안으로도 판정할 수 있으나 보다 미세한 변화에 대하여 관찰하는 경우에는 모발을 확대시켜 본다.

모발을 돋보기 및 실체광학현미경, 현미비디오카메라로 관찰하는 방법도 있으나 슬프법에 의해 모발표면상태의 레플리카(replica)을 만들고 그것을 투과광 하에서 현미경관찰을 한다든지 사진 촬영하는 방법이 범용되고 있다. 모발표면상태의 상세한 관찰에는 주사전자현미경(SEM)이 미세구조를 해명하는데 사용된다.

(2) 화학적 변화 측정법

손상에 의한 모발의 화학적 변화를 검토하는 방법으로서는 모발의 아미노산 조성, 아미노산량과 단백질량, 알카리 용해도와 알카리 소비량 등을 측정하는 기술이 이용되고 있다.

(3) 물리적 변화 측정법

물리적 변화의 측정에는 모발강도와 모발표면의 마찰계수를 측정하는 방법이 필요하다. 모발강도 측정에는 인장강도, 비틀림 강도에 대한 시험법이 고려되고 있다. 또 마찰계수 측정에는 1본의 모발로 측정하는 마찰계수측정법과 1속의 모발 마찰력을 측정하는 빗질성이라 불리는 방법이 있다.

(4) 모발수분 측정법

모발의 수분을 측정하는 방법에는 건조처리 직후의 모발량을 측정하는 중량법, 시차열 분석법, 화학적으로 수분을 측정하는 칼피셔법, 고주파임피던스를 통한 핵자기공명법 (NMR)이 사용된다.

14.6. 화장품의 품질관리

보다 좋은 품질의 화장품을 소비자에게 제공하기 위해서는 생산단계에서 부단한 노력이 필요한데, 그 노력의 일환으로 품질관리와 GMP에 대해서 서술한다.

14.6.1. 품질관리(QC)와 품질보증(QA)

품질관리 활동은 생산단계에서 제품품질의 유지를 목적으로 설정된 품질목표를 어떻게 경제 적으로 달성할 것인가 하는 것으로 통계적인 이론과 수단을 이용한 통계적 품질관리(statistic quality control)에 의해 실시되었으며 후에는 상품품질의 개선을 목적으로 하는 전사적 총합적 품질관리(TQC, total quality control) 또는 TQM(total quality management)에로 발전되었다.

구체적으로 품질관리를 진행함에 있어서는 plan(P), do(D), check(C), action(A) 의 데밍 (W.E. Deming) 관리 사이클이라 불리는 활동이 필요하고 라센 단계를 올리기 위한 품질향 상을 위해 노력하지 않으면 안 된다. 이 관리 사이클은 구체적으로는 다음에 나타낸 항목을 실행하는 것이다.

(1) 품질에 관한 기업방침 및 목표를 확립
(2) 방침에 적합한 실행계획, 수순 등을 사내 표준으로 설정
(3) 사내표준에 의한 작업

생산된 제품 품질 및 판매된 상품품질이 목표에 부합되는지 여부를 체크, 목표에 따라 진 행되지 못한 경우의 원인파악 및 대처, 대처방법이 유효한지 부적합한지를 체크 등이다.

한편 제품의 품질에 관하여 모니터링하고 그 결과를 보고하는 기능은 품질관리보다는 품질

보증(quality assurance)이라는 용어가 더 맞는다고 볼 수 있다. 공장의 QA부서에서는 여러 가지 방법들을 이용하여 품질을 관리하며 제품의 품질에 관한 정보 데이터베이스 제공한다.

14.6.2. 우수화장품 제조 및 품질관리기준(CGMP)

화장품의 품질관리에 있어서 실무적으로나 법규적으로나 많은 의의를 갖고 있는 것이 GMP(good manufacturing practice)이다. 이것은 본래 의약품 제조에 있어서 1963년 미국에서 제정되었으며 일본에서는 1976년에 도입되었다.

우리나라에서는 1984년 제약업계에 KGMP제도가 도입되었으며, 1990년 4월에 CGMP가 제정되었다. 화장품에 GMP가 도입된 배경으로는 화장품은 인체를 청결히 하고 미화시키며 피부를 건강하게 할 목적으로 사용되며 인체에 대한 작용이 경미한 것이나 화장품은 고객에 대한 신뢰와 안전성, 안정성이 확보되어야 한다. 또한 과학기술의 진보, 생활수준의 향상과 개방화시대를 맞아 치열한 경쟁 등으로 해서 확실한 품질이 보증되는 화장품의 공급이 요구되기 때문이다. 그러므로 CGMP의 실시는 회사 실정에 맞는 우수 화장품의 제조 및 품질관리에 관한 규정(기준)을 제정하고 실천함으로써 품질이 보증되는 우수 제품을 제조 공급하여 소비자보호 및 국민보건향상에 기여함을 목적으로 한다.

이 기술지침은 화장품 제조에 관한 화장품법, 위험물취급법, 고압가스취급법, 공해대책기본법, 노동안전위생법 등 법규류를 고려하고 제조 및 품질관리의 양면을 명확히 할 목적으로 하기와 같은 제조와 품질에 관한 관리 기준을 설정하고 이에 따른 객관성을 높이기 위한 관리자의 이중 체크제를 채용하고 제조책임자와 품질관리책임자를 각 1명으로 하고 최소한 2명의 관리자를 둔다.

(1) 제조면에서의 관리 표준

① 제조관리 표준: 원료, 자재, 포장자재 및 최종제품의 보관관리를 포함한 제조공정, 설비, 기구의 관리
② 제품표준:판매명, 제조허가 년월일, 성분분량, 용법, 용량, 사용상의 주의
③ 제조위생관리 표준: 설비, 기구 및 작업원의 위생관리

(2) 품질관리 기준

원료, 재료 포장자재, 중간 제품 및 최종제품의 채취방법과 채취장소의 지정시험, 검사결과의 판정방법과 책임기술자 및 제조책임자에의 전달방법

즉, 품질관리를 적극적으로 진행한다면 GMP외에도 의약품업계에서 실시되는 연구개발단계에서 GLP(good laboratory practice) 및 병원 등에 임상시험을 의뢰하는 경우의 GCP(good clinical practice) 또는 시판 후 조사에서도 PMS(post-marketing surveillance)에 의해서도 배려할 필요가 있다.

이러한 CGMP 실시에 따른 기대효과로는 다음과 같은 것들을 들 수 있다.

① 품질에 대한 보증을 확보함으로써 화장품에 대한 신뢰성 제고
② 어떤 검체, 제품도 해당 제조단위 전체를 대표할 수 있도록 제조단위 균질성 유지
③ 품질보증, 원가절감, 생산성 향상 등으로 최대 경영이익 추구
④ 정확한 제조, 품질관리 능력과 기술축적(know-how)
⑤ 기업의 이미지 제고
⑥ 경영의 효율화로 경쟁력 강화
⑦ 임직원의 품질의식 향상
⑧ 선진기업으로서의 축적된 기술 활용

14.7. 화장품과 제조물책임(PL)법

14.7.1. 제조물책임(PL)법이란?

제조물책임법 (PL, product liability)이란 제조물의 결함으로 인해 소비자, 사용자 등이 인적, 재산적 손해를 입은 경우 그 손해에 대한 책임을 제조업자에게 묻는 손해배상책임 제도를 말하는 것이다. 우리나라에는 2002년 7월1일부터 PL법이 시행되었는데 이 법이 시행되기 전까지는 피해자가 보상을 받기 위해서는 제조자의 과실로 인해 손해가 발생했음을 피해자가 입증해야 하였으나, PL법 시행 이후에는 제조자의 과실에 상관없이 제품의 결함만 입증되면 제조자가 보상해야 하며 제조자는 제품에 결함이 없음을 입증해야 책임을 지지 않는다.

　제품이 복잡해지고 소비자가 위험에 노출될 가능성이 커짐에 따라 피해가 발생한 경우 제품지식이 많은 기업 측에서 제품결함유무를 입증해야 한다는 무과실책임주의 원칙에 따라 PL법이 대두되었다고 볼 수 있으며, 원활한 소비자 구제, 제품의 안전 확보, 피해구제 비용의 사회적 배분의 목적으로 제정되었다고 말할 수 있다.

14.7.2. 우리나라 PL법의 주요 내용

　PL법은 국가별로 약간씩 다르며 우리나라 제조물책임법은 비교적 소비자와 기업의 형평성을 감안하여 다른 나라에 비하여 한층 완화된 내용으로 되어 있으며 주요 내용은 다음과 같다.

　(1) 대상 제조물

　"제조물"이란 다른 동산이나 부동산의 일부를 구성하는 경우를 포함한 제조 또는 가공된 동산을 말한다(분양 공급주택의 경우는 제외됨).

　(2) 대상 손해

　확대 손해만이 PL의 대상이며 제품 자체의 손해는 대상이 아니고 제품자체의 손해에 대해서는 민법으로 배상이 가능하다. 예를 들면 양치질 중 칫솔의 결함으로 인해 손잡이가 부러져 이를 다친 경우 칫솔 파손에 대해서는 제품자체의 손해로 PL대상이 아니며 치아손상의 경우만이 확대손해에 해당하여 PL대상이다.

　(3) 책임주체

　제조물의 제조, 가공, 수입업자, 제조물에 상호, 상표 등을 표시한 자 등이 책임의 주체가 된다.

　(4) 결함의 개념

　당해 제조물에서 통상적으로 기대할 수 있는 안전성을 결여하고 있는 것으로 이는 제조상의 결함, 설계상의 결함, 표시상의 결함 등 3가지 종류가 있다.

① 제조상의 결함: 제조자의 제조물에 대한 제조, 가공 상의 주의 의무 이행 여부에 불구하고 제조물이 원래 의도한 설계와 다르게 제조됨으로써 안전하지 못하게 된 경우를 말한다.

② 설계상의 결함: 제조업자가 합리적인 대체설계를 채용하였더라도 피해나 위험을 줄이거나 피할 수 있었음에도 대체설계를 채용하지 아니하여 당해 제조물이 안전하지 못하게 된 경우를 말한다.

③ 표시상의 결함: 제조업자가 합리적인 설명, 지시, 경고, 기타의 표시를 하였더라면 당해 제조물에 의하여 발생될 수 있는 피해나 위험을 줄이거나 피할 수 있었음에도 이를 하지 않은 경우를 말한다.

(5) 배상책임기간

피해자가 손해를 입은 때로부터 3년, 제조자가 제조물을 유통시킨 때로부터 10년 내에 제기된 것에 한한다.

(6) 배상 한도

우리나라에서는 특별한 규정이 없으며, 미국의 경우에는 제조자가 패소한 경우 제품안전을 소홀히 한 것에 대한 징벌의 의미로 실제 손해액보다 훨씬 많은 액수의 징벌적 손해배상금이 부과되므로 제조자의 부담이 매우 크다.

(7) 제조자의 면책 사유

① 개발위험의 항변
제조물을 유통시킨 시점의 과학기술수준으로는 결함을 발견하는 것이 불가능했음을 입증하는 경우에는 면책사유가 되며, 예를 들면 의약품 등의 부작용이 이에 해당된다.

② 부품, 원재료 제조업자의 항변
완성품 제조자의 설계가 원인이 되거나 그 지시에 의해서 결함이 발생했다는 것을 입증할 경우 면책사유가 될 수 있다.

③ 제조자가 사고 제품을 유통시키지 않은 사실을 입증할 경우도 면책사유가 될 수 있다.

④ 정부의 부적격한 강제 기준을 지킴으로써 결함이 발생했다는 것을 입증할 경우도 면책사유가 될 수 있다.

14.7.3. PL법에 대한 준비 및 대응 체계

기업의 제조물책임(PL)에 대한 대응책은 크게 PLP(제조물책임 예방대책: product liability prevension), PS(제품안전대책: product safety), PLD(제조물책임 방어대책: product liability defense)로 구분할 수 있다.

(1) PLP(제조물책임 예방대책)

PL사고가 발생하지 않도록 하기 위한 사전 예방 차원의 대책으로, 제품 사전에 대한 경영방침의 확립과 사내 교육 등을 통한 전사적인 PL사고 방지를 위한 마인드를 제고시키고, PL관련 사내 규칙이나 매뉴얼을 제정하는 것들을 들 수 있다.

(2) PS(제품안전 대책)

기획설계단계의 안전대책으로 원재료, 처방, 설계상의 안전성을 확보해야 하며, 제조단계의 안전대책으로는 원료입고, 제조과정, 검사, 출하단계의 안전을 확보하고, 경고 표시상의 안전대책으로는 충분한 경고 표시, 사용상의 주의사항 등을 통한 안전성을 확보해야 한다. 유통판매단계의 안전대책으로는 보관, 운반단계의 안전성도 고려되어야 한다.

(3) PLD(제조물책임 방어대책)

PL사고발생 시 회사의 손실을 최소화 하고 효율적인 사후 대응을 하기 위한 대책으로 소송 시에 대비한 안전관련 문서, 보증서 등을 준비하고 사고 시 처리 및 소비자 피해보산 대책을 수립하며, 전문가 육성을 통하여 소송방어 및 승소를 위한 대책을 수립하며, PL보험가입, 사후 비용처리 방안을 마련하고, 정부기관, 언론, 소비자 단체 등에 대한 대응 등을 마련한다.

14.7.4. 단계별 PL 중점 체크포인트

(1) 개발단계

① 기획조사단계에서 표적이 되는 제품의 안전성에 대하여 조사한다(업계전체 및 자사와 경쟁관계에 있는 제품의 수준, 소비자의 요구, 관련법규, 소송동향 등).

② 제품 사용자와 사용 환경을 고려하여 사용상 예견되는 위험을 간파한다.

③ 위험이 예측되는 것에 대해서는 그 사실 내용을 사용자에게 명확히 알리도록 한다(주의표시, 사용설명서 등).

④ 설계검사 및 각종시험의 실시와 더불어 이들 자료를 정리, 보관 활용한다.

(2) 원료 부자재 구매단계

① 양질의 원료 및 부자재가 공급될 수 있도록 우량업체를 선정한다.

② 납품계약 체결 시 위험의 분담(클레임 보증 조항)을 명확히 한다.

③ 지속적인 품질유지 및 향상을 위해 기술지도 및 관리점검을 강화한다.

(3) 제조단계

아무리 좋은 설계, 좋은 원료 및 부자재, 우수설비로 생산하더라도 작업자들의 높은 품질수준이 없이는 좋은 제품을 생산할 수 없다.

(4) QA 단계

① 제조과정 중 품질관리를 충분히 행하고 고도의 품질보증체계를 확립한다.

② 재발방지가 아닌 불량발생의 예방에 중점을 두어야 한다.

③ 특히 제품의 안전성 내지 신뢰성 확보를 위해 각종 표준 및 절차의 준수상태가 유지되어야 한다.

(5) 유통단계

① 제품의 기능, 품질, 사용법 등을 정확히 표시하여 사용자에게 공지시킨다.

② 과대선전이나 절대 안전, 안전보증 등의 문구사용을 가급적 금한다.

14.7.5. PL법 관련 사례

(1) 외국의 사례

① 미국의 사례
a) 1963년 PL제도 도입 이후 수천 건에 이르는 PL 사례가 있으며 개인 또는 집단에게 수천 달러에서 수십억 달러에 이르는 PL 손해배상이 이루어졌다.
b) 할머니가 운전석에서 커피를 쏟아 허벅지에 3도 화상을 입은데 대해 법원이 커피온도가 필요이상으로 높으며 이에 대한 주위나 경고를 하지 않았다는 사실을 들어 600만 달러 배상을 판결하였다.
c) 다우코닝에서 생산한 실리콘이 유방확대 수술시 부작용을 일으켰다고 판정하여 피해자 집단에게 42억 5천만달러 배상판결을 하였다.
② 일본의 사례: 1995년 7월 도입 이후 2000년 말까지 5년 동안 20여 건의 PL 소송 사례가 발생하였다.

(2) 국내의 사례

① TV를 시청 중 폭발, 화재가 발생한 건에 대해 품질보증기한(5년)이 지났더라도 사용중 TV가 폭발한 것은 제품에 결함이 있는 것이므로 제조사에 대해 5천6백만원 배상을 판결하였다(1998년 2월 서울고법).
② 화장품 피부부작용 관련 5천만원 손해배상 제기(2000년 8월 서울지법)

(3) 화장품에서 예견되는 PL 사례

① 피부부작용
② 스크럽제에 의한 상처 또는 안구손상
③ 용기파손에 의한 상처
④ 이물혼입
⑤ 아기가 먹거나 마심
⑤ 선크림 등에 의한 의류 변색
⑥ 여름철 차안에서의 화장품 파손

14.8. 화장품 사용상의 주의사항

화장품 시행규칙에 의하면, 화장품의 유형별 사용상의 주의사항을 법으로 정하여 놓았는데, 기초화장품 관련 사항은 다음과 같다.

I. 공통 사항

1. 화장품을 사용하여 다음과 같은 이상이 있는 경우에는 사용을 중지해야 하며, 계속 사용하면 증상을 악화시키므로 피부과 전문의 등에게 상담할 것
   가. 사용 중 붉은 반점, 부어오름, 가려움증, 자극 등의 이상이 있는 경우
   나. 적용부위가 직사광선에 의하여 위와 같은 이상이 있는 경우

2. 상처가 있는 부위, 습진 및 피부염 등의 이상이 있는 부위에는 사용하지 말 것
3. 보관 및 취급상의 주의사항
   가. 사용 후에는 반드시 마개를 닫아둘 것
   나. 유·소아의 손이 닿지 아니하는 곳에 보관할 것
   다. 고온 내지 저온의 장소 및 직사광선이 닿는 곳에는 보관하지 말 것

II 개별사항

1. 피부적용 제품류: 미세한 입자가 함유되어 있는 스크럽 세안제
   가. 사용 시 입자가 눈에 들어가지 아니하도록 할 것
   나. 헹굴 때 눈을 감고 눈에 들어가지 아니하도록 할 것
   다. 입자가 눈에 들어갔을 때에는 비비지 말고 물로 씻어내고, 그대로 남아있는 경우에는 전문의를 찾아 상담할 것
   (피부적용 제품류는 어린이용 로션·크림 및 오일, 메이크업 제품, 면도용 제품, 기초화장용 제품을 말한다)
2. 팩: 눈 주위를 피하여 사용할 것
3. 발·염모용 및 눈화장용 제품류: 눈에 들어간 때에는 즉시 씻어낼 것

참고문헌

1. 光井武夫, 新化粧品學, 第2版,, 南山堂, 2001.

2. 鈴木 守, 코스메톨로지 입문 -화장품의 기초지식-, 幸書房 1993.

3. J. Knowlton, Handbook of Cosmetic Science and Technology, Elsevier Advanced Technology, 1993.

4. 우수화장품 제조 및 품질관리기준 (식품의약품안전청 고시 제 2000-59호, 2000. 12. 1.).

5. 제조물 책임법 (법률 제6109호, 2001. 1. 2.).

제 15 장

화장품 산업의 이해

제15장 화장품 산업의 이해

국내 화장품 시장 규모는 2004년 5조3천억 원 수준으로 국내 약 360개사가 경쟁을 하고 있다. 화장품은 기술집약적 산업으로 화장품은 청결과 미용, 피부 보호, 심리적 만족감 등을 목적으로 인체에 직접 사용됨에 따라 소비자의 기호와 화장 습관, 유행에 매우 민감한 패션 상품이다. 특히 제품의 라이프사이클(lifecycle)이 짧아 신상품의 출시 성공 여부가 매출의 중요한 변수로 작용한다. 특히 인체에 직접 사용함으로 화장품 산업은 화학, 생화학, 약학, 생리학 등 기초과학과 응용기술이 바탕이 되는 전형적인 정밀화학 산업이며 기술 집약적 산업이다.

화장품의 워낙 다양한 품종이 존재하며 이들 제품의 생산 역시 소량 생산이 가능하다. 따라서 소규모 자본 투자형 산업이며, 소규모의 전문화 기업이 쉽게 시장에 진입할 수 있는 산업이다. 물론, 품질 안정, 신제품 개발 능력, 유통망 확보 능력, 브랜드 이미지 확보 등 시장 진입 후 안정적 시장 지위 확보를 위한 여러 선결 과제들이 있으나, 다품종 소량 생산 체제에서는 중소기업의 전문화를 통한 시장 진입을 수월하게 하는 요인임에 틀림없다.

현재 아모레퍼시픽(Amore Pacific), LG 생활건강 등 대기업과 코리아나, 한불화장품, 엔프라니, 한국화장품 등 중소기업간 시장이 분화된 시장 경쟁 구조를 보이고 있다. 2004년 매출액이 천억 원 넘는 회사는 아모레퍼시픽(21.5%), LG생활건강(18.5%) 등이다.

화장품의 유통구조는 매우 복잡하고 다양하게 구성되어 있다. 크게 시판과 방판으로 구분되며 시판에는 백화점, 할인점, 슈퍼마켓, 전문점, 인터넷, 홈쇼핑 등이 있으며, 방판에는 신방판(직판), 구방판으로 나눌 수 있다. 특히 화장품의 유통 비용은 화장품 제조 원가에 버금가고 있어 유통 부분이 실질적 진입 장벽이 되고 있다. 이미지 상품으로 특히 브랜드 관리가 매우 중요하며, 각사 별 브랜드 별로 유통 채널이 차별화 되어 있다.

화장품 원료는 화장품 종류 이상으로 다양하며, 기능성 화장품의 증가로 원료가 더욱 다양해지고 있다. 그러나 대부분의 원료는 수입에 의존하고 있으며 수입 의존도가 무려 90%에 달한다. 화장품 원료의 수입 의존도가 높은 이유는 원료 생산업체의 기술력 부족도 있으나 각종 안전성, 효능의 불확실성, 중소기업들의 화장품의 짧은 라이프사이클에 적절한 원료 공급이 어려운 점 등이 있다.

15.1. 국내 화장품 산업

15.1.1. 국내 화장품 시장 동향

2004년 국내 화장품 시장은 경기 회복이 지연됨에 따라 소비심리가 위축되어 화장품 소비도 감소 추세에 있다. 그림 15.1에서 보듯이 시장 규모는 2002년까지는 증가 추세이며 이후는 정체되어 있다. 2004년도에는 장기간의 소비 심리 위축에도 불구하고 고가의 기능성 제품 및 프리미엄 제품군에 있어서 고소득층의 구매력이 미약하나마 유지되고 있는 반면 경기와 가격에 민감한 중 저소득층은 저가 화장품 시장을 선회함에 따라 소비 양극화가 심화되고 있는 것으로 나타나고 있다. 그림 15.1에 국내 화장품 생산액 동향을 나타냈다.

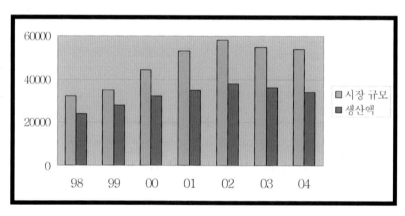

그림 15.1. 국내 화장품 생산액 동향

15.1.2. 국내 화장품의 유형별 시장 동향

유형별 제품 생산을 보면(표 15.1) 기초화장품이 46.1%로 비율이 가장 크며 두발용 제품이 지속적으로 성장하고 있다. 주름 개선, 미백 선 등의 기능성화장품은 13.8%를 점유하고 있다.

표 15.1. 2004년 유형별 화장품 생산 금액 및 점유율

제품 유형	생산 금액(억 원)	점유율(%)
기초화장품	15,855	46.1
베이스메이크업	3,573	10.4
두발 화장품	5,526	16.1
눈 화장품	1,127	3.3
목욕용 제품	723	2.1
어린이용	641	0.9
방향제품	322	4.5
면도용	1,541	4.5
염모용	102	0.3
기능성 화장품	4,735	13.8
계	34,368	100

15.2. 화장품 유통 현황

화장품유통 경로별 시장 규모를 살펴보면 전문점과 직판은 감소하였으며 방판과 백화점이 증가하고 있다.

국내 화장품 유통은 1960년 초부터 본격적으로 제조회사들이 등장하여 판매원을 직접 채용하는 방문 판매의 형태로 시작하였다. 1962년 쥬리아 화장품을 시작으로 태평양, 한국화장품, 피어리스 등이 방판조직을 갖추면서 급속히 성장하였으며 80년 초반에는 전체 화장품 유통의 90% 이상을 차지하였다. 그러나 80년에 들어 매장에 제품을 진열하는 할인코너의 형태가 전문점으로 자리를 잡아감과 동시에 LG생활건강이 전문점 직거래 영업을 시작하면서 방문 판매는 위축되기 시작하였다.

전문점을 통한 화장품 유통은 '90년대 중반까지 호황을 누렸으며 한때 화장품 유통의 80%까지 차지하였으나 지나친 가격할인에 의한 소비자 불신, 소비자 요구의 다양화, 개성화 등으로 전문점 채널은 하락하였다. 특히 대형할인점, 인터넷 등의 등장으로 이들의 입지는 더욱 좁혀지고 있는 게 현실이다.

우리나라 직판유통은 1990년도 코리아나 화장품을 시작으로 1990년대 중반까지 태평양, 한불화장품, LG생활건강, 한국화장품 등이 진출하여 새로운 형태의 유통으로 자리를 잡았으나 근년에 들어 와서는 방판과의 경쟁에서 밀리고 있는 추세이다.

홈쇼핑의 경우 1995년 개국된 이래 지속적인 신장을 이루었으며 GS, CJ 양자 구도에서 현대, 우리, 농수산 3개사가 추가 되어 총5개사가 운영되고 있으며 최근에는 할인점, 인터넷 쇼핑몰이 꾸준히 성장하고 있다.

화장품의 유통시장은 여러 형태의 유통채널이 분화되어 있어 변화가 많으며 소비자의 트렌드와 니즈의 변화를 선행하여 유통을 관리하는 것은 화장품 산업의 발전과 맥을 같이한다고 볼 수 있다. 그림 15.2와 그림 15.3에 각각 국내 화장품 산업의 유통구조 및 국내 화장품 유통 구조별 비중을 나타냈다.

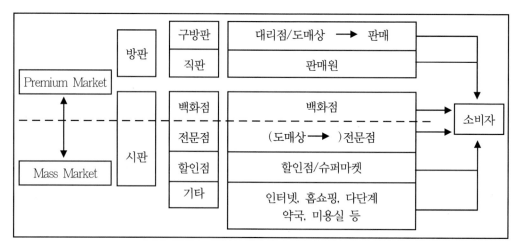

그림 15.2. 국내 화장품 산업의 유통구조

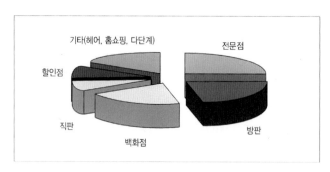

그림 15.3. 국내 화장품 유통 구조별 비중

15.3. 화장품의 수출과 수입

국내 화장품 시장에 있어서 수입 화장품이 큰 비중을 차지하고 있으며 사회 트렌드에 따라 증가와 감소를 반복해 왔지만 수입화장품 시장은 국내 화장품에서 한 축을 담당하고 있다. 화장품은 2004년 수입은 2.7% 감소한 반면 수출은 45.5% 증가하여 뚜렷한 차이를 보이고 있다.(표 15.2). 이는 내수 시장의 한계를 극복하려는 노력으로 해외로의 단독투자, 합작투자가 증가하고 '한류열풍'의 영향도 가미되어 중국과 일본 등 동아시아 지역을 중심으로 국산 화장품의 수요 증가에 따른 결과이다. 그러나 수입 규모는 5억 달러로 무역 역조는 여전히 크며 이의 개선이 국내 화장품 산업의 과제이다.

표 15.2. 연도별 화장품 수출입 실적(1998-2004) (단위: US 1,000$, 증감률%)

연도	수입		수출	
	수입 금액	증감	수출 금액	증감
1998	113,605	-58.1	44,359	5.9
1999	216,733	90.8	44,739	0.8
2000	395,589	82.5	76,492	71
2001	379,459	-4.1	80,142	4.8
2002	520,910	37.3	123,550	54.2
2003	499,191	-4.2	150,647	22
2004	485,871	-2.7	219,010	45.4

15.4. 세계 화장품 산업

세계 화장품 시장은 2002년 3.3%, 2003년 11.4% 등 성장을 계속하고 있다. 2004년 미국과 일본의 시장 점유율이 각각 19.7%, 13.3%로 나타나 여전히 큰 시장 규모를 나타내고 있으며 우리나라는 2.0%로서 세계에서 12번째 시장을 형성하고 있다. 러시아의 경우 전년에 이어 가장 큰 성장을 하였다. 제품 유형별 시장의 변화를 살펴보면 기초화장품과 고급 화장품의 경우 꾸준히 연평균 성장률이 증가하였으며 그 밖의 다른 유형은 특별한 변화를 보이고 있지 않다.

한 국가 간의 산업의 경쟁력을 판단하는 기준은 여러 가지가 있지만 각 나라를 대표하는 기업의 순위를 비교해보는 것도 의미가 있다. 표 15.3에 세계의 10대 기업을 나타냈으며 로레알 그룹이 근소한 차이로 1위를 고수하고 있다. 국내 기업으로는 아모레퍼시픽(태평양), LG 생활건강이 50대 기업에 포함되어 있다.

표 15.3. 세계 10대 화장품 기업 현황(단위: 백만 불, %)

순위	회사 명	매출액	전년대비 신장률
1	로레알	17,663	4
2	프로터앤갬블	16,480	10
3	유니레버	9,323	5
4	시세이도	5,881	4
5	에스티로더	5,790	14
6	에이본	5,200	17
7	바이어스돌프	4,302	3
8	존슨앤존슨	4,000	7
9	알베르토컬버	3,128	13
10	가오	3,007	2

15.5. 국내 화장품시장 전망

15.5.1. 성장성

국내 화장품 시장은 수량 성장에 있어 거의 포화 상태에 이르러 성숙 단계에 들어와 있다. 또한 경기 회복이 지연되고 있는 점도 성장의 걸림돌이 되고 있다. 이를 극복하기 위해 고기능성, 한방 화장품 등 고가 또는 프리미엄 제품의 출시로 성장을 주도할 것으로 예상된다. 그림 15.4에서 보듯이 유통별로 시장 점유율의 변화가 심하며 전체적인 국내 시장은 물가 상승률 정도 성장 추세에 있다.

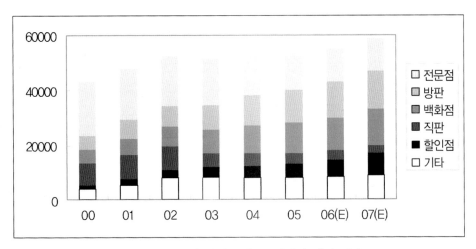

그림 15.4. 국내 화장품 유통 채널별 시장 전망

15.5.2. 수익성

화장품 산업은 초기 설비 투자가 크지 않고 제조 원가 비중이 크지 않은 반면, 브랜드 인지도가 매우 중요해 광고 선전비, 판매촉진비, 판매 수수료의 비중이 높은 편이다. 즉 화장품 회사의 원재료비를 포함한 매출 원가율이 44.3%로 일반 화학 회사의 80~85%에 비해 매우 낮은 편이다.

반면 화장품산업은 광고비와 판매 수수료 등의 판매비와 일반 관리비 비중이 전체 매출액의 약 33%를 상회하여 일반 화학 회사 4.5%에 비해 매우 높다. 특히 화장품 산업은 유통 비용이 매우 높아 광고 선전비가 매출의 10%에 달하며 판매 조직에 대한 성공보스와 관련하여 인건비, 판매 촉진비, 판매 수수료 등이 차지하는 비중이 매출액의 18%에 이르고 있다(그림 15.5).

화장품의 유통비용이 크게 차지하는 이유는 화장품이 최종소비자에게 직접 전달, 사용됨으로써 브랜드 및 상품의 이미지가 매우 중요하게 부각될 수밖에 없으며 유통 채널 별로 완전 경쟁이 불가피하기 때문에 광고 및 조직 관리 비용이 타 산업에 비해 클 수밖에 없다. 결국, 제조 원가를 제외한 판매관리비 비용에서 각 업체별로 유통비용 및 조직 관리를 얼마나 효율적으로 운용하느냐가 업체의 수익성의 주요 관건이 된다. 특히 각 유통 채널 별로 시장 경쟁이 갈수록 치열해지고 있는 상황에서 초저가 브랜드숍(brand shop)의 등장으로 중저가 시장의 경쟁 심화로 관련업체의 비용 효율화가 수익성의 중요한 변수로 작용한다.

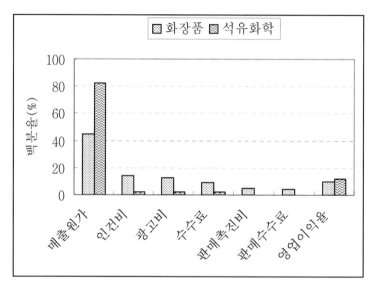

그림 15.5. 국내 화장품 산업 비용구조

참고문헌

1. 한국 보건 산업 진흥원, 보건산업 백서, 135, 2002.
2. 한국 보건 산업 진흥원, 보건산업 기술동향, 통권 18호, 2004.

찾아보기(한글, 가나다순)

( )

가소제 94, 226, 311, 353
가스크로마토그래피 128, 421
가용화 95, 97, 139, 144, 145, 169,
172~178, 207, 237, 247, 316, 348, 361
가용화제 95, 144, 173~177, 237, 361
각질박리 47
각질층 46, 47, 50~53, 55, 60~62, 64,
74, 89, 103, 150, 230, 233, 236,
249, 276, 419, 422
각질층 수분측정법 421
각질층의 150
감작성 379, 410~412, 415
개체 내 좌우비교시험 417
검믹서 195, 197
검화 · 염석법 94, 346
결합제 264, 266, 268, 269
계면 95, 98, 115, 139, 141, 144,
145, 154, 159, 162, 164, 170
계면장력 140, 154, 168, 169, 184, 348
계면화학 139
계면활성제 79, 88, 94~98, 113,
143~146, 148, 149, 152, 155,
157~164, 168, 170, 172~177, 185,
186, 188, 193, 217, 233, 234, 237,
245, 260, 272, 282~284, 295, 299,
302, 305, 310, 323, 331, 334, 348,
353~356, 360, 361, 407, 411
고급알코올 83, 86, 87, 272
고급지방산 82, 97, 157, 162, 163,
272, 340, 351
고급지방산비누 95
고분자 82, 88, 91, 92, 143, 180,
197, 220, 299
고분자계면활성제 98
고속액체크로마토그래피 129
고착제 324, 325
고체 80, 83, 178, 179, 184, 295,
347, 353, 359
곰팡이 167, 405
과립층 46, 47
과안정성시험 377
광감작성 379, 412
광구병 218
광노화 58, 102, 103, 387, 389, 425
광독성 135, 379, 411, 412
구진 55, 415
군간비교시험 416
굴절율 128, 219, 258, 271, 273

그린   131, 133
극성   128, 159, 171, 173, 184
글리세린   81, 90, 94, 98, 158, 169,
             258, 272, 311, 345, 346, 351
글리코스아미노글리칸   46, 61, 103
금속   112, 113, 214, 216~218, 220,
                    223, 334, 409
금속비누   152, 186, 296, 354, 360, 366
금속이온봉쇄제   323, 331, 334, 350
기계성형법   347
기능성화장품   23, 25, 26,
       377~380, 381~385, 387, 388,
       390, 392~394, 425, 444
기모근   46, 50, 63, 64
기저층   46, 47, 64, 276, 386
기체   139, 140, 141, 178, 216, 219, 394
기초화장품   82, 134, 150, 193, 229,
       230, 240, 275, 304, 415, 417, 418,
                421, 439, 444, 447
기포   198, 299, 302, 310, 350, 355,
                356, 358, 359

( )

나노에멀젼   169, 172
나이론파우더   259
나이아신아마이드   103
내모근초   64
내부식성   217
내상   84, 154, 169

내약품성   111, 114, 216, 221
내충격성   220, 221
내후성   221
네일락카   180, 185
네일에나멜   288
농종   56
농포   56
니트로셀룰로오스   94
니트솝   344, 345, 347, 349~351

( )

다가알콜에스터 타입   98
다중유화   169
닥나무추출물   385
단분자   145
대전방지   95, 97, 144
데스모좀   47
독성   158, 407, 409
동마찰계수   258
동백오일   81
드레이즈법   412
등방성   172
등전점   324
디메틸폴리실록산   88
디상유화법   168
디알킬디메틸암모늄클로   96
라이드   69, 80, 83, 96, 97, 111, 158,
       216, 294, 315, 317, 318, 350
디하이드로콜레스테롤   51, 387

( )

라놀린   83, 87, 186
라우린산   85, 272
라포나이트   93
랑겔한스세포   46
레벌충진기   202
레이크   109~111, 186, 277, 325
레티놀   101, 102, 387
레티닐팔미테이트   387, 390
로션   39, 109, 134, 178, 193, 195,
198, 219, 221, 240, 243,
245, 306, 333, 339
로즈힙 오일   80
로하스   26
루즈   34, 35, 276, 279
루타일   114, 273
르네상스   34
리본블렌더   200
리파아제   55
리포좀   25, 98, 170, 171, 199, 392
리포프로텐인   52
린스   96, 134, 221, 293, 301~304,
306, 383
립라이너   278
립스틱   82, 84, 86, 88. 110~112, 134,
173, 178, 180, 182, 186, 201, 272,
277, 278, 381, 402

( )

마스카라   186, 194, 282, 283, 285, 286
마스크   249, 251
마스터셀   46
마이셀   144~146, 172~174, 177, 178
마이크로에멀젼   154, 155, 172, 234
마이크로크리스탈린왁스   84
마이크로플루다이저   202
마이크론이하에멀젼   154
마찰   66, 295, 324, 339
마크로에멀젼   154
망상층   46
매분구   40
메쉬   207, 243
메이크업베이스   275
메틸셀룰로오스   92
메틸페닐폴리실록산   88
멜라노사이트   46, 51, 57, 65, 75,
100, 386, 425
멜라노좀   51, 99
멜라닌   51, 64, 66, 99, 386
멜라닌색소   50, 51, 58, 65, 69, 75,
319, 321, 323, 325, 326, 386
면포   55
멸균장치   207
모간   63, 64, 66, 72
모근   63, 64, 333
모수질   64, 66
모유두   55, 63, 64, 314, 317

모포 49, 63, 64
모피질 64, 66, 67, 72, 73, 320, 321
무기안료 112, 179, 180, 182, 186, 273, 325
무스크 125
뮤코다당류 46
미녹시딜 315, 317
미리스틴산 85, 87, 157, 272
미백 23, 27, 32, 79, 99, 230, 377, 378, 388, 409, 418
미백화장품 99, 385
밀납 82, 272

( )

바디세정제 354, 356~358
바디워시 354
바디클렌저 342, 354
박가분 40
박층크로마토그래피 129, 421
반영구염모제 320, 321, 323
발생기법 162
발수성 89, 269, 273
방부제 95, 163, 195, 237, 245, 272, 405, 406, 411
방향화장품 372, 374
백분 35, 40, 41
백색안료 114, 273, 350
백탁도 157
베타카로틴 112, 386

벤잘코늄클로라이드 97, 406, 407
변이원성 413, 414
변조제 133
변취 134, 224, 261, 400, 404
보론나이트라이트 117
보류제 133
보습제 89, 91, 101, 156, 163, 171, 240, 244, 249, 258, 272, 289 317, 331, 351
보습효과 354, 356
보조계면활성제 172, 360
보조유화제 85, 86, 159
복합미립자 118
복합비누 350
볼밀 187, 199, 204
볼연지 279, 280
1,3 부틸렌글리콜 367
부향율 41, 134, 373
분사제 311, 313, 316, 327, 371
분산 92, 95, 97, 105, 115, 117, 139, 142~145, 150~153, 165, 169, 173, 178, 179, 181~183, 185~187, 194, 195, 197~199, 201, 202, 219, 242, 252, 258, 261, 267, 271, 276, 284, 299, 300, 304, 323, 350, 356
분산계 141, 143, 178~186, 201
분산기 197, 204
분산매 141, 142, 179, 180, 182~187
분산상 141, 143, 150~155, 165, 169, 186
분산제 95, 144, 179, 180, 185~187
분산질 179, 180, 182, 183, 186

분산콜로이드 143
분자분산 142
분자콜로이드 143
분체 56, 107, 116, 118, 152, 181, 182, 185, 258, 362
불검화물 344, 346
불화탄소 89
브라운운동 165
비누 35, 40, 75, 85, 96, 133, 134, 236, 296, 340~348, 350~352, 354, 355, 367, 372, 403
비누소지 344, 347, 350, 351
비드밀 201, 204
비듬균 300
비이온계면활성제 97, 147, 152, 155~157, 168, 173, 187, 193, 271, 304, 312, 331, 356
비중 84, 116, 128, 131, 165, 188, 221, 300, 350, 358, 401, 404, 446, 447, 449
빈랑자추출물 387, 390

( )

사용성 26, 87, 117, 139, 155, 225, 260, 273, 333, 393, 399, 400, 403
사용성 시험 415
사이클로메치콘 88, 366
산가 128, 147
산탄검 92, 237, 241, 248, 251
산화방지제 79, 163, 195, 242, 246, 249, 260, 270, 322, 323, 325, 350

산화아연 34, 105, 152, 180, 207, 258, 273
산화염료 320~323
산화제 70, 273, 320, 321, 323, 325, 329~331
산화티탄 105, 115, 152, 251, 259, 350, 362
상백피추출물 386
상분리 166
색상 60, 82, 110, 113, 114, 201, 216, 238, 258, 262, 263, 271, 273, 275, 277~279, 280, 287, 319, 321, 322, 324, 325, 361, 365, 401, 402, 420
색소 34, 46, 52, 65, 66, 68, 106, 107, 109, 111, 112, 180, 201, 216, 245, 264, 268, 271, 276, 277, 286, 288, 350, 386, 411, 425
색의 3속성 262, 263
색의 표시 263
색조 81, 110, 178, 179, 182, 262, 277, 402, 421
색조화장품 134, 150, 179, 180~183, 186, 188, 293, 300
생식독성 380, 414
샴푸 25, 36, 66, 72, 73, 94~97, 109, 110, 133, 134, 221, 293~299, 301~303, 308, 319, 356, 372, 383, 413
선광도 128
선크림 247, 438
섬유아세포 46, 59, 61, 414
세구병 218, 219

세균   47~50, 55, 56, 167, 207, 350,
                                         369, 414
세라마이드   79, 88, 89, 101, 103,
                                172, 230, 231
세레신   84
세리나   100
세스퀴테르펜   127
세안제   56, 233, 234, 236, 439,
세정   24, 95, 144, 217, 219, 230, 233,
              236, 244, 295~297, 305, 340,
         346, 348, 354, 359, 367, 377, 405
세토스테아릴알코올   86, 327
세틸알코올   86, 160, 272, 304
세틸옥타노에이트   87, 241
세포외기질   46
소수기   143, 145, 148
손톱   25, 62, 64, 74, 75, 178, 288
수분 투과성   216
수중유적형   151
쉬프레   131, 133
슈퍼옥사이드디스뮤타제   104
스쿠알란   83, 84, 258, 272
스테아린산   85, 156, 157, 272
스테아릴알코올   86, 272
스파이시   132
습식성형아이새도우   281
습윤   95, 144, 182~184
시벳   125
시스테인   62, 66, 68, 70, 329~331
시트러스   131
시판   41, 114, 343, 412, 433, 443

실리콘 오일   169, 258, 267
심상성좌창   54

(ㅇ)

아나타제   114, 115, 273
아데노신   101, 102, 387
아실메틸타우레이트   96
아실아미노산염   96
아이라이너 94, 178, 186, 194, 284, 286, 287
아이브로우   285, 287, 288
아이새도우   257, 264, 280, 282, 288, 402
아조계염료   109
아토마이저   199
아포크린선   48, 49
안료   27, 32, 82, 87, 95 107, 109~112,
      114, 115, 117, 118, 144, 150, 152, 156, 163,
      178~180, 183, 185~187, 194, 207, 258, 269,
               271, 277, 282~286, 324, 325, 407
안전성   26, 79, 81, 92, 95, 97, 107,
      111, 133, 135, 214, 221, 271, 272, 318, 354,
      377, 379, 381, 387, 390, 393, 395, 399, 400,
           403, 407, 410~412, 415, 416, 432,
                                434, 436, 443
안점막자극성   135
안정성   26, 86, 92, 99, 110, 113,
           115, 133, 139, 143, 152, 153, 155,
      158~162, 164, 166, 167, 170, 176~178,
      180~182, 184, 188, 224, 277, 287, 330,
      350, 356, 361, 391, 393, 399, 400~403

안트라퀴논계염료 110

알데히드 129, 132, 133

알러지 409, 412

알부틴 99, 385, 425

알킬에테르인산염 96

알킬황산에스터염 95

압력성형 220

압축가스 310, 312, 316

애니멀 132

액정유화 170

액체 80, 84∼86, 91, 139, 141, 150,
153, 163, 178, 179, 183, 184, 198, 207,
295, 354, 394

액체크로마토그래피 129

앰버그리스 125

약물전달시스템 171

양이온계면활성제 96, 302, 303, 307

양쪽성계면활성제 299, 351, 360

에나멜리무버 289

에르고스테롤 51

에멀젼 81, 88, 93, 144, 150∼164,
167, 169, 172, 178, 182, 202, 240, 242

에몰리엔트 80

에센스 24, 92, 93, 173, 247, 248, 250

에스터 81, 82, 87, 95, 128, 129, 216

에어졸 142, 316

에크린선 48, 49, 50

에틸렌옥사이드/프로필렌옥사이드
공중합체 타입 98

엘라스틴 46, 61, 103, 171, 387, 392, 423

여과 117, 154, 205, 207

여드름 54∼56, 99, 275, 394, 406

역마이셀 173

역삼투압 205, 241

연속상 141, 143, 150∼153, 155,
157, 165, 168

연지 35, 38, 40, 41 279

열가소성 219

열경화성 220

염료 34, 107, 109, 110, 113, 153,
177, 276, 277, 282, 324, 325, 353

염모제 25, 134, 293, 319, 321,
323∼325, 329

영구염모제 294, 320∼323

오데코롱 24, 370, 373

오리엔탈 132, 133, 297, 373

올레인산 80, 81, 85, 156, 157, 160,
241, 326, 343, 344, 357

올리브오일 123, 141, 312

왁스 69, 80∼82, 84, 150
164, 244, 272, 277, 282∼284, 286, 288, 325,
333, 334, 353

완충용액 238

외상 84, 169

용출 67, 72, 110, 215, 224

용해도 92, 96, 145, 163, 171∼173,
176, 331, 356, 430

용해도지수 185

우디 131, 132, 134

웰빙 26

유극세포 47

유극층 46, 47

유기안료　　　　111, 179~182, 186, 325
유기합성색소　　　　107, 324, 325
유동파라핀　　　83, 84, 156, 159, 160,
　　　　　　　　258, 272, 307, 411
유두층　　　　　　　　　　46
유리　　　127, 187, 214~216, 218, 221,
　　　　　　　　225, 345, 378
유상　　　140, 149, 156, 160~163, 166,
　　　168, 169, 172, 176, 177, 193~195,
　　　　　　　　198, 242, 286
유액　　　41, 142, 240, 240~242, 244,
　　　　　　　245, 247, 248, 286
유연제　　　96, 237, 248, 249, 272, 334,
유용성　　　26, 110, 150, 159, 171, 216,
　　　　　　　361, 374, 399, 400
유용성감초　　　　　　385
유중수적형　　　　　　151
유지　　　23, 41, 46, 47, 50, 52, 53, 55,
　　　　　70, 71, 73, 80, 81, 89, 103, 113,
　118, 123, 139, 140, 165, 182, 219, 229, 230,
　232, 240, 261, 264, 265, 277, 279, 293, 294,
　299~301, 308, 309, 317, 323, 325, 329, 331,
　341~343, 345, 346, 350, 351, 354, 361, 402,
　　　　407, 408, 411, 422, 431, 437, 444
유화　　　34, 86, 95, 97, 98, 139, 140, 144,
　　　150, 152~154, 157~159, 161~163,
　　168~170, 173, 176, 178, 193, 194, 198,
　　　203, 242, 272, 282, 283, 286, 304,
　　　　　312, 323, 331, 411
유화기　　　　　154, 196, 197
유화제　　　83, 85, 95, 97, 144, 150~152,

　　　155, 157, 159~162, 162, 163, 166, 168,
　172, 219, 245, 271, 284, 286, 304, 312, 381
유효성　　　26, 79, 139, 377, 379, 381
　　　　　　　393, 395, 416
육모제　　　　313, 315~318
음이온계면활성제　　　95, 144, 157, 295
　　　　　　　299, 301, 351, 355
응력 시험　　　　　　402
응집　　　98, 164~166, 179, 182, 183, 400
의약부외품　　　　　107, 406
이소스테아린산　　　　　85
이소스테아릴알코올　　　　86
이소프로필미리스테이트　　　87, 366
이온교환수지　　　　　205
이중맹검법　　　　　　417
인돌　　　　　　　　122
인장강도　　　　　71, 73, 430
인지질　　　　　　89, 170, 172
일시염모제　　　　　324, 327
임계마이셀농도　　　　145, 173
입욕제　　　　134, 360~362, 364

(ㅈ)

자극　　　49, 50, 55, 57, 60, 61, 73, 87, 90,
　103, 123, 177, 261, 278, 282, 285, 295, 305,
　309, 311, 317, 339, 386, 405, 407, 409, 414,
　　　　　　　415, 439,
자기유화형　　　　　158
자연노화　　　　　　58, 387

자외선　　　23, 31, 33, 36, 50, 51, 55, 57,
　　　58, 61, 73, 101, 104, 106, 216, 217, 241,
　　　267, 273, 275, 305, 339, 377, 379, 386,
　　　389, 391, 412, 415, 425~427, 429,
자외선산란제　　　105
자외선차단 화장품　　　377, 388
자외선차단지수　　　427, 429
자외선흡수스펙트럼　　　129
자외선흡수제　　　104, 195, 242, 412
잔틴계염료　　　110
적외선흡수스펙트럼　　　129
전상　　　163
전상법　　　162
전상온도　　　164, 168
전상유화　　　164
전상유화법　　　168
전상점　　　162
점유율　　　447
점증제　　　91~93, 116, 258, 332
접촉각　　　170, 180, 183, 295
정발　　　25, 41, 293, 304
정유　　　127, 128, 173, 373, 374
젖산나트륨　　　91
제모제　　　293, 333, 334
제조공정　　25, 341, 344, 352, 360, 402, 432
제트밀　　　204
조갑　　　74
조곽　　　75
조모　　　74, 75
조반월　　　74
조분산　　　142

조상부　　　74, 75
조상피　　　75
조향사　　　133
종이　　　214, 218, 224
주름　　　58, 60, 61, 99, 230, 339, 387,
　　　387, 425
주름개선 화장품　　　377, 378, 387
주형　　　53, 419
중화제　　　242, 359
지방산　　　82, 83, 85, 88, 96, 103,
　　147, 152, 158, 162, 164, 173, 186, 217, 259,
　　　341, 343, 345, 346, 350, 353, 355
지방알코올　　　95, 147
직쇄　　　83, 174
직판　　　443, 445
진주광택안료　　　113, 115
질량분석　　　128

（ㅊ）

착색안료　　　113, 114, 180, 186, 273
천연계면활성제　　　98
천연보습인자　　　53, 91
천연색소　　　107, 111
첩포시험　　　415
체질안료　　　113, 180, 273
초음파유화기　　　199
충진기　　　202, 359
측쇄　　　52, 70, 174
치수안전성　　　221

치오글리콜산 330~334
친수기 95, 97, 98, 143, 145, 146,
148, 162, 356
친유기 95, 98, 143, 146, 176

( )

카나우바왁스 82, 272
카라스민 112
카로틴 51, 52
카르복시비닐폴리머 92, 93, 237, 357, 366
카스토레움 125
카이네틴 102, 387, 390
케라토히랄린 47
케라티노사이트 46, 51, 64, 99
케라틴 47, 62, 64, 66, 68, 70, 74, 305, 314
코엔자임큐-10 104
코키닐 112
콜드크림 36, 151
콜라겐 46, 61, 91, 102, 103, 171,
387, 392, 423
콜로이드 84, 141~143, 179
콜로이드밀 187, 198, 346
콜로이드분산 142
콤팩트 214, 221, 222, 265~270
퀴놀린계염료 110
크로스오버법 417
크리밍 164, 165
크림 35, 36, 40, 83, 86, 95, 366, 413,
439, 150, 155, 156, 158, 159, 162, 170, 178,

193, 195, 218, 219, 221, 240, 241, 244, 245,
247, 282, 332~334
크산토필 52
클렌징크림 24, 245

( )

탄화수소 82, 83, 89, 129, 173, 216,
272, 350
탈색제 293, 320, 321, 325
테르펜 127
테스토스테론 54, 314
투과성 50, 105, 220
투웨이케익 269, 404
튜브 202, 217, 223
트리페닐계메탄염료 110
티로시나제 51, 99, 101, 386, 391
티로신 51
틴달효과 154

( )

파라핀 83, 84, 334
파마액 293, 328~331
파우더파운데이션 267
파운데이션 24, 88, 93, 117, 118,
134, 178, 257, 265, 269~271, 275,
279, 381, 413
파이프라인믹서 203

팔리세이드 173
팔미틴산 80, 85, 272
팩 24, 40, 94, 234, 249~251, 439
퍼머넌트웨이브 25
페로몬 121
페이스파우더 134
포토크로믹안료 118
폴리비닐알코올 94, 251, 252
폴리비닐클로라이드 216
폴리비닐피롤리돈 94, 251, 311
폴리스타이렌 216
폴리에틸렌 216, 221, 222
폴리에틸렌글리콜 91, 98, 241
폴리옥시에틸렌알킬에스터황산염 96
표면 45, 47, 49, 50, 94, 139, 145, 153, 165, 181~185, 198, 216, 220, 262, 282, 283, 299, 306, 359, 419, 426
표면장력 140, 145, 184
표색계 264
표피 45~48, 50, 51, 60, 61, 63, 68, 102, 103, 386, 419, 420
표피돌기 46
표피형태의 측정법 419
프로펠러믹서 193, 197
프로필렌글리콜 90, 241, 258, 272, 351
플라스틱 152, 214, 215, 217, 218, 222
피가용화물 175, 176
피구 53, 58, 60
피나스테라이드 315
피막제 94, 250, 252
피문 53

피부pH 측정법 424
피부상재균 55
피부온도 측정법 424
피부자극성 334, 356
피부자연보습인자 230
피부지질 47, 50
피지 47, 54, 55, 61, 63, 230, 233, 258, 259, 265, 294, 305, 314, 339, 419
피지분비 48, 298, 317
피지선 46, 47, 54, 55, 62, 69, 232, 276, 368
피지측정법 420
피커링유화 170
피토클리어이엘원 390
필름형성제 93
필오프팩 250

(ㅎ)

하이드록시애시드 102
한선 48
할인점 443, 446
할인코너 445
합성마이카 117
합일 164, 166, 170
항복치 170
항상성 124, 230
핵자기공명 129
핸드로션 241, 367
핸드새니타이저 340, 367

핸드워시   25, 33, 340
향수   35, 40, 123, 132, 134, 173,
                             218, 372, 373, 374
향신료   34
헤모글로빈   51, 52
헤어무스   134, 310, 312
헤어사이클   64, 65
헤어스타일링   310
헤어스프레이   134, 310, 312
헤어왁스   293, 312
헤어젤   309, 312
헤어트리트먼트   293, 305, 306
현탁액   142, 179
혈류량   50
혈류량의   61, 317, 424
호모게나이저   202
호모믹서   203, 242
혼합비누   353
홈쇼핑   443, 446

화장수   24, 31, 40, 91, 92, 97, 109,
              110, 134, 169, 177, 218, 219, 221,
                             236~238, 240, 247
화장품법   23, 26, 107, 229, 377, 418, 432
화장품유통   445
환원제   70, 329~331, 333, 334
회합   145, 165
회합콜로이드   143, 146
후레이킹   309
후로랄   131, 297, 373
후루티   132
후점막   123
후제아   132
휘광성안료   180
흡착   95, 144, 183, 186, 216, 295,
             299, 300, 302, 304, 307, 320, 324
히아루론산   46, 79, 91, 102, 103, 272
히아루론산나트륨   91

찾아보기(영문, 알파벳순)

(A)

AA-2G®	100
ABS	219, 221, 222
acid value	128
adenosine	387
adjuvant and patch test	411
aerosol	142, 310
affinity	161
aggregation	165
AHA	102, 103, 383
aldehyde	128, 130, 132
alkyl amido propyldimethyl amino acetic acid betaine	97
alkyl dimethyl ammonium chloride	96
alkyl ether phosphate	96
alkyl sulfate	95
allergy	409, 410
ambergris	125, 132
amino acid gel method	169
amphiphilic	144
amphoteric surfactant	97
ample	394
anagen	64

anatase	115, 259, 273
animal	132, 133
anionic surfactant	95, 299
anthraquinone dyes	110
anti-acne	230
anti-foaming	149
anti-oxidation	230
anti-sunlight	230
anti-wrinkle	230
antiperspirants	369
apocrine sweat gland	48
apron roll	201
arbutin	99, 385, 425
aromachology	124
aromatherapy	124, 372
arrector pili muscle	63
AS	221, 222
ascorbyl glucoside	385
association colloid	143
astringent	163, 236
atomizer swing hammer	199
atractylodis rhizome	100
auber	63
avocado oil	81
azo dyes	109

(B)

B16 melanomacell	100
back injection eye shadow	281
ball mill	179, 187, 199, 204
base make-up	264
base note	133
beads mill	201, 204, 205
bees wax	82, 160, 243
benzalkonium chloride	97, 237, 406
BHT	242, 342
binder	266, 268, 269
binding agent	266
bleach	293, 321, 325
bleeding	187
blooming	265
body cleanser	354
body wash	354
boron nitrite	117
branched chain	174
Brookfield	404
broussonetia extract	385
Buehler method	411
1,3 butylene glycol	90, 235, 239, 249, 287

(C)

CAAT	416
camellia oil	81
candelilla wax	82, 278
carathmin	112
carnauba wax	160, 278, 288, 312
castor oil	160
castoreum	125, 132
catalase	104
cationic surfactants	96
cavitation	199
ceramide	89, 230
ceresin	84, 278
cetostearyl alcohol	86, 235
cetyl alcohol	86, 159, 160
cetyl octanoate	87
CGMP	432, 433
chamber	203
chiller	196, 198
chitin	91
cholesterol	48, 159, 195
chypre	131
CIE	264
cinnamic acid	104
citric acid	102
citrus	131
civet	125, 132
cleansing	230
cleansing cream	233, 235
clearness	230
Cleopatra	230
CMC	67, 72, 145, 173
coagulation	164, 165
coalescence	164, 166, 170

coarse dispersion 142
cochineal 112, 276
coemulsifier 86
coenzyme Q-10 104, 390
collagen 46, 423
colloid 142
colloid mill 179, 187, 198
colloidal dispersion 142
color perception 263
color sensation 263
combi bar 341, 350, 353
comedon 55
compact 266
conditioning 293, 297
contact angle 183
continuous phase 141
controlled release 171
cortex 64, 320
cortical cell 67
cosmeceuticals 377
cosmetics 377
cosurfactant 172
cover make- up 268
cream foundation 274
creaming 164
critical micelle concentration 145
crossover test 417
cryzy 107
catagen 64
curling 283

cutometer 423
cyclomethicone 88, 272
cysteine 329, 330

(D)

D & C 109
D-Phase Method 168
Davies 148
DDS 171
7-DHC 102
depilatory 293
dermal papilla 63
desmosome 47
dimethylpolysiloxane 243, 299
disper mixer 194, 197
dispersant 179
dispersed colloid 143
dispersed phase 141
dispersed system 141
dispersion 139, 141, 178
dispersion medium 141, 179, 183
dispersoid 179, 180
DLVO 165
double blind test 417
Draiz 410
dull color 263
dye 109, 277

(E)

eccrine sweet gland	48
ECM	103
EDTA	298
efficacy	139
elastin	46, 423
ellasic acid	100
emollient	272
emulsification	150, 242
emulsion	139, 142, 150, 240, 244, 284
enamel remover	289
endocuticle	67
ephicuticle	66
eponychium	75
ergosterol	51
essential oil	173, 373
ester	272
ester value	128
ethyl ascorbyl ether	385
ethylene vinyl alcohol copolymer	221
ethylhexyl myristate	87
eumelanin	65, 66, 73
evaporimeter	422
EVOH	221
exocuticle	66
ext D &C	109
extracellular matrix	46, 103
extruder	221
eye brow	287
eye irritation	412
eye liner	178, 284
eye shadow	178, 280

(F)

face powder	265
fatty acid	85, 173
fatty alcohol	86, 173
FD & C	109
FDA	109, 277, 426, 428
fibroblast	46
finasteride	315
fixative	133, 324
flaking	309
flavonoid	100
flocculation	164, 165
floral	130~133, 373
fluorocarbon	89
foam	142
foam cleansing	233
Fougere	132
foundation	178, 271
fragrance	372
friction	299
fruity	132, 133

(G)

GAGs	46

gas 139

GCP 433

GLP 380, 433

gluconolactone 103

glycerin 90, 158, 235

glycolic acid 102

glycosaminoglycan 46

GMP 405, 431~433

green 130, 131, 373

Griffin 148, 187

guinea pig 410, 412, 425

gum mixer 195, 197

(H)

H2O2 104

hair dye 293, 319

hair follicle 63

hair mousse 293

hair root 63

hair shaft 63

hair spray 293

hair styling 293

hair treatment 293

hair wax 293

hairless mouse 425

hand sanitizer 367

hand wash 367

HDPE 221

Henschel mixer 199

hermitic container 394

HLB 98, 146, 148, 149, 152, 155, 159~161, 168, 174~176, 178, 187, 361

homeostasis 124, 230

homomixer 163

homosalate 388, 428, 429

hot stamp 224

HPLC 128, 129, 393

hyaluroinic acid 46

hybrid fine powder 118

hydrocarbon 83, 141

hydrocolloid 142

hydrogel 250

hydroxyprorine 390

(I)

ICID 381

IFRA 135

in vivo 425

in-vitro 99, 393

INCI 79

indol 122

inner root sheath 64

interface 139

interfacial tension 140

intrinsic aging 58, 387

IR 128

irritation 409

isoelectric point 324

isopropyl myristate	87, 272
isostearic acid	85
isostearyl alcohol	86
isotropic	172

(J)

jet mill	204
jet print	224
jet printer	202
jojoba oil	81, 278
Joule-Thomson	204

(K)

keratin	305, 314
keratinocyte	46, 59
kinetin	390

(L)

lactic acid	102
lake	109, 110, 186, 276, 277, 325
Langerhans' cell	46
lanolin	83, 160, 266
laponite	93
lasting note	133
lauric acid	85, 160, 235
LC	128, 129
LD50	413

LDPE	221
lethal dose	413
LG 106-W®	100
lifting	230
light resistant container	394
lightness-L	263
lip liner	278
lip stick	178, 275
liposome	25, 170, 392
liquid	139
liquid crystal emulsion	170
liquid paraffin	83, 156
loose powder	266
lot	193, 402
lyophilic colloid	142
lyophobic colloid	142

(M)

MA	103
macademia nut oil	81
macroemulsion	154
magnesium ascorbyl phosphate	385
magnesium stearate	265~267, 280
main mixer	193, 195, 198
make-up	178
make-up base	275
malassezia	300
manicure	288
mass spectrometry	128

matrix metalloproteinase 103

maximization test 411

MED 427~429

medowfoam oil 80

melanin 319, 425

melanocyte 46, 63, 386, 425

Melasolv® 100

melting point 195

mesh 196, 207

metalic soap 266

methyl cellulose 92, 239

methylphenylpolysiloxane 88

mevalonic acid 103

micelle 142, 173

micellization 145

microbiostasis 406

microcrystalline wax 84, 278

microemulsion 154, 172

microfilter 196

Microfluidizer 202

middle note 133, 373

minimum persistent pigment dose 429

minoxidil 315

MMP-1 103

MNC 394

modifier 133, 322

Mohs 203

moisturizing 230

molecular colloid 143

molecular dispersion 142

monomer 145, 283, 285, 286, 311

MPPD 429

mRNA 101

mucopolysaccharides 46

multiple emulsion 151, 169, 392

Munsell book of color 264

musk 125, 131

mutagenicity 413

myristic acid 85, 157

(N)

n-acylamino acid salt 96

NA 103, 108

nail bed 74

nail enamel 288

nail lacquer 178

nail matrix 74

nail plate 74

nail wall 75

nascent soap method 162

natural surfactant 98

neat soap 344

niacinamide 103

nitrocellulose 289

NMF 53, 89, 230, 233

NMR 128, 129, 431

nonionic surfactants 97

nozzle 204, 288

(O)

O/W   149, 160, 248
O/W/O   169
octyl methoxycinnamate   105, 247, 274
oil   149, 157, 173
oil phase   140, 160, 172
oil soluble licorice (glycyrrhiza) extract 385
oleic acid   86, 157
olive oil   80, 278
onychoschsis   75
optical rotation   128
organic pigment   111
organocolloid   143
oriental   132
orifice   203
Ostwald ripening   166
OTC   426
out-sourcing   395
oxidation dye   320
oxydizing agent   320, 329

(P)

p-aminobenzoic acid   104, 388
PA   206, 429
PABA   104
palisades   173
palmitic acid   85, 235
paraffin   83

patch   250
PC   170, 221
PE   216, 221
peel-off   250
pellet   347
perfume   123
perfumer   133
Periflux   424
permanent hair dye   320
permanent wave   293, 328
PET   219, 221, 222, 225
PHA   103
pheomelanin   65
pharmaceuticals   377
phase   139, 152, 242
phase separation   166
pheromone   121
phospholipid   170
photo-aging   58
photo-allergy   409
photo-irritation   409
photochromic powder   118
phototoxicity   411
phytosterol   195
Pickering emulsion   170
pigment   111, 269, 277, 324
pipeline mixer   203
PIT Method   168
pitch   215
pityrosporum ovale   300

PL 433, 434, 436

placebo 417

plasticizer 311

PLD 436

PLP 436

plunger 203

PMMA 223, 268, 270

PMS 433

point make-up 275

polar 173

polarity 184

polyacetal 222

polyacrylonitrilesryrene 221

polycarbonate 221, 222

polyethoxylated retinamide 387

polyethylene 152, 216, 221, 222

polyethylene glycol 91

polyethyleneterephthalate 221

polyhydroxy acid 103

polymers 91

polyoxyethylene 158

polyoxyethylene alkyl ether sulfate 96

polypropylene 221

polystyrene 216, 221

polyvinyl alcohol 94

polyvinyl pyrrolidone 94

polyvinylchloride 216, 221

POM 221, 223

post transcriptional modification 101

powder foundation 267

poylacrylonitrilebutadienestyrene 221

PP 206, 216, 219, 221

pre-mixer 193, 207

press 200, 219

primary contamination 405

product liability 433

propeller stirrer 163

propylene glycol 90, 163

PS 170, 216, 219, 221, 436

puff 261, 269, 270

pure color 263

PVC 216, 221

(Q)

QA 431, 432

QC 431

quality assurance 432

quinoline dyes 110

(R)

RA 103

recycle 217

reducing agent 329

refill 225

refractive index 128

replica 53, 419, 426

reproductive toxicity 414

retinol 387

retinyl palmitate 387

reverse/inverse micelle 173

ribbon blender 199

RIFM 135

rinse 293, 301

RO 205

roller mill 179

rosehip oil 80

rotor 194, 197

rutile 115, 273

(S)

safety 139, 408

sand mill 204

saturation-C 263

scale up 402

scrub 116

scum 296

sealing 202

sebaceous gland 47, 232

sebumeter 421

secondary contamination 405

self emulsifying 158

SEM 430

semi-permanent hair dye 321

sensitized allergenicity 411

serina 100

sesquiterpene 127, 130

shampoo 293

silicone oil 87

Skicon 200 422

skin irritation 410

skin lipids 47

skin lotion 236

slurry 204, 281

smelling paper 133

soap 95

SOD 104

sodalime 216

sodium hyaluronate 91

sodium lactate 91

solar silmulator 426

solid 139

solubility 185

solubility parameter 185

solubilizate 173

solubilization 139, 237

solubilizer 149, 173

sonicator 199

specific gravity 128

spectrum 261

SPF 247, 274, 426, 428, 429

spicy 132

squalane 84, 243, 246, 267

stability 139, 399

stator 193, 197, 198

stearic acid 85, 157

stearyl alcohol 86

Stokes 165, 182

straight chain ... 174

straight hair ... 65

stratum basale ... 46

stratum corneum ... 46

stratum granulosum ... 46

stratum spinosum ... 46

sub-micron emulsion ... 154

substantivity ... 299

sunburn ... 57

surface ... 139

surface chemistry ... 139

surface free energy ... 140

surface tension ... 140

surfactant ... 143

suspension ... 142, 178, 179, 284, 286

sweet gland ... 48

syndet bar ... 341, 342, 353

(T)

Tat ... 104

Tayler's standard sieve ... 208

TCC ... 406

telogen ... 64

temporary hair dye ... 321

terpene ... 127

TEWL ... 53

thickening agents ... 92

thioglycolic acid ... 330

thixotrophy ... 272

tight container ... 394

TLC ... 128, 129, 421

top coat ... 288

top note ... 133, 373

toxicity ... 413

TQC ... 431

TQM ... 431

transcriptional transacivator ... 104

triphenyl methane dyes ... 110

TRP1 ... 101

TRP2 ... 101

turnover ... 47

two way cake ... 269

Tyndall ... 154

tyrosin hydroxylase ... 100

tyrosinase ... 99, 101, 386, 424

(U)

ultraviolet absorption spectrometry ... 128

usability ... 139

UV ... 128

UVA ... 57, 105, 389, 392, 425, 429

UVB ... 57, 105, 389, 392, 426

UVC ... 57, 389

(V)

van der Waals force ... 165

vascular endothelial growth factor ... 102

vaseline   84, 243

vergin seal   202

VGEF   102

vial   394

(W)

W/O   149, 153, 154, 159, 170, 234, 248

W/O/W   169, 248

W/S   241, 245

wash-off   250, 252

wavy hair   65

wax   82, 150, 277

well-closed container   394

wetting   183, 184, 271

whitening   230

woody   130, 131, 133

(X)

xanthan gum   92, 246, 272

xanthene dyes   110

(Y)

yield value   93, 170

(Z)

zinc stearate   265, 266

zirconia   204

· 저자 ·

조완구
(趙完九)
서울대학교 화학교육과 졸업
영국 University of Hull 화학과 박사
전 LG 생활건강 연구소장
현 전주대학교 건강자원학부 교수

랑문정
(浪文楨)
서울대학교 화학공학과 졸업
미국 Rice University 화학공학과 박사
전 LG 생활건강 기술연구원장
현 배재대학교 분자과학부 교수

배덕환
(裵德煥)
고려대학교 화학공학과 졸업
충북대학교 화학과 박사
전 LG 생활건강 책임연구원
현 앨트웰코스메틱㈜ 연구소장 겸 공장장

현대 화장품학

· 초판 인쇄 | 2007년 2월 28일
· 초판 발행 | 2007년 2월 28일

· 지 은 이 | 조완구, 랑문정, 배덕환
· 펴 낸 이 | 채종준
· 펴 낸 곳 | 한국학술정보㈜
　　　　　경기도 파주시 교하읍 문발리 526-2
　　　　　파주출판문화정보산업단지
　　　　　전화 031) 908-3181(대표) · 팩스 031) 908-3189
　　　　　홈페이지 http://www.kstudy.com
　　　　　e-mail(출판사업부) publish@kstudy.com
· 등 　 록 | 제일산-115호(2000. 6. 19)
· 가 　 격 | 30,000원

ISBN 978-89-534-6364-6 93570 (Paper Book)
　　　 978-89-534-6365-3 98570 (e-Book)